IntelliJ IDEA 入门与实战

黄文毅 罗军 著

清華大学出版社
北京

内 容 简 介

本书蕴含的知识体系甚广。第 1 章主要介绍 IDEA 的安装、更新、注册和卸载。第 2 章主要介绍 IDEA 基础配置和高级配置。第 3 章介绍如何通过 IDEA 创建第一个 Java 项目、配置项目和模块、开发工具包以及库相关信息。第 4 章主要介绍 IDEA 编辑器、源码导航、搜索/替换、代码操作、实时模板、文件比较、拼写检查、语言注入、暂存文件、模块依赖图\UML 类图、版权、宏、文件编码等内容。第 5 章介绍 IDEA 运行/调试/测试应用程序、代码覆盖率、连接服务器、分析应用。第 6 章介绍 IDEA 启动/管理/配置 VCS、Git 代码分支管理、提交、合并、解决冲突、暂存和取消代码修改。第 7 章介绍 IDEA 的 Terminal 终端仿真器、JShell 控制台、连接并操作数据库、连接 Docker、开发 Groovy 语言、创建 Spring Boot 项目等。

本书适用于所有 Java 编程语言开发人员、IDEA 爱好者以及所有计算机专业的学生等。

图书在版编目（CIP）数据

IntelliJ IDEA 入门与实战 / 黄文毅，罗军著.—北京：清华大学出版社，2020.7（2021. 2重印）
ISBN 978-7-302-55707-4

Ⅰ. ①I… Ⅱ. ①黄… ②罗… Ⅲ. ①JAVA 语言－程序设计 Ⅳ. ①TP312.8

中国版本图书馆 CIP 数据核字（2020）第 105019 号

责任编辑：王金柱
封面设计：王　翔
责任校对：闫秀华
责任印制：杨　艳

出版发行：清华大学出版社
网　　址：http://www.tup.com.cn，http://www.wqbook.com
地　　址：北京清华大学学研大厦 A 座　　**邮　　编**：100084
社 总 机：010-62770175　　**邮　　购**：010-62786544
投稿与读者服务：010-62776969，c-service@tup.tsinghua.edu.cn
质 量 反 馈：010-62772015，zhiliang@tup.tsinghua.edu.cn

印 刷 者：北京富博印刷有限公司
装 订 者：北京市密云县京文制本装订厂
经　　销：全国新华书店
开　　本：190mm×260mm　　**印　　张**：17.5　　**字　　数**：448 千字
版　　次：2020 年 9 月第 1 版　　**印　　次**：2021 年 2 月第 2 次印刷
定　　价：79.00 元

产品编号：085960-01

前　　言

IntelliJ IDEA（简称 IDEA）是 Java 编程语言开发的集成环境。IntelliJ 在业界被公认为最好的 Java 开发工具之一，尤其在智能代码助手、代码自动提示、重构、J2EE 支持、各类版本工具（Git、Svn 等）、JUnit、CVS 整合、代码分析、创新的 GUI 设计等方面的功能可以说是超常的。

IDEA 是互联网企业首选的开发工具。在开发工作中，大部分程序员仅仅使用 IDEA 的部分功能甚至很小的一部分功能，其他很实用的功能时常被忽略。本书主要基于 IntelliJ IDEA 官方文档以及作者实际工作经验为广大读者深入挖掘 IDEA 不为人知的功能。

本书是一本理论和实践相结合的图书，将非常完善地介绍 IntelliJ IDEA 所涵盖的方方面面的知识，并通过大量生动形象的图片以及实战案例加深读者对 IntelliJ IDEA 的理解，相信读者必会受益匪浅。

本书结构

本书共 7 章，以下是各章节的内容概要。

第 1 章主要介绍如何使用 Toolbox App 安装 IntelliJ IDEA，以及如何更新、注册、卸载 IntelliJ IDEA。

第 2 章主要介绍 IntelliJ IDEA 的用户界面、欢迎界面，以及 IntelliJ IDEA 的基础配置和高级配置。

第 3 章主要介绍如何使用 IntelliJ IDEA 创建第一个 Java 项目、配置项目和模块、开发工具包以及库相关信息。

第 4 章主要介绍 IntelliJ IDEA 的基本功能、编辑器、源码导航、搜索/替换、代码操作、实时模板、文件比较、拼写检查、语言注入、暂存文件、模块依赖图/UML 类图、版权、宏、文件编码等内容。

第 5 章主要介绍 IntelliJ IDEA 运行/调试应用程序、测试应用程序、代码覆盖率、连接服务器、分析应用等功能。

第 6 章主要介绍在 IntelliJ IDEA 中，如何使用启动/管理/配置 VCS、Git 如何进行代码分支管理、提交、合并、解决冲突、暂存和取消代码修改等内容。

第 7 章主要介绍 IntelliJ IDEA 先进的功能，例如 Terminal 终端仿真器、JShell 控制台、IDE 脚本控制台、Markdown 等功能，以及 IntelliJ IDEA 如何连接数据库并进行相关的库表操作、IntelliJ IDEA 连接 Docker、IntelliJ IDEA 使用 Groovy 语言、IntelliJ IDEA 创建 Spring Boot 项目等内容。

本书使用的软件版本

本书项目实战开发环境为:

- 操作系统 Windows 10
- 开发工具 IntelliJ IDEA 2019.3
- JDK 使用 1.8 版本
- 其他主流技术使用最新版本

读者对象

- Java 开发人员
- 企业编程人员
- 在校计算机专业学生
- 对 IntelliJ IDEA 感兴趣的开发人员

致谢

感谢我的家人，感谢他们对我工作的理解和支持、对我生活无微不至的照顾，使我没有后顾之忧，可以全身心投入本书的写作中。

同时感谢我的工作单位厦门海西医药交易中心，公司为我提供了宝贵的工作、学习和实践的环境，书中很多的知识点和实战经验都来源于贵公司，也感谢与我一起工作的同事，非常荣幸能与他们一起在这个富有激情的团队中共同奋斗。

最后，感谢清华大学出版社以及编辑王金柱老师，本书能够顺利出版离不开他们及背后的团队对本书的辛勤付出。

由于水平所限，书中难免存在疏漏之处，欢迎大家批评指正。若有意见和建议，可以发送电子邮件至 booksaga@126.com。

黄文毅

2020 年 5 月 31 日

目　　录

第 1 章

IntelliJ IDEA 介绍与安装

本章主要介绍 IntelliJ IDEA 的基本功能、使用 Toolbox App 安装 IntelliJ IDEA 以及如何更新、注册、卸载 IntelliJ IDEA。

1.1　认识 IntelliJ IDEA

1.1.1　概述

IDEA（全称 IntelliJ IDEA），是 Java 编程语言开发的集成环境，是 JetBrains 公司的产品。JetBrains 公司总部位于捷克共和国的首都布拉格，开发人员以严谨著称的东欧程序员为主。IntelliJ IDEA 在业界被公认为最好的 Java 开发工具，尤其在智能代码助手、代码自动提示、重构、J2EE 支持、各类版本工具（Git、SVN 等）、JUnit、CVS 整合、代码分析、创新的 GUI 设计等方面的功能可以说是超常的。

2001 年 1 月发布 IntelliJ IDEA 1.0 版本，同年 7 月发布 2.0，接下来基本每年发布一个版本（2003 年除外），当然每年对各个版本都是一些升级。3.0 版本之后，IDEA 屡获大奖，其中又以 2003 年赢得的 Jolt Productivity Award 和 JavaWorld Editors's Choice Award 为标志，从而奠定了 IDEA 在 IDE 中的地位。

IDEA 的宗旨是 Develop with pleasure（带着快乐开发）。IntelliJ IDEA 分为 Ultimate Edition 旗舰版和 Community Edition 社区版本：旗舰版可以免费试用 30 天；社区版本免费使用，但是功能上比旗舰版有所缩减。

1.1.2 特色功能

IDEA 所提倡的是智能编码，减少程序员的工作，特色功能如下：

1. 历史记录功能

使用 IDEA 可以方便地查看任何工程中文件的历史记录，在版本恢复时可以很容易地将其恢复。

2. 对重构的优越支持

IDEA 是所有 IDE 中最早支持重构的，其优秀的重构能力一直是主要卖点之一。

3. 代码检查/动态语法检测

对代码进行自动分析，检测不符合规范的、存在风险的代码，并加亮显示。任何不符合 Java 规范、自己预定义的规范都将在页面中加亮显示。

4. 智能编辑/列编辑模式

在代码输入过程中，自动补充方法或类。IDEA 支持列编辑模式，提高编码效率。

5. 版本控制完美支持

集成了目前市面上常见的所有版本控制工具插件，包括 Git、SVN、Github，开发人员在编程工程中直接在 IntelliJ IDEA 里就能完成代码的提交、检查、解决冲突、查看版本控制服务器内容等。

6. EJB/JSP/XML/JUnit 支持

不需要任何插件，完全支持 EJB 和 JSP。XML 全提示支持，所有流行框架的 XML 文件都支持全提示。JUnit 的完美支持。

7. 正则表达式的查找和替换功能

查找和替换支持正则表达式，从而提高效率。

8. JavaDoc 预览支持

支持 JavaDoc 的预览功能，从而提高 doc 文档的质量。

9. 灵活的排版功能

基本所有的 IDE 都有重排版功能，但仅有 IDEA 的是人性的，因为它支持排版模式的定制，可以根据不同的项目要求采用不同的排版方式。

10. 预置模板

预置模板可以把经常用到的方法编辑进模板，使用时只需简单地输入几个字母就可以完成全部代码的编写。例如，使用比较高的 public static void main(String[] args){}，可以在模板中预设 pm 为该方法，只需输入 pm 再按代码辅助键，IDEA 即可完成代码的自动输入。

11. 智能代码/编码辅助

自动检查代码，发现与预置规范有出入的代码给出提示，若程序员同意修改就自动完成修改。程序员编码时 IDEA 检测意图或提供建议，或直接帮助完成代码。Java 规范中提倡的 toString()、hashCode()、equals()以及所有的 get/set 方法，不用进行任何输入就可以实现代码的自动生成。智能检查类中的方法，当发现方法名只有一个时自动完成代码输入，从而减少剩下代码的编写工作。

1.2 安装 IntelliJ IDEA

1.2.1 系统要求

IntelliJ IDEA 是跨平台的 IDE，可在 Windows、macOS 和 Linux 操作系统上提供一致的体验。IntelliJ IDEA 提供以下可用版本：

- Community Edition：免费、开源的，提供了 JVM 和 Android 开发的所有基本功能。
- Ultimate Edition：商业版本，试用期为 30 天，提供了用于 Web 和企业开发的其他工具和功能。

本书以 Ultimate Edition 版本为例进行介绍，系统要求如表 1-1 所示。

表 1-1 系统要求

要求	最低要求	推荐
内存	2 GB 的可用内存	8 GB 的总系统内存
磁盘空间	2.5 GB，另外 1 GB 用于缓存	具有至少 5 GB 可用空间的 SSD 驱动器
显示器分辨率	1024×768	1920×1080
操作系统	正式发布的以下 64 位版本： • Microsoft Windows 7 SP1 或更高版本 • macOS 10.11 或更高版本 • 任何支持 Gnome、KDE 或 Unity DE 的 Linux 发行版 • 不支持预发行版本	Windows、macOS 或 Linux 的最新 64 位版本（例如 Debian、Ubuntu 或 RHEL）

注 意

不需要安装 Java 即可运行 IntelliJ IDEA，因为 JetBrains Runtime 与 IDE 捆绑在一起（基于 JRE 11）。如果开发 Java 应用程序，就需要一个独立的 JDK。

1.2.2 使用 Toolbox App 安装

建议使用 JetBrains 工具箱应用程序（Toolbox App）安装 JetBrains 产品的工具。使用它可以安装和维护不同的产品或同一产品的多个版本，包括抢先体验计划（EAP）版本，在必要时进行更新和回滚以及轻松删除任何工具。工具箱应用程序维护所有项目的列表，以在正确的 IDE 和版本中快速打开任何项目。

Toolbox App 的下载地址为 https://www.jetbrains.com/toolbox-app/，在下载页面中根据操作系统的类型选择相应的安装程序，具体如图 1-1 所示。

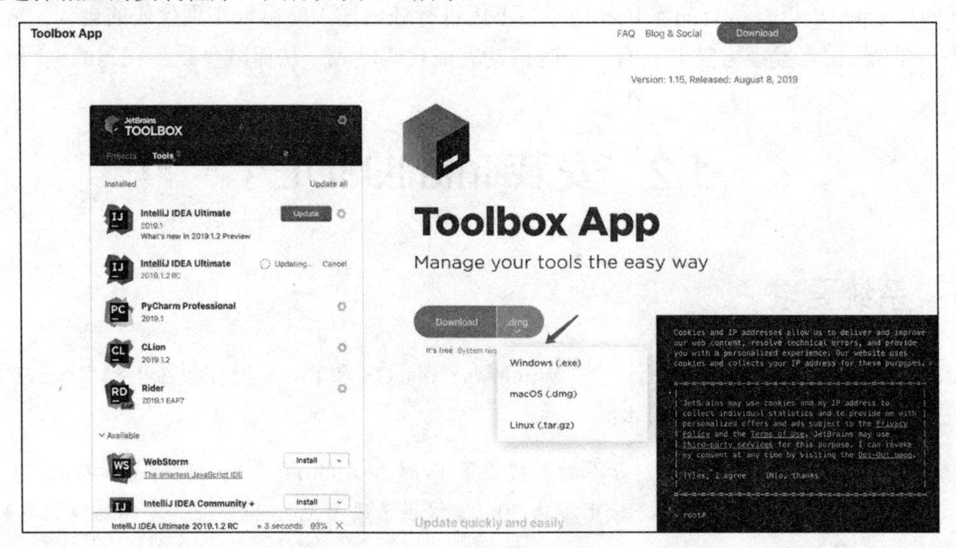

图 1-1 Toolbox App 下载页面

Toolbox App 下载完成后，双击安装包，按照提示安装即可。Toolbox App 工具安装完成后，找到 IntelliJ IDEA Ultimate 商业版，选择 2019.2.3 版本进行安装，具体如图 1-2 所示。

图 1-2 Toolbox App 安装 IDEA 界面

1.2.3 手动安装

除了使用 Toolbox App 进行安装外，还可以手动安装 IntelliJ IDEA，以管理每个实例和所有配置文件的位置。例如，有一个要求特定安装位置的策略，我们可以访问 IntelliJ IDEA 下载地址 https://www.jetbrains.com/idea/download/#section=mac 下载应用程序，然后按照提示手动安装，具体界面如图 1-3 所示。

图 1-3 IntelliJ IDEA 下载界面

1.2.4 Windows 静默安装

无须任何用户界面即可执行静默安装。网络管理员可以使用它在许多计算机上安装 IntelliJ IDEA，并避免打扰其他用户。

要执行静默安装，请使用以下开关运行安装程序：

（1）/S：启用静默安装。

（2）/CONFIG：指定静默配置文件的路径。

（3）/D：指定安装目录的路径，此参数必须是命令行中的最后一个，并且即使路径包含空格也不应包含任何引号。例如：

```
ideaIU.exe /S /CONFIG=d:\temp\silent.config /D=d:\IDE\IntelliJ IDEA Ultimate
```

注　意

要在安装过程中检查问题，请添加/LOG 开关，并在/S 和/D 参数之间添加日志文件路径和名称。安装程序将生成指定的日志文件。例如：

```
ideaIU.exe  /S  /CONFIG=d:\temp\silent.config  /LOG=d:\JetBrains\IDEA\install. log /D=d:\IDE\IntelliJ IDEA Ultimate
```

1.2.5 首次运行 IntelliJ IDEA

首次运行 IntelliJ IDEA 时，在 Complete Installation 对话框中选择是否要导入 IDE 设置，具体如图 1-4 所示。

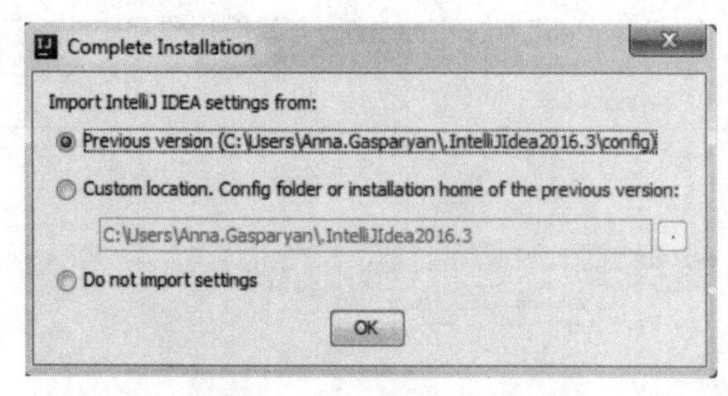

图 1-4 IntelliJ IDEA 下载界面

如果这是第一个实例，就选择 Do not import settings（不导入设置）选项，再单击 OK 按钮。

接着，选择要使用默认的 Darcula 主题还是 IntelliJ 主题，可按照个人偏好选择，这里选择 IntelliJ 主题，单击 Next:Default plugins 按钮，如图 1-5 所示。

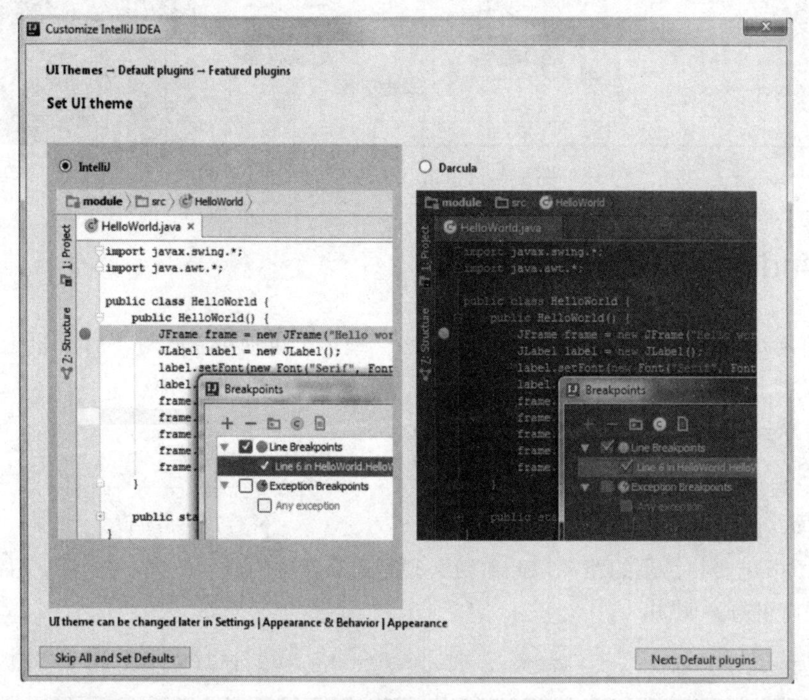

图 1-5 选择 IntelliJ IDEA 主题

IntelliJ IDEA 包括用于与不同版本控制系统和应用程序服务器集成的插件，添加了对各种框架和开发技术的支持等，如图 1-6 所示。为了提高性能，可以禁用不需要的插件，如有必要，可以之后再启用。有关插件的更多信息，请参阅之后章节的内容。

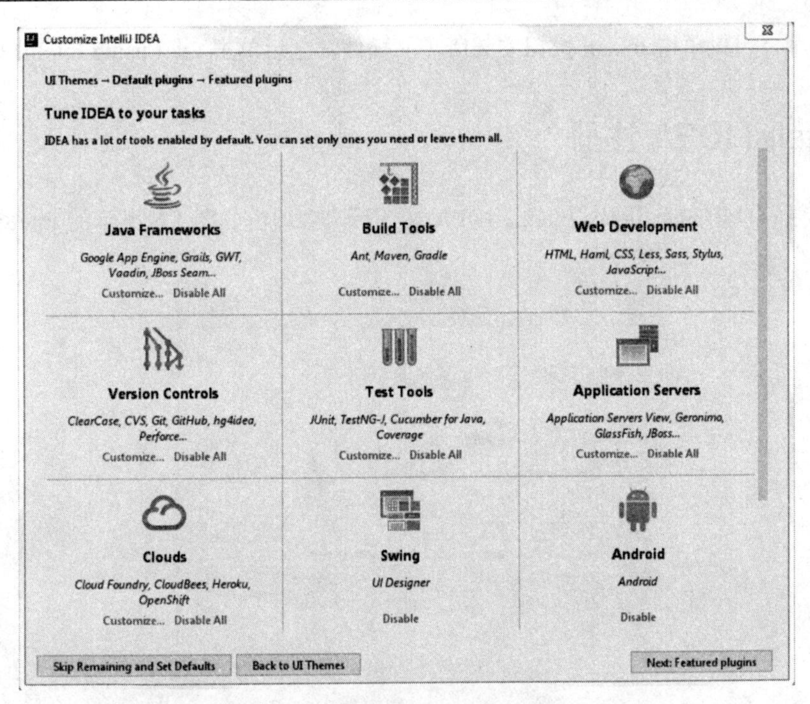

图 1-6　IntelliJ IDEA 个性化插件

可以单击每个插件组的 Disable All 链接以全部禁用它们，或者单击 Customize...以禁用该组插件中的单个插件，然后单击 Next:Featured plugins 按钮。

除此之外，还可以下载并安装额外的插件，如图 1-7 所示。

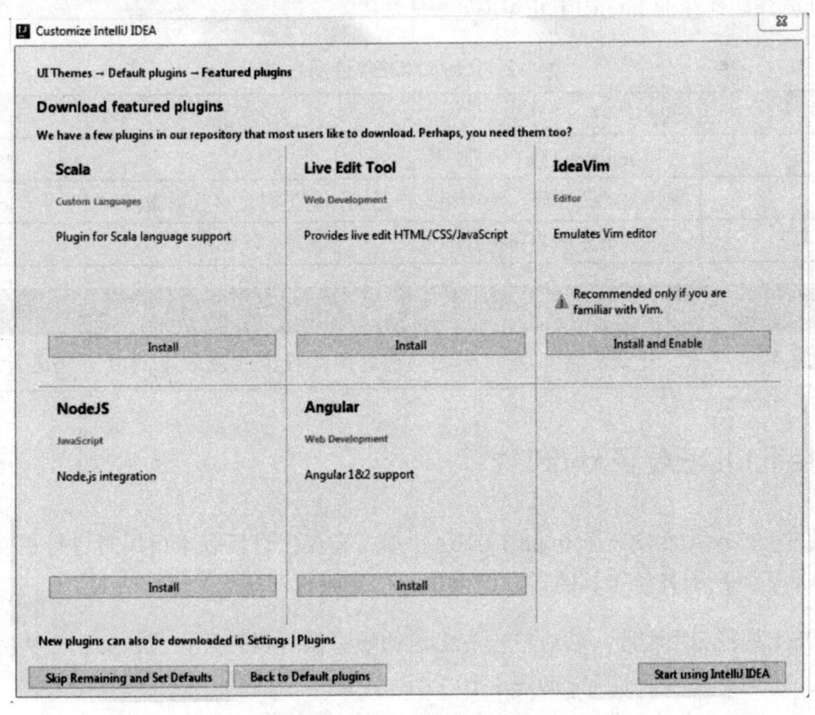

图 1-7　IntelliJ IDEA 额外插件

在图 1-7 中，可以单击 Install 按钮安装所需的插件，之后单击 Start using IntelliJ IDEA 按钮。

1.2.6 IntelliJ IDEA 注册

在图 1-7 中，单击 Start using IntelliJ IDEA 按钮后，会弹出如图 1-8 所示的 IntelliJ IDEA 注册激活界面。

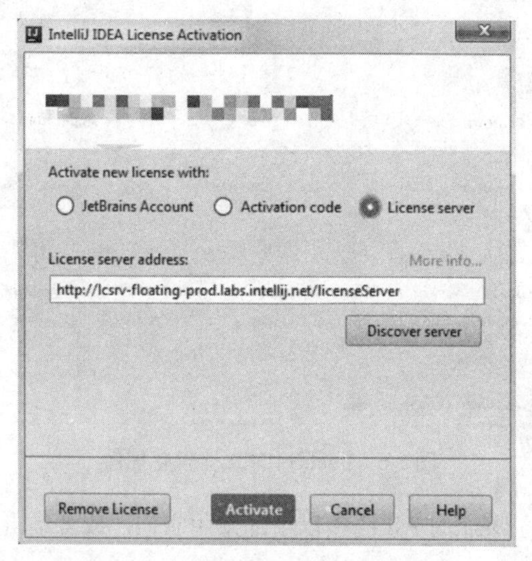

图 1-8 IntelliJ IDEA 注册激活界面

我们可以选择如何注册 IntelliJ IDEA（见表 1-2）。

表 1-2 IntelliJ IDEA 注册方式

选项	描述
JetBrains 账户	使用 JetBrains 账户注册
激活码	使用激活码注册。购买相应产品的许可证时，将获得激活码
许可证服务器	使用许可证服务器进行注册

注 意

在资金充足的情况下，建议支持正版；反之，可到网络搜索相应版本的激活码进行激活。

1.2.7 IntelliJ IDEA 更新/卸载

如果使用 Toolbox App 安装了 IntelliJ IDEA，那么建议在有新版本可用时进行更新。希望工具箱应用程序自动更新所有托管工具的话，可以执行以下操作：

（1）打开工具箱应用程序，然后单击右上角的螺母图标以打开设置，如图 1-9 所示。

（2）选择自动更新所有工具，如图 1-10 所示。

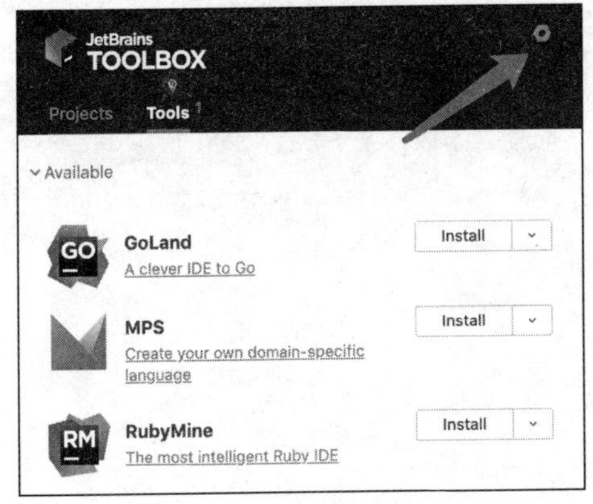

图 1-9　TOOLBOX 螺母图标

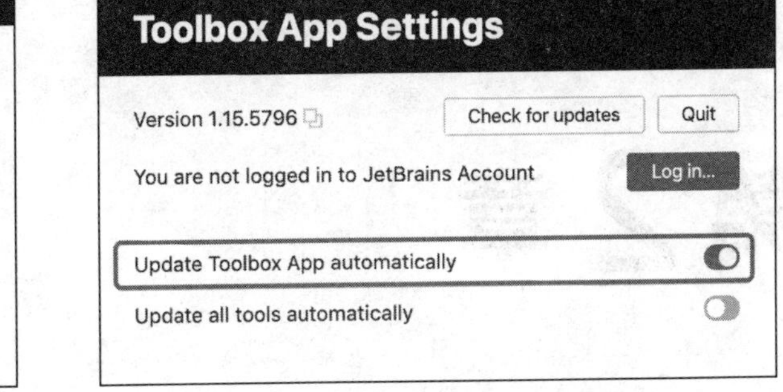

图 1-10　TOOLBOX 配置界面

手动安装 IntelliJ IDEA 的话，到官网下载并安装新版本进行更新即可。删除 IntelliJ IDEA 的正确方法取决于安装时的方法。如果使用工具箱应用程序安装了 IntelliJ IDEA，就打开工具箱应用程序，单击所需实例的螺母图标，然后选择 Uninstall 进行卸载，如图 1-11 所示。

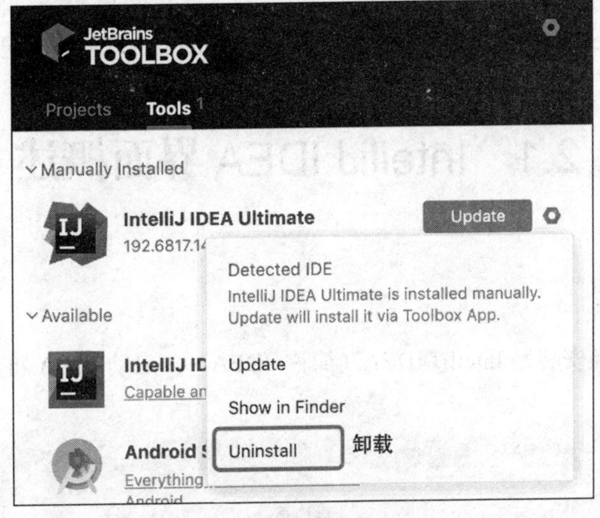

图 1-11　TOOLBOX 卸载 IDEA

第 2 章

IntelliJ IDEA 入门

本章主要介绍 IntelliJ IDEA 用户界面、欢迎界面、IntelliJ IDEA 基础配置和高级配置。

2.1 IntelliJ IDEA 界面概述

2.1.1 欢迎界面

上一章，我们已经安装好 IntelliJ IDEA（简称 IDEA），启动 IDEA 将出现欢迎页面，具体如图 2-1 所示。

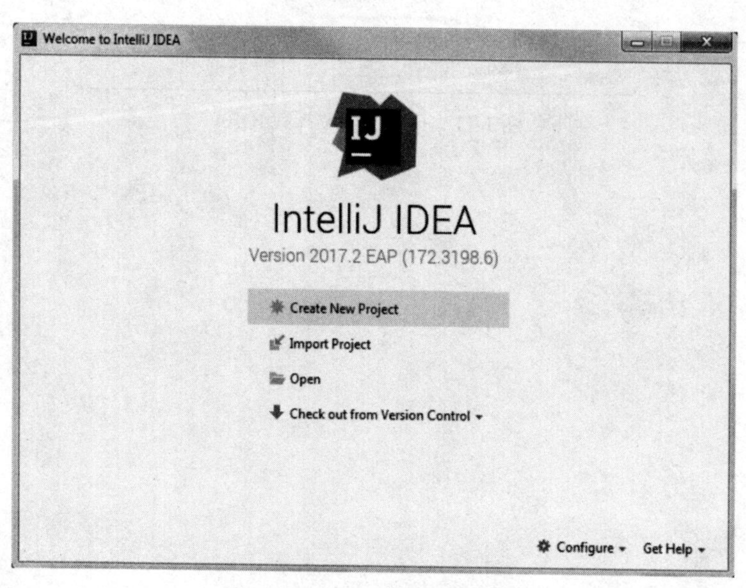

图 2-1 IntelliJ IDEA 欢迎界面

从图2-1可以看出，有4种方式启动一个项目：

（1）Create New Project：创建新的项目。
（2）Import Project：导入已有旧的项目。
（3）Open：打开现有的一个项目/文件。
（4）Check out from Version Control：从版本控制系统中检出项目。

读者可以随便打开一个已有旧项目或者打开一个文件。

2.1.2 用户界面

在IntelliJ IDEA中打开项目时，IDEA会弹出Tip of the Day界面，如图2-2所示。

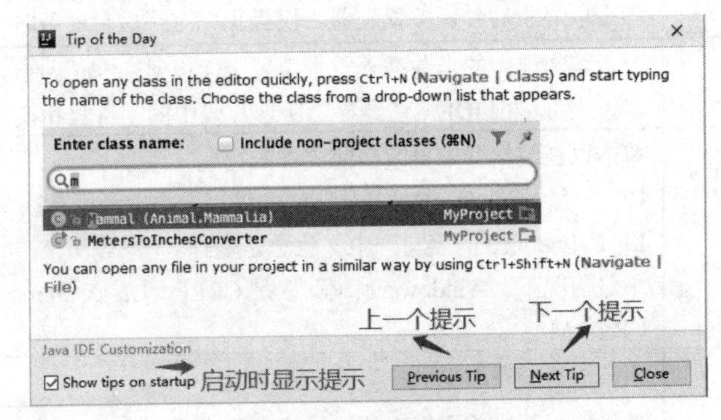

图2-2 每日提示界面

单击Close按钮后，可以看到如图2-3所示的用户界面。

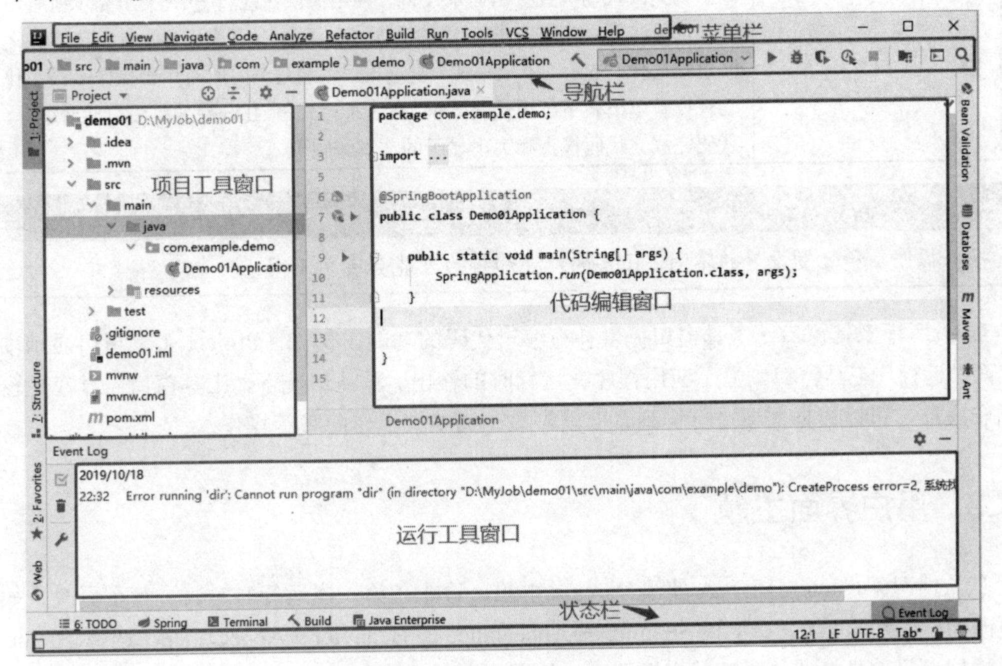

图2-3 IntelliJ用户界面

代码编辑窗口：使用编辑器读取和编写代码。

导航栏：顶部的导航栏是“项目”窗口的快速替代方法，可以在导航中打开文件进行编辑。使用导航栏右边的按钮来构建、运行和调试应用程序，访问项目结构设置，并执行基本的版本控制操作（如果已配置版本控制集成）。它还包含用于运行任何内容和搜索按钮。

状态栏：当将鼠标指针悬停在状态栏上时，底部的状态栏显示事件消息和动作说明。它还指示整个项目和 IDE 的状态，并提供对各种设置的访问。表 2-1 列出了状态栏上显示的默认图标和元素。根据插件集和配置设置的不同，除默认元素外，还有许多其他元素。

表 2-1 IntelliJ IDEA 状态栏各图标的功能

图标	描述
	单击以显示/隐藏工具窗口栏
	单击以显示后台任务管理器。仅当正在进行后台任务时此图标才可见
52:11	表示编辑器中的当前插入符号位置（行和列）。如果在编辑器中选择代码片段，则 IntelliJ IDEA 还会显示所选片段中的字符数和换行符
LF	单击以在编辑器中更改当前文件的行尾 CRLF 是 carriage return line feed 的缩写，中文意思是回车换行 LF 是 line feed 的缩写，中文意思是换行 一般情况下，Windows 系统默认是 CRLF，UNIX 和 macOS 是 LF CR 是 MAC 老版本
UTF-8	单击以在编辑器中更改当前文件的编码
Tab*	单击以更改当前文件中使用的缩进样式
	单击以锁定文件以防止编辑（将其设置为只读）
	单击以更改代码检查突出显示设置。使用滑块在检查（突出显示所有内容）、语法（仅突出显示语法错误）和无（不突出显示任何内容）之间进行选择。选中“省电模式”复选框，以通过消除所有后台操作来最小化功耗在省电模式下禁用代码分析。在这种模式下，IDE 更像是没有后台编译、代码完成、代码检查和突出显示的文本编辑器

注　意

根据插件集和配置设置的不同，IDE 的外观和行为可能会有所不同。

项目/运行工具窗口：工具窗口提供补充编辑代码的功能。例如，Project 工具窗口显示项目结构，而“运行”工具窗口则显示应用程序在运行时的输出。默认情况下，工具窗口停靠在主窗口的侧面和底部，可以根据需要进行排列、取消停靠、调整大小、隐藏等操作。

2.1.3 用户界面主题

默认情况下，IntelliJ IDEA 使用 Darcula 主题，除非在第一次运行时对其进行了更改。如果需要更改 UI 主题，可以选择 File→Settings→Appearance & Behavior→Appearance，选择 Theme 下拉框，根据自己的喜好选择相应的主题即可，如图 2-4 所示。

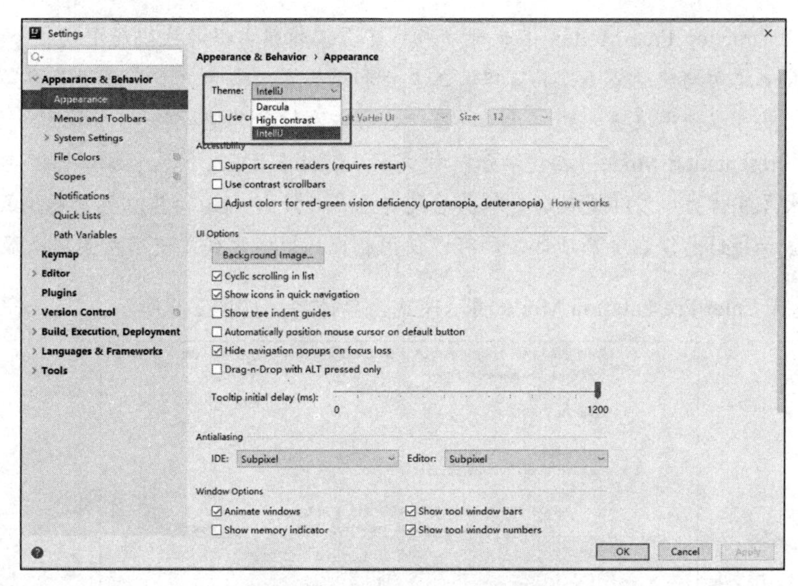

图 2-4 IntelliJ IDEA 主题设置

主题主要包含 3 种：

- Darcula：默认深色主题。
- 灯光：更多传统的灯光主题。
- 高对比度：专为色盲用户设计的主题。

2.1.4 观看模式

IntelliJ IDEA 为特定的使用模式提供了特殊的查看模式。例如，如果需要专注于代码或向观众展示代码，选择 View→Appearance，如图 2-5 所示。

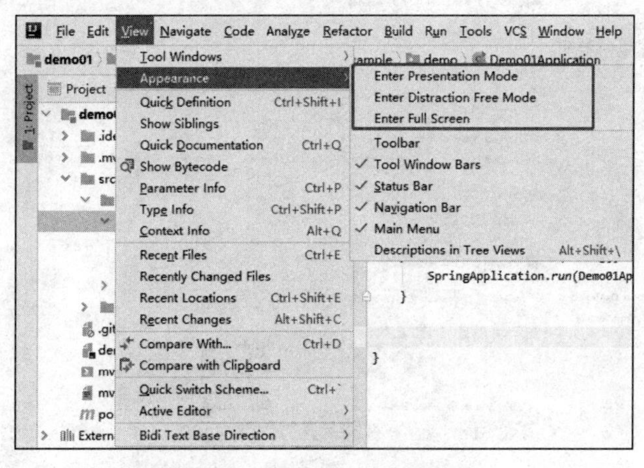

图 2-5 IntelliJ IDEA 观看模式

- Enter Full Screen：IntelliJ IDEA 扩展主窗口以占据整个屏幕。所有操作系统控件都是隐藏的，但是如果将鼠标指针悬停在屏幕顶部，则可以访问主菜单。

- Enter Distraction Free Mode：在无干扰模式下，编辑器占据源代码居中的整个主窗口。UI 的所有其他元素均被隐藏（工具窗口、工具栏和编辑器选项卡），以助于专注当前文件的源代码，仍然可以使用快捷方式打开工具窗口、导航和执行其他操作。
- Enter Presentation Mode：在“演示”模式下，IntelliJ IDEA 扩展了编辑器以占据整个屏幕，并增大了字体大小，以使观众更容易看到自己在做什么。UI 的其他元素是隐藏的，但是如果要将鼠标指针悬停在屏幕顶部，则可以使用相应的快捷方式或使用主菜单来显示它们。

例如，选择 Enter Presentation Mode 演示模式，具体界面如图 2-6 所示。

```
File Edit View Navigate Code Analyze Refactor Build Run Tools VCS Window Help
1    package com.example.demo;
2
3    import ...
5
6    @SpringBootApplication
7    public class Demo01Application {
8
9        public static void main(String[] args) {
10           SpringApplication.run(Demo01Application.class, args);
11       }
12
13
14   }
```

图 2-6　演示模式

如果需要退出演示模式，可以选择 View→Appearance→Exit Presentation Mode。

2.1.5　背景图片

可以在 IntelliJ IDEA 中将任何图像设置为编辑器和所有工具窗口的自定义背景。选择 File→Settings 菜单，在 Settings 界面中依次选择 Appearance & Behavior→Appearance→Background Image 进行背景图片设置，如图 2-7 所示。

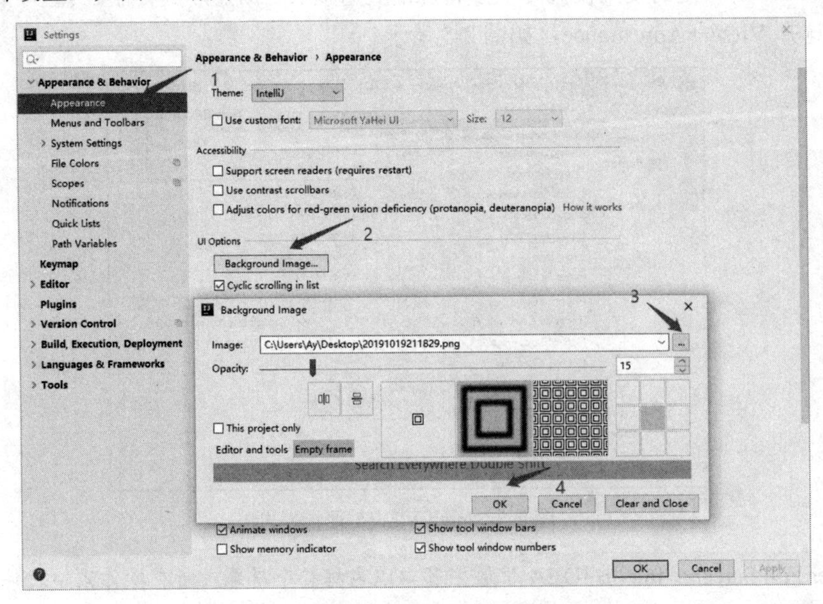

图 2-7　背景图片设置

2.2 配置 IntelliJ IDEA

在 IntelliJ IDEA 中，可以在两个级别上配置设置和结构，分别是项目级别和 IDE 级别。

2.2.1 项目级别的设置

项目的级别设置仅应用到当前项目。这些设置与其他项目文件一起存储在.idea 目录中。如果项目处于版本控制下，建议将具有项目特定设置的 XML 文件（项目文件夹内的.idea 文件夹）存储在版本控制下，但 workspace.xml 和 task.xml 除外，它们存储用户特定的设置。

对于 Windows 操作系统，选择 File→Settings；对于 macOS 操作系统，选择 IntelliJ IDEA→Preferences；在弹出框中，用标记设置项目级别，如图 2-8 所示。

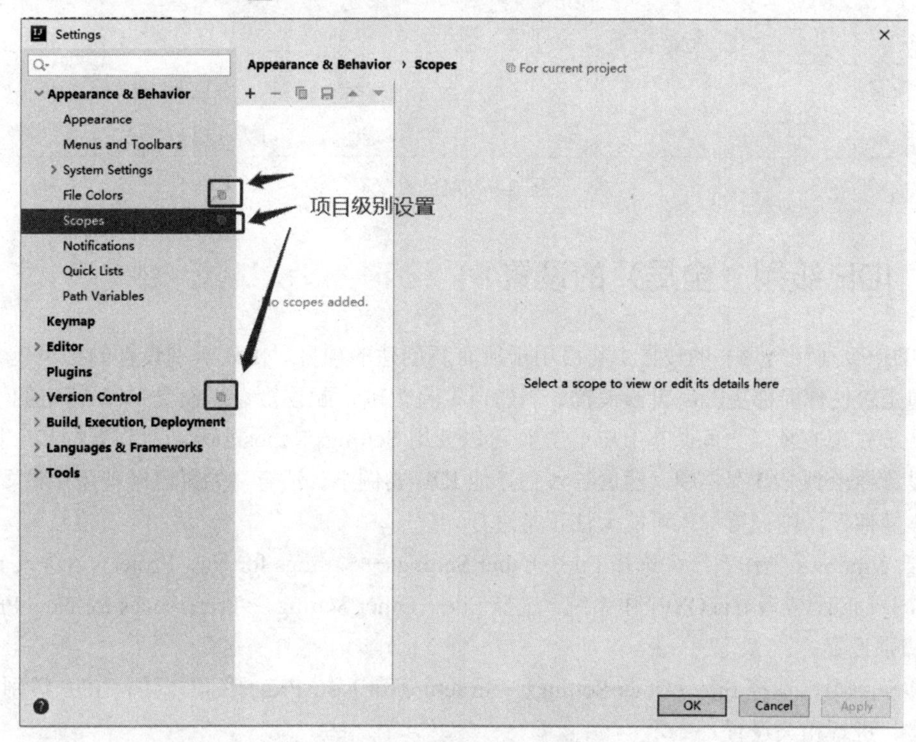

图 2-8　项目级别设置

选择 File→Project Structure，可以设置项目相关的配置，如图 2-9 所示。

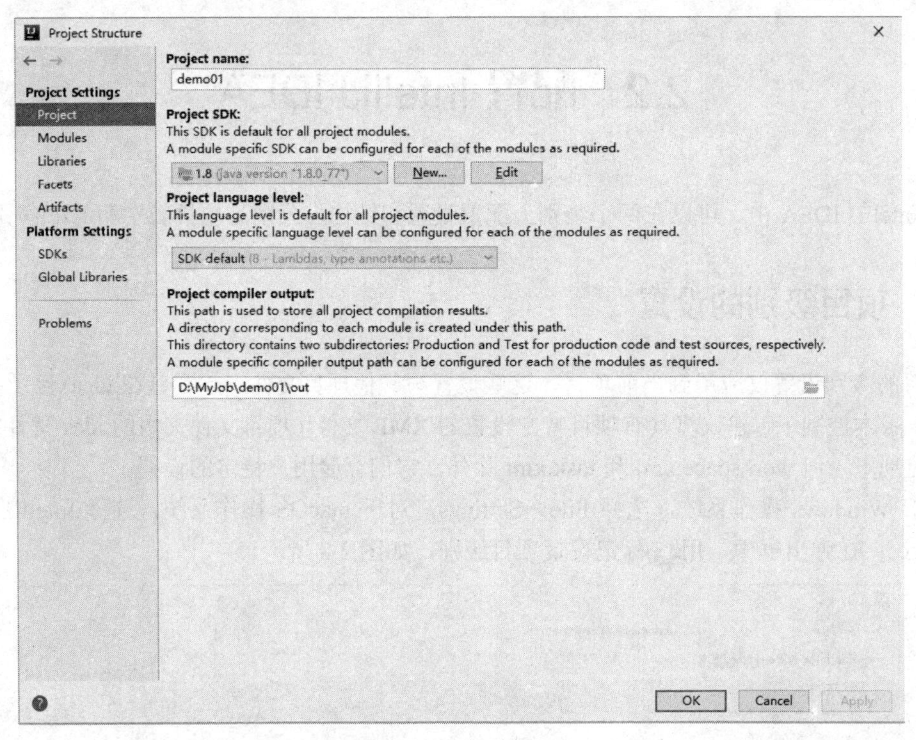

图 2-9　项目设置

2.2.2　IDE 级别（全局）的设置

在 IDE 级别（全局）的设置中将应用于所有新创建的项目。IDE 级别设置的列表包含较少的选项，但是它使你能够更改编辑器设置、创建自定义范围、配置检查、设置 VCS 特定的设置等。

如果要在现有项目之间共享 IDE 设置，可以使用 Settings Repository 或“设置同步”插件。也可以将设置导出到 ZIP 存档中，然后导入到其他 IDE 实例中。注意，如果已经使用“设置存储库”或“同步插件”，则设置导入可能无法正常进行。

对于 Windows 操作系统，选择 File→Other Settings→Settings for New Projects，进入 IDE 级别设置；对于 Linux 或者 macOS 操作系统，选择 File→Other Settings→Preferences for New Projects 进入 IDE 级别设置。

在主菜单中，选择 File→Other Settings→Structure for New Projects 可以访问 IDE 级别（全局）项目结构，进行相关设置。

2.2.3　恢复默认设置

要恢复 IntelliJ IDEA 的默认设置，可以在 IDE 不运行时删除配置目录 idea.config.path。对于 Windows 操作系统，该目录位于：

<SYSTEM DRIVE>\Users\<USER ACCOUNT NAME>\.<PRODUCT><VERSION>（例如，C:\Users\Ay\.IntelliJIdea2019.2\config）

对于 macOS 系统，该目录位于：

~/Library/Preferences/<PRODUCT><VERSION>（注意：文件夹可能隐藏在 Finder 中）

对于 Linux 系统，该目录位于：

~/.<PRODUCT><VERSION>

2.2.4　监视 IDE 的性能

活动监视器是 IntelliJ IDEA 中的一项实验功能，如果出现性能问题，可以使用 Activity Monitor（活动监视器）来跟踪各种子系统和插件消耗的 CPU 百分比。

从主菜单中选择 Help→Activity Monitor，它列出了当前消耗 CPU 的所有子系统和插件，并按它们使用的%CPU 进行排列，具体如图 2-10 所示。

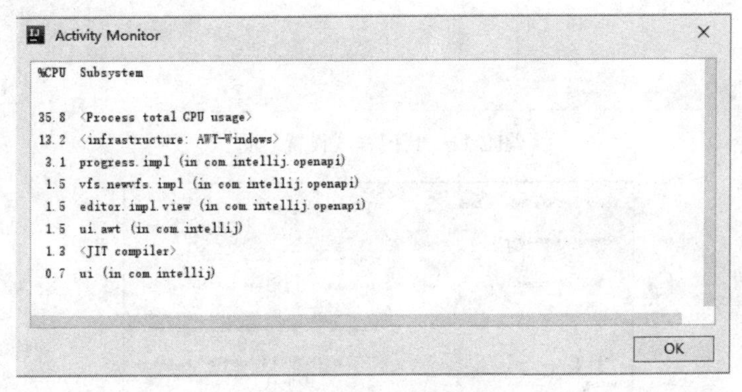

图 2-10　活动监视器界面

2.2.5　配置代码风格

IntelliJ IDEA 可帮助我们维护所需的代码样式，代码样式是在项目级别和 IDE 级别（全局）定义的。

在项目级别，该项目样式方案仅应用于当前项目，可以使用 Copy to IDE（复制到 IDE）命令将 Project 方案复制到 IDE 级别。可以使用 Copy to IDE... 命令将 Project 方案复制到 IDE 级别。

在 IDE 级别，将设置分为预定义的“默认”方案（以粗体标记）和用户通过“复制”命令创建的任何其他方案。当用户不想在项目中保留代码样式设置并共享它们时，将使用全局设置。可以使用 Copy to Project 将 IDE 方案复制到当前项目。

选择 File→Settings→Editor→Code Style，打开编程语言页面。如图 2-11 所示，在 Scheme 下拉列表框中，IntelliJ IDEA 已经默认为我们创建了 Project 和 Default（IDEA 级别）配置，选择 Show Scheme Actions 可以对配置进行导入和导出，也可以将 Project 配置复制到 IDEA（全局），反之亦可，如图 2-12 所示。

对于大多数受支持的语言，还可以从其他语言或框架复制代码样式设置。比如将 Java 语言的代码样式复制到 Groovy 语言中使用等。除此之外，还可以使用 Set from 链接，选择“预定义”，然后选择相关的预配置标准，如图 2-13 所示。

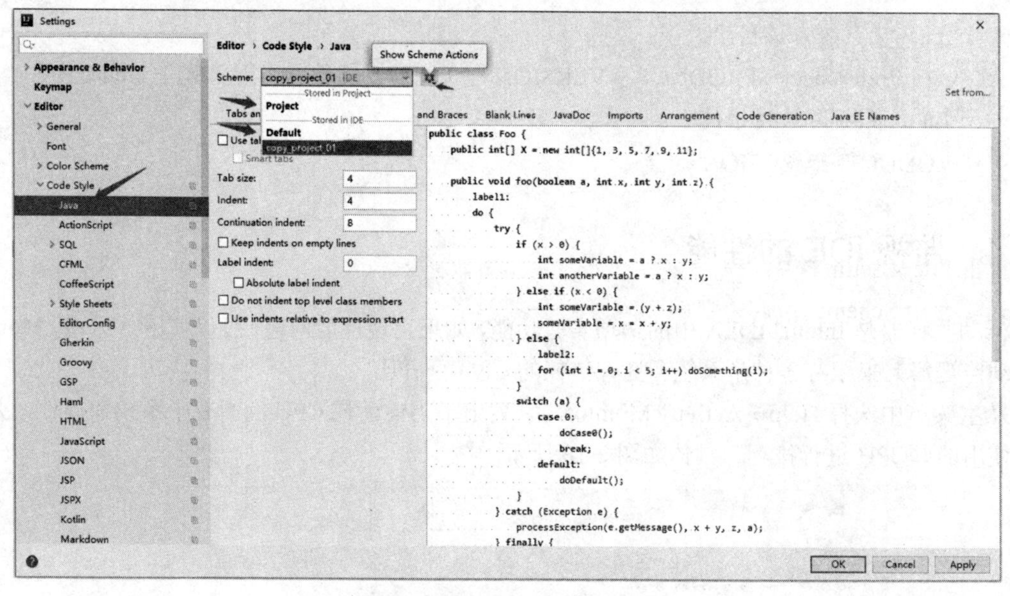

图 2-11 代码样式设置界面

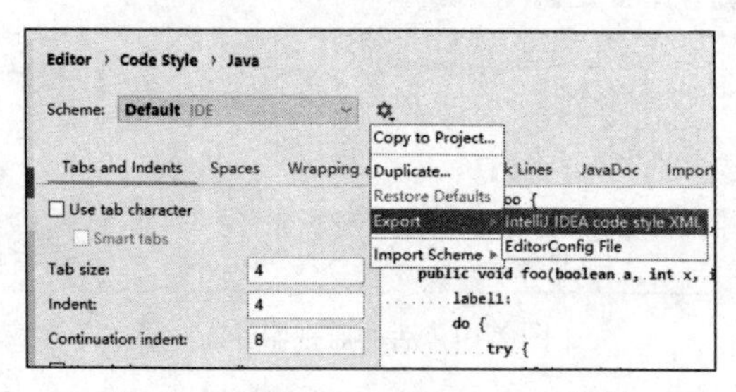

图 2-12 Show Scheme Actions 下拉框

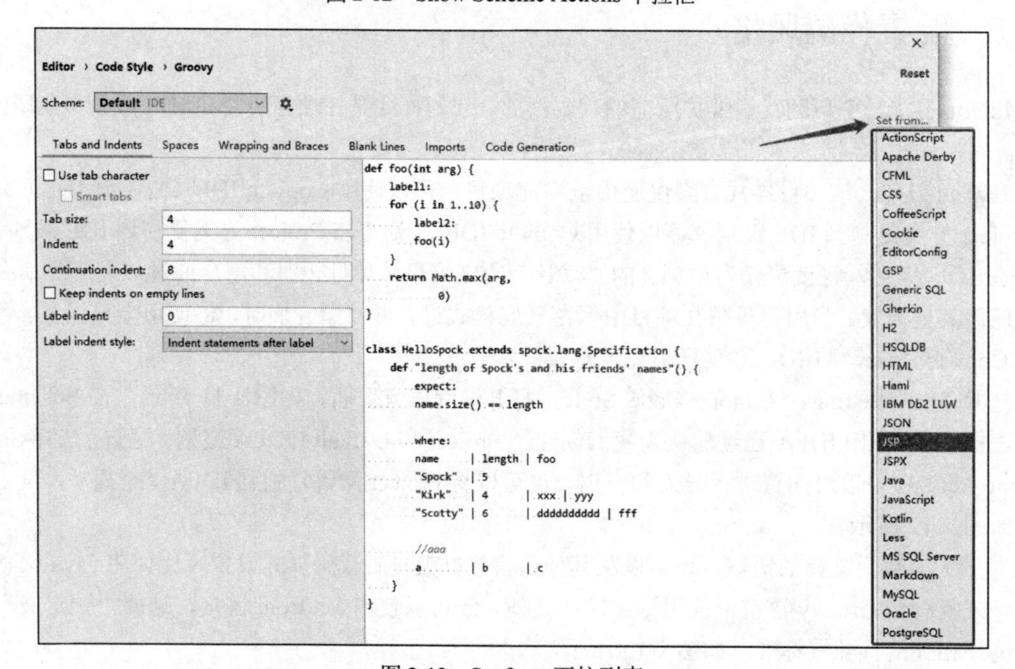

图 2-13 Set from 下拉列表

2.2.6 设置代码颜色

作为开发人员，需要处理大量文本资源：编辑器中的源代码、搜索结果、调试器信息、控制台输入和输出等。颜色和字体样式用于格式化此文本，并帮助我们更好地理解它。

IntelliJ IDEA 使用 Color Scheme 来定义首选的颜色和字体，包括定义窗口、对话框和控件的外观。单击 File→Settings→Editor→Color Scheme，如图 2-14 所示。

可以使用 Scheme（方案）列表选择配色方案，默认情况下有以下预定义的配色方案：

- 默认值：专为 Light 主题设计的配色方案。
- Darcula：为 Darcula 主题设计的配色方案。
- 高对比度：专为视力不佳的用户设计的配色方案（高对比度主题）。

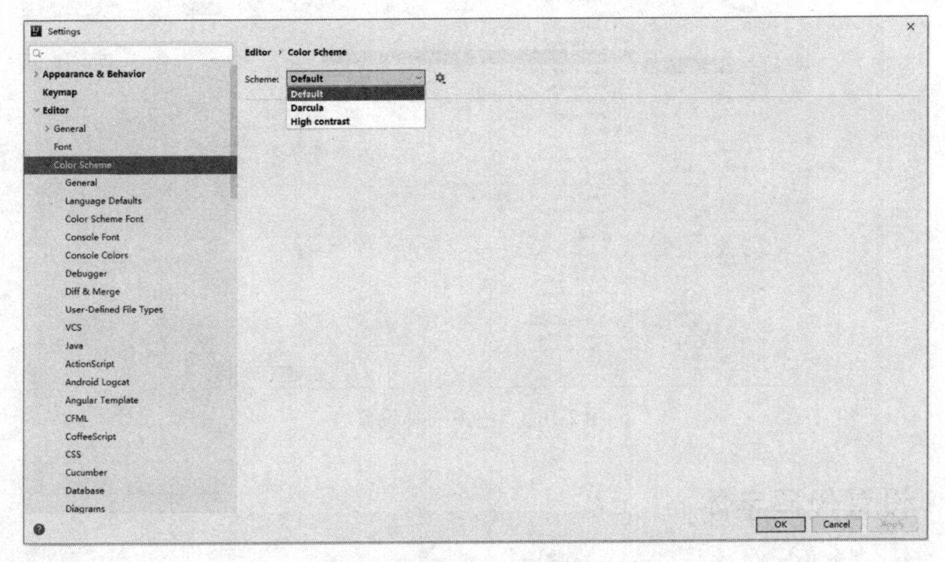

图 2-14 Color Scheme 设置界面

还可以自定义预定义的配色方案，但是建议为自定义的颜色和字体设置创建一个副本，具体步骤如下：

步骤01 单击 File→Settings→Editor→Color Scheme 选项，如图 2-15 所示。

步骤02 选择一种配色方案，单击⚙（设置）图标，然后单击 Duplicate....选项。

步骤03 要重命名自定义方案，可单击，然后利用⚙（设置）图标进行重命名。（可选）

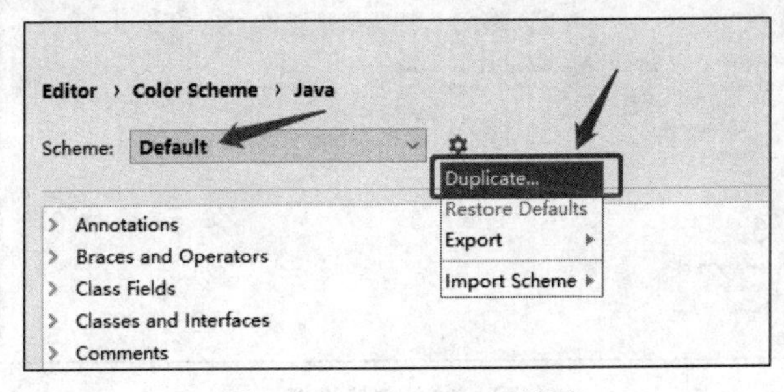

图 2-15 Color Scheme 界面

预定义的配色方案以粗体列出。如果自定义预定义的配色方案，则将以蓝色显示。要将预定义的配色方案恢复为默认设置，请单击⚙图标，然后选择恢复默认值。注意，无法删除预定义的配色方案。

要定义颜色和字体设置，单击 Editor→Color Scheme，设置分为几部分，如图 2-16 所示。例如，General 部分定义了基本的编辑器颜色，包括装订线、行号、错误、警告、弹出窗口、提示等。Language Defaults 部分包含常见的语法突出显示设置，默认情况下将其应用于所有受支持的编程语言。在大多数情况下，配置语言默认值并根据需要对特定语言进行调整就足够了。要更改元素的继承颜色设置，去掉 Inherit values from 复选框的勾选即可。

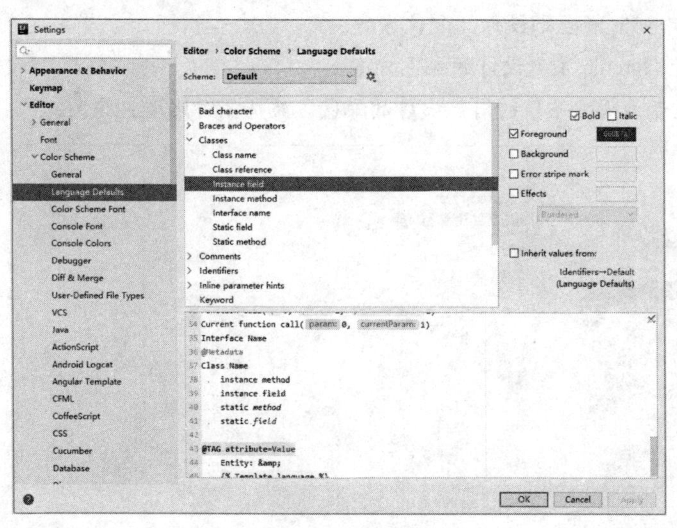

图 2-16　颜色和字体设置

2.2.7　设置代码字体

要自定义默认字体，单击 File→Settings→Editor→Font，如图 2-17 所示。

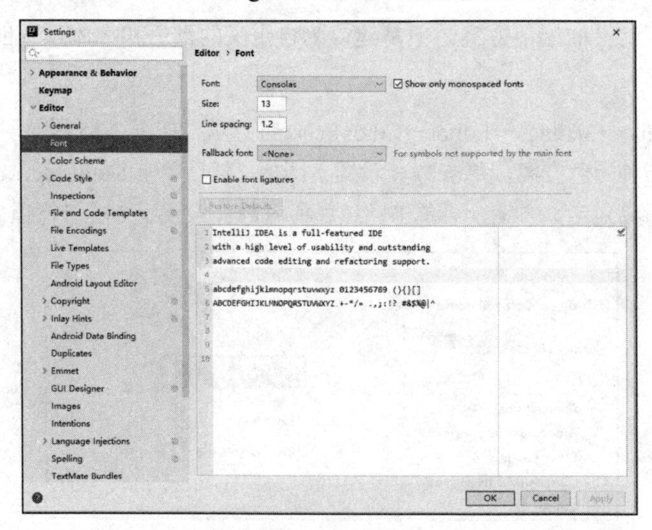

图 2-17　字体设置

默认字型为 Consolas，从下拉框中可以选择自己喜欢的字型。还可以在 Size 输入框中填入字体大小，在 Line spacing 文本框中设置行间距等。

除此之外，还可以设置控制台的字体。选择 File→Settings→Editor→Color Scheme→Console Font，如图 2-18 所示。

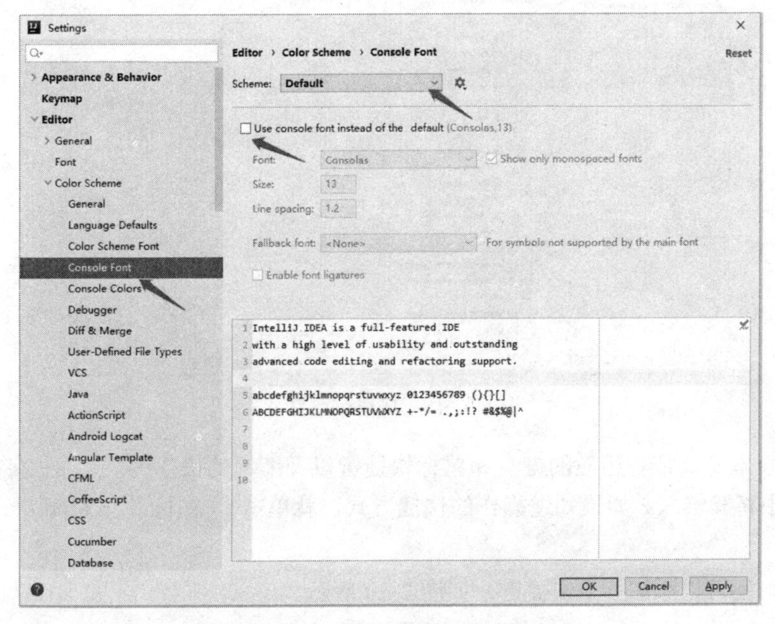

图 2-18 控制台字体设置

可以使用 Default 默认字体配置，也可以使用其他的字体配置，选择 Use console font instead of the default 进行更加细致的配置，配置完成后，单击 Apply 应用配置便可以在控制台中查看配置效果。

2.2.8 配置键盘快捷键

IntelliJ IDEA 包含预定义的键盘映射，可让你自定义常用的快捷方式。要查看键盘映射配置，单击 File→Settings→Keymap，如图 2-19 所示。

IntelliJ IDEA 会根据环境自动选择预定义的键盘映射。确保它与你使用的操作系统匹配，或者选择与你习惯使用的另一种 IDE 或编辑器（例如 Eclipse 或 NetBeans）中的快捷方式匹配的操作系统。

修改任何快捷方式时，IntelliJ IDEA 都会创建当前所选键盘映射的副本，你可以对其进行配置。单击⚙图标以复制选定的键盘映射、重命名、删除或将其还原为默认值。

注 意

自定义键映射不是其父键映射的完整副本。它从父键映射继承未修改的快捷键，并仅定义已更改的快捷键。

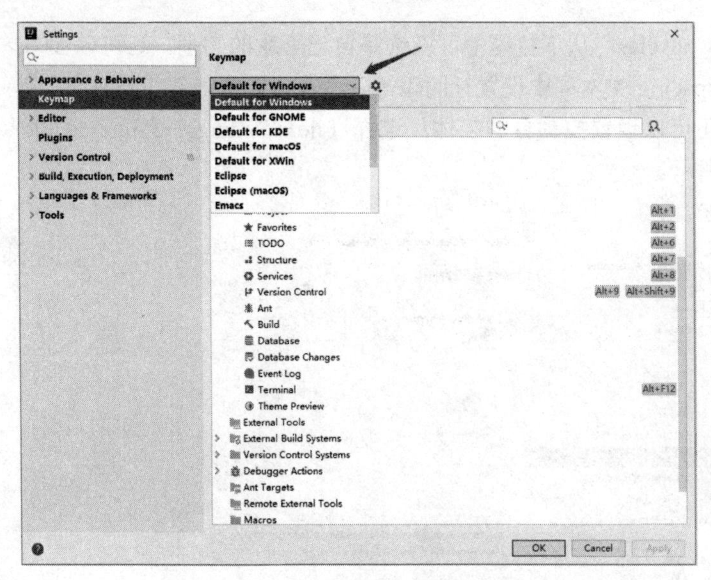

图 2-19 快捷键设置

键盘映射表本身是带有相应的键盘和鼠标快捷键以及缩写的操作列表。要按名称查找动作，请在搜索字段中将其键入。如果知道操作的快捷方式，就单击图标并在 Find Shortcut 对话框中按组合键。

除此之外，还可以添加一个快捷键，如图 2-20 所示。

- Add Keyboard Shortcut：用于添加一个快捷键。
- Add Mouse Shortcut：用于添加鼠标快捷键。
- Add Abbreviation：缩写词可用于快速查找动作而无须使用快捷键。例如，可以按 Ctrl+Shift+A 组合键并输入“跳转到颜色和字体”操作的名称，以快速修改当前插入符号位置下的元素颜色和字体设置。如果为此操作指定缩写（例如 JCF），则可以输入它而不是完整的操作名称。

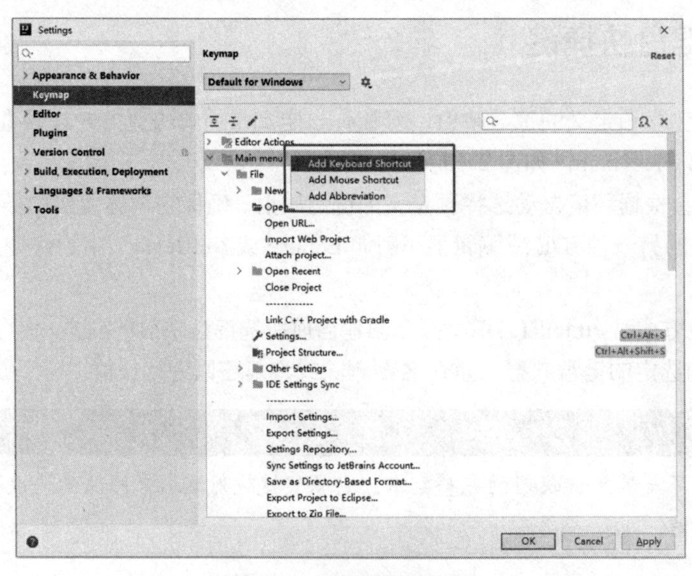

图 2-20 添加快捷键设置

按下的键组合会显示在 Keyboard Shortcut（键盘快捷键）对话框中，如果与现有的快捷键冲突，也会显示警告，如图 2-21 和图 2-22 所示。

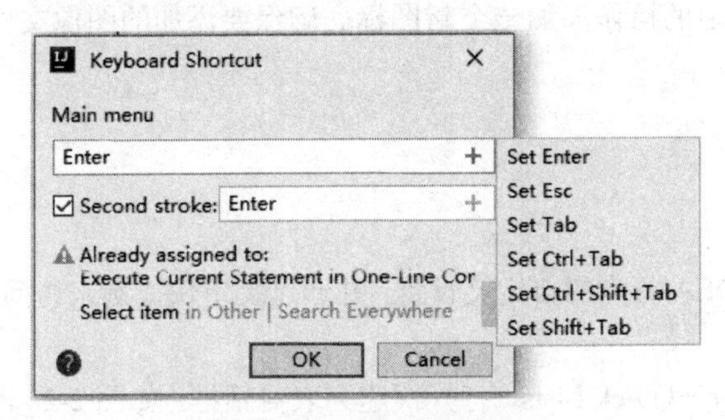

图 2-21　自定义快捷键设置

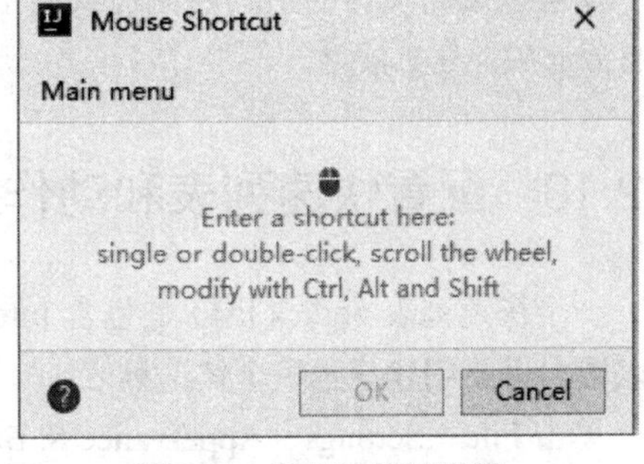

图 2-22　鼠标快捷键设置

所有用户定义的按键映射都存储在 IntelliJ IDEA 配置目录 keymaps 子目录下的单独配置文件中：

- Windows 系统：%HOMEPATH%\.<product><version>\config\keymaps。例如，C:\Users\Ay\.IntelliJIdea2019.2\config\keymaps。
- macOS 系统：~/Library/Preferences/<product><version>/keymaps。例如，~/Library/Preferences/IntelliJIdea2019.2/keymaps。
- Linux 系统：~/.<product><version>/config/keymaps。例如，~/.IntelliJIdea2019.2/config/keymaps。

2.2.9　自定义菜单和工具栏

我们可以自定义 IDEA，使其菜单中仅具有所需和常用的选项。还可以重新组合这些选项，并将它们移动到其他位置。可以更改工具栏上的可用图标，也可以使用自己的图像文件添加新图标。

单击 File→Settings→Appearance & Behavior→Menus and Toolbars，打开对话框，如图 2-23 所示。

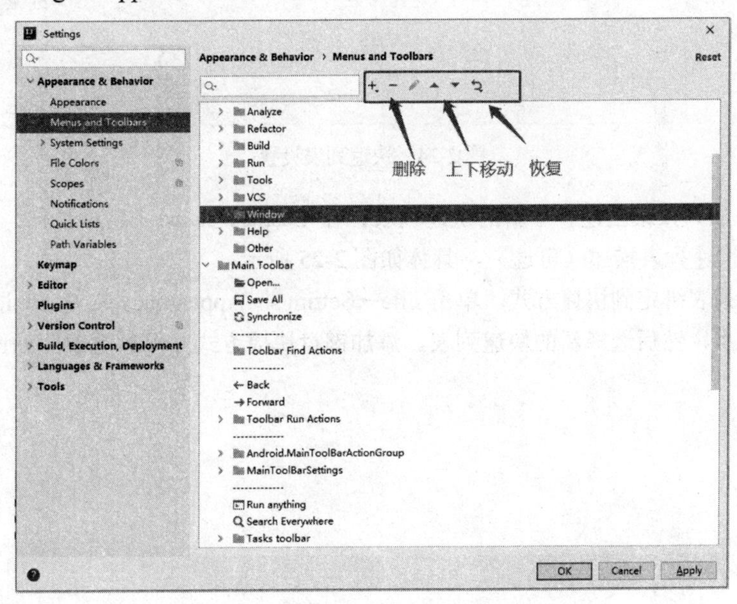

图 2-23　自定义菜单和工具栏

在可用菜单和工具栏列表中，展开要自定义的节点，然后选择所需的项目。使用可用的图标在菜单中添加、移动、删除操作或恢复设置。

还可以编辑现有的工具栏图标或向工具栏上的操作添加一个新图标。确保要添加的图像文件具有.png 或.svg 扩展名。

2.2.10 配置快速列表和动作

一个快速列表（quick list）是包含 IntelliJ IDEA 行为的自定义设置，并通过绑定快捷键来访问。可以根据需要创建任意多个快速列表。

单击 File→Settings→Appearance & Behavior→Quick Lists，打开快速列表对话框，如图 2-24 所示。

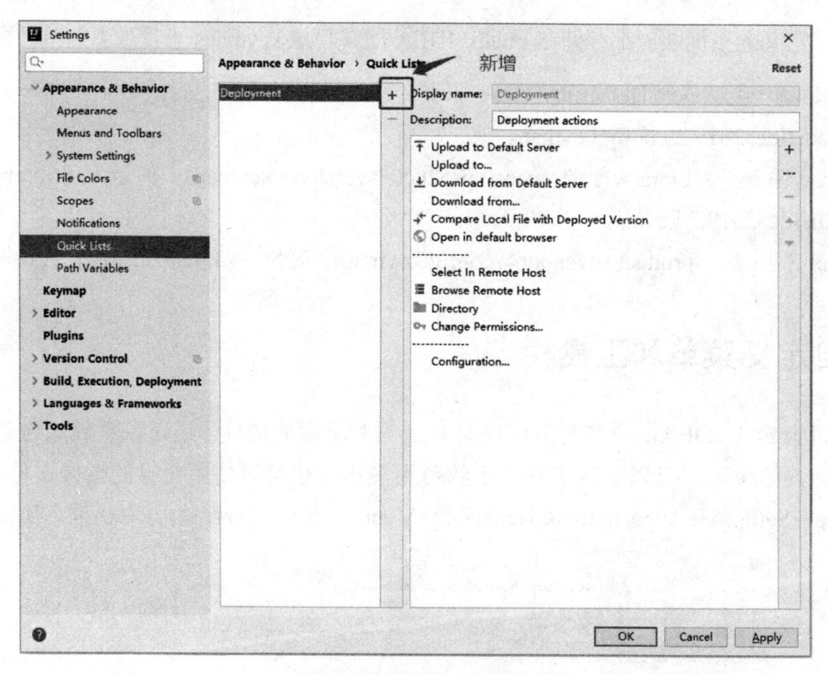

图 2-24 快速列表设置

单击 **+**（添加）按钮创建一个新的快速列表，在 Display name（显示名称）字段中，指定快速列表的名称和快速列表描述（可选），具体如图 2-25 所示。

将新的快速列表绑定到快捷方式，单击 File→Settings→Appearance & Behavior→Keymap，展开 Quick Lists 节点，然后选择新的快速列表。添加键盘快捷方式并保存更改，如图 2-26 和图 2-27 所示。

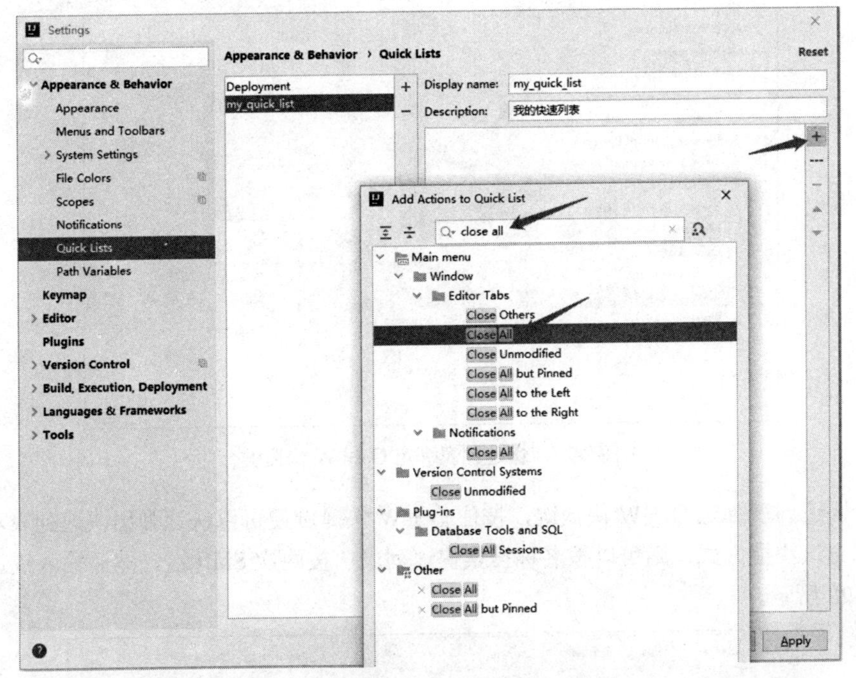

图 2-25 添加自定义快速列表设置

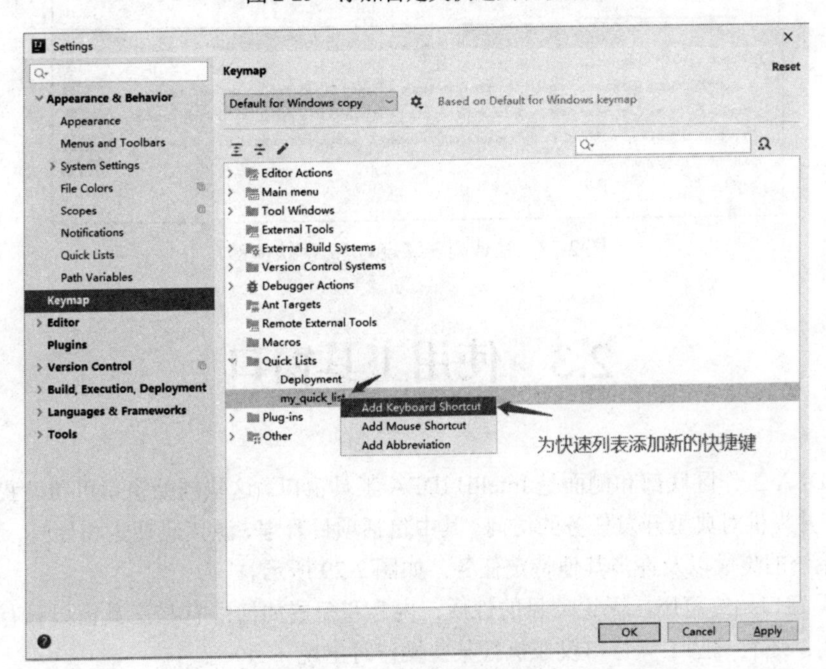

图 2-26 快速列表绑定快捷键

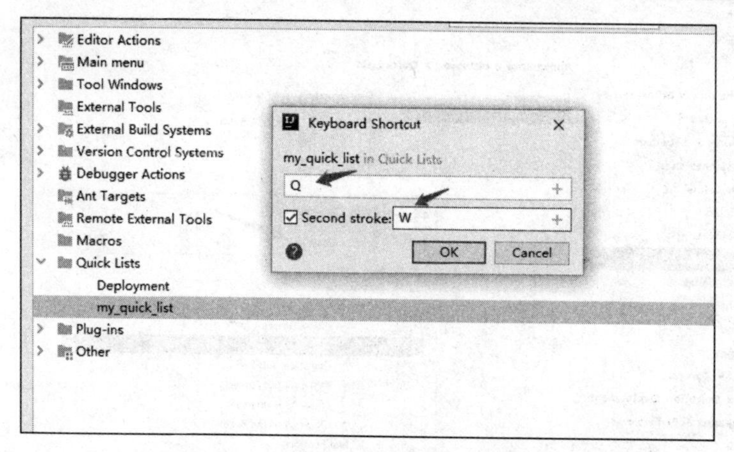

图 2-27　快速列表绑定 Q 和 W 快捷键

我们给快速列表绑定 Q + W 快捷键，按住 Q + W 快捷键便可以快速弹出快速列表对话框了。

如果忘记该快捷方式，则可以按名称搜索快速列表。按两次 Shift 键，然后输入快速列表的名称，如图 2-28 所示。

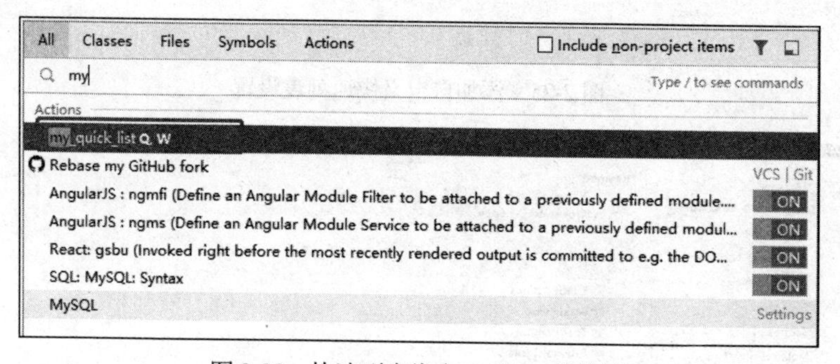

图 2-28　快速列表绑定 Q 和 W 快捷键

2.3　使用工具窗口

IntelliJ IDEA 工作区底部和侧面是 IntelliJ IDEA 工具窗口。这些辅助窗口可帮助我们从不同角度查看项目，并提供对典型开发任务的访问。其中包括项目管理、源代码搜索和导航、运行和调试、与版本控制系统的集成以及许多其他特定任务，如图 2-29 所示。

某些工具窗口始终可用，无论项目的性质、内容和配置如何；有些工具窗口只有启用了相应的插件才可用；还有一些工具窗口仅在执行某些操作时出现。

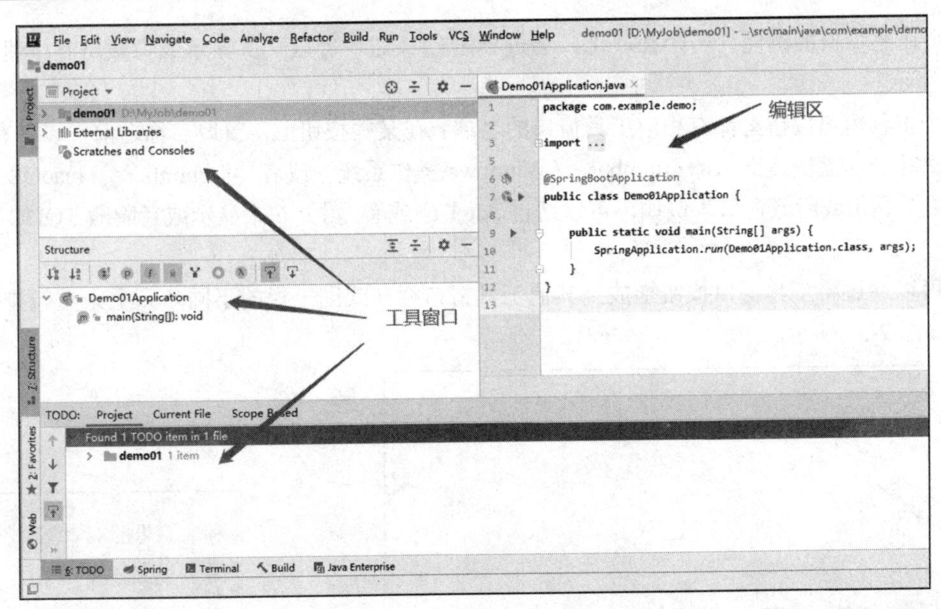

图 2-29　工具窗口界面

2.3.1　工具窗口快速访问

在工作区的左下角有一个□按钮，如果将鼠标光标悬停在此按钮上，则会打开一个菜单，可快速访问工具窗口，如图 2-30 所示。

单击此按钮，则会显示工具窗口栏和按钮。同时，按钮外观切换为▣。如果再次单击该按钮，则工具窗口的条和按钮将再次隐藏。

工具窗口栏可见时，右击工具窗口按钮，显示工具窗口上下文菜单，如图 2-31 所示。

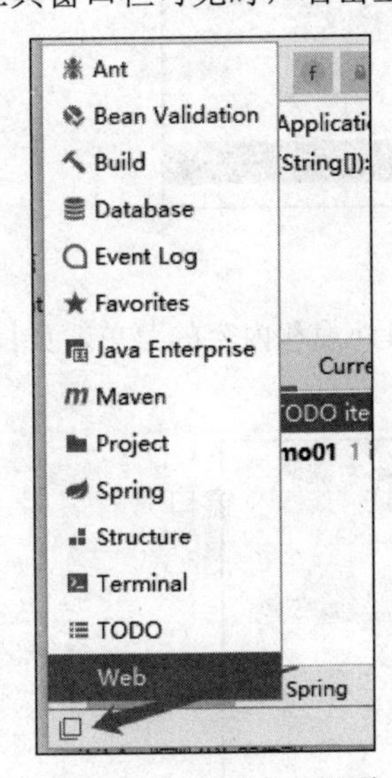

图 2-30　工具窗口界面

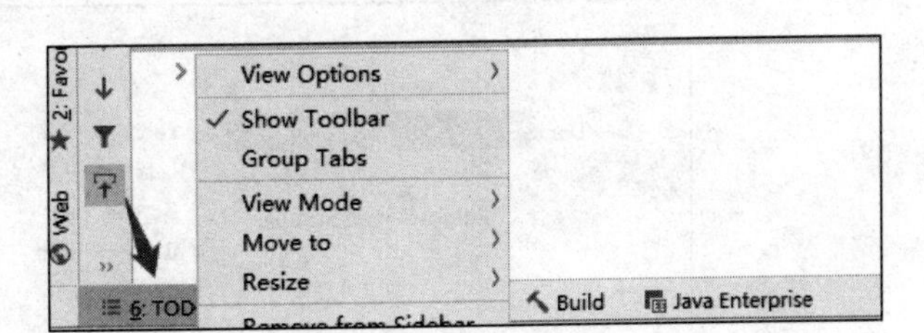

图 2-31　上下文菜单界面

上下文菜单用以控制工具窗口的查看模式以及工具窗口外观的其他方面。最初，有三个按钮栏：两个在主窗口的侧面，一个在底部。通过单击按钮，可以一次显示或隐藏所有按钮栏，如图 2-32 所示。

每个工具窗口按钮上都有相应工具窗口的名称。在某些按钮上，窗口名称之前可以带有数字。这意味着键盘快捷键 Alt+<number>（Windows 操作系统）或者 ⌘<number>（macOS 操作系统）可用于显示或隐藏窗口。例如，可以通过 Alt + 6 或者 ⌘ + 6 来显示或者隐藏 TODO 工具窗口。

还可以通过将工具窗口按钮拖放到其他工具窗口栏（或同一栏的不同角）上来重新排列工具窗口，如图 2-33 所示。

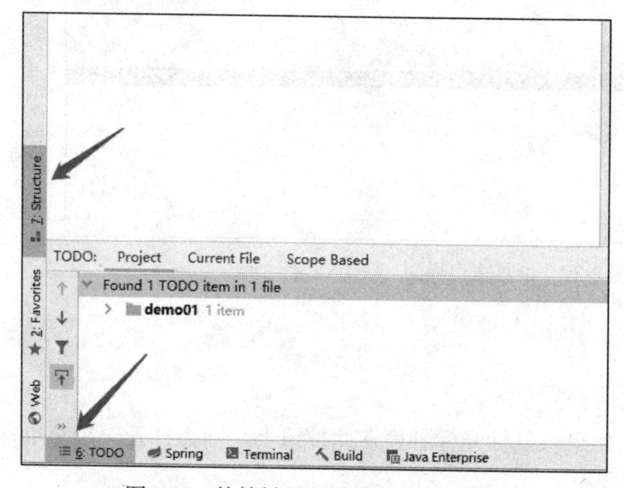

图 2-32 快捷键显示或者隐藏工具窗口

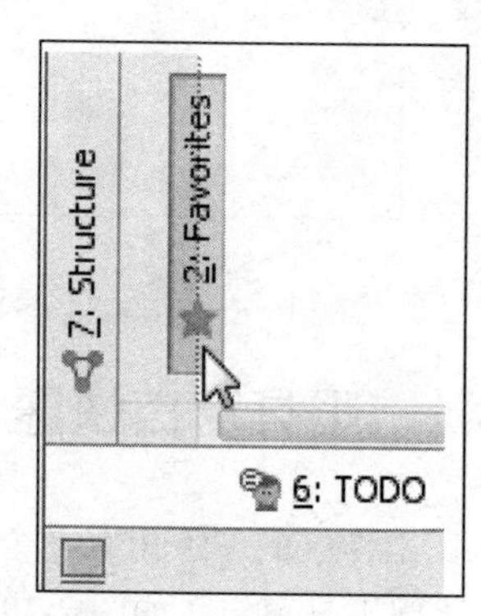

图 2-33 移动工具窗口

通常，所有工具窗口的组织方式都相似，如图 2-34 所示。

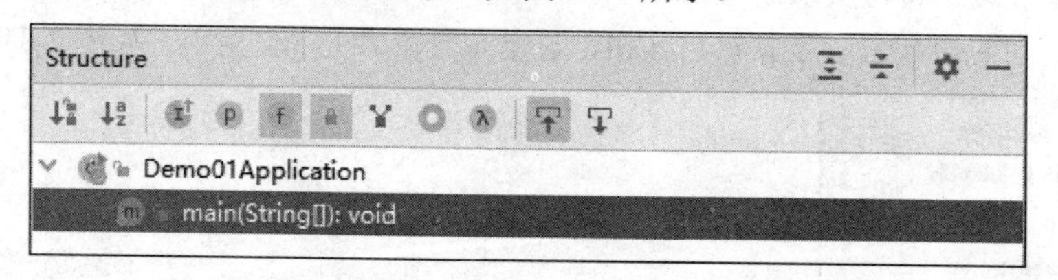

图 2-34 Structure 工具窗口

窗口顶部是标题栏。右击标题栏时，将显示一个用于管理窗口外观和内容的菜单，如图 2-35 所示。

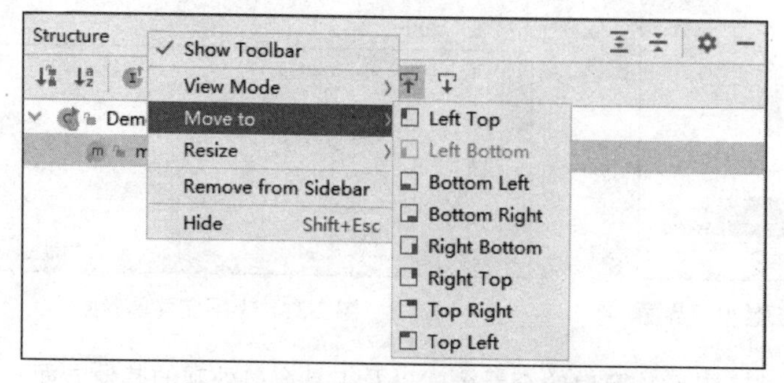

图 2-35 管理窗口外观和内容的菜单

标题栏的右侧部分包含两个按钮：通过⚙按钮可以打开一个菜单，用于管理工具窗口的查看模式；━按钮用于隐藏工具窗口。

标题栏下面是工具栏和内容窗格。根据窗口的不同，工具栏可能位于内容窗格的上方或左侧。

还可以通过单击菜单栏 View→Tool Windows 显示或隐藏工具窗口，如图 2-36 所示。

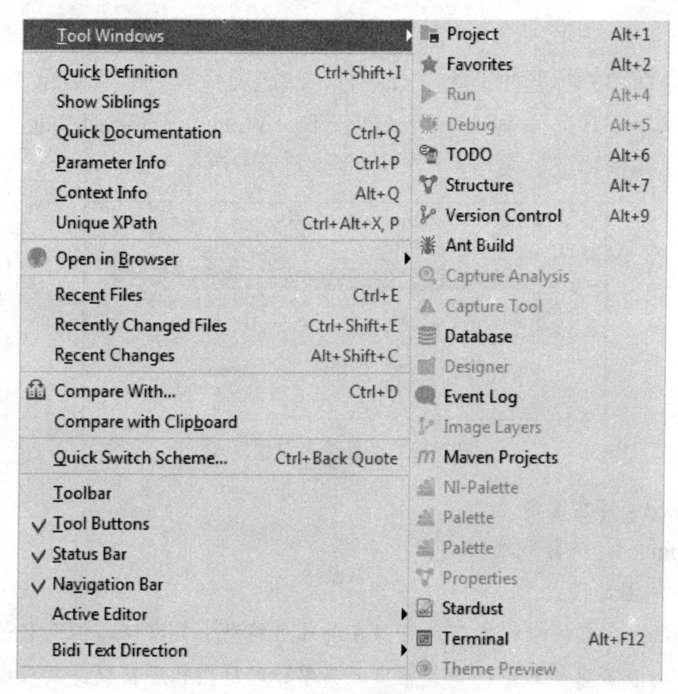

图 2-36 显示或隐藏工具窗口

单击菜单栏 Window→Active Tool Window 执行与活动工具窗口相关的操作，其中包括隐藏活动窗口和其他窗口、更改活动工具窗口的查看模式等，如图 2-37 所示。

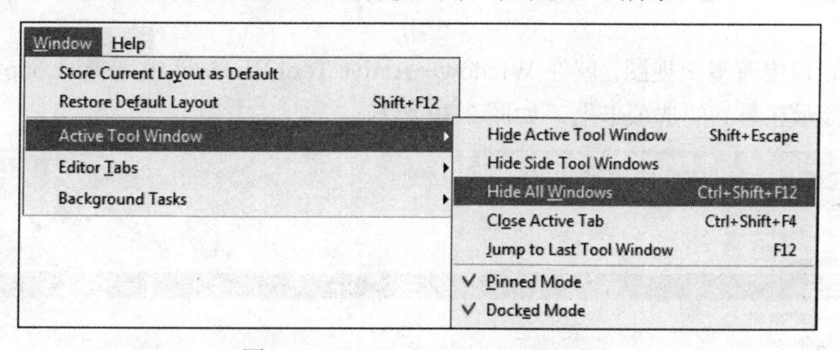

图 2-37 Active Tool Window 操作

选择 Window→Active Tool Window→Jump to Last Tool Window 跳至主菜单中的“上一个工具窗口”，如果当前隐藏了所有工具窗口，则将显示最后一个活动的工具窗口并将其激活。

选择 Window→Store Current Layout as Default 将“当前布局”存储为“默认”，通过 Window→Restore Default Layout 来恢复默认布局。

2.3.2 工具窗口查看模式

在编辑器或其他工具窗口中工作时，可以通过多种方式查看和调整工具窗口，以快速访问它们并节省空间：

步骤01 在工具窗口的标题栏上单击⚙图标，从选项列表中选择 View Mode 选项。

步骤02 在主菜单中，选择 Window→Active Tool Window→View Mode。

步骤03 右击工具窗口或标题栏，然后从选项列表中选择 View Mode，如图 2-38 所示。

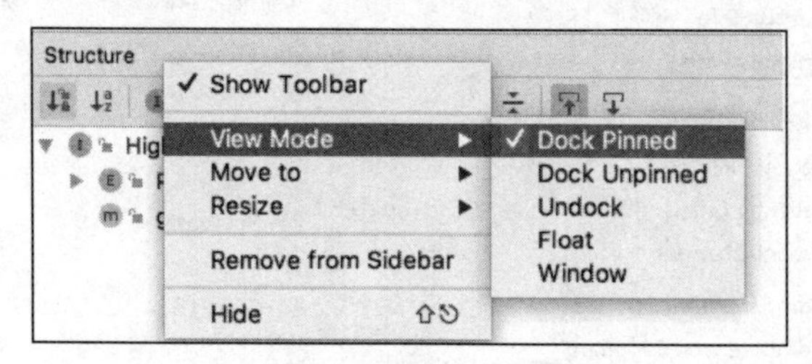

图 2-38 工具窗口查看模式

- Docked Pinned：停靠固定。
- Docked Unpinned：停靠取消固定。
- Undock：取消固定模式。
- Float 或 Window：在浮动模式下，可以在屏幕上移动工具窗口，但是它位于 IntelliJ IDEA 主窗口的顶部。在窗口模式下，工具窗口充当单独的应用程序窗口，其可以在屏幕上移动并与 IntelliJ IDEA 主窗口重叠。

2.3.3 组选项卡选项

如果工具窗口中有多个视图，就在 Window→Active Tool Window 中选择 Group Tabs 选项，相应的视图可能显示在单独的选项卡上，如图 2-39 所示。

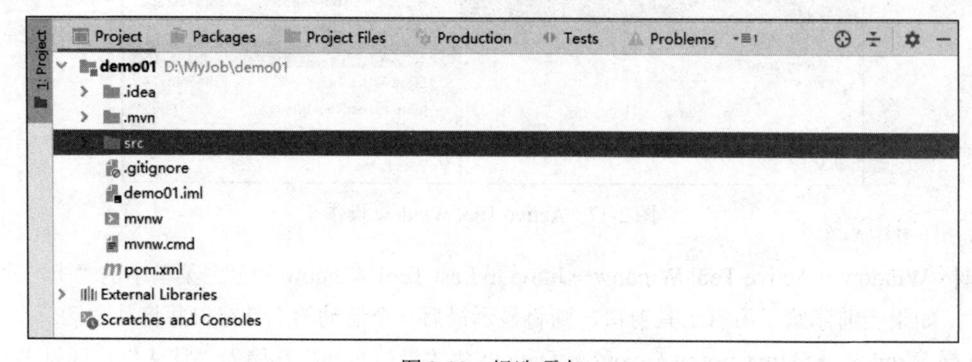

图 2-39 组选项卡

2.3.4　工具窗口中的快速搜索

在编辑器或其他工具窗口中工作时，可以通过多种方式查看和调整工具窗口，以快速访问它们并节省空间。快速搜索（Speed Search）的工具窗口可以查找和导航到一个文件、工程工具窗口中的文件夹等。

需要注意的是，仅在展开的节点上执行快速搜索，如果折叠了某个节点，则不会检测到其下面的匹配项。

要在工具窗口中搜索，可按照下列步骤操作：

步骤 01　选择所需的工具窗口。

步骤 02　开始输入项目名称（例如文件、类、字段等）。输入时，“搜索”字段将显示在工具窗口工具栏上，其中显示了输入的字符，并且元素选择移至与指定字符串匹配的第一项。字符串的匹配部分突出显示，如图 2-40 所示。

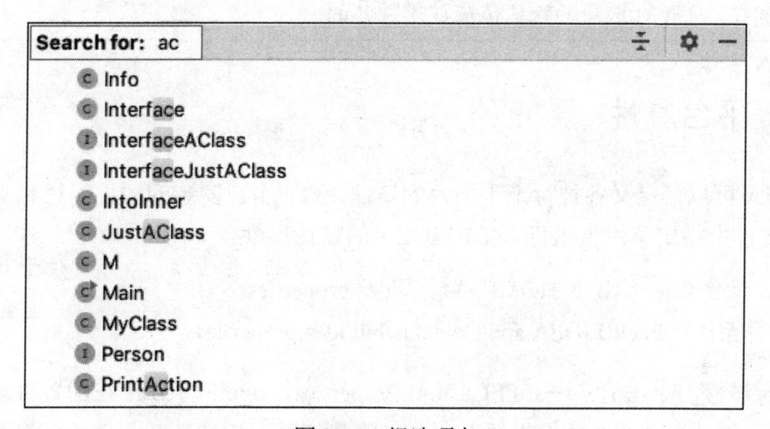

图 2-40　组选项卡

步骤 03　如果几个相邻的项目与模式匹配，就使用键盘上的向上和向下键在它们之间导航。

2.4　高级配置

2.4.1　配置 JVM 选项

IntelliJ IDEA 在 Java 虚拟机（JVM）上运行，该 Java 虚拟机具有控制其性能的各种选项。在以下文件中指定了用于运行 IntelliJ IDEA 的默认选项：

- Windows 操作系统：

<IDE_HOME> \ bin \ idea64.exe.vmoptions（用于默认的 64 位 JVM）。

<IDE_HOME> \ bin \ idea.exe.vm 选项（用于可选的 32 位 JVM）。

- Mac 操作系统：

IntelliJ IDEA.app/Contents/bin/idea.vmoptions。

要配置 JVM 选项，可单击 Help→Edit Custom VM Options，IntelliJ IDEA 在配置目录中使用 JVM 选项创建文件的副本，并在新的编辑器选项卡中将其打开。在此文件中更改的任何值都将覆盖原始默认文件中的值。

如果没有对 IntelliJ IDEA 配置目录的写访问权，则可以添加 IDEA_VM_OPTIONS 环境变量以使用 JVM 选项指定文件的位置。该文件中的值将覆盖原始默认文件和 IntelliJ IDEA 配置目录副本中的对应值。

如果使用的是 Toolbox App，它将管理安装和配置目录，并允许为每个 IDE 实例配置 JVM 选项。打开工具箱应用程序，单击所需实例的螺母图标，然后选择设置。

注 意
在大多数情况下，JVM 选项的默认值应该是最佳的。

2.4.2 配置平台属性

IntelliJ IDEA 可以自定义各种特定于平台的属性，例如用户安装的插件路径和支持的最大文件大小。在以下文件中指定了用于运行 IntelliJ IDEA 的默认属性：

- Window 操作系统：<IDE_HOME> \ bin \ idea.properties。
- Mac 操作系统：IntelliJ IDEA.app/Contents/bin/idea.properties。

要配置平台属性，单击 Help→Edit Custom Properties，IntelliJ IDEA 在配置目录中创建一个空的 idea.properties 文件，并在新的编辑器选项卡中将其打开。添加到此文件的任何属性都将覆盖原始默认文件中的相应属性。

如果没有对 IntelliJ IDEA 配置目录的写访问权，则可以添加 IDEA_PROPERTIES 环境变量以指定 idea.properties 文件的位置。该文件中的属性将覆盖原始默认文件和 IntelliJ IDEA 配置目录中的相应属性。

当需要移动默认 IDE 目录的位置时，如果用户配置文件驱动器空间不足或位于慢速磁盘上，或者主目录已加密（降低了 IDE 的速度）或位于网络驱动器上，通常会更改一些属性，具体如表 2-2 所示。

表 2-2 属性配置

属性	描述
idea.config.path	配置目录
idea.system.path	系统目录
idea.plugins.path	插件目录
idea.log.path	日志目录

除此之外，可能影响性能的限制，具体如表 2-3 所示。

表2-3 性能属性配置

属性	描述
idea.max.content.load.filesize	IntelliJ IDEA能够打开的最大文件大小（以千字节为单位）。使用大文件可能会影响编辑器性能并增加内存消耗，默认值为20000
idea.max.intellisense.filesize	IntelliJ IDEA为其提供编码帮助的最大文件大小（以千字节为单位）。大文件的编码辅助可能会影响编辑器性能并增加内存消耗，默认值为2500
idea.cycle.buffer	控制台循环缓冲区的最大大小（以千字节为单位）。如果控制台输出大小超过此值，则会删除最早的行。要禁用循环缓冲区，可设置idea.cycle.buffer.size=disabled
idea.max.vcs.loaded.size.kb	IntelliJ IDEA加载的最大大小（以千字节为单位），用于在比较更改时显示过去的文件内容，默认值为20480

2.4.3 默认的IDE目录

（1）配置目录

默认情况下，IntelliJ IDEA在用户的主目录中存储用户特定的文件（配置、缓存、插件、日志等）。但是，如有必要，可以更改存储这些文件的位置。

IntelliJ IDEA配置目录包含带有个人设置的XML文件，例如快捷键、配色方案等，它也是用户定义的VM选项和平台属性文件的默认位置。

- Windows操作系统：%HOMEPATH%\.<product><version>\config。例如，C:\Users\JohnS\.IntelliJIdea2019.2\config。
- Mac操作系统：~/Library/Preferences/<product><version>。例如，~/Library/Preferences/IntelliJIdea2019.2。

可以使用idea.config.path属性更改IntelliJ IDEA配置目录的位置。

（2）系统目录

IntelliJ IDEA系统目录包含缓存和本地历史文件。

- Windows操作系统：%HOMEPATH%\.<product><version>\system。例如，C:\Users\JohnS\.IntelliJIdea2019.2\system。
- Mac操作系统：~/Library/Caches/<product><version>。例如，~/Library/Caches/IntelliJIdea2019.2。

（3）插件目录

IntelliJ IDEA插件目录包含用户安装的插件。

- Windows操作系统：%HOMEPATH%\.<product><version>\config\plugins。例如，C:\Users\JohnS\.IntelliJIdea2019.2\config\plugins。
- Mac操作系统：~/Library/Application Support/<product><version>。例如，~/Library/Application Support/IntelliJIdea2019.2。

（4）日志目录

IntelliJ IDEA 日志目录包含产品日志和线程 dumps。

- Windows 操作系统：%HOMEPATH%\.<product><version>\system\log。例如，C:\Users\JohnS\.IntelliJIdea2019.2\system\log。
- Mac 操作系统：~/Library/Logs/<product><version>。例如，~/Library/Logs/IntelliJIdea2019.2。

2.4.4 切换启动 JDK

IntelliJ IDEA 包括默认使用的 JetBrains Runtime（基于 OpenJDK 11），建议使用 JetBrains Runtime 运行 IntelliJ IDEA，它可以修复各种已知的 OpenJDK 和 Oracle JDK 错误，并提供更好的性能和稳定性。但是在某些情况下，可能会使用其他 Java 运行时或特定版本的 JetBrains Runtime。

切换用于运行 IntelliJ IDEA 的 Java Runtime，步骤如下：

步骤 01 单击 Help→Find Action。

步骤 02 查找并选择 Switch Boot JDK，如图 2-41 所示。

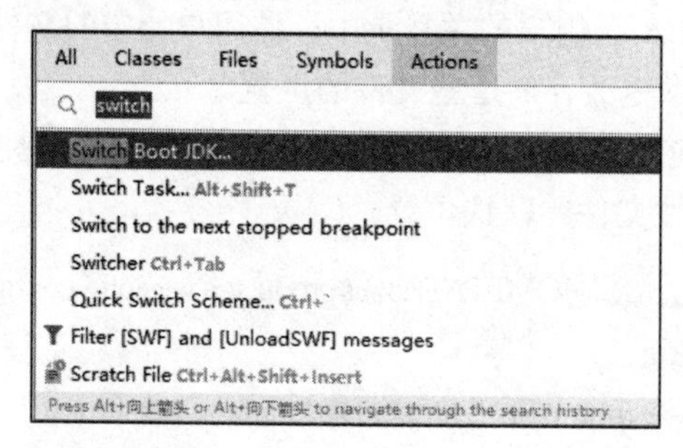

图 2-41 搜索 Switch Boot JDK

步骤 03 选择所需的 JDK，然后单击 OK 按钮，如图 2-42 所示。

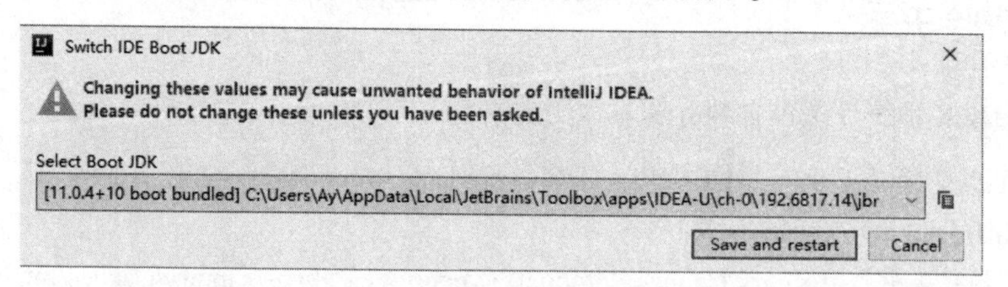

图 2-42 选择 Boot JDK

默认情况下，该列表包括 IntelliJ IDEA 能够检测到的运行时。如果要使用未检测到的运行时，就单击浏览按钮并指定所需的 Java 主目录的位置。

所选运行时的路径存储在 IntelliJ IDEA 配置目录中的 idea.jdk 文件中。要恢复为默认的 JetBrains 运行时，可以删除此文件，或修改路径以指向另一个 JDK。

还可以通过将 IDEA_JDK 环境变量及其路径添加到所需的 JDK 主目录来覆盖用于 IntelliJ IDEA 的运行时。

2.4.5 增加内存堆

运行 IntelliJ IDEA 的 Java 虚拟机（JVM）会分配一些预定义的内存。默认值取决于平台。如果遇到速度下降的情况，则可能需要增加内存堆。

步骤 01 单击 Help→Change Memory Settings。

步骤 02 设置要分配的必要内存量，然后单击 Save and Restart 按钮。

这将更改-XmxJVM 使用的选项值，并使用新设置重新启动 IntelliJ IDEA。如果垃圾回收后的可用堆内存量小于最大堆大小的 5%，则 IntelliJ IDEA 也会发出警告，如图 2-43 所示。

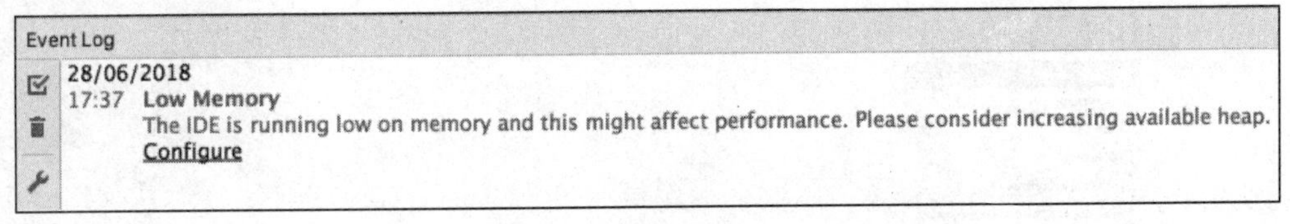

图 2-43 堆内存量不足警告

单击配置以增加 JVM 分配的内存量，如图 2-44 所示。

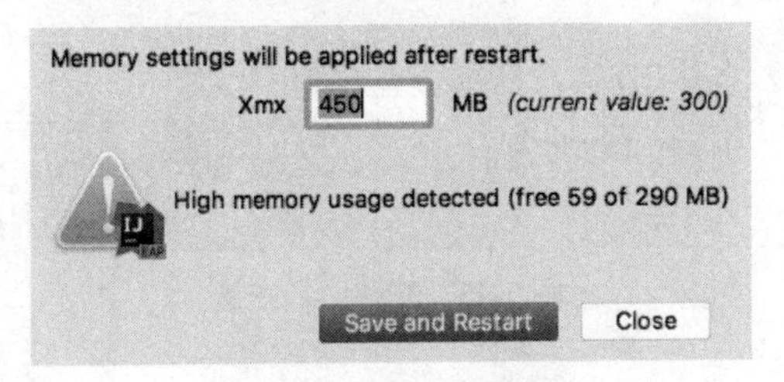

图 2-44 堆内存配置界面

2.4.6 清除无效缓存

IntelliJ IDEA 缓存大量文件，因此系统缓存可能会过载。有时不再需要缓存。当使缓存无效时，IntelliJ IDEA 会重建在当前版本的 IDE 中运行过的所有项目。

清除系统缓存的步骤如下：

步骤 01 单击 File→Invalidate Caches/Restart。

步骤 02 在 Invalidate Caches（无效缓存）对话框中，选择一个操作。可以使缓存无效并重新启动 IDE，无须重新启动 IDE 即可使缓存无效，或者仅重新启动 IDE。

2.4.7 路径变量

路径变量是占位符，代表链接到项目的资源路径。它们提供了共享的灵活性，因为不必引用计算机上的固定位置。

在 IntelliJ IDEA 中，有一些预定义的变量：

- $USER_HOME$：代表主目录。
- $PROJECT_DIR$：代表项目存储的目录。
- $MODULE_DIR$：表示保存模块配置文件 IML 的目录。

要配置路径变量，在 Settings→Preferences 对话框中选择 Appearance & Behavior→Path Variables，如图 2-45 所示。

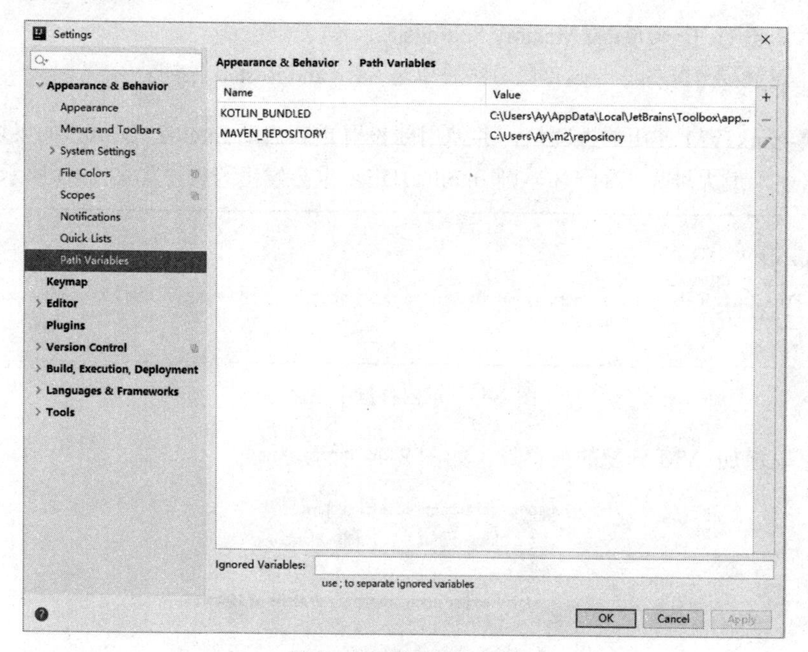

图 2-45 配置路径变量

第3章

配置项目

本章主要介绍如何使用 IntelliJ IDEA 创建第一个 Java 项目、配置项目和模块、开发工具包以及库的相关信息。

3.1 创建第一个 Java 项目

本节将学习如何创建、运行和打包打印“Hello, World”到系统输出的简单 Java 应用程序。

3.1.1 创建新的项目

要在 IntelliJ IDEA 中开发 Java 应用程序，需要安装 Java SDK（JDK）。如果未安装 Java，则需要下载 JDK 软件包。

创建一个新的 Java 项目，步骤如下：

步骤 01 单击 File→New→Project...。

步骤 02 在 New Project（新建项目）向导中，从左侧列表中选择 Java，如图 3-1 所示。

步骤 03 从 Project SDK 列表中选择要在项目中使用的 JDK。如果列表为空，请单击 New（新建）并指定 Java 主目录的路径，再单击 Next 按钮。

步骤 04 不要从模板创建项目。我们将从头开始做所有事情，因此单击 Next 按钮。

步骤 05 命名项目，例如 HelloWorld，如图 3-2 所示。

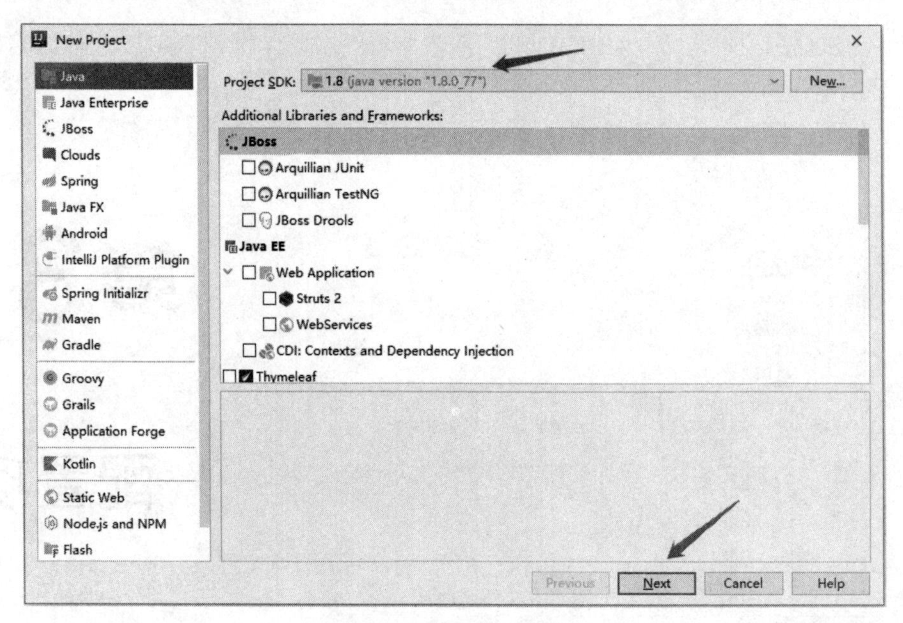

图 3-1　新建 Java 项目

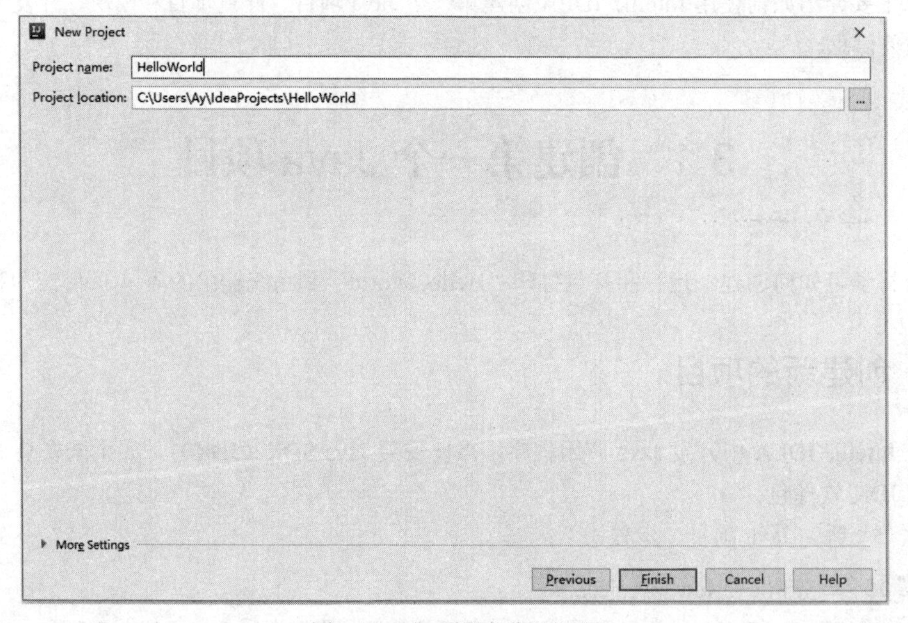

图 3-2　Java 项目名称和位置

步骤 06　如有必要，更改默认项目位置，然后单击 Finish（完成）按钮。

3.1.2　创建一个包和一个类

包用于将属于同一类别或提供类似功能的类分组在一起，以用于构造和组织具有数百个类的大型应用程序。

在项目工具窗口中，选择 src 文件夹，按 Alt+Insert 快捷键，然后选择 Java Class。在名称字段中输入“com.example.helloworld.HelloWorld”并单击 OK 按钮。IntelliJ IDEA 创建 com.example.helloworld 包和 HelloWorld 类，如图 3-3 所示。

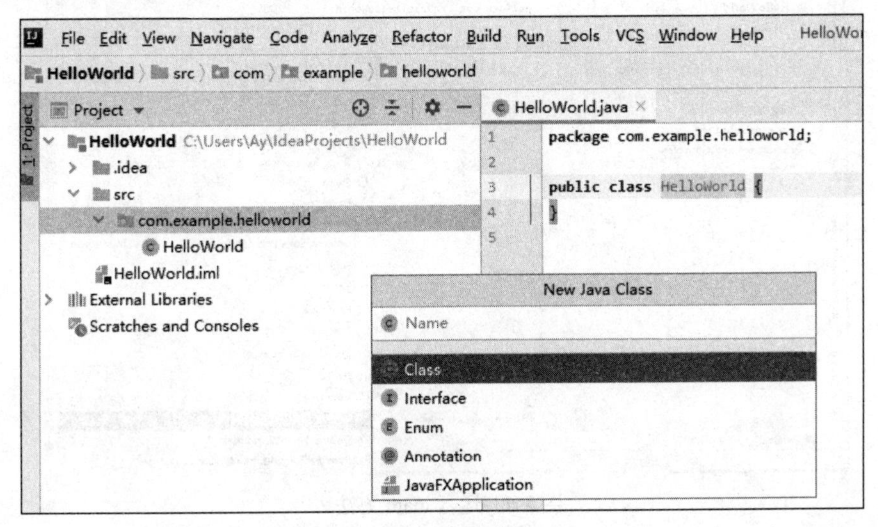

图 3-3　创建 Java 包和类

IntelliJ IDEA 自动为类生成了一些内容。在这种情况下，IDE 插入了 package 语句和类声明。

这是通过文件模板完成的。根据所创建文件的类型，IDE 会插入该类型所有文件中应包含的初始代码和格式。

3.1.3　编写代码并运行

在 HelloWorld 代码中开发 main()方法，具体代码如下所示：

```
package com.example.helloworld;
public class HelloWorld {
    //main 方法，代码入口
    public static void main(String[] args) {
        //打印 Hello World 字符串
        System.out.println("Hello World");
    }
}
```

选择“main”字符串，右击▶Run'HelloWorld.main()'，IDE 开始编译代码，如图 3-4 所示。

编译完成后，Run（运行）工具窗口将在屏幕底部打开。第一行显示 IntelliJ IDEA 用于运行已编译类的命令。第二行显示程序输出“Hello World”。最后一行显示退出代码 0，表明退出成功，如图 3-5 所示。

当单击 Run 时，IntelliJ IDEA 将创建一个特殊的运行配置，该配置将执行一系列操作。首先，它构建应用程序。在此阶段，javac 将源代码编译为 JVM 字节码。

javac 完成编译后，会将编译后的字节码放在 out 目录中，该目录在 Project 工具窗口中以黄色突出显示。之后，JVM 运行字节码。

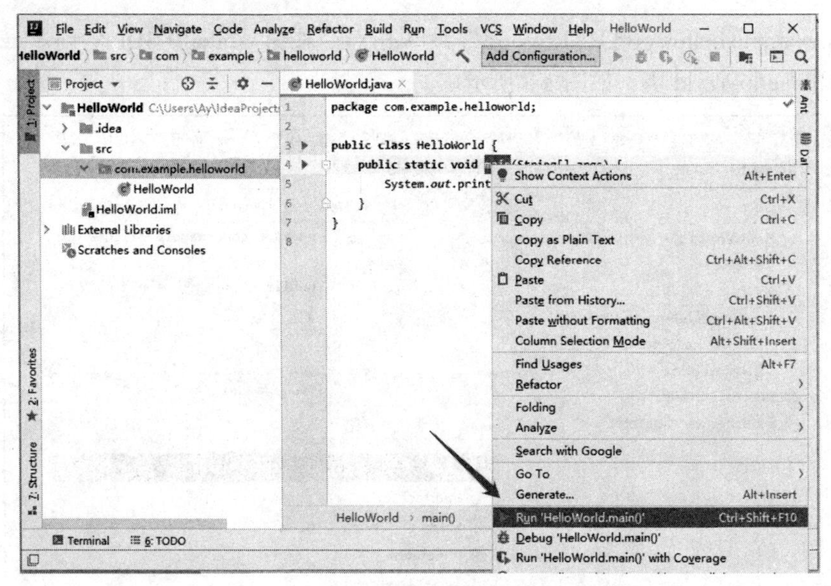

图 3-4　运行 main 方法

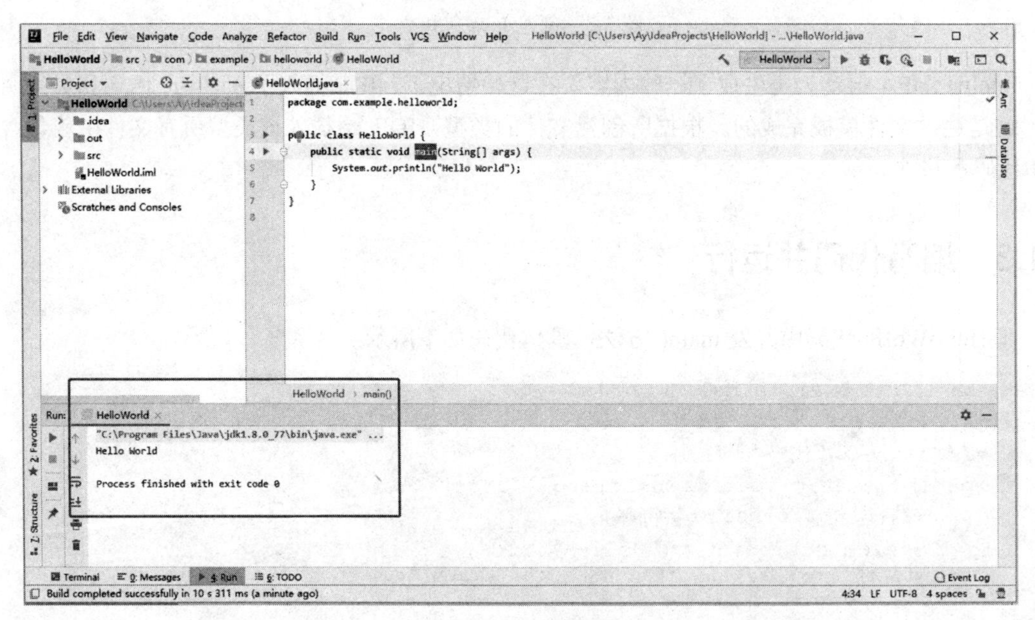

图 3-5　main 运行结果

3.2　配置项目

创建新项目时，必须选择项目类型，配置 SDK 并指定项目名称和位置。可以在 New Project（新建项目）向导中直接指定必要的设置，以便在首次打开项目时对其进行预配置。例如，IDEA 将加载库并创建文件。如果是 Maven 或 Gradle，则 IntelliJ IDEA 将定义任务并声明依赖项。

3.2.1　项目格式

在 IntelliJ IDEA 中，可以使用两种格式存储项目的配置：基于文件的格式（旧版）和基于目录的格式（默认和推荐）。

对于基于文件的项目，IDEA 会创建.ipr、.iws 和.iml 文件。对于基于目录的格式存储的项目，IDEA 将创建.iml 文件和保留项目设置的.idea 目录。

3.2.2　导入项目

要在 IntelliJ IDEA 中导入项目，可以单击 File→New→Project from Existing Sources。在 IntelliJ IDEA 中，既可以导入来自 Eclipse 和 Flash Builder 的项目，也可以导入源文件的集合以从中创建一个新项目，如图 3-6 所示。

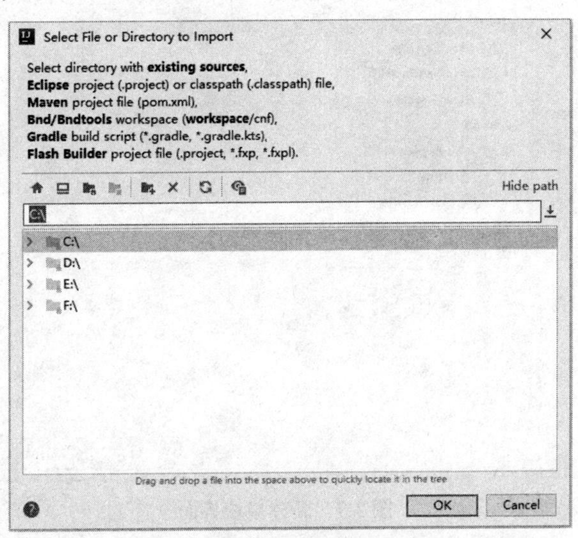

图 3-6　导入项目界面

如果要导入使用 Maven 或 Gradle 之类的构建工具的项目，则建议导入关联的构建文件 pom.xml 或 build.gradle。在这种情况下，IntelliJ IDEA 将识别项目中的依赖项和 artifacts，并将自动恢复其配置。

3.3　配置模块

3.3.1　模块 Modules

在 IntelliJ IDEA 中，模块是任何项目的重要组成部分，与项目一起自动创建。项目可以包含多个模块，可以添加新模块，对其进行分组并卸载当前不需要的模块。

模块由内容根目录和模块文件组成。内容根目录是一个用于存储代码的文件夹。通常，它包含源代码、单元测试、资源文件等子文件夹。模块文件（.iml 文件）用于保持模块配置。

3.3.2 多模块项目

IntelliJ IDEA 允许在一个项目中拥有许多模块，而不仅仅是 Java。可以为 Java 应用程序提供一个模块，为 Ruby on Rails 应用程序或任何其他受支持的技术提供另一个模块。

向项目添加一个新模块，步骤如下：

步骤 01 右击 Project 工具窗口中的顶级目录，然后选择 New→Module，将打开 New Module（新建模块）界面，如图 3-7 所示。

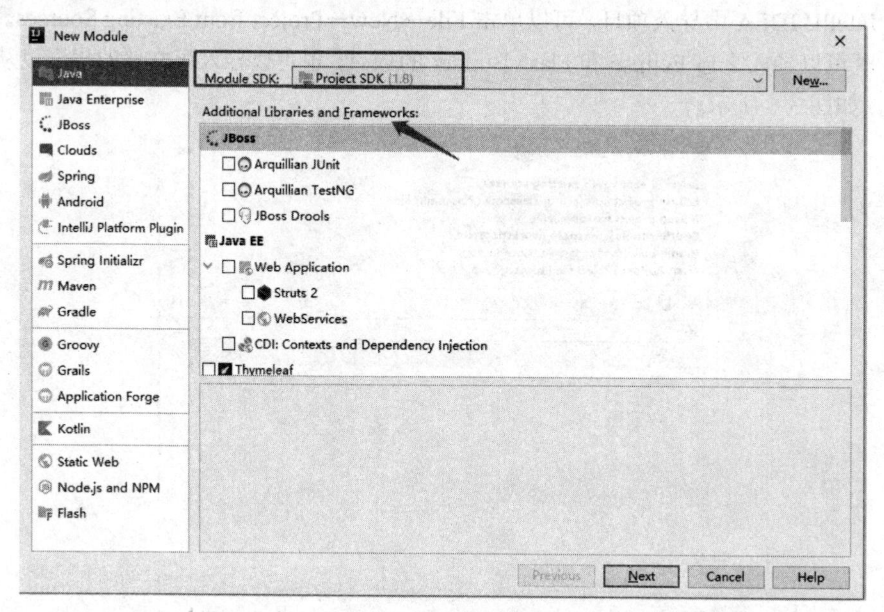

图 3-7 新建模块界面

步骤 02 在对话框的右侧，从 Module SDK（模块 SDK）列表中选择要使用的 SDK。可以使用项目 SDK 或指定一个新的 SDK。

步骤 03 在 Additional Libraries and Frameworks 部分中，选择要在此模块中使用的其他资产。

步骤 04 在下一步中，为模块命名并指定内容根目录和.iml 文件的位置。可以将它们放置在项目内部或外部，如图 3-8 所示。

步骤 05 单击 Finish 按钮。

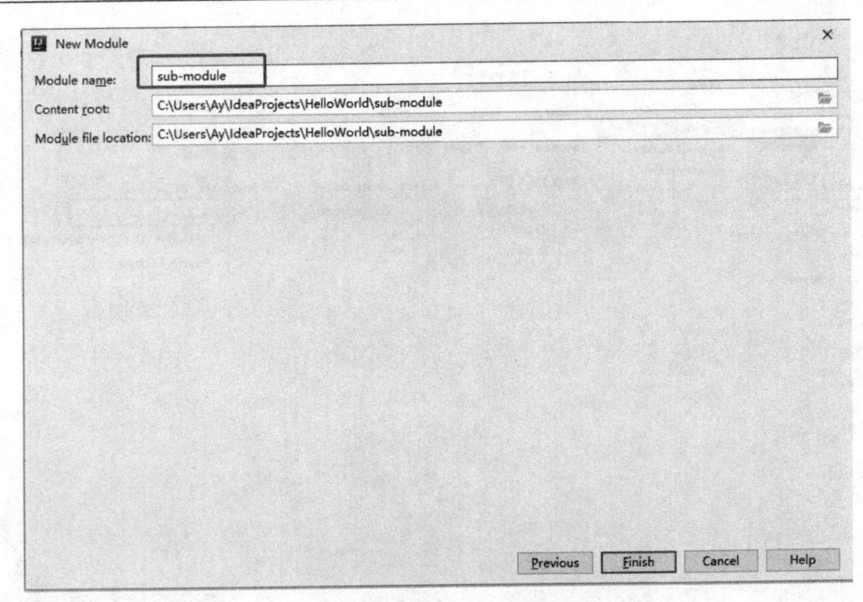

图3-8 模块命名、内容根目录

在 IntelliJ IDEA 中，可以对模块进行逻辑分组。如果在大型项目中包含多个模块，则分组将更容易浏览项目。要整理模块，可给它们提供完全合格的名称。例如，要对所有 CDI 模块进行分组，可在其名称中添加前缀 cdi，具体步骤如下：

步骤01 打开 Project Structure 对话框，然后单击 Modules。

步骤02 选择要分组的模块，打开上下文菜单，然后单击 Change Module Names。

步骤03 指定前缀并应用更改。

步骤04 要在 Project Structure 对话框中查看同一级别上的所有模块，可单击 Flatten Modules 上下文菜单选项。

3.3.3 内容根目录

IntelliJ IDEA 中的内容是一组文件，其中包含源代码、构建脚本、单元测试和文档。这些文件通常按层次结构组织。顶级文件夹称为内容根目录。模块通常具有一个内容根，也可以添加更多内容根。同时，模块可以独立于内容根而存在。在这种情况下，可以将它们用作其他模块的依赖项集合。

IntelliJ IDEA 中的内容根目录标有▇图标。

添加新的内容根，具体步骤如下：

步骤01 从主菜单中选择 File→Project Structure，然后单击 Project Settings→Modules。

步骤02 选择所需的模块，然后在对话框的右侧打开“源”选项卡。

步骤03 单击 Add Content Root，然后指定要添加为新内容根的文件夹，单击 OK 按钮，如图 3-9 所示。

步骤04 要删除内容根，可单击✕图标。IntelliJ IDEA 将选定的根标记为常规文件夹，该文件夹本身及其内容不会被删除。

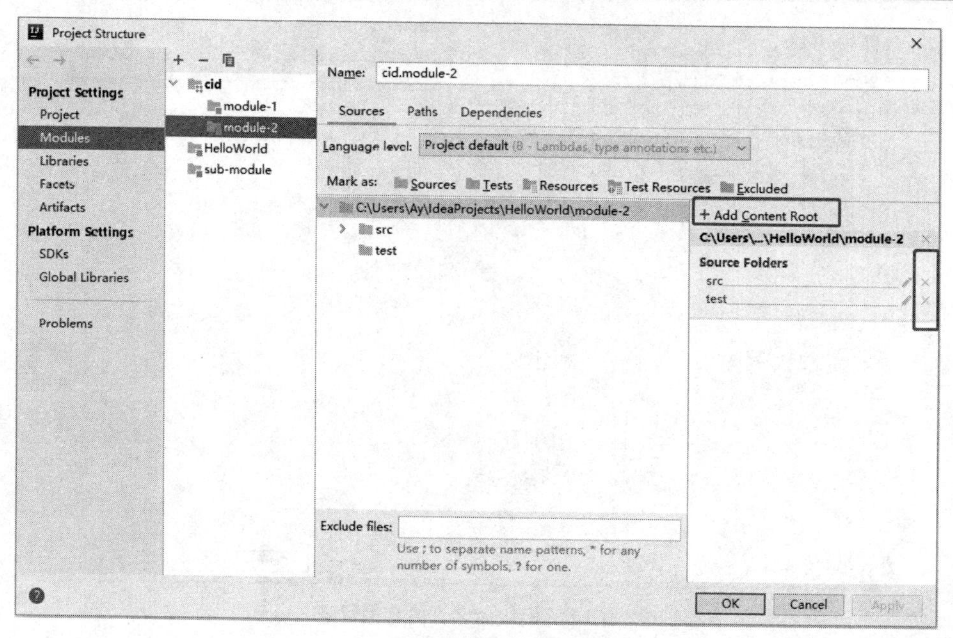

图 3-9　添加新的内容根

3.3.4　资源夹类别

内容根目录中的文件夹可以被分为几个类别，如表 3-1 所示。

表 3-1　资源夹类别

类别	描述
（Sources Root）	包含应编译的生产代码
（Generated Sources Root）	IDE 认为 Generated Sources 根文件夹中的文件是自动生成的，而不是手动编写的，并且可以重新生成
（Test Sources Root）	这些文件夹将测试相关的代码与生产代码分开保存。源和测试源的编译结果通常放置在不同的文件夹中
（Generated Test Sources Root）	IDE 认为此文件夹中的文件是自动生成的，而不是手动编写的，并且可以重新生成
（Resources Root）	（仅 Java）应用程序中使用的资源文件（图像、配置 XML 和属性文件等）。在生成过程中，资源文件将原样复制到输出文件夹
（Test Resources Root）	这些文件夹用于与测试源关联的资源文件
（Excluded）	代码完成，导航和检查将忽略排除文件夹中的文件。通常，编译输出文件夹被标记为已排除。除了排除整个文件夹之外，还可以排除特定文件
（Load Path Root）	（仅限 Ruby）加载路径是 require 和 load 语句在其中查找文件的路径

配置文件夹类别的具体步骤如下：

步骤 01　在 Project 工具窗口中右击一个文件夹。

步骤 02　从上下文菜单中选择 Mark Directory as。

步骤 03 选择必要的类别。

要恢复文件夹的先前类别，就再次右击该文件夹，选择 Mark Directory as，然后选择 Unmark as <folder category>，对于排除的文件夹，选择 Cancel Exclusion 取消排除。

3.3.5 排除文件

如果不需要特定文件，但又不想完全删除它们，则可以暂时将这些文件从项目中排除。代码完成，导航和检查将忽略排除的文件。

注 意
不能排除 Java 文件和二进制文件。

要排除文件，需要将其标记为纯文本文件。始终可以将排除的文件恢复为原始状态：

步骤 01 在 Project 工具窗口的目录树中右击所需的文件。

步骤 02 从菜单中选择 Mark as Plain Text。

纯文本文件 在目录树中带有图标标记。要还原更改，就右击该文件，然后从菜单中选择 Mark as <file type>。

在某些情况下，不方便一一排除文件或文件夹。例如，源代码文件和自动生成的文件放在相同的目录中，并且只想排除生成的文件，则可能不方便。在这种情况下，可以为特定的内容根配置一个或多个名称模式。

如果位于所选内容根目录内的文件夹或文件名与模式之一匹配，则将其标记为已排除。所选内容根目录之外的对象将不受影响，具体步骤如下所示：

步骤 01 从主菜单中选择 File→Project Structure。

步骤 02 单击 Project Setting（项目设置）部分下的 Modules（模块），然后选择一个模块。如果此模块中有多个内容根，请选择要从中排除文件或文件夹的根。

步骤 03 在对话框底部的 Exclude files 字段中输入模式。例如，输入“*.aj”以排除 AspectJ 文件。可以配置多个模式并用;（分号）符号分开。

3.3.6 给 Java 源指定包前缀

在 Java 中，可以将包前缀分配给文件夹（源文件夹、生成的源文件夹），而不是手动配置文件夹结构。测试源文件夹和生成的测试源文件夹，具体步骤如下：

步骤 01 从主菜单中选择 File→Project Structure，然后单击 Modules，如图 3-10 所示。

步骤 02 选择必要的模块，然后打开 Sources（源）选项卡。

步骤 03 在右侧窗格中单击图标 。

步骤 04 指定包前缀，然后单击 OK 按钮。

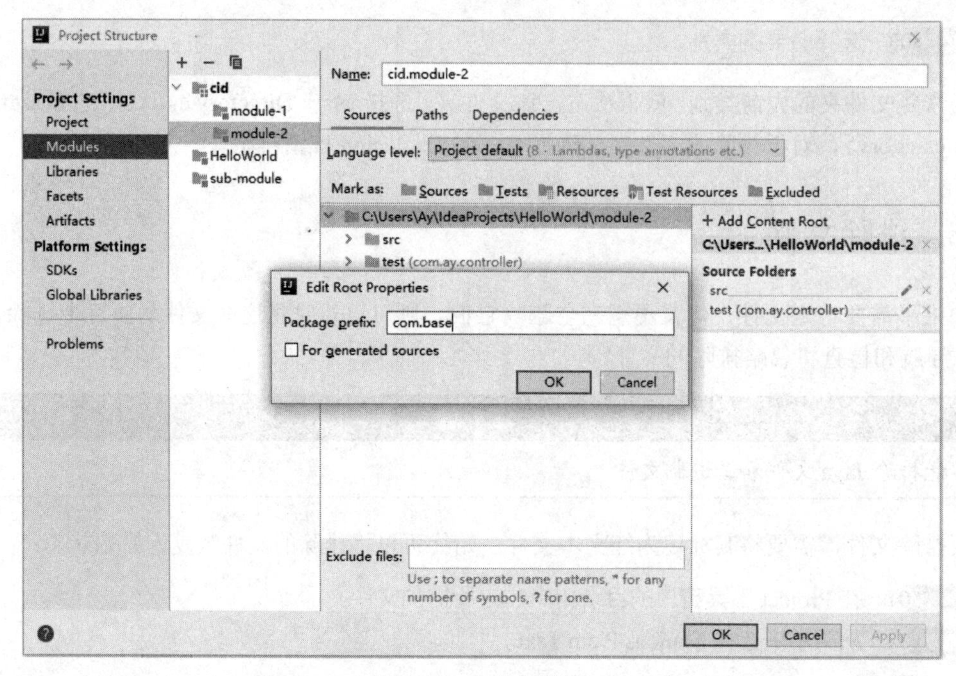

图 3-10　指定包前缀

3.3.7　模块依赖

模块可以依赖于 SDK、JAR 包或项目中的其他模块。添加一个新的依赖，具体步骤如下：

步骤 01　从主菜单中选择 File→Project Structure，然后单击 Modules→Dependencies。

步骤 02　单击＋按钮并选择依赖项类型（见图 3-11）：

- JARs or directories（JAR 或目录）：从计算机上的文件中选择 JAR 包或目录。
- Library（库）：选择现有库或创建一个新库，然后将其添加到依赖项列表中。
- Module Dependency（模块依赖性）：在项目中选择另一个模块。

要删除依赖项，可先选择依赖项，然后单击 — 按钮。指定依赖项范围可让我们控制应在构建的哪一步使用依赖项，具体步骤如下：

步骤 01　从主菜单中选择 File→Project Structure，然后单击 Modules→Dependencies。

步骤 02　从 Scope（范围）列中选择必要的范围：

- Compile（编译）：构建、测试和运行项目所必需的（默认范围）。
- Test（测试）：测试依赖范围。只对于测试 classpath 有效，在编译主代码或者运行项目时将无法使用此类依赖。
- Runtime（运行时）：已提供依赖范围，对于测试和运行 classpath 有效，但在编译主代码时无效。
- Provided: 用于编译和测试项目，对于编译和测试 classpath 有效，但在运行时无效。

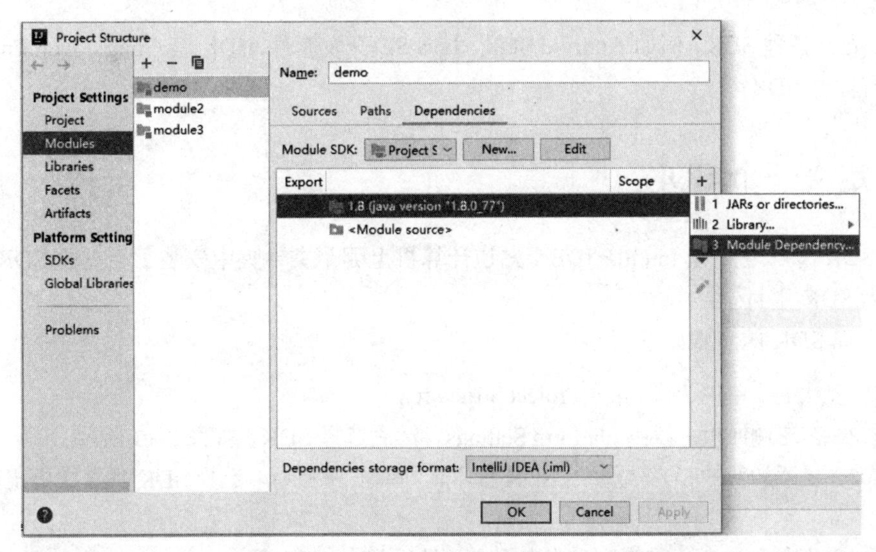

图 3-11　模块依赖

3.3.8　卸载模块

手动卸载模块步骤如下：

步骤 01　在 Project 工具窗口中，右击一个模块，然后选择 Load/Unload Modules 命令。

步骤 02　可以双击对话框中的模块以加载或卸载它，也可以使用对话框中间的按钮，如图 3-12 所示。

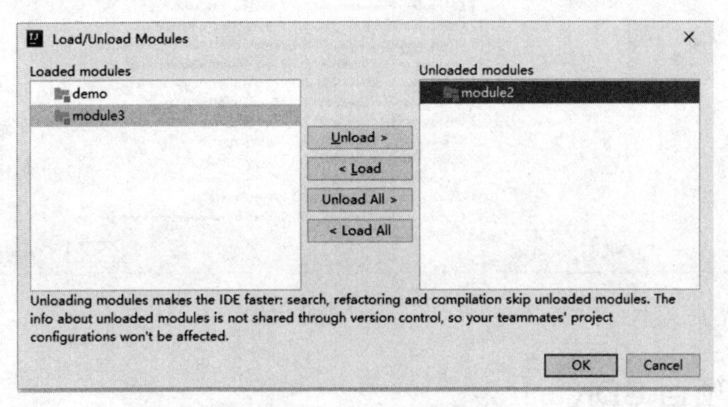

图 3-12　加载/卸载模块

3.4　开发工具包

一个软件开发工具包，或 SDK，是一个工具集。例如，要使用 Java 开发应用程序，需要 Java SDK（JDK）。SDK 包含二进制文件、二进制文件的源代码和源代码的文档。对于 Java，SDK 还包含注释。

IDEA 支持各种 SDK，例如 Android SDK、Java SE 开发套件（JDK）、Google App Engine SDK、IntelliJ 平台插件 SDK 等。

3.4.1 定义一个 SDK

定义 SDK 意味着要让 IntelliJ IDEA 知道计算机上哪个文件夹中安装了必需的 SDK 版本。此文件夹称为 SDK 主目录。

管理全局 SDK 的步骤如下：

步骤 01 从主菜单中选择 File→Project Structure。

步骤 02 在左侧面板上找到 platform Settings，然后选择 SDK，如图 3-13 所示。

步骤 03 要添加新的 SDK 或新的 SDK 版本，可单击 + 图标，选择 SDK 类型并指定其安装目录。

步骤 04 要删除 SDK，就在列表中选择它，然后单击 − 图标。

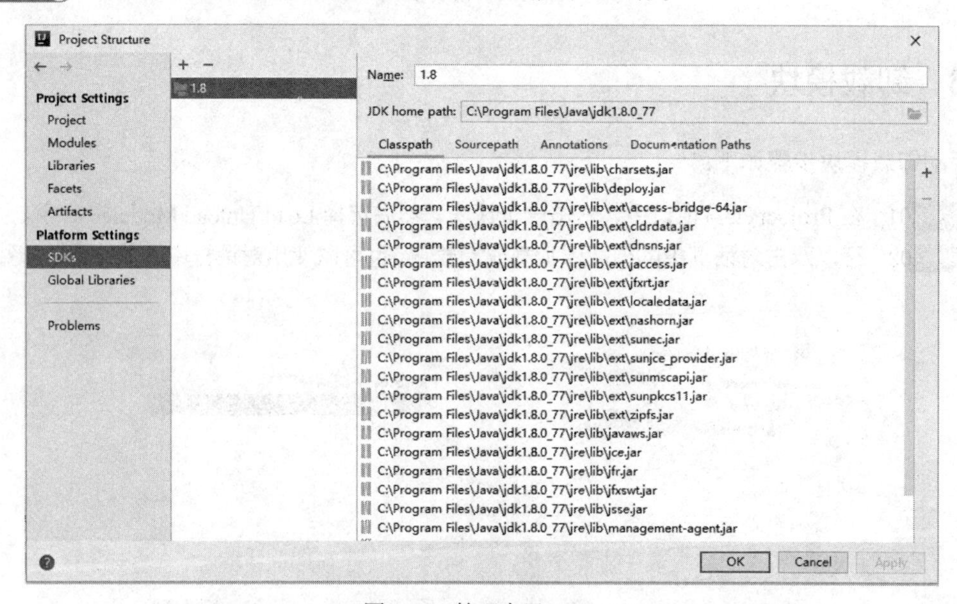

图 3-13 管理全局 SDK

3.4.2 修改项目 SDK

修改项目 SDK 的具体步骤如下：

步骤 01 从主菜单中选择 File→Project Structure。

步骤 02 在左侧面板上找到 Project Settings（项目设置）部分，然后选择 Project（项目）。

步骤 03 从项目 SDK 列表中选择另一个 SDK 或 SDK 版本。

步骤 04 如果尚未在 IntelliJ IDEA 中定义必需的 SDK，就单击 New（新建）按钮并指定其主目录，如图 3-14 所示。

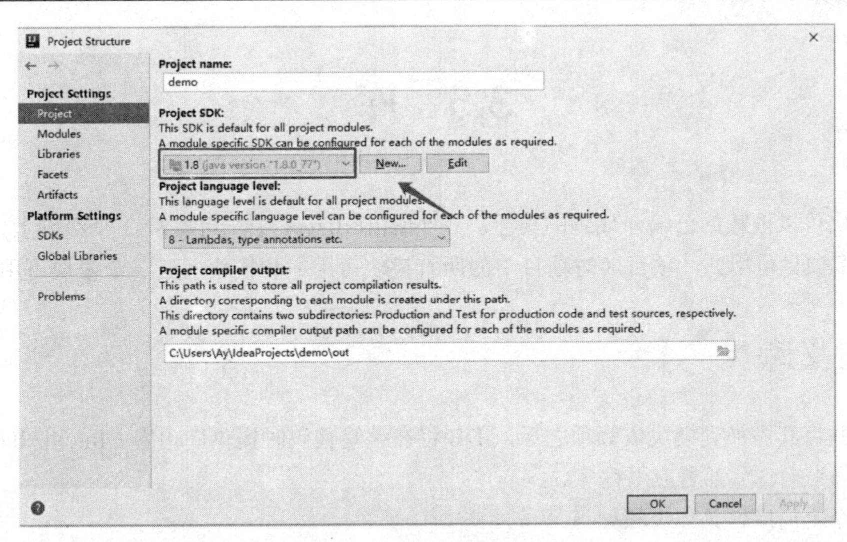

图 3-14　修改项目 SDK

3.4.3　修改模块 SDK

更改模块 SDK 的具体步骤如下：

步骤 01　从主菜单中选择 File→Project Structure。

步骤 02　在左侧面板上，找到 Project Settings（项目设置）部分，然后选择 Modules（模块）。

步骤 03　选择必要的模块，然后单击 Dependencies 标签。

步骤 04　从“Module SDK”列表中，选择要使用的另一个 SDK 或 SDK 版本。

步骤 05　如果尚未在 IntelliJ IDEA 中定义必需的 SDK，就单击 New 按钮并指定其主目录。如果要模块继承项目 SDK，就从“Module SDK”列表中选择“Project SDK”选项，如图 3-15 所示。

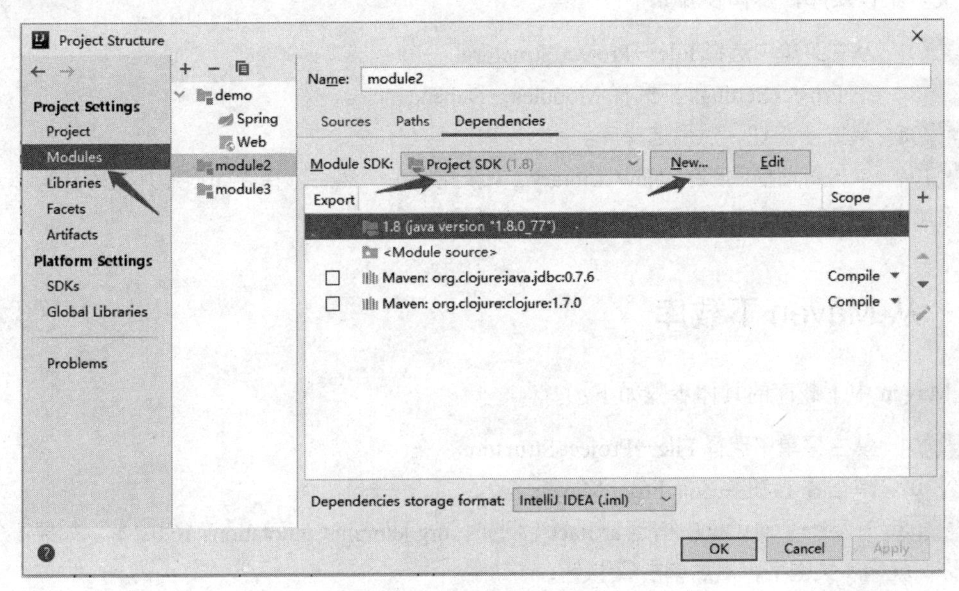

图 3-15　修改模块 SDK

3.5 库

库是模块可以依赖的已编译代码的集合。在 IntelliJ IDEA 中，可以从 3 个级别上定义库：全局（对于许多项目可用），项目（对项目中的所有模块可用）和模块（对一个模块可用）。

3.5.1 定义库

定义库并将其添加到模块依赖项之后，IDE 将在编写代码时提供库内容。IntelliJ IDEA 还将使用库中的代码来构建和部署应用程序。

定义一个全局库，具体步骤如下：

步骤01 从主菜单中选择 File→Project Structure。

步骤02 在 Platform Settings（平台设置）下选择 Global Libraries（全局库）。

步骤03 单击 + 图标并选择要如何添加新库：既可以从计算机上添加 Java 和 Kotlin 库，也可以从 Maven 下载库。

定义一个项目库，具体步骤如下：

步骤01 从主菜单中选择 File→Project Structure。

步骤02 在 Project Settings 下选择 Libraries。

步骤03 单击 + 图标并选择要如何添加新库：既可以从计算机上添加 Java 和 Kotlin 库，也可以从 Maven 下载库。

定义一个模块库，具体步骤如下：

步骤01 从主菜单中选择 File→Project Structure。

步骤02 在 Project Settings 下选择 Modules→Dependencies。

步骤03 单击 + 按钮，然后选择库。

步骤04 单击对话框底部的 New Library...（新建库），然后选择要如何添加新库：可以从计算机上添加 Java 和 Kotlin 库，也可以从 Maven 下载库。

3.5.2 从 Maven 下载库

从 Maven 中下载库的具体步骤如下：

步骤01 从主菜单中选择 File→Project Structure。

步骤02 单击 + 按钮并选择 From Maven...。

步骤03 在下一个对话框中指定 artifact（例如，org.jetbrains:annotations:16.0.2）。如果不知道确切名称，就输入关键字，然后单击 🔍 按钮。

还可以指定另一个库位置，并选择是否要下载传递依赖项、源文件、JavaDoc 文件或注释，如图 3-16 所示。

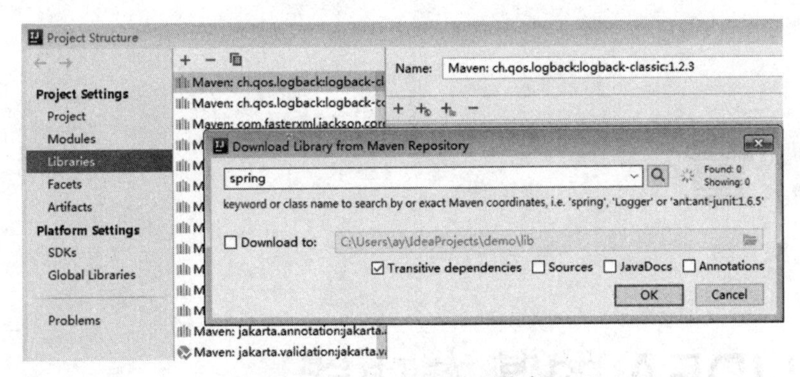

图 3-16　从 Maven 中下载库

3.5.3　配置自定义远程仓库

可以查看远程存储库的完整列表，并在设置中添加自定义存储库。注意，即使不将 Maven 用作项目的构建工具，IntelliJ IDEA 也可以从 Maven 加载库。

配置自定义远程存储库，具体步骤如下：

步骤 01　选择 Settings→Build, Execution, Deployment→Remote Jar Repositories。

步骤 02　单击相应对话框部分中的 Add 按钮，然后指定仓库 URL，如图 3-17 所示。

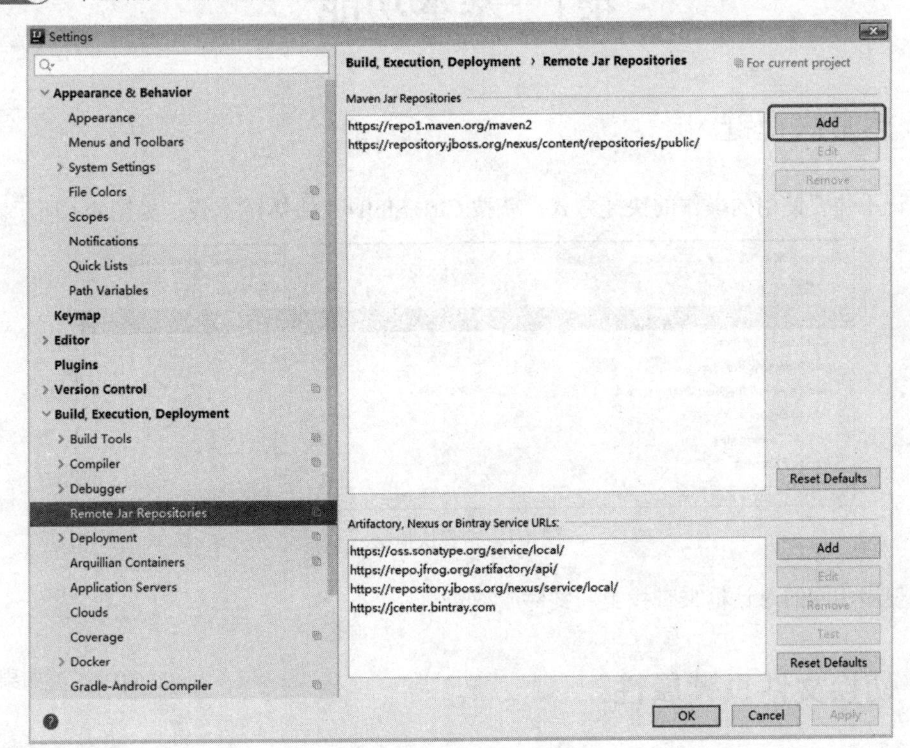

图 3-17　从 Maven 中下载库

第 4 章

IntelliJ IDEA 的基本功能

本章主要介绍 IntelliJ IDEA 的基本功能、编辑器、源码导航、搜索/替换、代码操作、实时模板、文件比较、拼写检查、语言注入、暂存文件、模块依赖图/UML 类图、版权、宏、文件编码等内容。

4.1 基本功能

4.1.1 搜索快捷键

如果记不住要使用的操作的快捷方式，就按 Ctrl+Shift+A 快捷键查找，如图 4-1 所示。

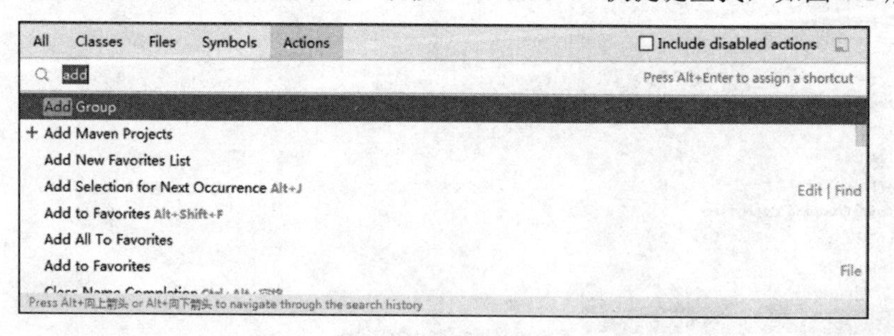

图 4-1 搜索快捷键

可以使用相同的对话框来查找类、文件或符号。

4.1.2 切换文件只读属性

如果是只读文件，则在状态栏的编辑器选项卡或项目工具窗口中用关闭的锁定图标标记该文件。如果文件可写，则在状态栏中将其标记为打开锁定图标🔓。

执行以下任一操作，可以更改文件的属性：

（1）从主菜单中选择 File→Make File Read-only 或者 Make File Writable，便可将文件标注为只读或者读写。

（2）单击状态栏中的锁定图标。

4.1.3　列选择模式

按 Ctrl+W/ Ctrl+Shift+W 快捷键可扩展或缩小选择，在纯文本文件中选择从整个单词开始，然后扩展到句子、段落等。

单击 Edit→Columns Selection Model 可以启用或禁用列选择模式。当要同时编辑多行代码时，此模式很有用，如图 4-2 所示。

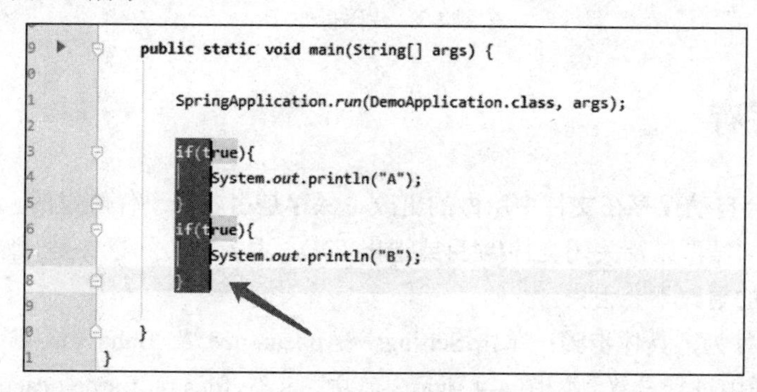

图 4-2　列选择模式

4.1.4　代码行操作

IntelliJ IDEA 提供了一些用于操作代码行的有用快捷方式：

（1）要在当前行之后添加行，可按 Shift+Enter 快捷键，IntelliJ IDEA 将插入符号移到下一行。

（2）要在当前行之前添加一行，可按 Ctrl+Alt+Enter 快捷键，IntelliJ IDEA 将插入符号移到上一行。

（3）要复制一行，可按 Ctrl+D 快捷键。

（4）要删除行，可将插入标记放在所需的行上，然后按 Ctrl+Y 快捷键。

（5）要将所有代码连接成线，可将插入记号放在要与其他线连接的线处，然后按 Ctrl+Shift+J 快捷键。持续按下键，直到所有需要的元素都被加入。

还可以连接字符串文字、字段或变量声明以及语句。注意，IntelliJ IDEA 会检查代码样式设置，并消除不需要的空格和冗余字符。

（6）要注释一行代码，可将插入符号放在适当的行，然后按 Ctrl+/快捷键。

（7）要向上或向下移动一行，可分别按 Shift+Alt+Up 或 Shift+Alt+Down 快捷键。

（8）要删除一行代码，可按 Ctrl+Y 快捷键。

（9）在编辑器中按 Ctrl+Shift+Enter 快捷键。IntelliJ IDEA 会在结构、切片和其他组合文字中自动插入所需的尾随逗号。插入符号将移至可以开始输入下一条语句的位置。

4.1.5 代码折叠

折叠的代码片段显示为带阴影的椭圆（折叠片段）。如果折叠的代码片段包含错误，则 IntelliJ IDEA 会以红色突出显示，如图 4-3 所示。

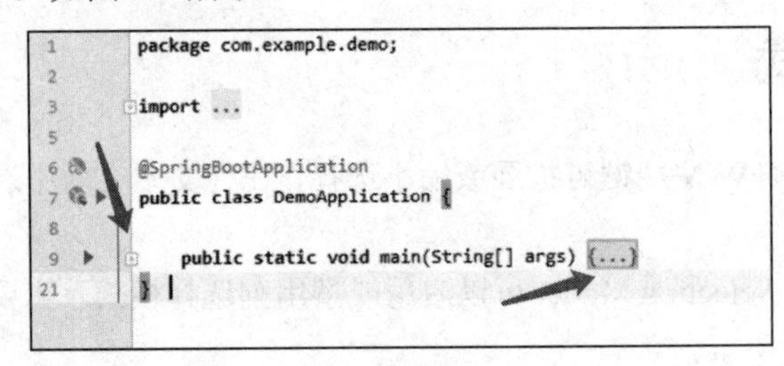

图 4-3 代码折叠

4.1.6 自动保存

IntelliJ IDEA 会自动保存在文件中所做的更改。保存是由各种事件触发的，例如编译、运行、调试、执行版本控制操作以及关闭文件/项目或退出 IDE。大多数实际事件是预定义的，无法配置，但是可以确保所做的更改不会丢失。

配置自动保存行为，具体步骤：单击 Settings→Appearance & Behavior→System Settings，在 system Settings 界面中进行设置，如图 4-4 所示，其中，Save files on frame deactivation 表示在停用框架时保存文件（切换到其他应用程序时），Save files automatically if application is idle for N seconds 表示如果应用程序闲置了 N 秒，则自动保存文件。

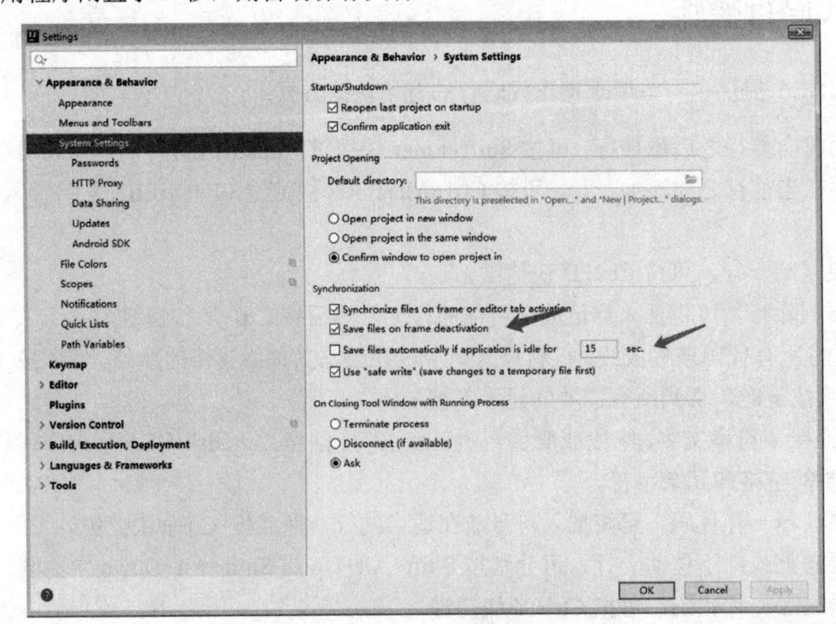

图 4-4 自动保存

4.1.7　收藏夹

当项目中包含成千上万个文件时，浏览它们可能会很烦琐。要快速访问此类文件，可将它们添加到 Favorites（收藏夹）列表中。

Favorites（收藏夹）列表可以包括项目元素（文件、文件夹、包、实例和类成员）、书签和断点，如图 4-5 所示。

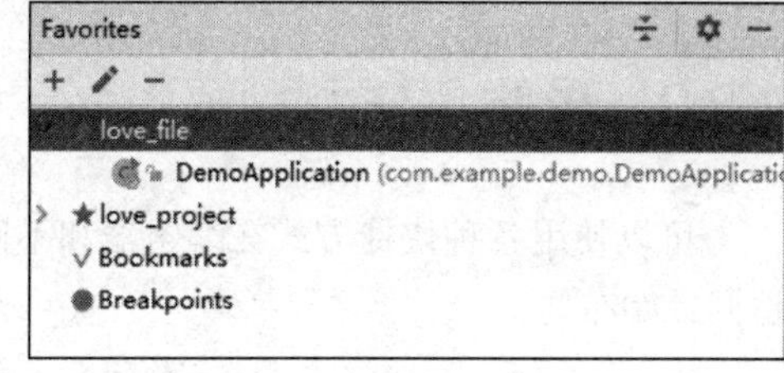

图 4-5　收藏夹界面

如果要将文件项目/包等添加到要收藏夹中，选择需要添加的文件/项目/包等，然后右击，选择 Add to Favorites→Add to New Favorites List，可将文件/项目/包添加到 Favorites（收藏夹）中。除此之外，还有一种更为简单的方法，就是直接拖动文件到 Favorites（收藏夹）列表中。

注　意

IntelliJ IDEA 将断点和书签自动添加到 Favorites（收藏夹）列表中。

4.2　编辑器

4.2.1　编辑器介绍

编辑器主要包含如图 4-6 所示的区域。

```
AbstractDataStructure.java   DataSerializer.java   4.
45      }                                                                          1.
46
47 @    static String serialize(Iteration iteration, StructureElement node) {
48        ByteArrayOutputStream stream = new ByteArrayOutputStream();
49        try (DataOutputStream data = new DataOutputStream(stream)) {
50 3.       writeINT(data, (int)(iteration.iterationSeed >> 32));
51          writeINT(data, (int)iteration.iterationSeed);
52          writeINT(data, iteration.sizeHint);
53          node.serialize(data);
54        }
55        catch (IOException e) {
56          throw new RuntimeException(e);
57        }
58        return Base64.getEncoder().encodeToString(stream.toByteArray());
59      }
60
61 @    static void deserializeInto(String data, PropertyChecker.Parameters parameters) {
62        ByteArrayInputStream stream = new ByteArrayInputStream(Base64.getDecoder().decode(data
63
64        int seedHigh = readINT(stream);
65        int seedLow = readINT(stream);
66        parameters.globalSeed = (long)seedHigh << 32 | seedLow & 0xFFFFFFFFL;
67
68        int hint = readINT(stream);
69        parameters.sizeHintFun = __ -> hint;
70
71        parameters.serializedData = (IntDistribution dist) -> {
72          int i = readINT(stream);
DataSerializer › EOFException   2.
```

图 4-6　编辑器界面

（1）可用滚动条显示当前文件中的错误和警告。

（2）可用面包屑导航条帮助浏览当前文件中的代码。

（3）左装订线显示行号和注释。

（4）选项卡显示当前打开的文件名称。

4.2.2 导航

可以使用各种快捷方式在编辑器和不同的工具窗口之间切换、更改编辑器大小、切换焦点或返回原始布局。

（1）最大化编辑器窗格

在编辑器中按 Ctrl+Shift+F12 快捷键，IntelliJ IDEA 隐藏除活动编辑器之外的所有窗口。

（2）将焦点从窗口切换到编辑器

按 Escape 键，IntelliJ IDEA 将焦点从任何窗口移到活动编辑器。

（3）从命令行终端返回编辑器

按 Alt+F12 快捷键（Shift+F12 快捷键）。IntelliJ IDEA 关闭终端窗口。如果在切换回活动编辑器时需要保持终端窗口打开，可按 Ctrl+Tab 快捷键。

（4）返回默认布局

要将当前布局保存为默认布局，可从主菜单中选择 Window→Store Current Layout as Default。也可以使用 Shift+F12 快捷键还原保存的布局。

（5）跳至上一个活动窗口

按 F12 键，IntelliJ IDEA 将跳至上一个活动窗口。

（6）更改 IDE 外观

可以在方案、键映射或查看模式之间切换：按 Ctrl+`快捷键；在“切换”菜单中选择所需的选项，然后按 Enter 键。也可以使用 Ctrl+`快捷键撤销更改。

4.2.3 编辑器选项卡

可以关闭、隐藏和分离编辑器选项卡。每次打开文件进行编辑时，带有名称的选项卡都会添加到活动编辑器选项卡的旁边。

要配置编辑器选项卡的设置，可使用 File→Settings→Editor→Editor Tabs，或者右击选项卡，然后从选项列表中选择 Configure Editor Tabs。

（1）打开或关闭标签

要关闭所有打开的选项卡，可选择 Window→Editor Tabs→Close All。

要关闭所有非活动选项卡，可按 Alt 键并单击 × 关闭按钮活动选项卡。在这种情况下，只有活动选项卡保持打开状态。

要仅关闭活动选项卡，可按 Ctrl+F4 快捷键；也可以在选项卡上的任意位置单击鼠标滚轮以将其关闭。

要重新打开已关闭的选项卡，右击任何选项卡，然后从上下文菜单中选择 Reopen Closed Tab“重新打开已关闭的选项卡”。

（2）移动、删除或排序标签

要移动或删除 × 关闭按钮标签上的图标，可使用 File→Settings→Editor→Editor Tabs，然后在 Close button position 字段中选择适当的选项。

要在标签之间移动，可按 Alt+Right 或 Alt+Left 快捷键。

要将编辑器选项卡放置在编辑器框架的不同部分或隐藏选项卡，可右击选项卡，然后选择 Configure Editor Tabs→Editor→Editor Tabs，在“外观”部分的 Tab placement 列表中选择适当的选项。

要按字母顺序对编辑器选项卡进行排序，可右击选项卡，然后选择 Configure Editor Tabs→Editor→Editor Tabs。在 Tab Order（标签顺序）部分中选择 Sort tabs alphabetically“按字母顺序对标签进行排序”。

（3）分离标签

要分离活动标签，可按 Shift+F4 快捷键。

（4）为打开的选项卡分配快捷方式

选择 File→Settings→Keymap，在目录列表中单击 Other 目录，然后从选项卡列表中选择需要为其添加快捷方式的目录。可以将分配快捷方式的选项卡数限制为 9，如图 4-7 所示。

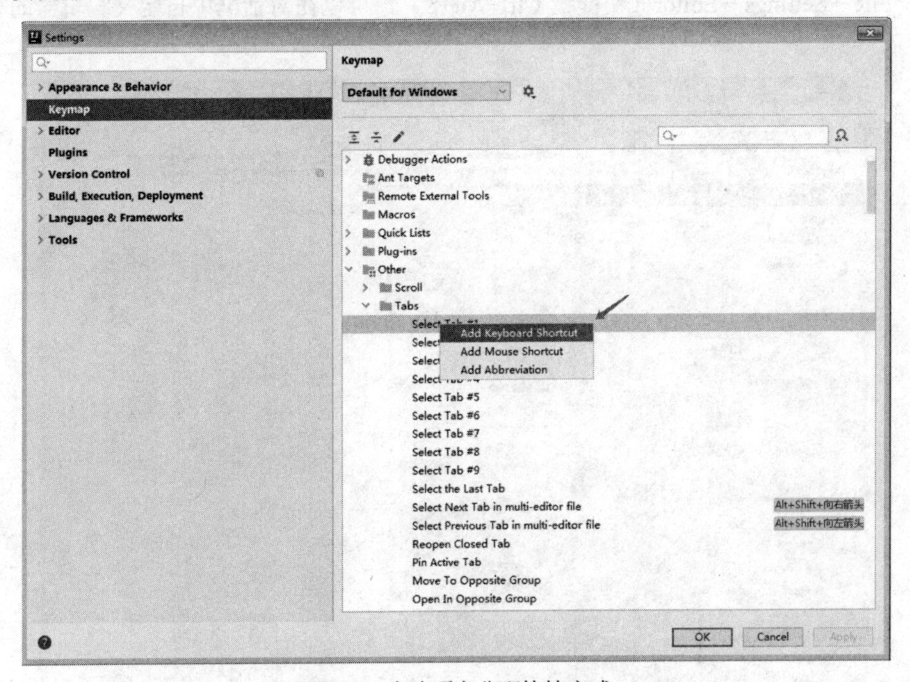

图 4-7 为选项卡分配快捷方式

（5）更改默认标签限制

IntelliJ IDEA 可以限制同时在编辑器中打开的选项卡数量（默认选项卡限制为 10）。单击 File

→Settings→Editor→General→Editor Tabs，在 closing policy 部分中根据个人的喜好调整设置，然后单击 OK 按钮。

注 意

如果选项卡限制等于 1，则将禁用编辑器中的选项卡。如果希望编辑器从不关闭选项卡，就输入一些无法访问的数字。

4.2.4 分屏

可以使用多个选项来拆分屏幕：

- 在编辑器中，右击所需的编辑器选项卡，然后选择要分割编辑器窗口的方式 Split Vertically 或者 Split Horizontally（“垂直分割”或者“水平分割”）。IntelliJ IDEA 创建编辑器的拆分视图，并根据选择进行放置。
- 单击 Window→Editor Tabs，选择 Split Vertically 或者 Split Horizontally 进行垂直分割或者水平分割。

4.2.5 编辑器配置

单击 File→Settings→Editor（快捷键 Ctrl+Alt+S），可以在对话框中自定义编辑器的行为，如图 4-8 所示。

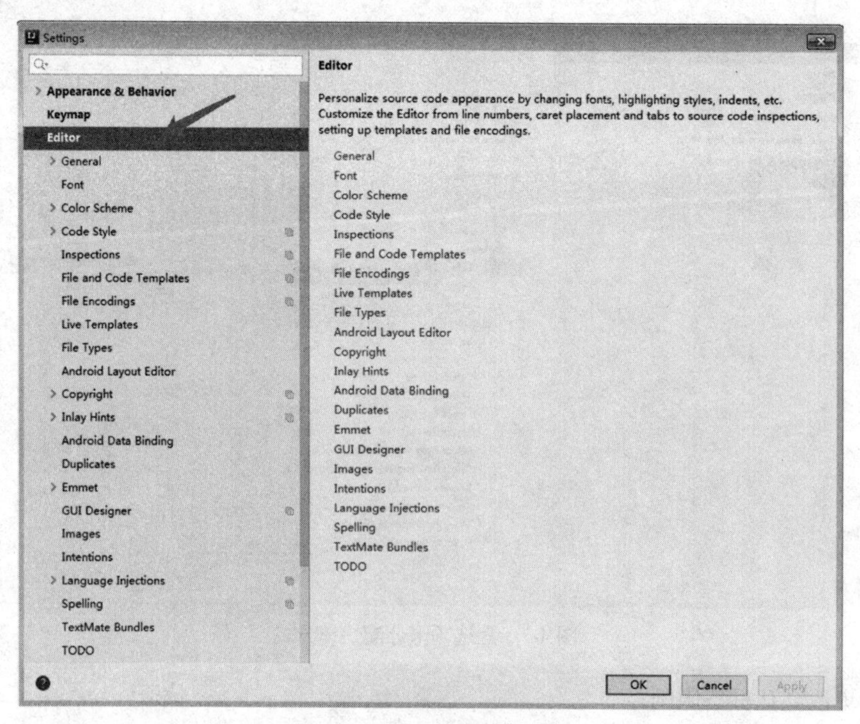

图 4-8 自定义编辑器行为

（1）配置代码格式

在 Settings 对话框里选择 Editor→Code Style。从语言列表中选择适当的一种，然后在语言页面上配置选项卡和缩进、空格、自动换行和大括号、硬边距和软边距等设置。

（2）配置字体、大小和字体连字

在 Settings 对话框里选择 Editor→Font，然后进行相关的字体、大小设置。

（3）在编辑器中更改字体大小

在 Settings 对话框里选择 Editor→General，再选择 Change font size (Zoom) with Ctrl+Mouse Wheel 选项，返回到编辑器，按住 Ctrl 键使用鼠标滚轮可调整字体大小。

（4）为不同的语言和框架配置配色方案

在 Settings 对话框里选择 Editor→Color Scheme，选择所需的语言或框架。也可以从节点的列表中选择 General（常规）选项，以为常规项目（例如代码、编辑器、错误和警告、弹出窗口和提示、搜索结果等）配置颜色方案设置。

4.3 源码导航

4.3.1 自动滚动查找文件

可以使用 Autoscroll to Source（自动滚动到源）和 Autoscroll from source（从源自动滚动）操作在项目工具窗口中找到文件。在项目工具窗口中右击 Project（项目）工具栏，然后从上下文菜单中选择 Autoscroll from Source。之后，IntelliJ IDEA 将跟踪当前在活动编辑器选项卡中打开的文件，并自动在项目工具窗口中找到它。还可以选择 Autoscroll to Source 选项（见图 4-9）。在这种情况下，当在 Project（项目）视图中单击文件时，IntelliJ IDEA 将自动在编辑器中将其打开。

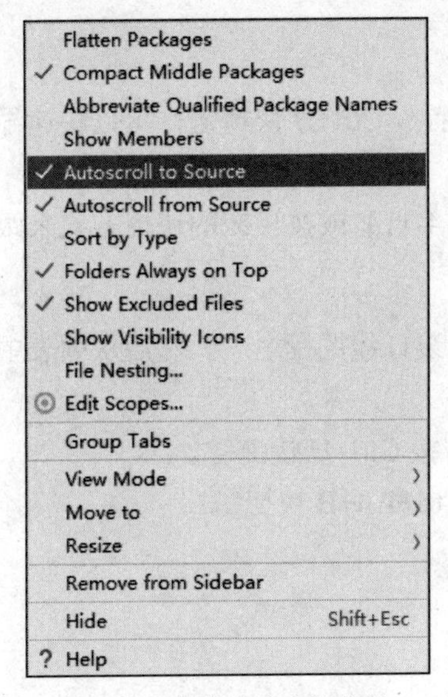

图 4-9　自动滚动查找文件

4.3.2 使用书签进行导航

要创建匿名书签，可将插入标记放置在所需的代码行中，然后按 F11 键。

要创建带有助记符的书签，可将插入号置于所需的代码行，按 Ctrl+F11 快捷键并选择一个数字或字母作为助记符，如图 4-10 所示。

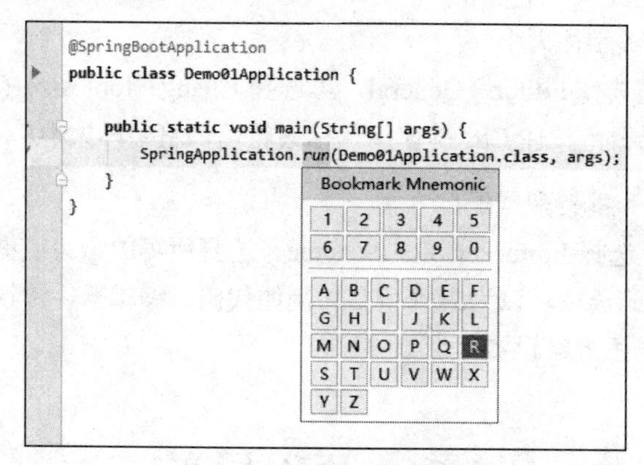

图 4-10 带有助记符书签

要显示下一个或上一个书签，可在主菜单中选择 Navigate→Bookmarks→Next Bookmark 或者 Previous Bookmark。

要打开“书签”对话框，可按 Shift+F11 快捷键。可以使用此对话框来管理书签，例如删除书签、对书签排序或为其提供简短说明。

要导航到带有字母助记符的现有书签，可按 Shift+F11 快捷键，然后按需要的字母，IntelliJ IDEA 将返回编辑器和相应的书签。

要导航到带有数字助记符的现有书签，可按 Ctrl 和书签的数字。

4.3.3 快速跟踪类

选择某一个类或者方法，然后按 Ctrl+B 快捷键，可以快速导航到类或者方法的初始声明。

可以使用装订线图标（见图 4-11）或按相应的快捷方式来跟踪类的实现和重写方法：

（1）单击、、、装订线图标之一，然后从列表中选择所需的上升或下降类别。

（2）要导航到超级方法，请按 Ctrl+U 快捷键。

（3）要导航到实现，可按 Ctrl+Alt+B 快捷键。

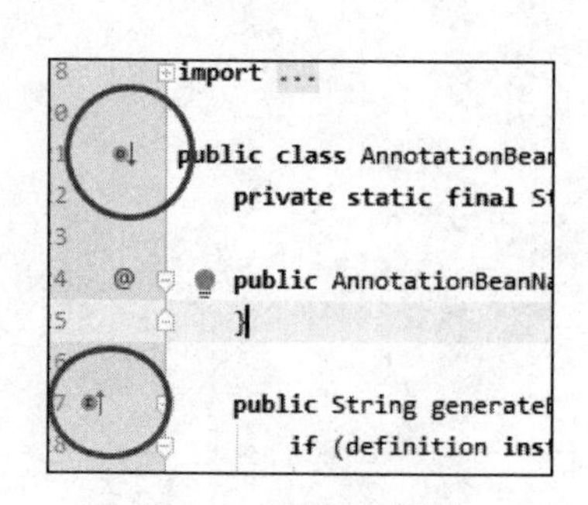

图 4-11 装订线图标

4.3.4　在变更/错误/告警之间导航

1. 在变更之间导航

如果编辑的文件受版本控制，则 IntelliJ IDEA 提供几种在变更之间切换的方法：

（1）要导航至上次编辑的位置，可按 Ctrl+Shift+Backspace 快捷键或选择 Navigate→Last Edit Location。

（2）按 Ctrl+Alt+向左箭头或者 Ctrl+Alt+向右箭头快捷键。

2. 在错误或警告之间导航

要跳至代码中的下一个或上一个发现的问题，分别按 F2 或 Shift+F2 快捷键。或者，从主菜单中选择 Navigate→Next / Previous Highlighted Error（下一个/上一个突出显示的错误）。

4.3.5　查看最近变更/文件/位置

可以使用 Recent changes（最近的更改）窗口查看项目中本地或外部更改的文件列表。如有必要，可以还原这些更改。

（1）在主菜单中选择 View→Recent Changes（最近的更改）。

（2）在 Recent Changes 弹出窗口中，选择所需的文件，如图 4-12 所示。然后按 Enter 键以在单独的对话框中将其打开，可以在其中检查更改的内容，并在必要时还原这些更改。

Recent Changes	
External change	2019/11/14 23:07
External change	2019/11/7 23:11
External change	2019/11/7 23:11
External change	2019/11/7 23:05
External change	2019/11/7 22:14
External change	2019/11/7 21:58
Create new Maven module	2019/11/7 21:39
External change	2019/11/7 21:39
Create new Maven module	2019/11/7 21:39
External change	2019/11/7 21:39
Create new Maven module	2019/11/7 21:38
External change	2019/11/7 21:38
Create New Folder	2019/11/5 0:00
Creating class com.ay.controller.model.abc	2019/11/4 23:39
Create package	2019/11/4 23:39

图 4-12　选择所需的文件

（3）在主菜单中，选择 View→Recent Files，在 Recent Files（最近的文件）弹出窗口中搜索最近的文件，如图 4-13 所示。

（4）要仅查看最近编辑的文件，可选中 Show changed only 复选框。

（5）要在弹出窗口中搜索项目，可开始输入搜索查询。IntelliJ IDEA 根据搜索显示结果。

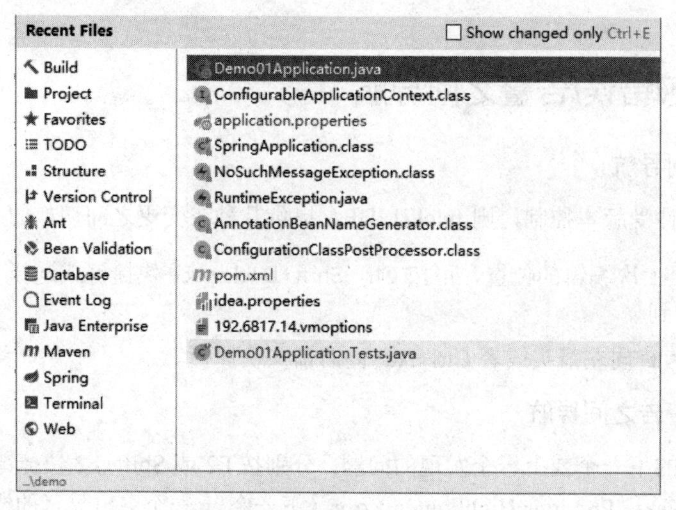

图 4-13 查看最近的文件

（6）可以使用 Recent Locations（最近的位置）窗口检查最近查看或更改的代码。要打开 Recent Locations 窗口，可选择 View→Recent Locations，该列表从顶部的最近访问位置开始，并包含代码段。在弹出窗口中，使用相同的快捷方式或选中 show changed only 复选框，仅查看更改了代码的位置，如图 4-14 所示。

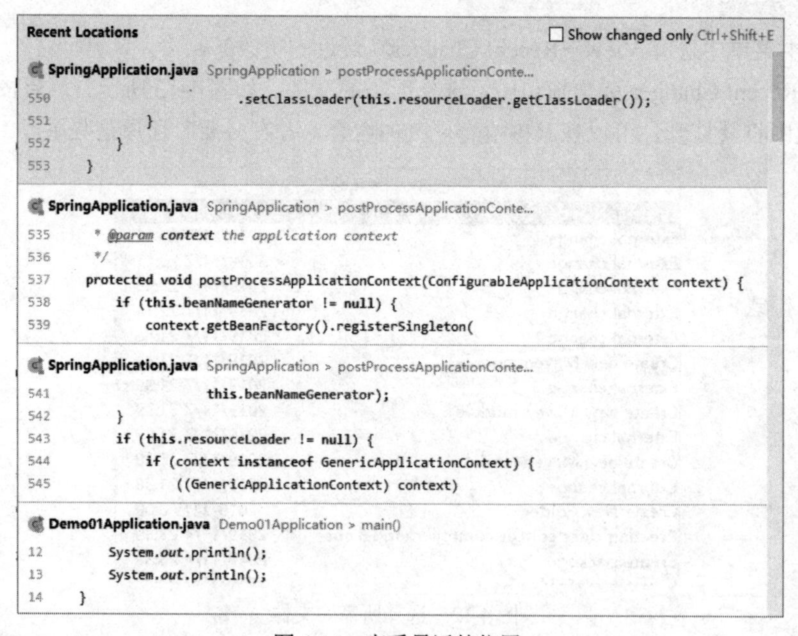

图 4-14 查看最近的位置

（7）要搜索代码段，可在 Recent Locations 窗口中输入搜索查询，可以按代码文本、文件名或面包屑搜索。要从搜索结果中删除位置条目，可按 Delete 或 Backspace 键。

4.3.6　定位代码元素

可以使用结构视图弹出窗口查找代码元素：

（1）要打开结构视图窗口，可按 Ctrl+F12 快捷键。

（2）在弹出窗口中找到需要的条目。可以开始为 IntelliJ IDEA 输入元素名称，以缩小搜索范围。按 Enter 键返回到编辑器和相应的元素。在弹出窗口中可以对文件成员进行排序，查看匿名类和继承的成员，如图 4-15 所示。

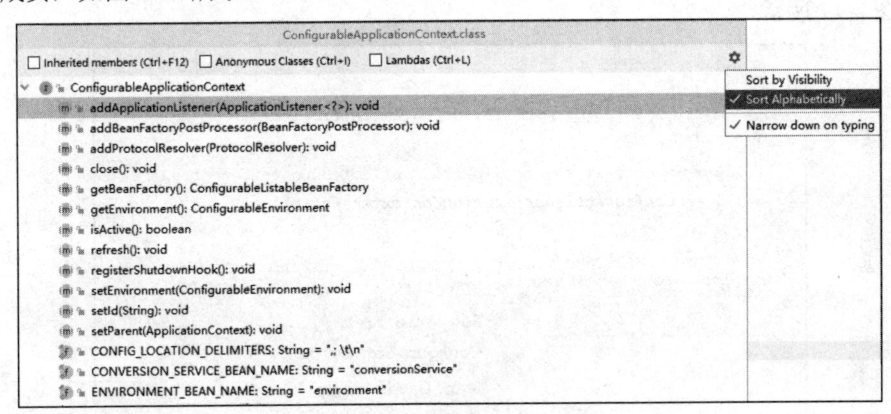

图 4-15　结构视图弹出窗口

（3）要浏览方法，可按 Alt+Down 或 Alt+Up 快捷键。

4.3.7　使用镜头模式

使用镜头模式，无须实际滚动即可预览代码。当将鼠标悬停在滚动条上时，默认情况下该模式在编辑器中可用。将鼠标悬停在警告或错误消息上时，此功能特别有用，如图 4-16 所示。

```
xml × | Demo01Application.java × | SpringApplication.java × | ConfigurableApplicationContext.class × | NoSuchMessageException.class × | RuntimeException.j
157     /**
158      * The class name of application context that will be used by default for web
159      * environments.
160      */
161     public static final String DEFAULT_WEB_CONTEXT_CLASS = "org.springframework."
162             + "boot.context.embedded.AnnotationConfigEmbeddedWebApplicationContext";
163
164     private static final String[] WEB_ENVIRONMENT_CLASSES = { "javax.servlet.Servlet",
165             "org.springframework.web.context.ConfigurableWebApplicationContext" };
166
167     /**
520                             ? DEFAULT_WEB_CONTEXT_CLASS : DEFAULT_CONTEXT_CLASS);
521             }
522             catch (ClassNotFoundException ex) {
523                 throw new IllegalStateException(
524                         "Unable create a default ApplicationContext, "
525                                 + "please specify an ApplicationContextClass",
526                         ex);
527             }
528         }
529         return (ConfigurableApplicationContext) BeanUtils.instantiate(contextClass);
178
179     private static final Log logger = LogFactory.getLog(SpringApplication.class);
180
181     private final Set<Object> sources = new LinkedHashSet<~>();
182
```

图 4-16　镜头模式

要禁用镜头模式，可右击位于编辑器右侧的代码分析标记，然后在上下文菜单中清除 Show code lens on the scrollbar hover 复选框。

4.3.8 使用面包屑进行导航

可以使用面包屑浏览源代码，这些面包屑显示当前打开的文件中的类、变量、函数、方法和标记的名称。默认情况下，启用面包屑并将其显示在编辑器的底部。

要更改面包屑的位置，可右击一个面包屑，在上下文菜单中选择 Breadcrumbs 面包屑和位置首选项，如图 4-17 所示。

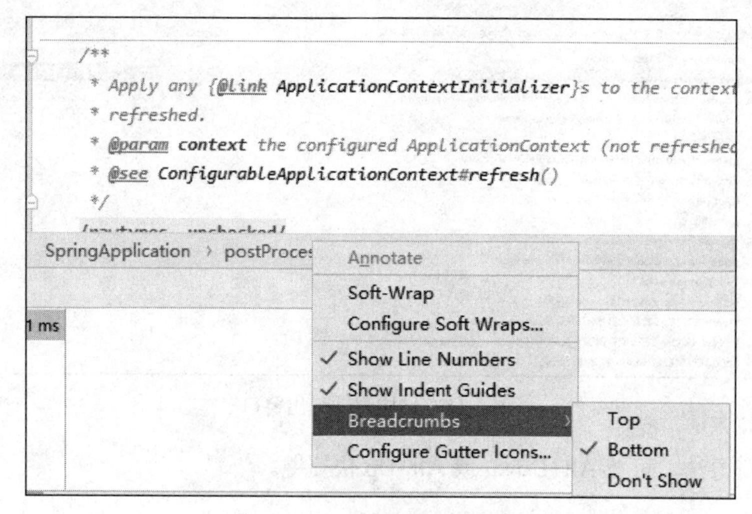

图 4-17 使用面包屑进行导航

4.3.9 查找行或者列

（1）在编辑器中按 Ctrl+G 快捷键。

（2）在 Go to Line/Column（转到行/列）对话框中，指定行号或列号，或同时指定行号和列号，并用冒号（：）分隔，然后单击 OK 按钮，如图 4-18 所示。

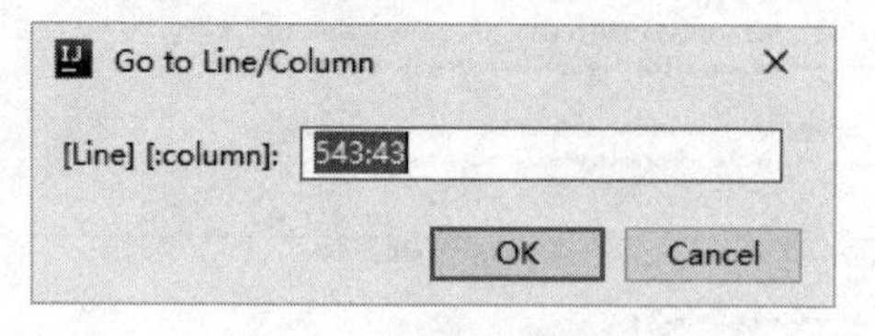

图 4-18 查找行或者列

（3）如果不想在编辑器中看到行号，可以选择 Settings→Preferences→Editor→General→Appearance，并清除 Show line numbers 复选框。

4.4　搜索和替换

4.4.1　在文件中搜索

可以在编辑器中的当前打开文件中搜索文本字符串。使用不同的选项，可以缩小搜索范围，在搜索中可使用正则表达式以及管理搜索结果。

在打开的代码文件中，按 Ctrl + F 快捷键进行搜索，如图 4-19 所示。

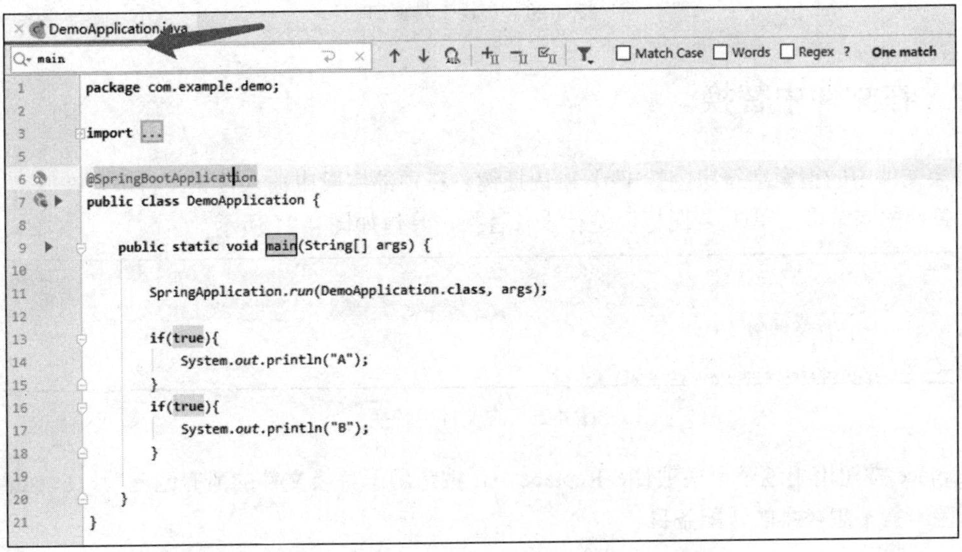

```
DemoApplication.java
main                                  Match Case  Words  Regex ?  One match
1   package com.example.demo;
2
3   import ...
5
6   @SpringBootApplication
7   public class DemoApplication {
8
9       public static void main(String[] args) {
10
11          SpringApplication.run(DemoApplication.class, args);
12
13          if(true){
14              System.out.println("A");
15          }
16          if(true){
17              System.out.println("B");
18          }
19
20      }
21  }
```

图 4-19　按 Ctrl+F 快捷键搜索

- Match Case：匹配大小写。
- Words：全词匹配，匹配单词必须要和搜索单词一模一样才可以搜索出来。
- Regex：使用正则表达式进行搜索。
- One match：表示搜索到一个结果。
- 如果要输入多行字符串，就单击搜索字段中的↩图标以换行。
- 使用↑和↓按钮导航到上一个或下一个出现的位置。
- 按住 Alt+F7 快捷键，在“查找”工具窗口中使用事件列表，在该窗口中还有其他选择，例如将结果分组或在单独的窗口中将其打开，如图 4-20 所示。
- 单击+和−图标以添加对下一个匹配项的选择，或取消选择上一个匹配项。

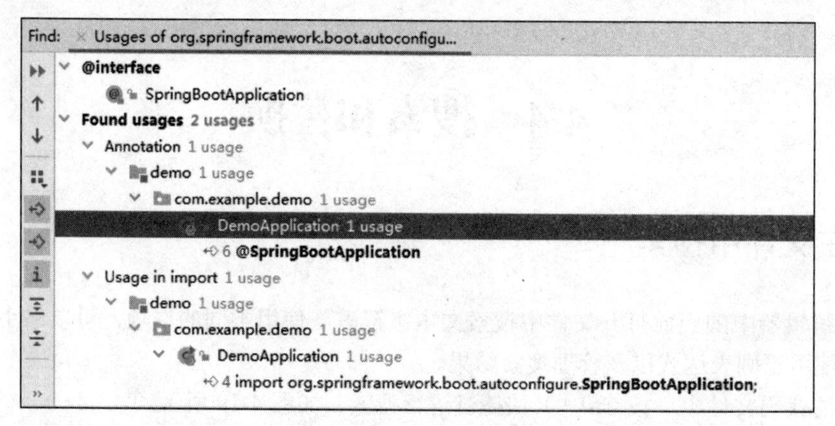

图 4-20　查找工具窗口

4.4.2　在文件中替换

替换文件中的搜索字符串，按 Ctrl+R 快捷键。在顶部字段中输入搜索字符串，在底部字段中输入要替换的字符串，单击图标以进行多行替换，具体如图 4-21 所示。

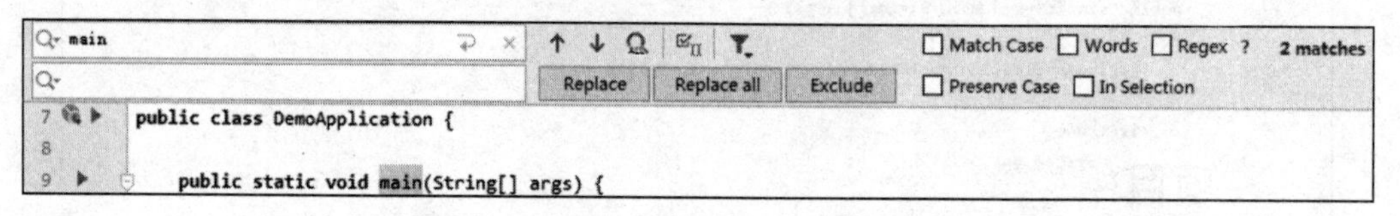

图 4-21　在文件中替换

Replace 按钮用于逐个更换项目，Replace All 按钮用于替换文件的所有匹配项，Exclude 按钮用于排除一些不想替换的匹配条目。

4.4.3　在项目中搜索

可以在项目中搜索文本字符串，使用不同的范围来缩小搜索，从搜索中排除某些项目，查找用法和出现的地方，如图 4-22 所示。

在搜索字段中，输入搜索字符串。IntelliJ IDEA 列出了搜索字符串和包含搜索字符串的文件。要进行多行搜索，可单击图标以输入新行。

- Match Case：匹配大小写。
- Words：全词匹配，匹配单词必须要和搜索单词一模一样才可以搜索出来。
- Regex：使用正则表达式进行搜索。
- File mask：将搜索范围缩小到特定文件类型。可以从列表中选择现有文件类型，添加新文件类型，或添加其他文件语法来搜索具有特定模式的文件类型。例如，*.java 表示只在 Java 文件中搜索内容。
- ：用于过滤搜索。
- In Project/Module/Directory/Scope：用于指定搜索范围，例如 Module 表示在某个具体模块中

搜索。Scope 选项提供了搜索的预定义范围列表。例如，可以仅将搜索限制为在项目中打开的文件，也可以按类层次结构进行搜索。

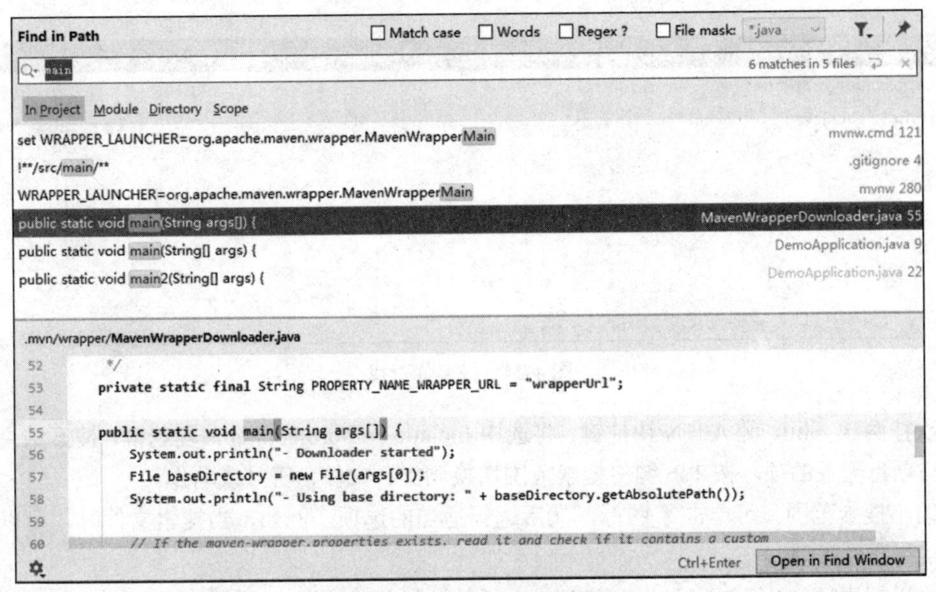

图 4-22 在项目中搜索文本字符串

4.4.4 在项目中替换

按 Ctrl+Shift+R 快捷键打开 Replace in Paths（在路径中替换）对话框，如图 4-23 所示。

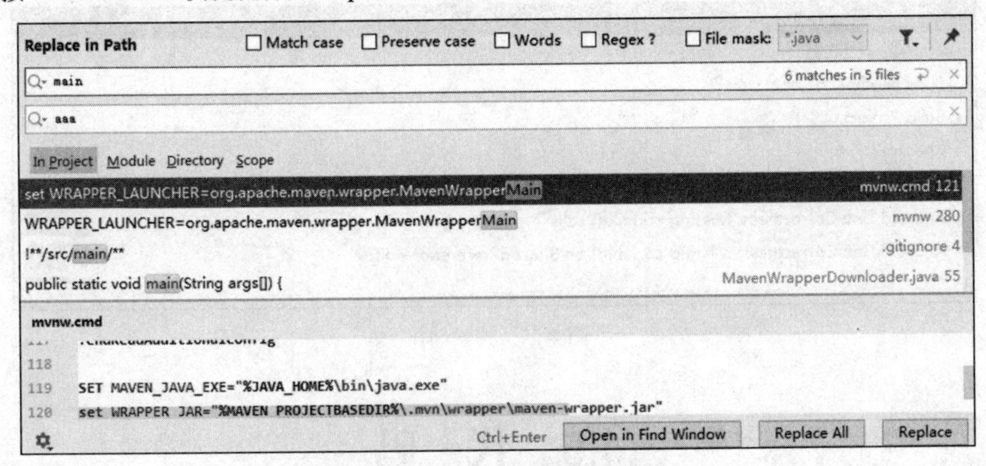

图 4-23 在项目中替换文本字符串

在顶部字段中，输入搜索字符串；在底部字段中，输入需要替换字符串。单击 Replace 或者 Replace All 按钮替换单个/全部替换。

可以按名称在项目中或项目外找到任何项目。可以搜索文件、操作、类、符号等。按 Shift 键两次以打开搜索窗口。默认情况下，IntelliJ IDEA 显示最近文件的列表，如图 4-24 所示。

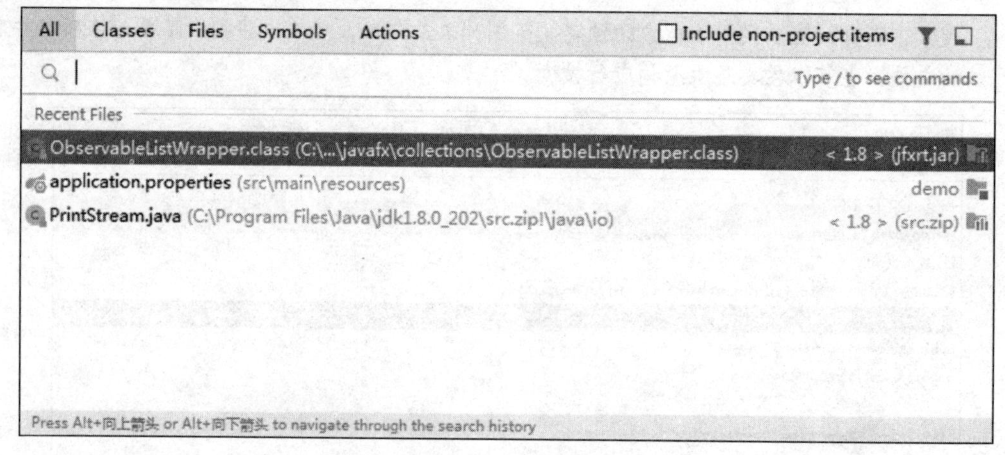

图 4-24 按名称查找

再次按两次 Shift 或 Alt+N 快捷键，将选中 Include non-project items 复选框，搜索结果列表将扩展到与项目无关的项。按 Tab 键将搜索范围切换到类、文件、符号或动作。

要缩小搜索范围，可单击▼图标，然后选择适当的选项。例如，当搜索文件时，可以从搜索中排除某些文件类型。

还可以搜索动作。例如，可以搜索 VCS 操作并访问其对话框。在搜索字段中，输入“commit”，如图 4-25 所示。

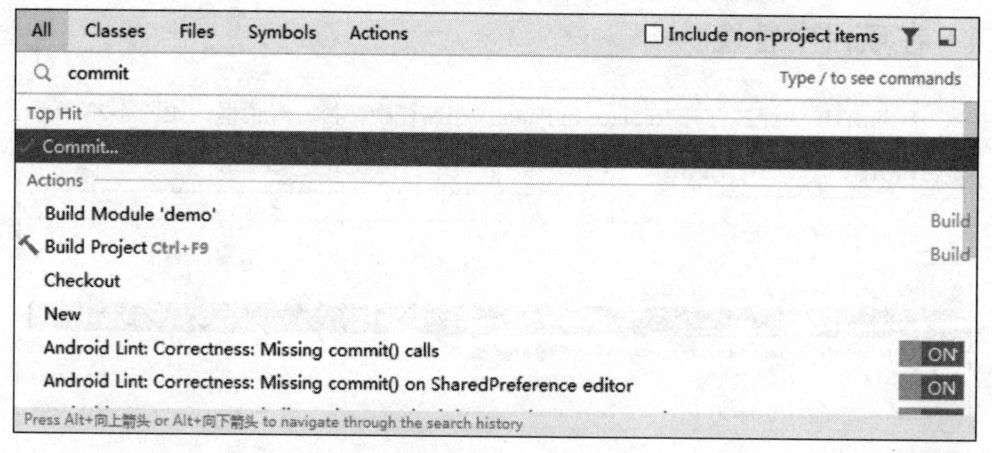

图 4-25 搜索动作

4.5 代 码

4.5.1 代码格式化

IntelliJ IDEA 可以根据在代码样式设置中指定的要求重新格式化代码。要访问设置，可单击 Settings...→Preferences→Editor→Code Style。

可以重新格式化一部分代码、整个文件、文件组、目录和模块；也可以从重新格式化中排除部分代码或某些文件。

（1）重新格式化文件中的代码片段

在编辑器中，选择要重新格式化的代码片段。在主菜单中，选择 Reformat Code 或者使用 Ctrl+Alt+L 快捷键。

（2）重新格式化文件

在编辑器中打开文件，然后按快捷键 Ctrl+Shift+Alt+L，在打开的对话框中选择重新格式化选项，如图 4-26 所示。

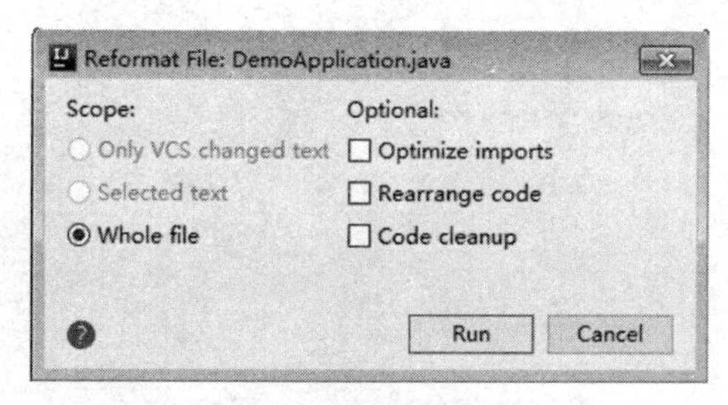

图 4-26 格式化文件

- Optimize imports（优化导入）：如果要删除未使用的导入，可选择此选项。
- Rearrange code（重新排列条目）：如果需要根据代码样式设置中指定的排列规则重新排列代码，可选择此选项。
- Code cleanup（清理代码）：选择此选项可运行代码清理检查。

（3）重新格式化模块或目录

在 Project 工具窗口中，右击模块或目录，然后从上下文菜单中选择 Reformat Code 或按 Ctrl+Alt+L 快捷键。在打开的对话框中指定重新格式化选项，然后单击 Run 按钮，如图 4-27 所示。

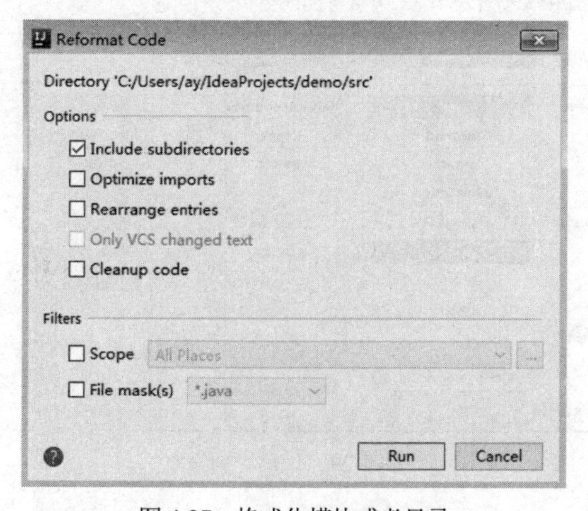

图 4-27 格式化模块或者目录

还可以将 Filters 应用于代码重新格式化，例如指定范围或将重新格式化范围缩小到特定的文件类型。

4.5.2 代码排列

单击 File→Settings...→Editor→Code Style→Java，在 Arrangement 选项卡中设置排列规则重新排列代码，如图 4-28 所示。

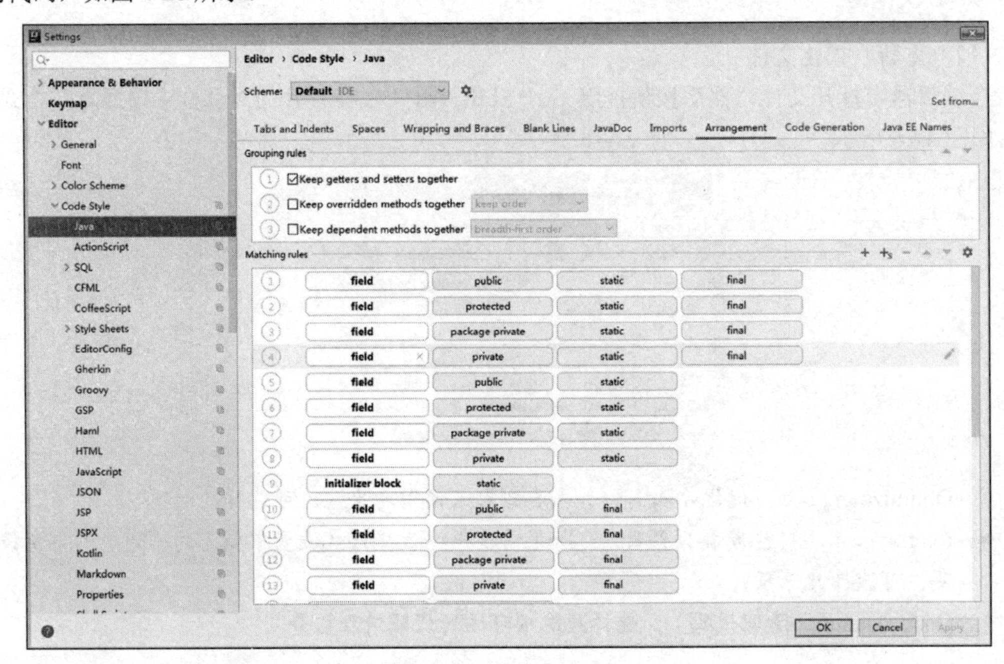

图 4-28 代码排列设置

例如，需要按字母顺序对代码条目进行排序，可选择适当的匹配规则条目，并将 Order 字段设置为 order by name，如图 4-29 所示。

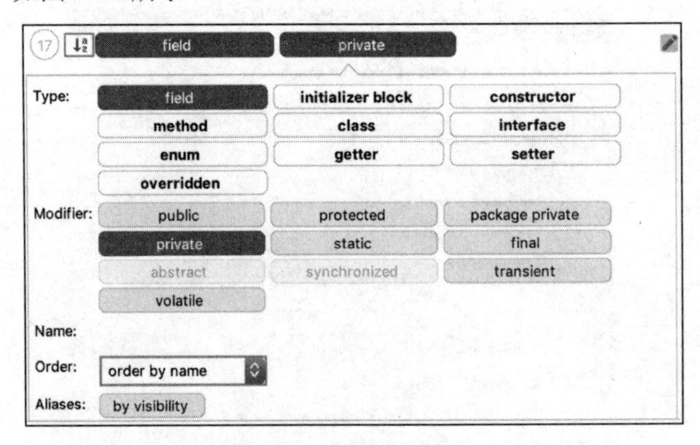

图 4-29 代码排列设置

4.5.3 代码导入

如果代码中使用的是尚未导入的类、静态方法或静态字段，则 IDE 会显示一个弹出窗口，提示添加缺少的 import 语句，因此不必手动添加。按 Alt+Enter 快捷键接受建议。

如果有多个可能的导入来源，可按 Alt+Enter 快捷键打开建议列表，如图 4-30 所示。

```
 7    public class DemoApplication {
 8
 9        public static void main(String[] args) {
      java.util.List? (multiple choices...) Alt+Enter
11            SpringApplication.run(DemoApplication.class, args);
12            List
13            if (true) {
14                System.out.println("A");
15            }
```

图 4-30　代码导入

当 IntelliJ IDEA 已从同一程序包导入的类数达到限制（默认情况下为 5）时，IDE 会修改语句以导入整个程序包，而不是从此程序包中导入多个单个类。禁用通配符导入以始终导入单个类，具体步骤如下：

（1）单击 File→Settings→Editor→Code Style→Java。

（2）确保已启用 Use single class import（使用单个类导入）选项。

（3）在“Class count to use import with '*'”和“Names count to use static import with '*'”区域，指定具体数值（例如 999），如图 4-31 所示。

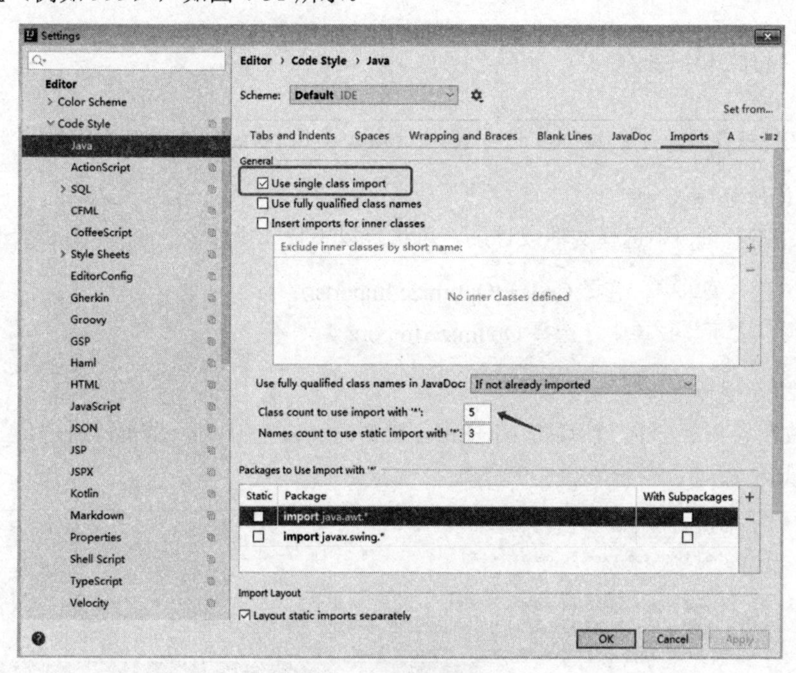

图 4-31　禁用通配符导入

导入列表可能包括不需要的类和软件包。可以从自动导入中排除多余的条目，以便建议列表仅包含相关项目。

单击 File→Settings→Editor→General→Auto Import，在 Exclude from import and completion（从导入和完成中排除）部分中，单击添加按钮 **+**，然后指定要排除的类或程序包。还可以选择是要

从当前项目还是从所有项目（全局）中排除项目，如图 4-32 所示。

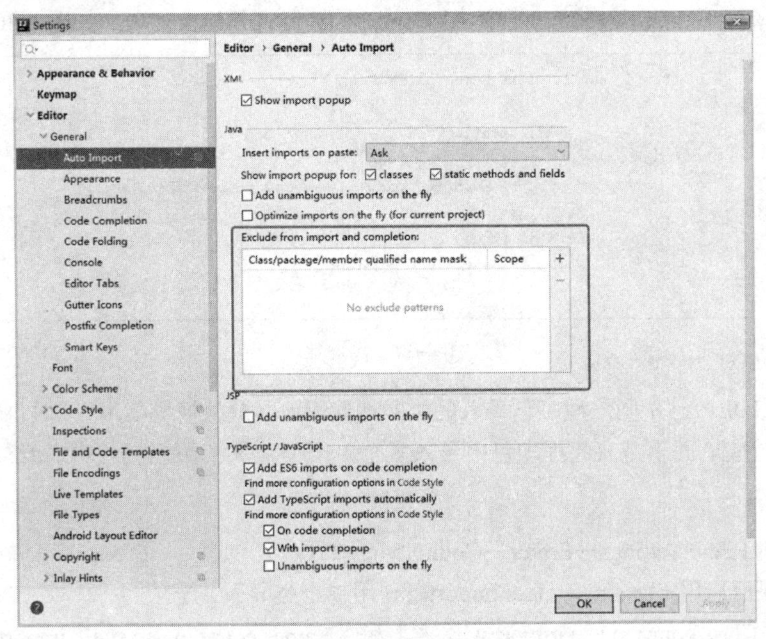

图 4-32　排除类和程序包

4.5.4　优化代码导入

在当前文件或文件夹下的所有文件，使用 Optimize Imports 功能可以立刻删除未使用导入。

（1）优化所有导入

在 Project 工具窗口中选择文件或目录，可执行以下任一操作：

步骤 01　在主菜单中，选择 Code→Optimize Imports。

步骤 02　从上下文菜单中，选择 Optimize Imports。

（2）在单个文件中优化导入

将光标放在导入语句中，然后按 Alt+Enter 快捷键（或使用“意图操作”图标）选择优化导入，如图 4-33 所示。

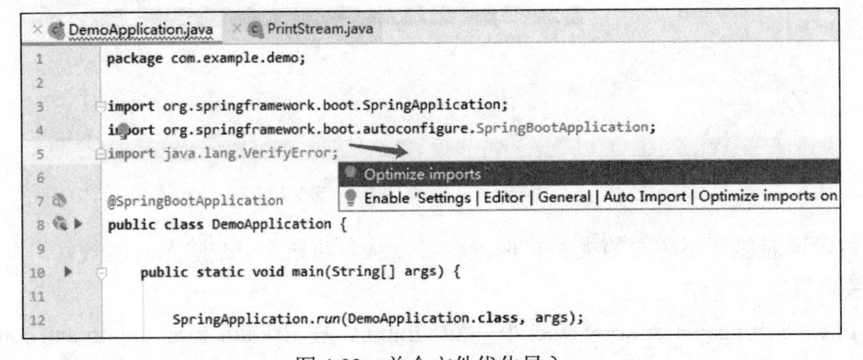

图 4-33　单个文件优化导入

（3）提交代码优化

如果项目受版本控制，则可以指示 IntelliJ IDEA 在将修改的文件提交到 VCS 之前优化导入。从主菜单中选择 VCS→Commit（或按 Ctrl+K 快捷键）。在 Commit Change（提交更改）对话框的 Before commit 区域中选中 Optimize Imports 复选框。

（4）自动优化代码导入

可以将 IDE 配置为自动优化导入。在编辑器中工作时，IntelliJ IDEA 将删除或修改导入语句。具体操作为 File→Settings→Editor→General→Auto Import，勾选 Optimize imports on the fly（for current project）选项。

4.5.5　代码自动生成

IntelliJ IDEA 提供了多种生成通用代码结构和重复元素的方法，可帮助提高生产率。在主菜单中，选择 Code→Generate 或者使用 Alt+Insert 快捷键，以打开可以生成的可用结构的弹出菜单。

IntelliJ IDEA 可以生成一个构造函数，该构造函数使用相应参数的值初始化特定的类字段。为一个类生成一个构造函数：

（1）在代码菜单上，单击生成 Alt+Insert 快捷键。

（2）在 Generate（生成）弹出窗口中单击 Constructor（构造函数）。

（3）如果该类包含字段，就选择要由构造函数初始化的字段，然后单击 OK 按钮。

除此之外，还可以生成 equals()方法、hashCode()方法、字段的 getter 和 setter 方法、实现接口或抽象类的方法和 toString()方法等，具体如图 4-34 和图 4-35 所示。

注　意

对于 Implement methods 这种方式，如有必要，可选中“复制 JavaDoc”复选框为实现的接口或抽象类插入 JavaDoc 注释。

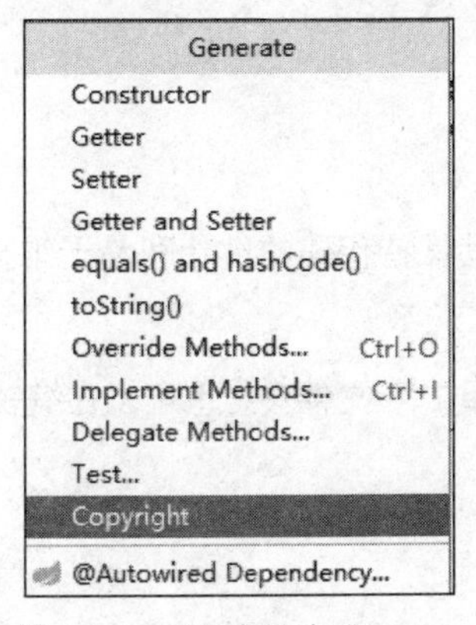

图 4-34　代码自动生成（一）

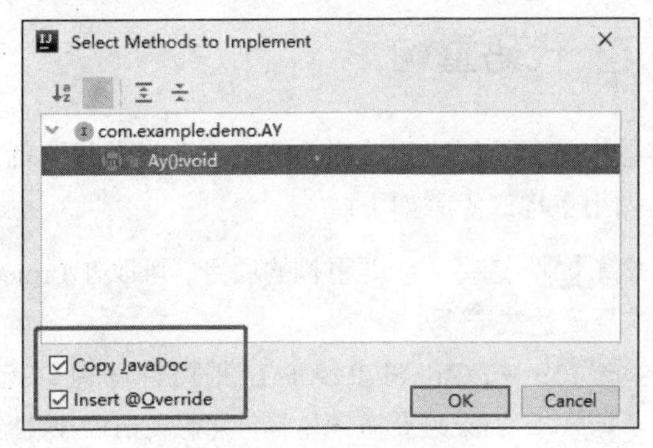

图 4-35　代码生成（二）

4.5.6 环绕代码模板

IntelliJ IDEA 根据源代码的语言为周围的代码片段提供了具有各种结构的标准模板，包括 if...else 条件语句、do...while 和 for 循环以及 try...catch...finally 等，如图 4-36 所示。

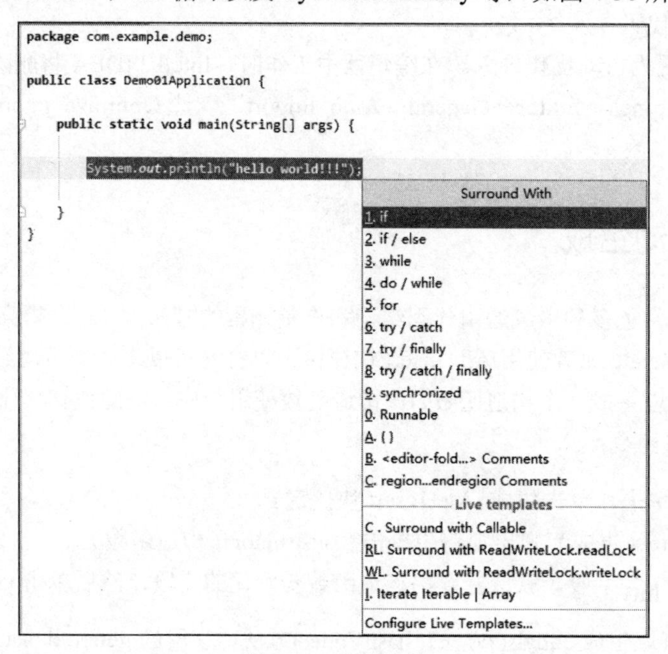

图 4-36 代码生成

具体使用步骤如下：

步骤 01 选择所需的代码片段。

步骤 02 在 Code 菜单上，单击 Surround With 或者使用 Ctrl+Alt+T 快捷键。

步骤 03 从列表中选择必要的环绕语句。

4.5.7 代码重构

重构是在不创建新功能的情况下改进源代码的过程。重构可帮助保持代码的健壮和易于维护。调用重构的步骤如下：

步骤 01 选择一个要重构的项目。可以在 Project 工具窗口中选择文件/文件夹，也可以在编辑器中选择表达式/符号。

步骤 02 按 Ctrl+Shift+Alt+T 快捷键打开可以选择的重构列表。

步骤 03 如果需要撤销重构，可按 Ctrl+Z 快捷键。

如图 4-37 所示。

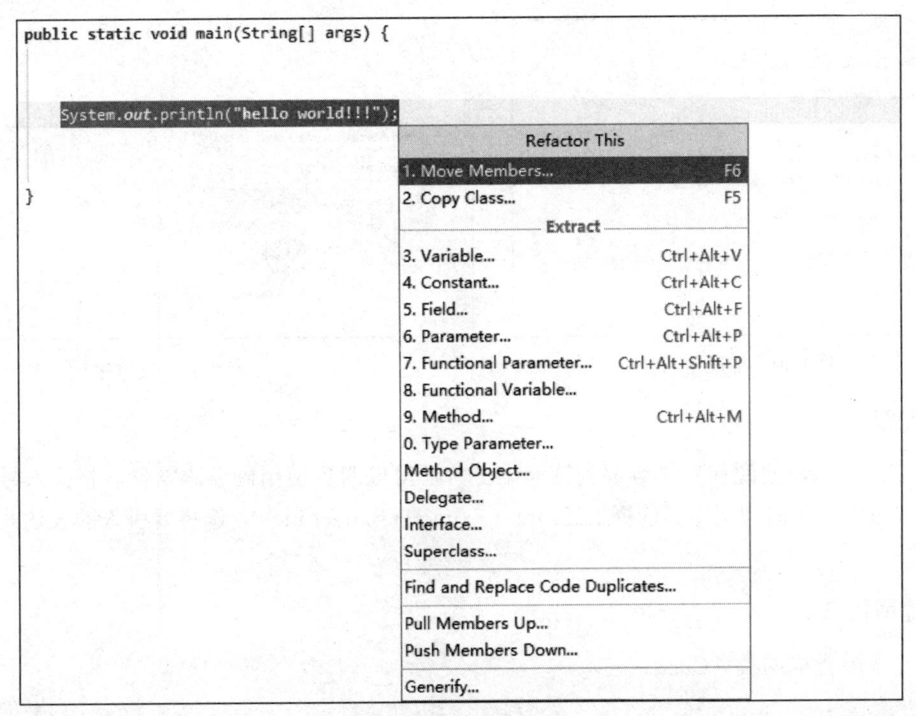

图4-37 代码重构

对于某些重构，IntelliJ IDEA允许在应用更改之前预览更改：

（1）要查看可能的更改，可在Rename对话框中单击Preview按钮，如图4-38所示。

（2）使用Do Refactor或者Cancel按钮执行重构或者取消重构，如图4-39所示。

除此之外，还可以进行其他重构。

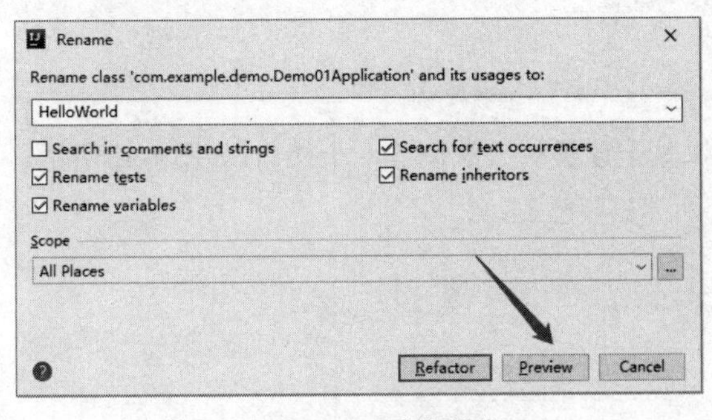

图4-38 重构预览

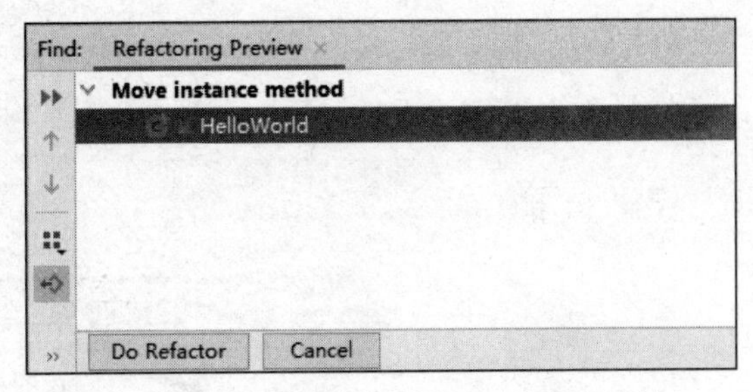

图4-39 利用Do Refactor或Cancel执行重构

1. 提取常数

在编辑器中，选择要用常量替换的变量的表达式或声明。按下Ctrl+Alt+C以引入一个常数或选择Refactor→Extract→Constant，具体如图4-40和图4-41所示。

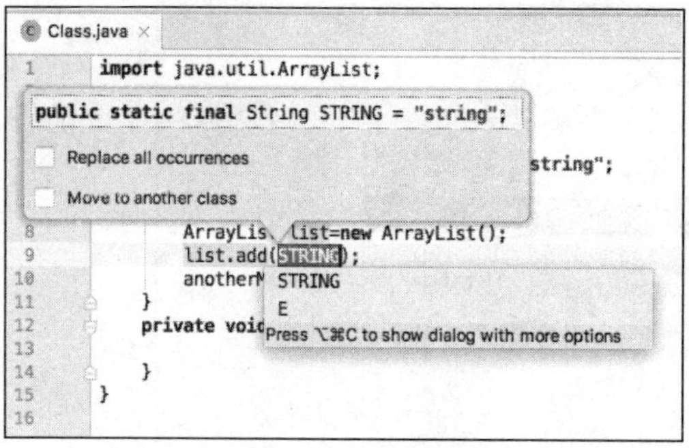

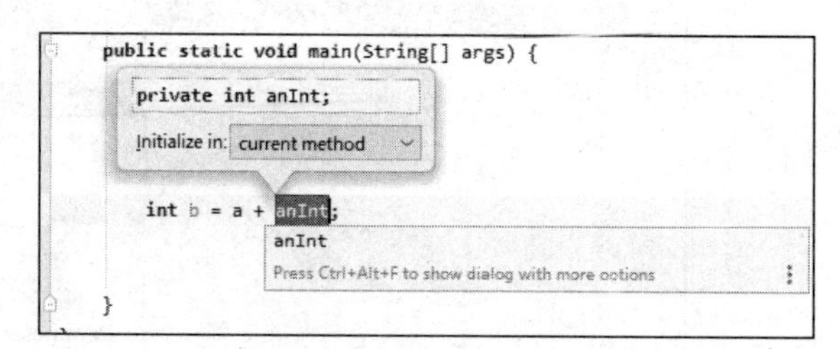

图 4-40 提取常数

图 4-41 提取字段

2. 提取字段

提取字段重构，使源代码更容易阅读和维护，还可以避免使用硬编码常量。将插入号放置到要提取到字段中的一段代码中，选择 Refactor→Extract→Extract Field，选择要引入的表达式作为字段。

3. 提取接口

有一个需要重构的类 AClass：

```
/**
 * @author Ay
 * @date 2019-12-14
 */
class AClass {
    public static final double CONSTANT=3.14;
    public void publicMethod() {//some code here
    }
    public void secretMethod() {//some code here
    }
}
```

选择 Refactor→Extract→Extract Interface 重构以基于该类的方法创建一个接口，如图 4-42 所示。

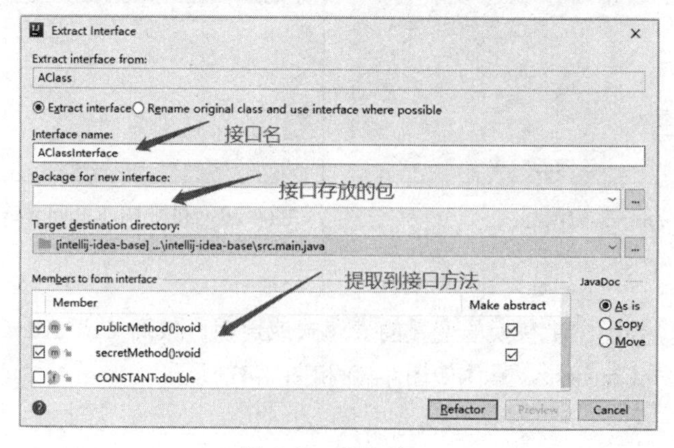

图 4-42 提取接口

重构后的类为：

```
/**
 * @author Ay
 * @date 2019-12-14
 */
class AClass implements AClassInterface {
    public static final double CONSTANT=3.14;
    @Override
    public void publicMethod() {//some code here
    }
    @Override
    public void secretMethod() {//some code here
    }
}

/**
 * 接口
 * @author Ay
 * @date 2019-12-14
 */
public interface AClassInterface {
    void publicMethod();
    void secretMethod();
}
```

4. 提取方法

选择要提取到方法的代码片段，单击 Refactor→Extract→Extract Method，在打开的对话框中配置方法选项，例如可见性、参数等。如果需要，还可以更改方法的名称，如图 4-43 所示。

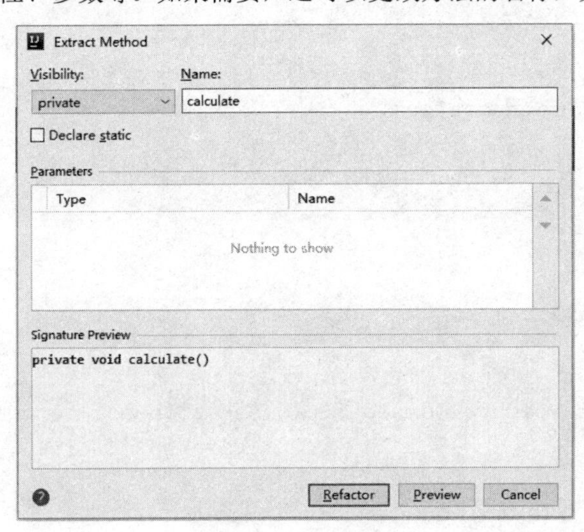

图 4-43　提取方法

5. 反转布尔值

反转布尔重构可以改变布尔方法或变量。将插入符号放在要重构的方法或变量的名称上，在主菜单或上下文菜单上单击 Refactor→Invert Boolean，在打开的对话框中指定反向方法或变量的名称。

例如：

```
private double a;
...
public boolean method() {
    if (a > 15 && a < 100) {
        a = 5;
        return true;
    }
    return false;
}
```

重构后：

```
private double a;
...
public boolean method() {
    if (a > 15 && a < 100) {
        a = 5;
        return false;
    }
    return true;
}
```

6．设置静态

选择要重构的方法或类，在主菜单或上下文菜单上选择 Refactor→Make Static。

例如：

```
class ConnectionPool {
    public int i;
    public int j;
    public void getConnection() {
        ...
    }
}
```

重构后：

```
class ConnectionPool {
    public int i;
    public int j;
    public static void getConnection(ConnectionPool connectionPool) {
        ...
    }
}
```

7．用构建器替换构造函数

将插入号放在要替换的构造函数调用上，在主菜单或上下文菜单上选择 Refactor→Replace Constructor with Builder。

例如：

```
public class apples {
    public static void main(String[] args){
        //new variety
        variety varietyObject = new variety("Red Delicious");
        varietyObject.saying();
    }
}
public class variety{
    private String string;
// constructor
    public variety(String name){
        string = name;
    }
    public void setName(String name) {
        string = name;
    }
    public String getName() {
        return string;
    }
    public void saying(){
        System.out.printf("On sale today : %s\n", getName());
    }
}
```

重构后：

```
public class varietyBuilder {
    private String name;
    public varietyBuilder setName(String name) {
        this.name = name;
        return this;
    }
    public variety createVariety() {
        return new variety(name);
    }
}

public class apples {
    public static void main(String[] args){
    variety varietyObject = new varietyBuilder().setName("Red
Delicious").createVariety();
    varietyObject.saying();
    }
}
```

8. 用工厂方法替换构造函数

选择类构造函数，在主菜单或上下文菜单上选择 Refactor→Replace Constructor With Factory Method，在打开的对话框中指定工厂方法的名称以及应在其中创建该方法的类。

例如：

```
public class Class {
```

```
    public Class(String s) {
        ...
    }
}
public class AnotherClass {
    public void method() {
        //使用 new 创建实例
        Class aClass = new Class("string");
    }
}
```

重构后：

```
public class Class {
    private Class(String s) {
        ...
    }
    public static createClass(String s) {
        return new Class(s);
    }
}
public class AnotherClass {
    public void method() {
        Class aClass = Class.createClass("string");
    }
}
```

9. 用委派替换继承

使用代理替换继承重构可以从继承层次结构中删除类，同时保留父级的功能。IntelliJ IDEA 创建一个私有内部类，该内部类继承了以前的超类或接口。通过新的内部类调用父级的选定方法。

选择要重构的类，在主菜单或上下文菜单上选择 Refactor→Replace Inheritance With Delegation。

例如：

```
//子类继承父类
public class Class extends SuperClass {
    public int varInt;
    public void openMethod() {
        ...
    }
}
//抽象父类
public abstract class SuperClass {
    public static final int CONSTANT=0;
    public abstract void openMethod();
    public void secretMethod() {
        ...
    }
}
```

重构后：

```
public class Class {
    public int varInt;
    //依赖父类
    private final MySuperClass superClass = new MySuperClass();
    public SuperClass getSuperClass() {
        return superClass;
    }
    public void openMethod() {
        superClass.openMethod();
    }
    private class MySuperClass extends SuperClass {
        public void openMethod() {
            ...
        }
    }
}
public abstract class SuperClass {
    public static final int CONSTANT=0;
    public abstract void openMethod();
    public void secretMethod() {
        ...
    }
}
```

10．其他

除上述提取功能之外，还可以提取超类、提取变量、提取参数等，读者可自己动手实践。

4.5.8　代码注释

对于文档注释，IntelliJ IDEA 默认启动该功能。输入/**并按 Enter 键，IDE 会自动完成文档注释。对于方法注释，新的注释存根包含必需的标记（例如@param、@return 以及 @throws）。

1．使用 fix doc comment 添加注释

将插入号放在类、方法、函数或字段中，然后按 Ctrl+Shift+A 快捷键，输入“fix doc comment”并按 Enter 键。IntelliJ IDEA 使用相应的标签添加缺少的文档存根，如图 4-44 所示。

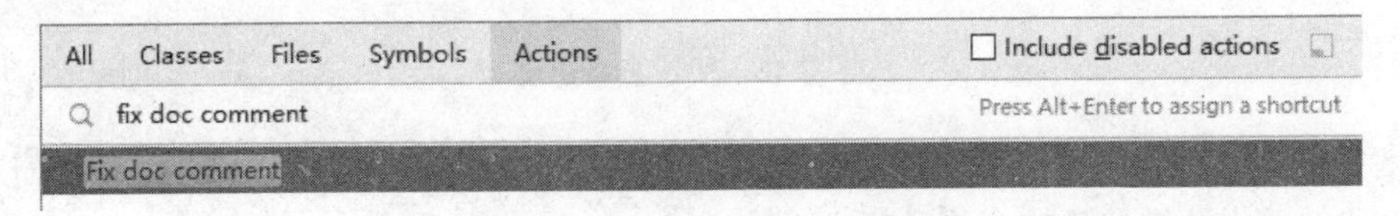

图 4-44　fix doc comment 功能

2．生成 Javadoc 参考文档

IntelliJ IDEA 提供了一个实用程序，可以为项目生成 Javadoc 参考文档，具体步骤如下：

步骤 01　在主菜单中选择 Tools→Generate JavaDoc。

步骤02 在打开的对话框中，选择一个作用域（要为其生成引用的一组文件或目录），并设置要放置生成的文档的输出目录，如图4-45所示。

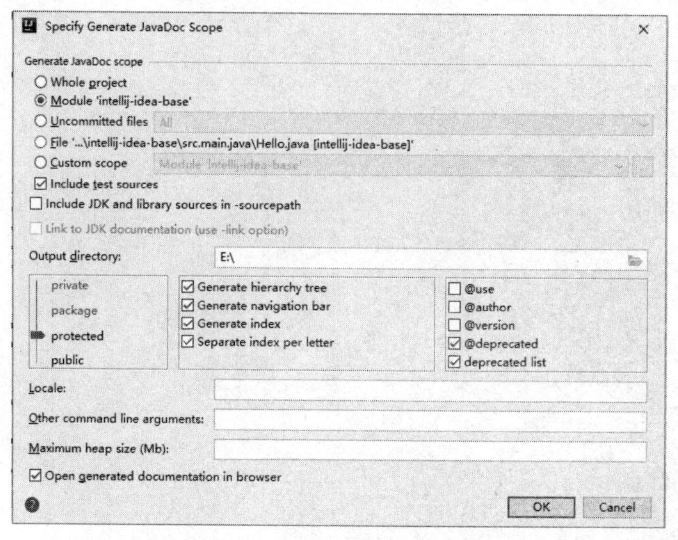

图4-45　生成Javadoc参考文档

- Output directory：输出目录是一个必填字段，只要它是空的，就不能生成一个Javadoc文件。

使用滑块定义将包含在生成的文档中的成员的可见性级别，单击OK按钮以生成参考文档。

4.5.9　代码参考信息

在IntelliJ IDEA中，可以查看项目如何定义符号，例如标签、类、字段、方法或函数。要查看符号的定义，可在编辑器中将其选中，然后按Ctrl+Shift+I快捷键（或单击View→Quick Documentation），如图4-46所示。

```
public static void main(String[] args) {

    int a =1;
    int b = a + 3;
}

public void method() {
    int a=1;
    int b=2;
    int c=a+b;
    int d=a+c;
}
```

```
Definition of main(String[])
Hello.java
public static void main(String[] args) {

    int a =1;
    int b = a + 3;
}
```

图4-46　快速查看定义

或者按住Ctrl键将光标悬停在任何符号上，IntelliJ IDEA将符号显示为链接，并在工具提示中显示其定义。单击此链接跳转到符号的定义。

4.5.10　参数信息

Parameter Info（参数信息）窗口会显示方法和函数调用中的参数名称。在编辑器中输入尖括号或从建议列表中选择方法后，IntelliJ IDEA 会在 1 秒（1000 毫秒）内自动显示一个弹出窗口，其中包含所有可用的方法签名。如果弹出窗口已关闭，或者 IDE 配置为不自动显示弹出窗口，则可以显式调用弹出窗口。为此，请按 Ctrl+P 快捷键（或单击 View→Parameter Info），如图 4-47 和图 4-48 所示。

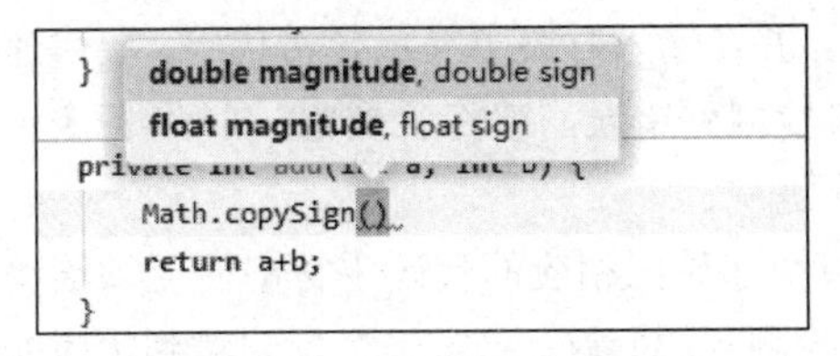

图 4-47　显示简单的方法参数

图 4-48　显示完整的方法参数

默认情况下，参数信息弹出窗口显示简单签名。可以将 IDE 配置为显示完整的签名，包括方法名称和返回的类型。具体设置方法为：单击 File→Settings→Preferences→Editor→General→Code Completion，然后选择 Show full method signatures（显示完整的方法签名）复选框。在 Show the parameter info popup in ... milliseconds 字段中，以毫秒为单位指定弹出窗口应出现的时间。如果不希望弹出窗口自动显示，则清除 Show the parameter info popup in ... milliseconds 复选框。

4.5.11　快速文档

可以通过 Quick Documentation（快速文档）窗口获取任何符号或方法签名的快速信息。要查看插入符号处的文档，可按 Ctrl+Q 快捷键（或者单击 View→Quick Documentation），如图 4-49 所示。

```
public static void main(String[] args) {
    int a =1;
    int b = a + 3;
}

public void method() {
    int a=1;
    int b=2;
    int c=a+b;
    int d=a+c;
}

private int add(int a, int b)
    Math.copySign()
    return a+b;
}

private double a;

public boolean method2() {
    if (a > 15 && a < 100) {
        a = 5;
        return false;
    }
    return true;

java.lang
public final class String
extends Object
implements java.io.Serializable, Comparable<String>, CharSequence

The String class represents character strings. All string literals in Java
programs, such as "abc", are implemented as instances of this class.
Strings are constant; their values cannot be changed after they are created.
String buffers support mutable strings. Because String objects are immutable
they can be shared. For example:

        String str = "abc";

is equivalent to:

        char data[] = {'a', 'b', 'c'};
        String str = new String(data);

Here are some more examples of how strings can be used:

        System.out.println("abc");
        String cde = "cde";
        System.out.println("abc" + cde);
        String c = "abc".substring(2,3);
        String d = cde.substring(1, 2);

The class String includes methods for examining individual characters of the
sequence, for comparing strings, for searching strings, for extracting
substrings, and for creating a copy of a string with all characters translated
to uppercase or to lowercase. Case mapping is based on the Unicode

Hello > main()
Javadoc ×
Open as Tool Window    Ctrl+Q
Adjust font size...
Show Toolbar
Edit Source            F4
```

图 4-49　快速文档

单击设定值图标更改字体大小，显示快速文档工具栏或转到源代码。

4.5.12 代码检查

IntelliJ IDEA 分析在编辑器中打开的文件中的代码，并在输入时突出显示异常代码。要快速查看即时分析的结果，可查看编辑器右上角的图标。如果检测到错误，就将看到。图标表示警告，图标表示检测出错别字，如果一切正确，就将看到。

滚动条中的色带还会标记检测到的代码问题，并可快速访问相应的代码字符串而无须滚动文件。将鼠标悬停在条纹上的标记可以在工具提示中查看检测到的问题。单击一个标记跳到相应的代码字符串，如图 4-50 所示。

可以通过按 F2（转到下一个问题）和 Shift+F2（返回上一个问题）快捷键在文件的编辑器中从一个突出显示的字符串导航到另一个。

```
1   import java.lang.reflect.InvocationTargetException;
2
3   /**
4    * Hello
5    *
6    * @author Ay
7    * @date 2019-12-14
8    */
9   public class Hello {
10
11
12      public static void main(String[] args) {
13
14          int a =1;
15          int b = a + 3;
16      }
17
18      public void method() {
19          int a=1;
```

图 4-50 代码运行检查

对于大多数代码问题，IntelliJ IDEA 提供了快速修复程序，可以通过按 Alt+Enter 快捷键来查看和修复这些问题，还可以使用快速修复，如图 4-51 所示。

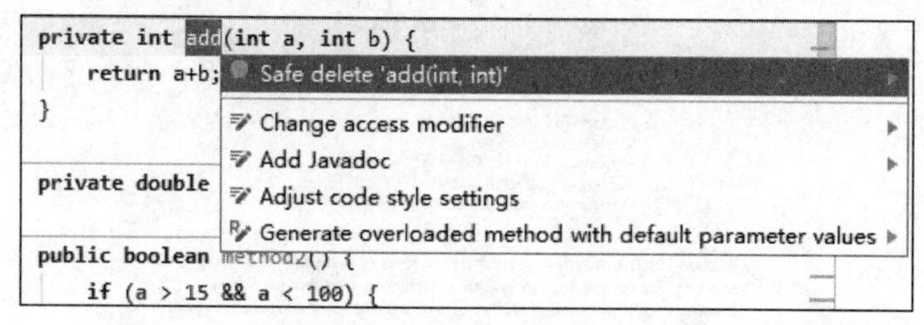

图 4-51 按 Alt+Enter 快捷键修复问题

检查严重性级别指示检测到的代码问题对项目的严重程度。每个严重性级别都有其自己的突出显示样式。在 IntelliJ IDEA 中，有一组预定义的严重性级别，如图 4-52 所示。

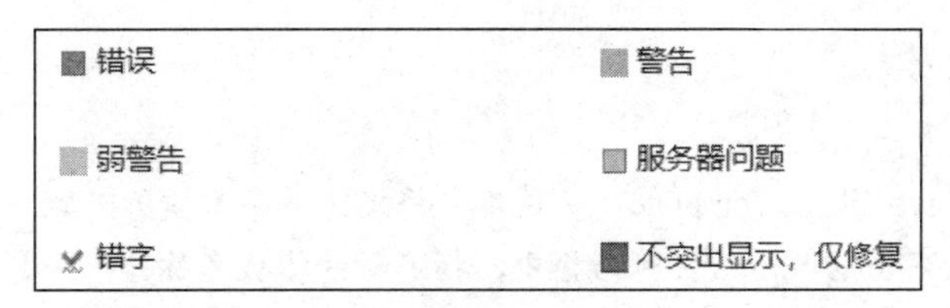

图4-52 严重性级别

我们可以禁用检查，这意味着代码分析引擎将停止搜索项目文件以查找此检查旨在检测的问题。注意，当禁用检查时，要在当前检查配置文件中将其禁用。它在其他配置文件中保持启用状态。禁用检查的具体步骤如下：

步骤01 单击Settings→Preferences，在对话框中选择Editor→Inspections。

步骤02 找到要禁用的检查，并清除其旁边的复选框。

步骤03 应用更改并关闭对话框。

4.5.13 代码模板

文件模板是创建新文件时要生成的默认内容的规范。根据要创建的文件类型，模板会提供该类型所有文件中应包含的初始代码和格式。

IntelliJ IDEA为所有支持的文件类型提供了预定义的模板，在创建新文件（Ctrl+Alt+Insert）时建议使用这些模板。建议的文件类型集取决于模块和配置。

文件模板在Editor→File and Code Templates对话框中设置。可以在以下两个范围中配置此设置页面：

- 默认范围模板，涉及整个工作区，存储在IDE配置目录中的fileTemplates下。
- 项目范围模板，涉及单个项目，存储在.idea / fileTemplates下的项目文件夹中。这些模板可以在团队成员之间共享。

默认情况下，模板列表仅包含IntelliJ IDEA提供的预定义模板。其中一些是内部的，这意味着它们无法删除或重命名。内部模板的名称以粗体显示。修改的模板名称以及手动创建的自定义模板名称显示为蓝色。

1. 创建一个新的文件模板

创建新文件模板的步骤如下：

- 在Settings/Preferences对话框中，选择Editor→File and Code Templates。
- 在文件选项卡上单击＋并指定模板的名称、文件扩展名和主体。
- 应用更改并关闭对话框。

2. 复制现有文件模板

- 在Settings/Preferences对话框中，选择Editor→File and Code Templates。
- 在文件选项卡上单击▣并根据需要修改模板的名称、文件扩展名和主体。
- 应用更改并关闭对话框。

3. 将文件另存为模板

- 在编辑器中打开一个文件。
- 选择 Tools→Save File as Template，从菜单中将文件另存为模板。
- 在打开的 Save File as Template 对话框中，指定新的模板名称并根据需要编辑正文。
- 应用更改并关闭对话框。

文件和代码模板是用 Velocity 模板语言编写的，可以使用以下结构：

（1）固定文本（标记、代码、注释等），按原样呈现。

（2）变量，将其替换为它们的值。

（3）各种指令，包括#parse、#set、#if 等。

以下示例显示了在 IntelliJ IDEA 中创建 Java 类的默认模板：

```
#if (${PACKAGE_NAME} != "")package ${PACKAGE_NAME};#end
#parse("File Header.java")
public class ${NAME} {
}
```

在此模板中，#if 指令用于检查程序包名称是否不为空，如果是就将该名称添加到作为${PACKAGE_NAME}变量传递的程序包语句中；#parse 指令用于插入另一个名为 File Header.java 模板的内容。

然后，声明一个公共类，其名称作为${NAME}变量传递（新文件的名称）。

创建新的 Java 文件时，此模板会生成一个文件，类似于以下内容：

```
package demo;

/**
 * Created by IntelliJ IDEA.
 * User: xxxx
 * Date: 6/1/11
 * Time: 12:54 PM
 * To change this template use File | Settings | File and Code Templates.
 */
public class Demo {
}
```

文件模板可以包含变量，这些变量在应用模板时将被其值替换。变量是一个以美元符号$开头后跟变量名称的字符串。变量名称可以选择用大括号括起来。例如，$MyVariable 和 ${MyVariable}是相同变量的不同符号。

表 4-1 所示的预定义变量可以在文件模板中使用。

表 4-1 模板变量

变量	描述
${DATE}	当前系统日期
${DAY}	该月的当前日期

（续表）

变量	描述
${DS}	美元符号$。此变量用于转义美元字符，因此不会视为模板变量的前缀
${FILE_NAME}	新PHP文件的名称（如果启用了PHP插件）
${HOUR}	当前时间
${MINUTE}	当前分钟
${MONTH}	这个月
${MONTH_NAME_FULL}	当月的全名（一月、二月等）
${MONTH_NAME_SHORT}	当前月份名称的前3个字母（一月、二月，以此类推）
${NAME}	新实体的名称（文件、类、接口等）
${ORGANIZATION_NAME}	在项目设置（Ctrl+Shift+Alt+S）中指定的组织名称
${PACKAGE_NAME}	创建新类或接口文件的目标包的名称
${PRODUCT_NAME}	IDE的名称（例如，IntelliJ IDEA）
${PROJECT_NAME}	当前项目名称
${TIME}	当前系统时间
${USER}	当前用户的登录名
${YEAR}	今年

除了预定义的模板变量外，还可以指定自定义变量。如有必要，可以使用#set指令在模板中定义自定义变量的值。

例如，要使用全名而不是通过预定义变量定义的登录名${USER}，可使用以下结构：

```
#set( $MyName = "John Smith" )
```

如果模板中未定义变量的值，则在应用模板时IntelliJ IDEA会要求指定它。

4. 包含模板

包含模板用于定义可重复使用的代码段（例如标准标头、版权声明等），以通过#parse伪指令插入其他模板中。

该#parse指令具有以下语法：

```
#parse("<include_template_name.extension>")
```

例如：

```
#parse("File Header.java")....
```

创建包含模板的步骤如下：

- 在Settings/Preferences对话框中，选择Editor→File and Code Templates。
- 打开Includes选项卡。
- 单击工具栏上的创建模板图标＋，然后指定包含模板的名称、扩展名和正文。

4.6 实时模板

通过使用实时模板，可以将常用结构插入代码中，例如循环、条件以及各种声明或打印语句。要展开代码段，可输入相应的模板缩写，然后按 Tab 键。持续按 Tab 键可从模板中的一个变量跳转到下一个变量。按 Shift+Tab 快捷键移到上一个变量。

4.6.1 实时模板类型

实时模板类型包括简单模板、参数化模板和环绕模板。

1. 简单模板

简单模板（见表 4-2）仅包含固定的纯文本。扩展简单模板时，文本将自动插入源代码中，以代替缩写。

表 4-2 简单模板

缩写	扩展到
psfs	public static final String
psvm	public static void main(String[] args){ }
sout	System.out.println();

2. 参数化模板

参数化模板（见表 4-3）包含允许用户输入的变量。扩展参数化模板时，变量将由输入字段替换，以供用户手动指定，或者由 IntelliJ IDEA 自动计算。

表 4-3 参数化模板

缩写	扩展到
fori	for (int i = 0; i < ; i++) { }
ifn	if (var == null) { }

3. 环绕模板

环绕模板根据用户指定的文本包装所选代码块。例如，T 展开为一对标签，可以为其指定一个名称。也可以选择一个代码块，然后按 Ctrl+Alt+J 快捷键打开 Select Template（选择模板）窗口，然后选择 T 模板以将选择内容包装在一对标签中。

4.6.2　配置实时模板

要配置实时模板，可单击 Editor→Live Templates（实时模板）页面，在 Live Templates 页面上可以查看所有可用的实时模板，对其进行编辑并创建新模板。

模板可以根据使用它们的上下文进行分组（通常是通过相应的语言）。要将模板移至另一个组，可右击该模板，选择 Move，然后选择所需的组名。

每个活动模板均由包含字母数字字符、点和连字符的缩写定义。缩写在一个组中必须唯一，但是相同的缩写可以在不同的组中使用，并根据相应组的上下文扩展到不同的构造。修改后的默认模板的缩写以蓝色字体显示在列表中，如图 4-53 所示。

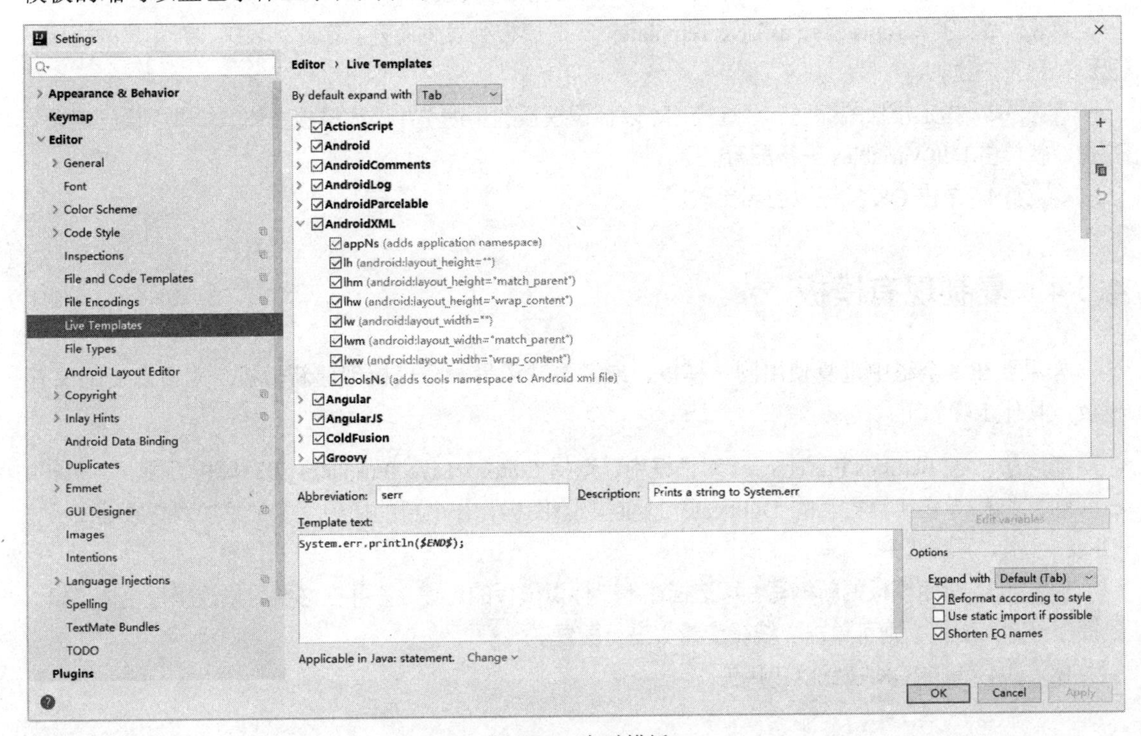

图 4-53　实时模板

将修改后的模板还原为默认设置，在 Settings/Preferences 的 Live Templates 界面上，右击要还原的模板，然后单击 Restore defaults 命令还原默认值。

4.6.3　创建实时模板

以下示例过程说明了 TODO 模板如何使用当前日期和用户名为注释创建模板，具体步骤如下：

步骤 01　在 Settings/Preferences 界面中选择 Editor→Live Templates。

步骤 02　选择要在其中创建新实时模板的模板组。如果未选择模板组，则实时模板将添加到用户组。

步骤03 单击＋添加按钮并选择实时模板。

步骤04 在 Abbreviation 缩写字段中，指定将用于扩展模板的字符，例如 todo。

步骤05 在 Description 描述字段中，描述模板以供将来参考。

步骤06 在 Template text 模板文本字段中，使用变量指定模板的主体，例如//TODO $DATE$ $USER$: END。

根据当前系统日期和用户名，新创建的 todo 模板将如下扩展：

```
//TODO 2019-07-02 ay:
```

除此之外，还可以从代码片段创建新模板，具体步骤如下：

步骤01 在编辑器中，选择文本片段以从中创建实时模板。

步骤02 选择 Tools/Save as Live Template，实时模板列表将打开。在此列表中，新创建的模板已添加到用户组。

步骤03 指定模板的缩写，可选描述（以标识模板的用途）并修改模板主体。如果模板已定义变量，就单击 Edit Variables 进行配置。

步骤04 单击 OK 按钮以应用更改。

4.6.4 复制现有模板

如果要在多个组中重复使用同一模板，或者要基于另一个模板创建新模板，则可以复制现有模板，具体步骤如下：

步骤01 在 Settings/Preferences 对话框中，选择 Editor→Live Templates 实时模板页面。

步骤02 单击工具栏上的 Duplicate（复制）图标，一个新的模板项将被添加到与原始模板相同的组中，并被选中。

步骤03 指定模板的新缩写，可选描述（以标识模板的用途），并在必要时修改模板主体。如果模板已定义变量，则可单击“编辑变量”进行配置。

步骤04 单击 OK 按钮以应用更改。

4.6.5 共享实时模板

IntelliJ IDEA 将自定义实时模板组的定义以及添加到预定义模板组的模板存储在自动生成的 XML 配置文件中。

实时模板组配置文件存储在 IDE 配置目录的模板目录中。通过复制模板目录中的相关文件，可以在团队成员和多个 IntelliJ IDEA 安装之间共享实时模板。此外，可以在基于 IntelliJ 平台的所有 IDE 之间共享实时模板。

IntelliJ IDEA 提供了用于共享实时模板的导出和导入功能，这可能比手动复制配置文件更方便。

1. 导出实时模板配置

步骤01 从菜单中选择 File→Export Settings。

步骤02 在 Export Settings 对话框中，确保已选中 Live templates 复选框，并指定保存路径和名称。

步骤03 单击 OK 按钮以基于实时模板配置文件生成文件。可以与团队成员共享此文件，或将其导入另一个 IntelliJ IDEA 安装中。

2. 导入实时模板配置

步骤01 从菜单中选择 File→Import Settings。

步骤02 使用导出的实时模板配置指定存档的路径。

步骤03 在 Import Settings 导入设置对话框中，选择 Live templates 实时模板复选框，然后单击 OK 按钮。

步骤04 重新启动 IntelliJ IDEA 后，将看到导入的实时模板。

4.7 文件比较

IntelliJ IDEA 可以查看任何两个文件、文件夹、文本源或数据库对象之间的差异，以及本地文件及其存储库版本之间的差异。

4.7.1 比较文件

IntelliJ IDEA 在文件的差异查看器中显示差异，选择某一个文件，单击 View→Compare With...，在弹出的 Select Path 对话框中选择要比较的文件即可，如图 4-54~图 4-56 所示。

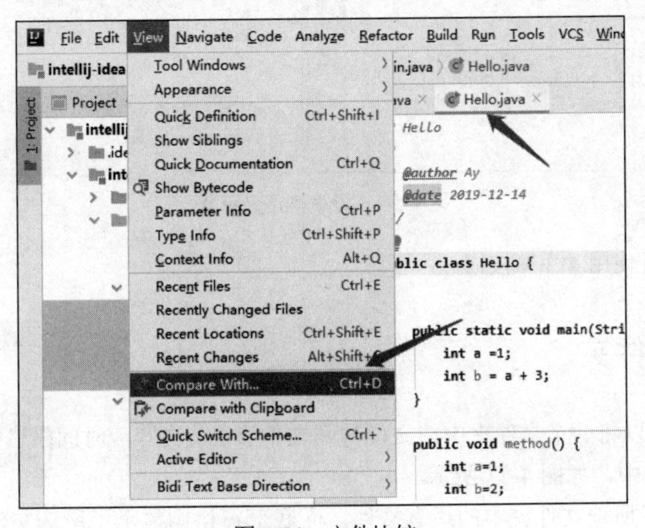

图 4-54 文件比较

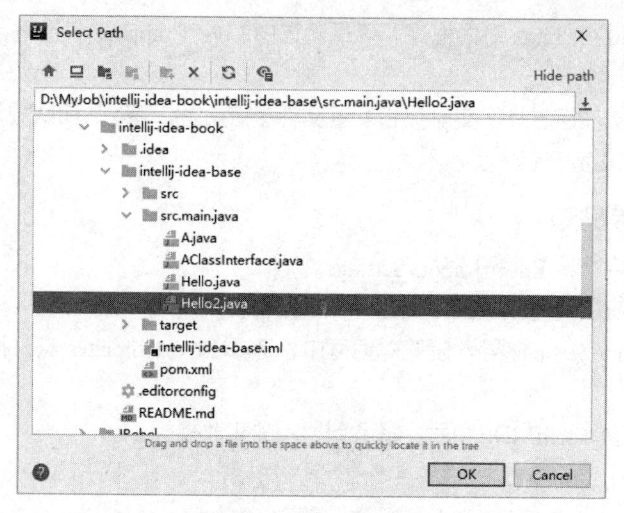

图 4-55　选择比较文件

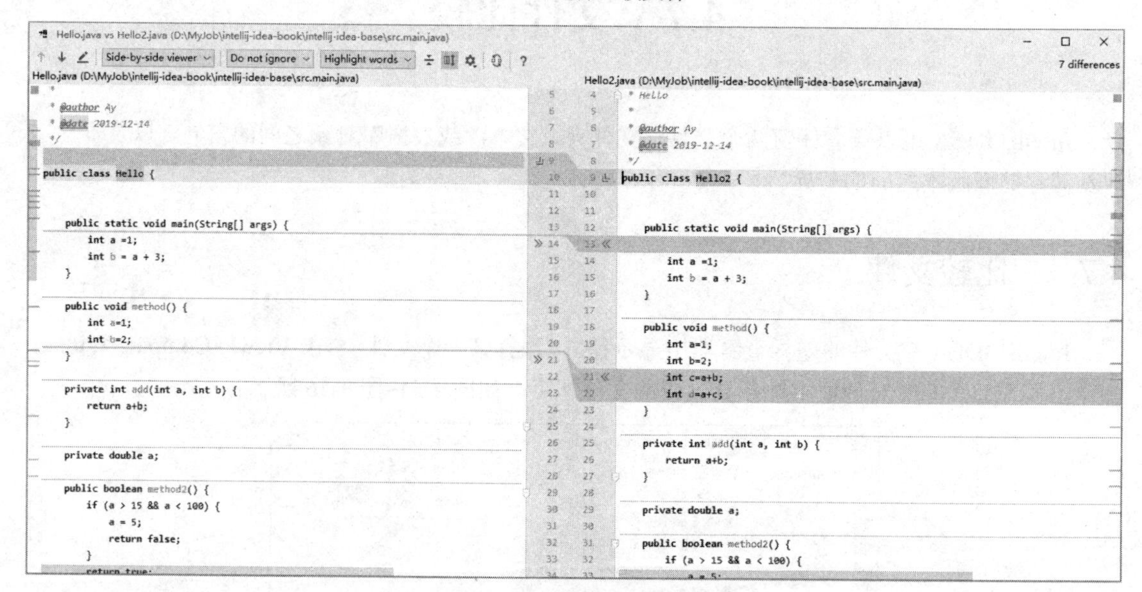

图 4-56　文件差异查看器

要应用更改，可使用 » 和«按钮。

4.7.2 比较文件夹

IntelliJ IDEA 可以将两个文件夹中的文件与其文件大小、内容或时间戳进行比较，差异显示在文件夹的差异查看器中，如图 4-57 所示。

顶部窗格列出了所选文件夹中的所有文件，而底部窗格则显示了所选文件的两个版本之间的差异。

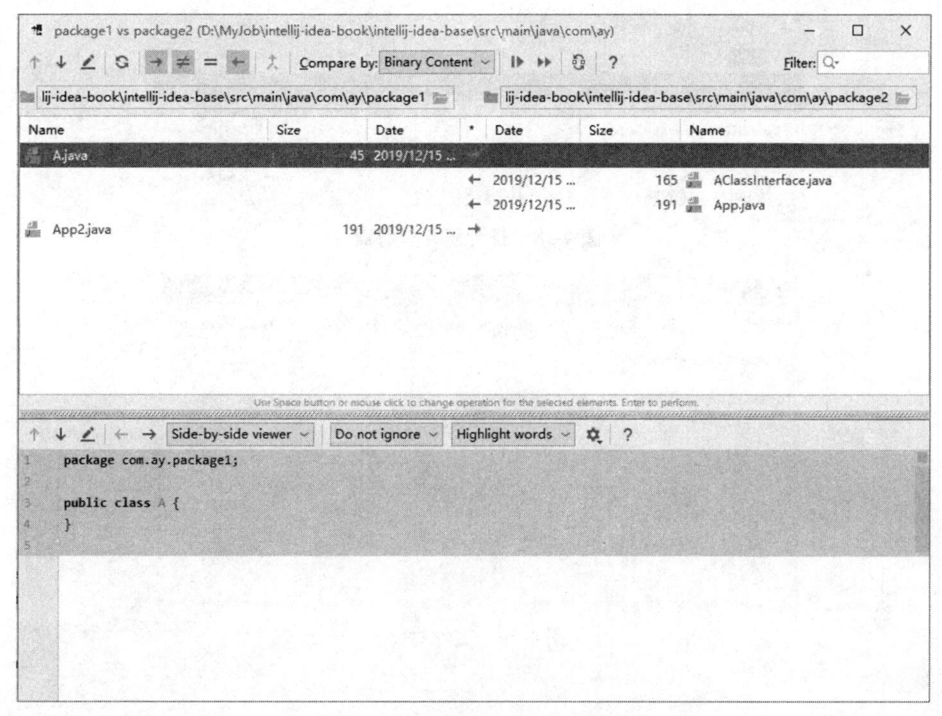

图4-57 文件夹差异查看器

使用以下工具栏按钮来筛选列表：

- ➡：单击以显示左侧文件夹中存在，而右侧文件夹中缺少的文件。
- ⬅：单击以显示右侧文件夹中存在，但左侧文件夹中缺少的文件。
- ≠：单击以显示两个文件夹中都存在的文件，但其内容、时间戳或大小不同。
- ＝：单击以显示两个文件夹中都存在的文件，并且这些文件与"比较依据"下拉列表中选择的选项相同。

要将选定的动作应用于当前文件，可单击工具栏上的Synchronize Selected（同步选定的）▮▶按钮。

要将选定的操作应用于所有文件，可单击工具栏上的Synchronize All（全部同步）▶▶按钮。

4.7.3 比较任何文字来源

除了比较文件或文件夹的内容外，还可以打开一个空白的差异查看器并将任何文本粘贴或拖动文件到左右面板进行比较。例如，将应用程序的控制台输出与同一应用程序的输出进行比较（尽管稍作修改），具体步骤如下：

步骤01 按下Ctrl+Shift+A快捷键并查找Open Blank Diff Window，如图4-58所示。

步骤02 将要比较的所有文本粘贴到左右面板中，如图4-59所示。

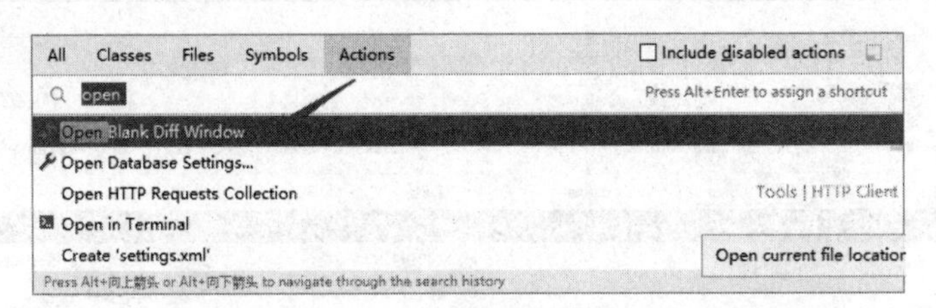

图 4-58 打开差异查看器

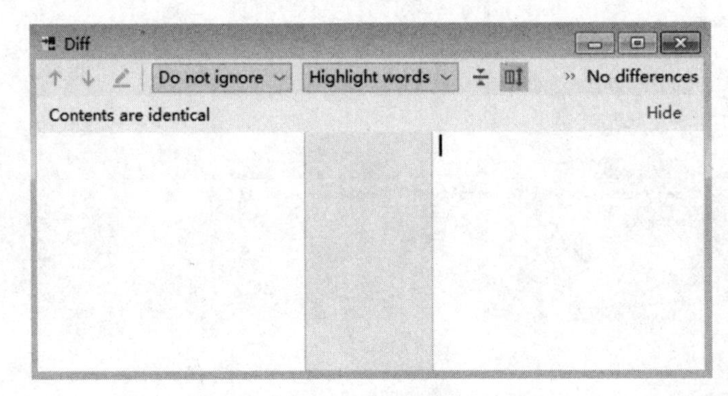

图 4-59 文件对比

4.8 拼写检查

IntelliJ IDEA 可帮助确保正确拼写所有源代码，包括文本字符串、注释、文字和提交消息。为此，IntelliJ IDEA 提供了专用的 Typo 检查，默认情况下已启用。

4.8.1 检查单词的拼写

当错字检查启用时，IntelliJ IDEA 检测和突出不包括在任何字典单词中。我们可以提供正确的拼写或按原样接受单词。如果一个单词被接受，它将被添加到选择的自定义词典中，并在以后由拼写检查器跳过。如果禁用了错字检查，就将忽略所有错别字。

纠正拼写错误的单词步骤如下：

步骤01 将插入符号放在 Typo 检查突出显示的单词上。

步骤02 单击💡或按 Alt+Enter 快捷键以显示可用的意图动作。

步骤03 选择 Change to（更改为）操作，然后从建议列表中选择所需的拼写。选择 Save to dictionary（保存到字典）操作，将单词添加到用户的字典中。如果未选择默认词典，则 IntelliJ IDEA 将允许选择将单词保存到词典。要删除刚添加的单词，可按 Ctrl+Z 快捷键。

4.8.2 配置要使用的字典

IntelliJ IDEA 将根据捆绑的字典和用户定义的自定义字典检查拼写的正确性。由于拼写检查功能不允许更改语言本身，因此添加自定义词典将能够为IntelliJ IDEA带来几乎所有语言支持。

字典可以是以下任意一种：

（1）内置的项目级和应用程序级字典，可以通过手动将单词保存到其中来进行填充。

（2）具有DIC扩展名的纯文本文件，包含用换行符分隔的单词。

（3）Hunspell词典，通常包含两个相同名称的纯文本文件，例如 en_GB.dic 和 en_GB.aff。

配置要使用的字典，具体步骤如下：

步骤01 在Settings/Preferences对话框中，选择Spelling→Editor。

步骤02 在打开的Spelling（拼写检查）页面上，切换到Dictionaries选项卡，在Custom Dictionaries区域中配置要使用的自定义词典。

- 要将新的自定义词典添加到列表中，可单击＋按钮或按Alt+Insert快捷键，在打开的Select Path dialog（选择路径对话框）中选择所需的文件。所选文件的完整路径将添加到Custom Dictionaries（自定义词典）列表中。
- 要在IntelliJ IDEA中编辑自定义词典的内容，可选择它，然后单击编辑按钮或按Enter键。相应的文件将在新的编辑器选项卡中打开。
- 要从列表中删除自定义词典，可选择它，然后单击删除－按钮或按Alt+Delete快捷键。

步骤03 在Bundled Dictionaries（捆绑字典）区域中，通过选中或清除旁边的复选框来配置要使用的捆绑字典。

除此之外，还可以使用在拼写检查期间应跳过的单词来手动填充内置的项目级和应用程序级词典，具体步骤如下：

步骤01 在Settings/Preferences对话框中，选择Spelling→Editor。

步骤02 在打开的拼写页面上，切换到Accepted Words选项卡。

步骤03 单击＋按钮，打开Add New Word（添加新单词）对话框并在其中指定一个新条目。不支持CamelCase或snake_case。如果尝试添加一个拼写词典中已经包含的单词，则IntelliJ IDEA会显示一条错误消息：单词<just typed word>已经在词典中。要从列表中删除条目，可选择它，然后单击删除－按钮。

4.9 TODO注释

有时，需要标记部分代码以供将来参考：优化和改进，可能的更改，要讨论的问题等。IntelliJ IDEA允许添加特殊类型的注释，这些注释在编辑器中突出显示，被索引并在TODO工具窗口中列出。这样，就可以跟踪需要注意的问题了，如图4-60和图4-61所示。

默认情况下，IntelliJ IDEA支持两种模式：TODO和FIXME大写或者小写。这些模式可在任何受支持文件类型的行注释和块注释内部使用。可以根据需要修改默认模式或添加自己的模式。

```java
package org.jetbrains;

public class Main {

    public static void main(String[] args) {

        System.out.println("Hello World!");

        //TODO Add some useful code here

        //FIXME Add more class files:
        // - Player
        // - NPC
        // - Chicken
        //Please be careful when you code!
    }
}
```

Single-line TODO comment

Multi-line TODO comment

Regular comment line

图 4-60　TODO 注释

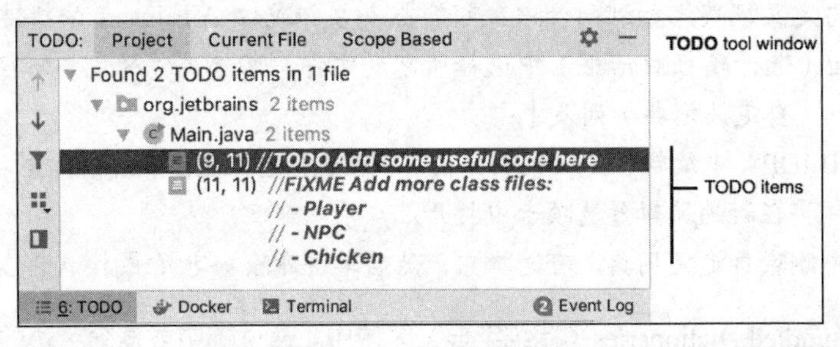

图 4-61　TODO 工具窗口

要查看 TODO 项目，打开 TODO 工具窗口（快捷键 Alt+6）。要跳至源代码中的 TODO 注释，可在 TODO 工具窗口中单击相应的 TODO 项。

4.10　语言注入

语言注入可以处理代码中嵌入的其他语言的代码段。当将一种语言（例如 HTML、CSS、XML、RegExp 等）注入字符串文字中时，将获得用于编辑该文字的全面代码帮助。

4.10.1　注入语言

将插入号放置在想要注入语言的字符串文字、标记或属性内，然后按 Alt+Enter 快捷键（或使用意图动作图标💡）。

选择 Inject language or reference，然后选择要注入的语言。

图 4-62 中，注入 HTML 语言。运行 main 方法后，在控制台中将输出字符串“<body><h>123</h></body>”。

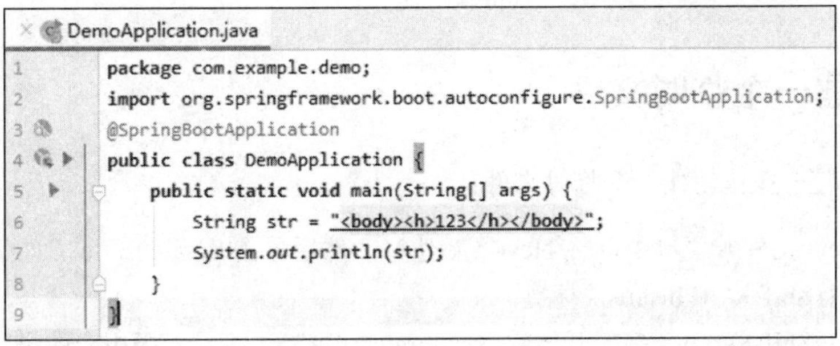

```
DemoApplication.java
1  package com.example.demo;
2  import org.springframework.boot.autoconfigure.SpringBootApplication;
3  @SpringBootApplication
4  public class DemoApplication {
5      public static void main(String[] args) {
6          String str = "<body><h>123</h></body>";
7          System.out.println(str);
8      }
9  }
```

图 4-62　HTML 语言注入

要取消语言注入，选择 Uninject language or reference。

4.10.2　专用编辑器打开代码

将插入符号放置在注入的代码段内，然后按 Alt+Enter 快捷键（或使用意图动作图标）。选择 Edit <language ID> Fragment，IntelliJ IDEA 将打开一个专用的编辑器部分，用于使用注入的语言编辑代码。该编辑器提供完整的代码帮助，包括代码完成、检查、意图和代码样式操作，如图 4-63 所示。

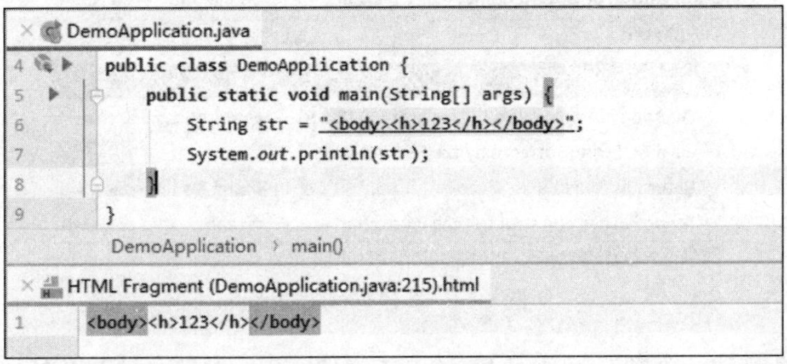

```
DemoApplication.java
4  public class DemoApplication {
5      public static void main(String[] args) {
6          String str = "<body><h>123</h></body>";
7          System.out.println(str);
8      }
9  }
   DemoApplication › main()
HTML Fragment (DemoApplication.java:215).html
1  <body><h>123</h></body>
```

图 4-63　专用编辑器

4.11　暂存文件

IntelliJ IDEA 可以暂存临时文件和暂存缓冲区。

临时文件是功能齐全、可运行且可调试的文件，支持语法突出显示、代码完成以及相应文件类型的所有其他功能。例如，在处理一个项目时，可能会想出一个方法，供以后在另一个项目中使用。可以使用该方法的草稿创建一个临时文件，草拟 Java 代码构造、HTTP 请求、JSON 文档等。该草稿不会存储在项目目录中，但可以从另一个项目中访问和打开。

暂存缓冲区是简单的文本文件，没有任何编码辅助功能。暂存缓冲区可用于简单的任务列表和自己的注释，也没有存储在项目目录中，但是可以从另一个项目访问和打开。最多可以创建 5 个具有默认名称的暂存缓冲区，这些缓冲区将通过清除内容而轮换使用。

4.11.1 创建一个临时文件

可执行以下任一操作创建一个临时文件：

（1）从File（文件）菜单中选择New（新建），然后单击Scratch File（暂存文件）。

（2）按Ctrl+Shift+Alt+Insert快捷键。

（3）按Ctrl+Shift+A快捷键，开始输入“scratch file”，然后选择相应的操作。

选择临时文件的语言。相同类型的暂存文件将自动编号，并添加到Project工具窗口的Scratches and Consoles（暂存和控制台）目录中。创建Java暂存文件时，IntelliJ IDEA会自动添加类声明和main()方法。

4.11.2 创建暂存缓冲区

该操作没有专用的菜单项来创建新的暂存缓冲区，但是可以使用“查找动作”弹出窗口（Ctrl+Shift+A快捷键）并运行New Scratch Buffer（新暂存缓冲区）动作，如图4-64所示。

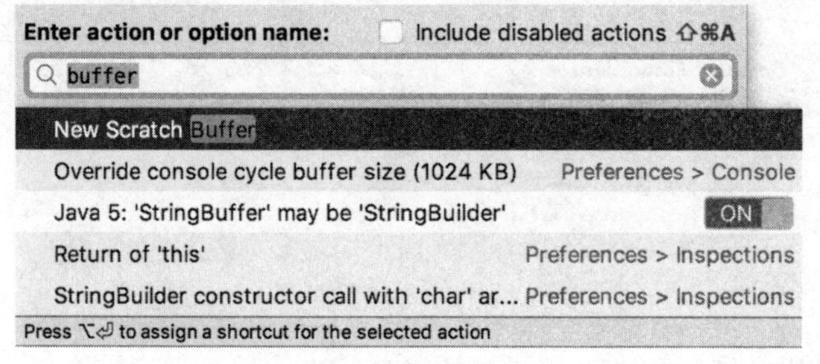

图4-64　新建暂存缓冲区

IntelliJ IDEA创建一个名为buffer1.txt的文本文件，下一个暂存缓冲区名为buffer2.txt，以此类推，直到buffer5.txt。当达到该限制时，它将重新创建buffer1.txt并建议清除其内容。如果要确保在有5个缓冲区后不清除暂存缓冲区，则可以重命名它。

4.11.3 查看暂存文件和缓冲区

要查看已创建的暂存文件和缓冲区的列表，可打开Project工具窗口，展开Scratches and Consoles（暂存器和控制台），然后展开Scratches（暂存器），如图4-65所示。

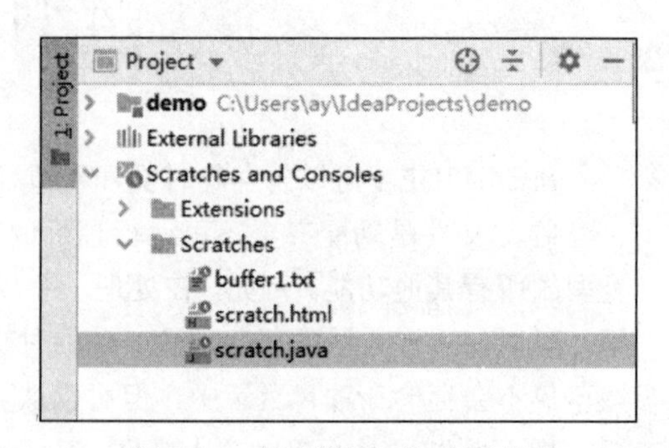

图4-65　查看暂存文件及缓冲区

暂存文件和缓冲区存储在IDE配置目录下的scratches文件夹中。使用此配置目录的任何IDE和项目中都可以使用它们。

4.12　模块依赖图/UML 类图

4.12.1　模块依赖图

当处理大型的多模块项目时，有时为了更方便地检查项目中的模块及其依赖关系，可查看模块依赖关系图，具体步骤如下：

步骤 01　在 Project 工具窗口中，选择要查看其图的项目（项目/模块），如图 4-66 所示。

步骤 02　右击所选项目，然后从上下文菜单中选择 Diagram→Show Diagram。

步骤 03　从打开的列表中选择要创建的图的类型，如图 4-67 所示。

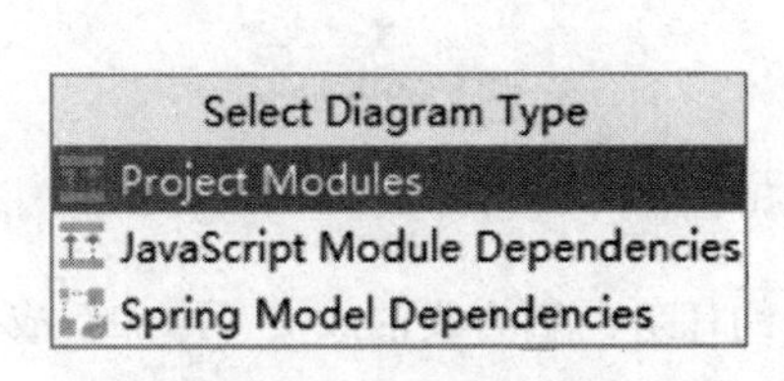

图 4-66　选择图类型

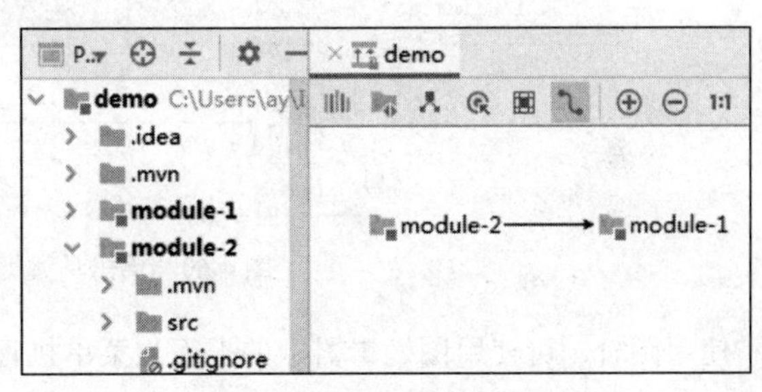

图 4-67　查看模块依赖关系

4.12.2　UML 类图

IntelliJ IDEA 可以在项目中的程序包上生成图表。图表可以反映应用程序中实际类和方法的结构。

查看包上图的具体步骤如下：

步骤 01　在 Project 工具窗口中，右击要为其创建图表的包，然后选择 Diagrams→Show Diagram。

步骤 02　在打开的列表中，选择 Java Class Diagram。IntelliJ IDEA 为类及其依赖项生成 UML 图，如图 4-68 所示。

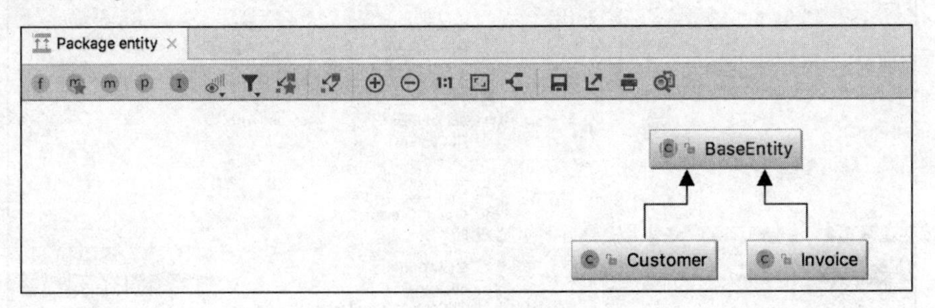

图 4-68　类 UML 图

要查看方法、字段和其他代码元素的列表，可在图编辑器顶部的图工具栏上选择适当的图标。IntelliJ IDEA 将根据选定的可见性级别显示列表，可以更改这些可见性级别。例如，要仅查看受保护的方法，可单击更改可见性级别按钮，然后从列表中选择 protected（受保护）。可以单击图标以查看类依赖性。

当单击图中的类时，IntelliJ IDEA 将不位于同一包中的类变灰，如图 4-69 所示。

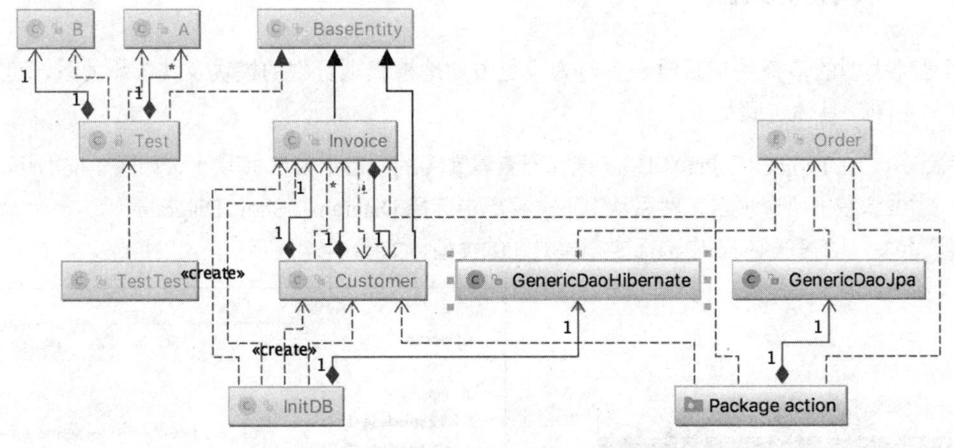

图 4-69 单击具体类的 UML 图

使用图时，可使用图编辑器中的上下文菜单执行不同的任务：查看类的成员，添加新成员，删除现有成员，查看实现，检查父类，执行基本重构，以及添加注释等，如图 4-70 所示。

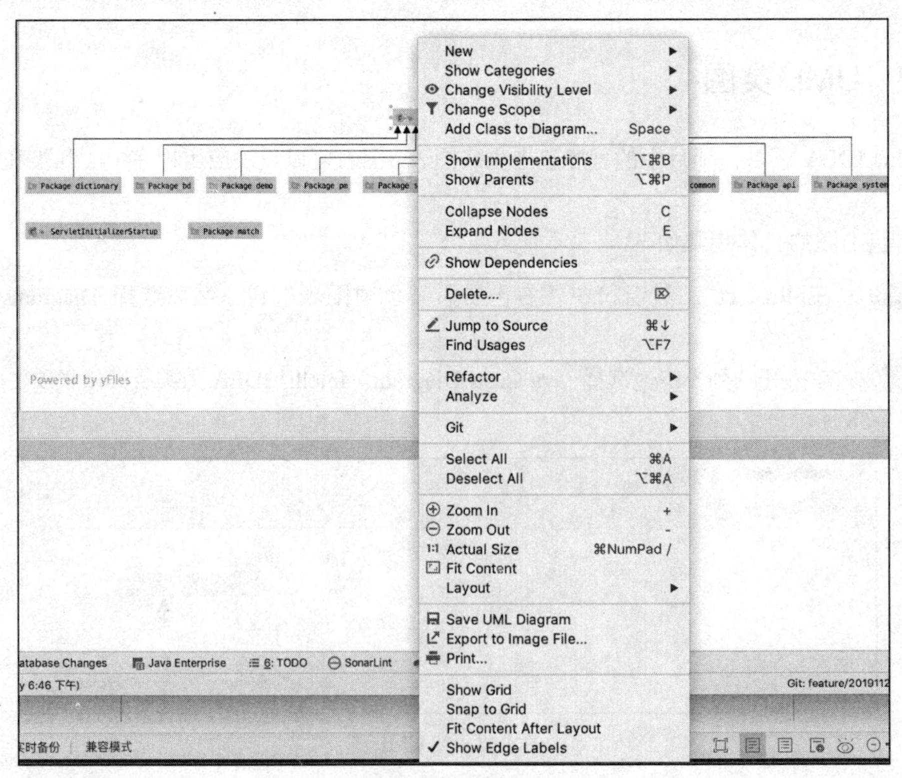

图 4-70 管理 UML 图

4.13 版　权

同一项目中的文件可能需要几个不同的版权声明。在这种情况下，可以配置多个配置文件并将它们与不同的范围关联。配置文件定义了版权声明文本以及将合并该文本的一组文件。

4.13.1 配置新的版权

配置新的版权资料步骤如下：

步骤 01 在 Settings\Preferences 对话框中选择 Editor→Copyright→Copyright Profiles。

步骤 02 单击 + 按钮并命名新的配置文件。

步骤 03 输入版权声明文本。可以输入纯文本，或配置 Velocity 模板。对于模板，单击 Validate 按钮以确保已正确配置它。

4.13.2 分配文件范围

将配置文件分配给文件范围的具体步骤如下：

步骤 01 在 Settings/Preferences 对话框中选择 Editor→Copyright。

步骤 02 单击 + 按钮，然后从列表中选择一个现有的共享范围，可以根据需要定义新的范围。

步骤 03 从 Copyright（版权）列表中选择要与范围链接的配置文件。

步骤 04 应用更改并关闭对话框。

4.13.3 配置版权文本格式

默认情况下，IDE 会将块注释粘贴在其他注释之前，在每行中添加前缀，并在块之后添加空白行。

可以在设置中更改默认格式：

（1）在 Settings/Preferences 对话框中选择 Editor→Copyright→Formatting，在此页面上可以配置所有文件类型的格式。如果要更改特定文件类型的格式，可在 Formatting（格式）节点下选择它，如图 4-71 所示。

（2）配置格式选项。使用预览部分来确保新格式看起来符合预期。

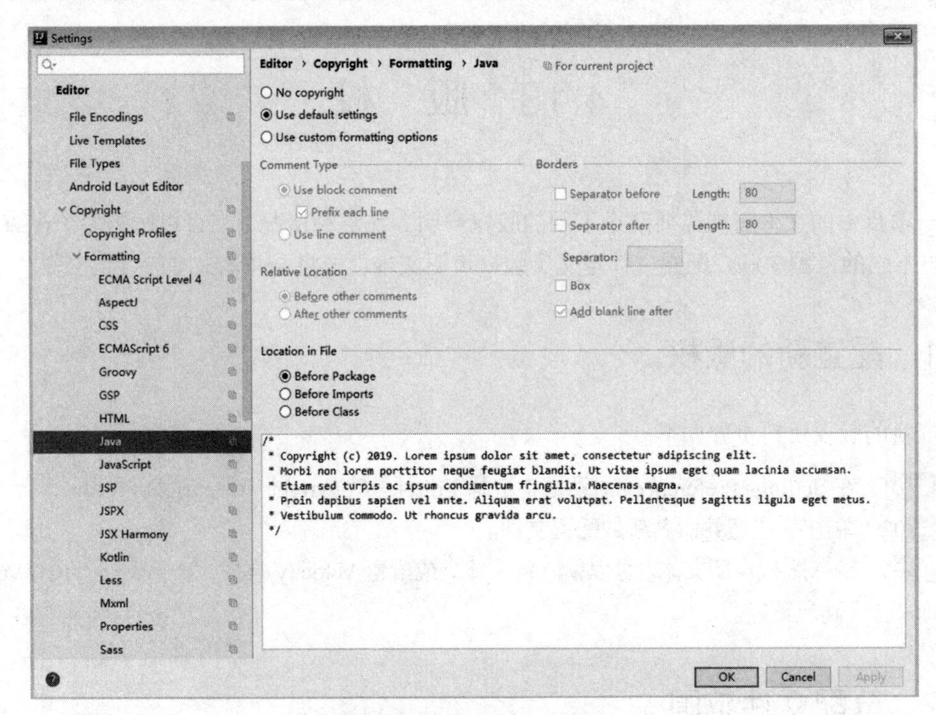

图 4-71 配置版权文本格式

4.13.4 将版权文字插入文件

要将文本插入单个文件，可在编辑器中将其打开，按 Alt+Insert 快捷键，然后从弹出菜单中选择 Copyright（版权）命令。

要将文本插入到一组文件中，可在 Project 工具窗口中右击一个节点，然后选择 Update Copyright（更新版权）。系统将提示选择要在哪个范围内更新通知。节点可能包含属于不同范围的文件。在这种情况下，将根据分配的配置文件生成版权声明。

如果节点包含的文件不属于任何范围，则 IDE 将为其分配默认配置文件。

4.14 宏

宏提供了一种方便的方法来自动执行在编写代码时经常执行的重复过程。既可以记录、编辑和播放宏，也为其分配快捷方式并共享它们。

宏可用于文件中与编辑器有关的操作，但是不能记录按钮的单击、导航到弹出窗口以及访问工具窗口或菜单。

1. 录制宏

具体步骤如下：

步骤 01 打开 Edit（编辑）菜单，选择 Macros 宏，然后单击 Start Macro Recording 开始宏录制。

步骤02 执行想要记录的必要动作。

步骤03 打开 Edit 菜单，选择 Macros 宏，然后单击 Stop Macro Recording 停止宏录制。

步骤04 在 Enter Macro Name 对话框中，指定新宏的名称，然后单击 OK 按钮。如果宏仅用于临时使用，则可以将该名称保留为空白。

2．播放宏

要播放临时宏，可打开 Edit 菜单，选择 Macros 宏，然后单击 Play Back Last Macro 播放最后一个宏。

要播放命名的宏，可打开 Edit 菜单，选择 Macros 宏，然后单击所需的宏名称。

3．编辑宏

打开 Edit 菜单，选择 Macros 宏，然后单击 Edit Macros 编辑宏。

4.15 文件编码

IntelliJ IDEA 可以在编辑器中更改编码。如果需要检查编码详细信息并配置更多选项，可在 Settings/Preferences 对话框中单击 Editor→Files Encodings，如图 4-72 所示。

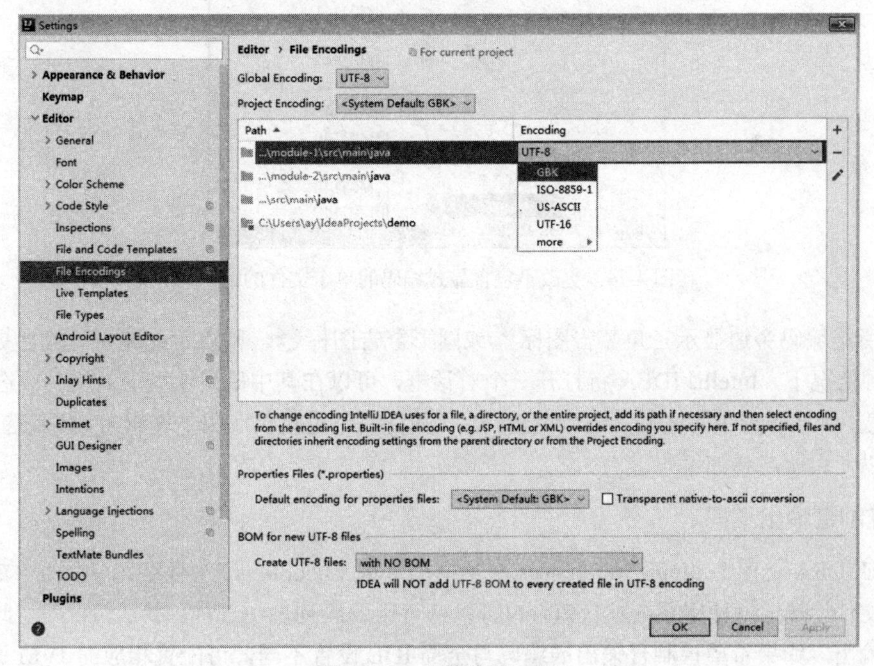

图 4-72 文件编码设置

Path 路径列显示文件或目录的路径。该编码列显示编码。可以单击指定的编码进行更改，也可以添加新路径、删除或编辑现有路径。

1．更改包含显式编码的文件编码

在编辑器中打开所需的文件，更改显式编码信息。使用错误突出显示来识别错误的编码，然后按 Ctrl+Space 快捷键显示可用编码的列表，如图 4-73 所示。

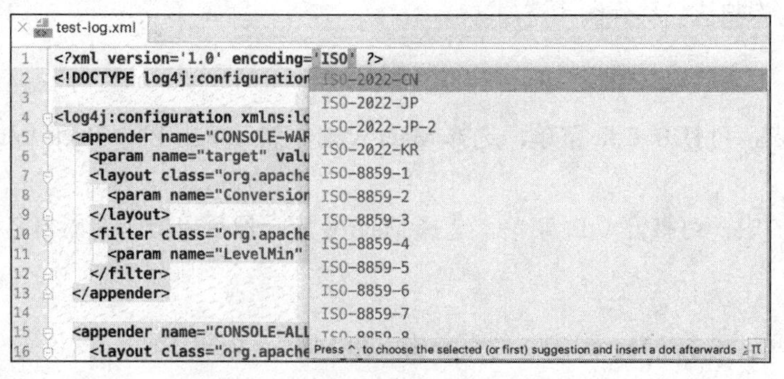

图 4-73　更改包含显式编码的文件编码

2．更改不包含显式编码的单个文件编码

打开所需的文件进行编辑。从主菜单中选择 File→File encoding 或单击状态栏上的文件编码，从弹出窗口中选择所需的编码，如图 4-74 所示。

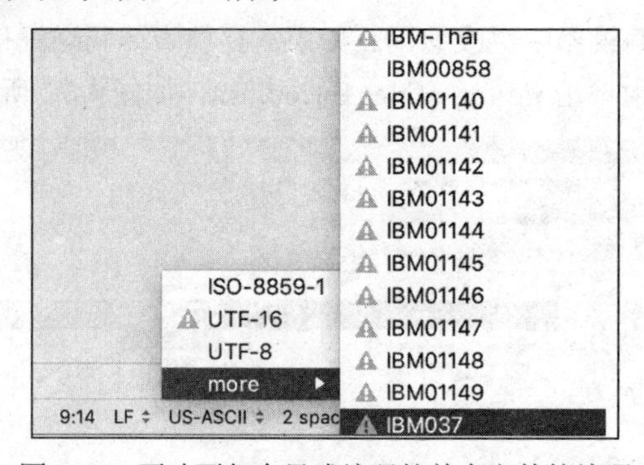

图 4-74　更改不包含显式编码的单个文件的编码

如果所选编码旁边显示三角警告图标⚠或圆形警告图标❗，则表示此编码可能会更改文件内容。在这种情况下，IntelliJ IDEA 将打开一个对话框，可以在其中确定要处理的文件。选择 Reload（重新加载）以从磁盘中将文件加载到编辑器中，并将编码更改仅应用于编辑器，或者选择 Convert（转换）以使用所选择的编码。

3．控制台输出编码

IntelliJ IDEA 使用 Settings/Preferences 对话框的 File Encodings（文件编码）页面中定义的 IDE 编码创建文件。既可以使用系统默认值，也可以从可用编码列表中选择。默认情况下，此编码会影响控制台输出。如果希望控制台输出的编码与全局 IDE 设置不同，可配置相应的 JVM 选项：

（1）在 Help（帮助）菜单上单击 Edit Custom VM Options（编辑自定义 VM 选项）。

（2）添加-Dconsole.encoding 选项并将值设置为必要的编码，例如-Dconsole.encoding=UTF-8。

（3）重新启动 IntelliJ IDEA。

4.16　将 CSV/TSV 文件编辑为表格

IntelliJ IDEA 可以将带分隔符的文本文件（CSV、TSV 和其他以分隔符分隔的格式）编辑为表格。

在分隔的文本文件中右击，然后单击 Edit as Table（编辑为表格）。在打开的对话框中指定格式设置，然后单击 OK 按钮。在该对话框中有两种预定义的格式（CSV 和 TSV），还可以创建自定义格式。例如，可能需要用逗号分隔的值和分号作为行分隔符，如图 4-75 所示。

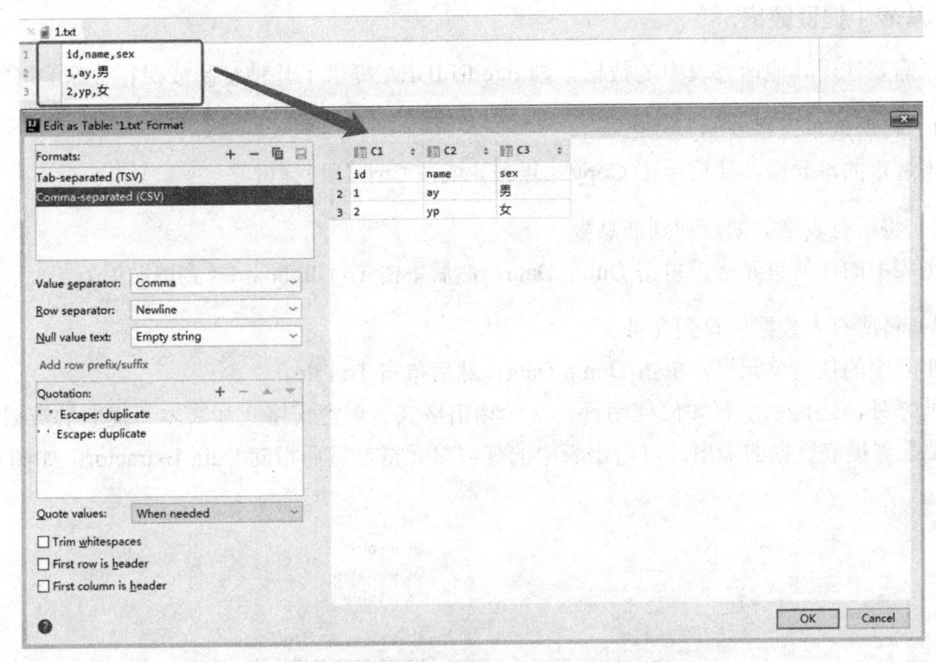

图 4-75　将 CSV/TSV 文件编辑为表格

右击任何单元格或列标题，以访问用于修改表的可用命令，如图 4-76 所示。

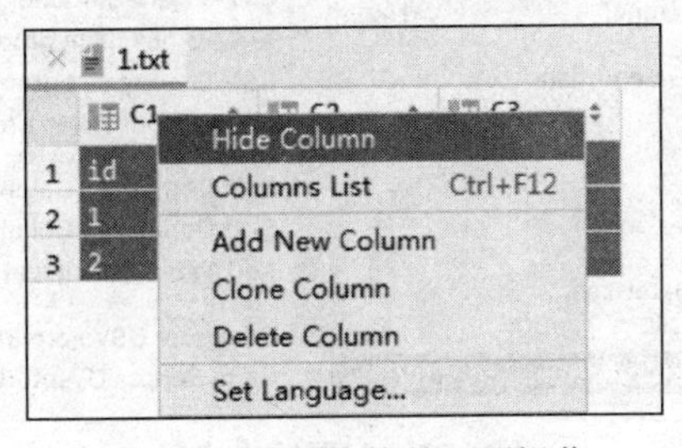

图 4-76　修改表格的可用操作

1. 排序数据

单击列标题可在排序方向之间切换：升序，降序和初始未排序状态。当按多列排序时，数字表示排序级别（优先级）。

2. 隐藏栏

右击列标题，然后单击 Hide Column（隐藏列），隐藏列的名称将被删除掉。要在列的隐藏状态和显示状态之间切换，可在列表中选择它，然后按 Space 键。

3. 启用编码协助

右击列标题或单个单元格，然后单击 Edit As（编辑为），以选择一种语言，并在修改内容时提供编码帮助。

4. 转置表

右击表中的任何单元格，然后单击 Transpose（转置）以切换行和列。

5. 从表中提取数据

如果需要使用其他地方表中的数据，则 IntelliJ IDEA 提供了几种复制或保存数据的可能性。

（1）将所选单元格复制到剪贴板

右击选定的单元格，然后单击 Copy（复制）或按 Ctrl+C 快捷键。

（2）将所有表格数据复制到剪贴板

右击表中的任何单元格，单击 Dump Data，然后单击 To Clipboard（到剪贴板）。

（3）将所有表数据保存到文件

右击表中的任何单元格，单击 Dump Data，然后单击 To File。

除此之外，还可以配置如何使用预定义的输出格式、自定义格式和脚本将提取的数据转换为文本。要配置提取数据的输出，可右击表中的任何单元格，然后指向 Data Extractor，如图 4-77 所示。

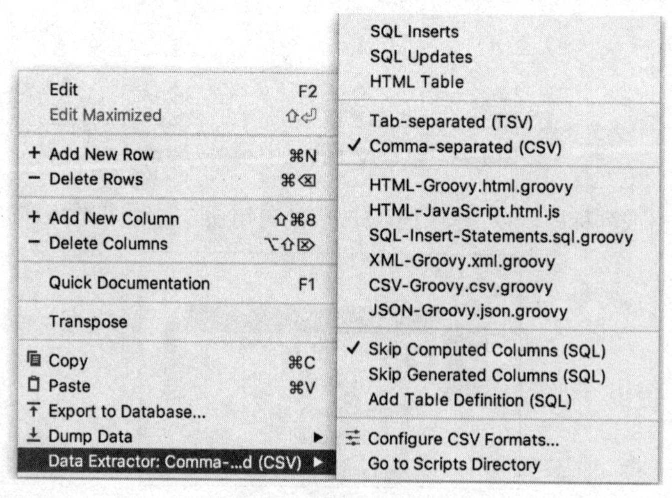

图 4-77 配置输出格式

在此菜单中，可以选择输出格式（例如，SQL INSERT 语句、HTML 表或 CSV 格式）或将数据转换为特定格式的脚本。以下附加选项也可用：

- Skip Computed Columns 跳过计算列（SQL）

启用以排除具有计算值的列（影响 SQL 输出格式）。

- Skip Generated Columns 跳过生成的列（SQL）

启用以排除具有自动增量值的列（影响 SQL 输出格式）。

- Add Table Definition 添加表定义（SQL）

启用以包含该 CREATE TABLE 语句（影响 SQL 输出格式）。

6．将数据导出到数据库

将数据导出到数据库的具体步骤如下：

步骤01 确保在数据库工具窗口中将数据库添加为数据源。

步骤02 右击表中的任何单元格，然后单击 **Export to Database** 导出到数据库。

步骤03 指定数据库、目标架构（以使用导出的数据创建新表）或表（以将导出的数据添加到现有表）。

步骤04 配置目标表的数据映射和设置。

第5章

运行/调试/编译/部署/分析

本章主要介绍 IntelliJ IDEA 运行/调试应用程序、测试应用程序、代码覆盖率、连接服务器、分析应用等功能。

5.1 运行/调试配置

要在 IntelliJ IDEA 中运行或调试代码，可以使用多种运行/调试配置，每个运行/调试配置代表一组命名的运行/调试启动属性。当使用 IntelliJ IDEA 执行运行、调试或测试操作时，始终使用其参数，并根据现有配置之一启动进程。

每种运行/调试配置类型都有自己的默认设置，每当创建相应类型的新运行/调试配置时，它都会基于这些默认设置。

5.1.1 创建运行/调试配置

IntelliJ IDEA 提供了 Run/Debug Configurations（运行/调试配置）对话框，作为处理运行/调试配置的工具：创建配置文件或更改默认配置文件。

创建“运行/调试”配置的具体步骤如下：

步骤 01 打开 Run/Debug Configurations 对话框，如图 5-1 所示。

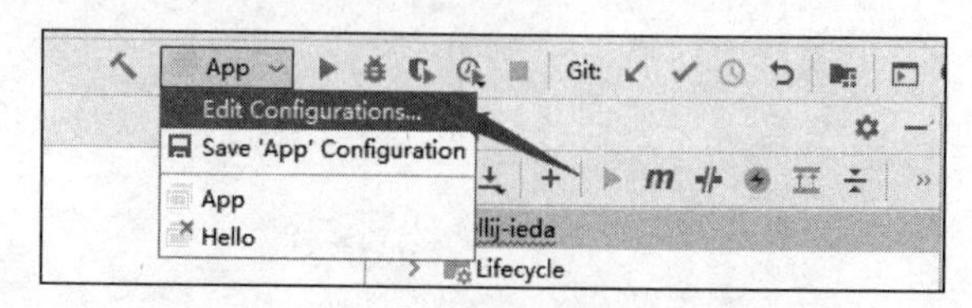

图 5-1 打开“运行/调试配置”对话框

步骤 02　在 Run/Debug Configurations 对话框中，单击 + 图标或按 Alt+Insert 快捷键，显示默认的运行/调试配置，选择所需的配置类型，右侧窗格中的字段会显示所选配置类型的默认设置，如图 5-2 所示。

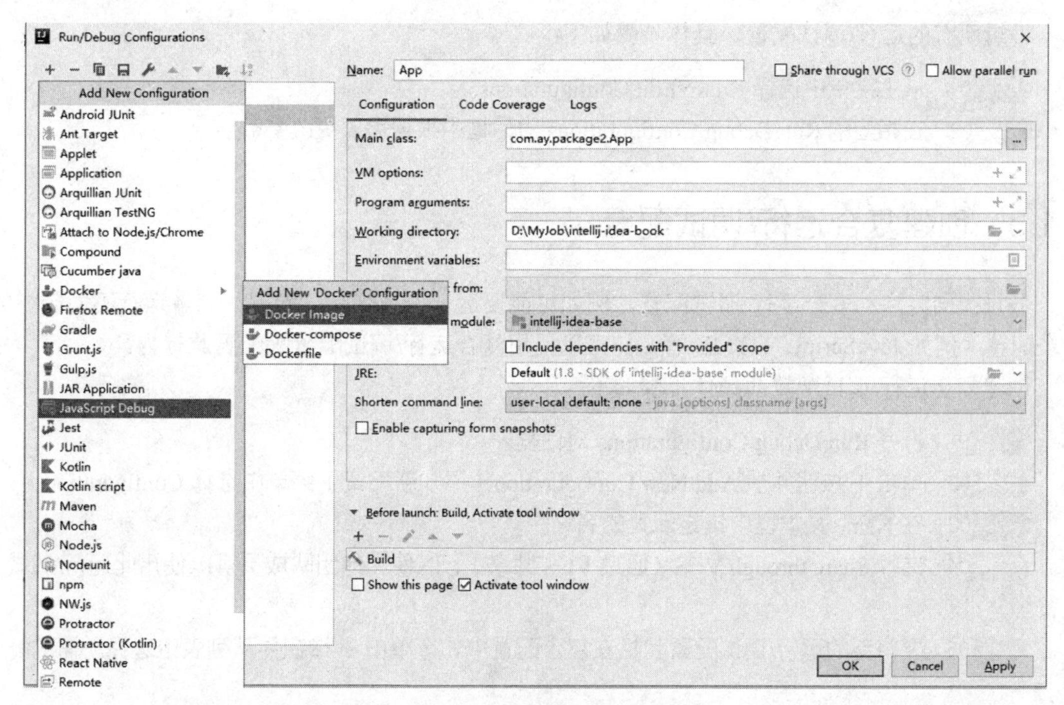

图 5-2　“运行/调试配置”对话框

在 Name 文本框中指定其名称。该名称将显示在可用的运行/调试配置列表中。指定是否要让 IntelliJ IDEA 检查具有相同运行/调试配置的实例的执行状态。如果要确保当前仅执行运行/调试配置的一个实例，可选中 Allow parallel run 复选框。在这种情况下，尝试启动运行/调试配置时，当一个相同类型的实例仍在运行时，将显示一个确认对话框。在确认对话框中单击 OK 按钮，将停止运行器的第一个实例，并将其替换。

要将现有配置用作模板，可通过单击工具栏上的 （复制）按钮来创建副本，然后根据需要进行更改。

步骤 03　在 Before launch 部分中定义是否要编译已修改的源并运行 Ant 或 Maven 脚本。

步骤 04　在 Configuration 选项卡中指定包含 main()方法、VM 选项、程序参数、工作目录和其他特定于配置的设置类。

步骤 05　在 Logs 选项卡中，指定用于控制运行或调试应用程序时生成的输出日志的选项，特别是指定 IntelliJ IDEA 是否将标准输出和标准错误输出显示到控制台。

步骤 06　对于应用程序和测试，选择 Code Coverage（代码覆盖率）选项卡（例如在应用程序运行/调试配置中），并指定用于定义代码覆盖率度量，以用于测试目的的选项。

步骤 07　应用更改并关闭对话框。

5.1.2 编辑运行/调试配置

编辑现有的运行/调试配置，具体步骤如下：

步骤01 从主菜单中选择 Run→Edit Configurations。

步骤02 在相应的 Run/Debug Configurations 对话框中根据需要更改参数。

5.1.3 创建复合运行/调试配置

假设想同时启动多个运行/调试配置，例如可能要运行一系列测试配置，或者运行不同类型的多个配置（例如 JavaScript、HTML 等）。可以使用复合运行/调试配置来配置此行为。

创建复合运行/调试配置的具体步骤如下：

步骤01 打开 Run/Debug Configurations 对话框。

步骤02 单击＋按钮并从 Add New Configuration（添加新配置）菜单中选择 Configuration。

步骤03 在 Name 文本框中指定配置的名称。

步骤04 选择 Share through VCS（通过 VCS 共享），以使其他团队成员可以使用此运行/调试配置。

步骤05 要将新的运行/调试配置包括在复合配置中，可单击＋按钮并从列表中选择所需的配置。

步骤06 单击应用和确定按钮以完成。

5.1.4 运行/调试配置分组

当相同类型的运行/调试配置太多时，可以将它们分组在文件夹中，以便于在视觉上更容易区分。当不再需要文件夹时，可以将其删除。

1. 创建用于运行/调试配置的文件夹

具体步骤如下：

步骤01 打开 Run/Debug Configurations 对话框。

步骤02 单击新文件夹图标，创建一个新的空文件夹。

步骤03 在右侧的文本字段中指定文件夹名称，或接受默认名称。

步骤04 选择所需的某种类型的运行/调试配置，然后在目标文件夹下移动。可以通过以下方式之一完成此操作：

- 拖动选定的配置。
- 使用▲和▼工具栏按钮。
- 按 Alt+Up 或 Alt+Down 快捷键。

步骤05 应用更改。注意，如果文件夹为空，则不会保存。

2．删除运行/调试配置文件

具体步骤如下：

步骤 01　在 Run/Debug Configurations 对话框中选择要删除的文件夹。

步骤 02　在工具栏上单击移除按钮 –，所选文件夹被无提示删除。分组在此文件夹下的所有运行/调试配置都将移动到相应类型的根目录下。

步骤 03　应用更改。

5.1.5　共享运行/调试配置

旧版不支持共享单个运行/调试配置。对于旧项目，只能通过将.ipr 文件添加到 VCS 一次共享所有配置。

共享运行/调试配置的具体步骤如下：

步骤 01　转到要共享的运行/调试配置的属性，然后启用 Share through VCS（通过 VCS 共享）选项，将从 workspace.xml 文件中提取运行/调试配置，并放在.idea /runConfigurations 目录中，如图 5-3 所示。

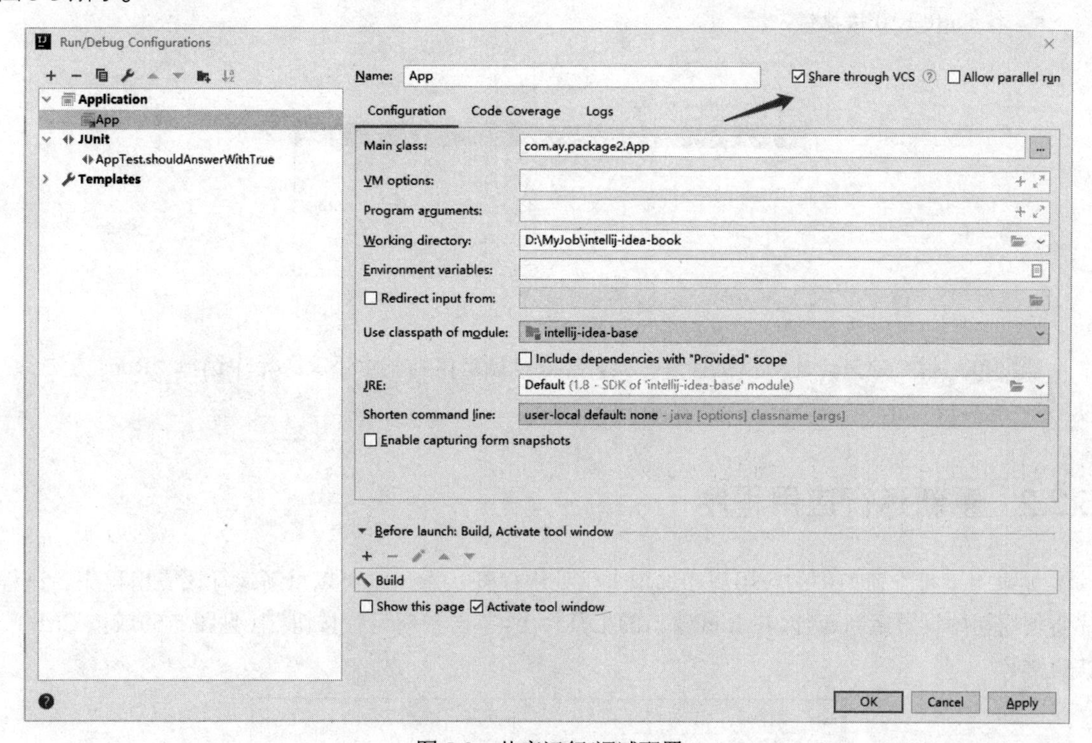

图 5-3　共享运行/调试配置

步骤 02　如果要使用 VCS 共享运行/调试配置，可将.idea /runConfigurations 中的相应文件添加到 VCS。

5.2 运行应用程序

IntelliJ IDEA 支持使用 main()方法运行整个应用程序以及类。如果要查看所有当前正在运行的应用程序列表，可选择 Run→Run...（运行→运行），从主菜单显示运行列表。

5.2.1 运行一个应用程序

运行第一个应用程序，步骤如下：

步骤 01 参考第 3.1 节，创建第一个 Java 项目。

步骤 02 在主工具栏上，选择所需的运行配置，然后执行以下操作之一：

- 选择 Run→Run...，从主菜单中选择需要运行的配置，如图 5-4 所示。
- 单击▶运行按钮。
- 按 Shift+F10 快捷键。

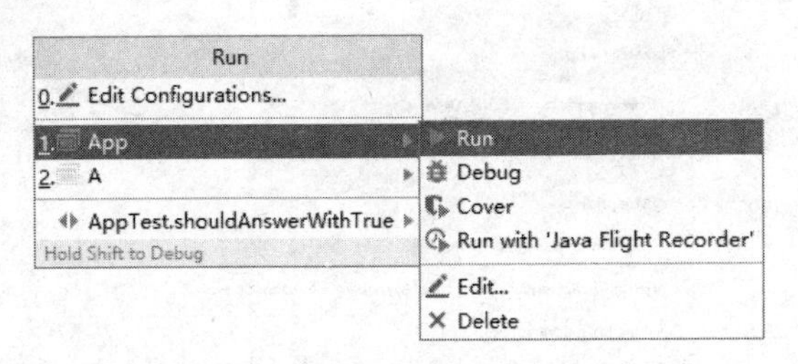

图 5-4 运行第一个应用程序

步骤 03 除此之外，也可以选择某一类，然后从所选内容的上下文菜单中选择“Run<方法名称>”。

5.2.2 重新运行应用程序

如果“运行”窗口中的应用程序选项卡仍处于打开状态，则可以重新运行该应用程序。该程序将使用初始设置重新运行。在 Run 窗口的工具栏上，单击重新运行按钮（见图 5-5）或按 Ctrl+F5 快捷键。

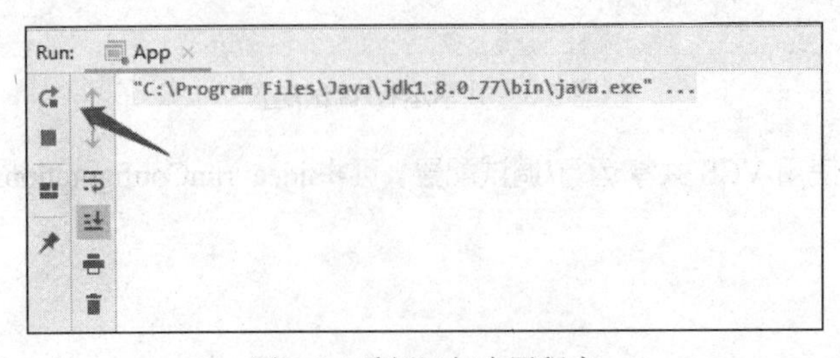

图 5-5 重新运行应用程序

可以在 Run 窗口控制台中查看正在运行的应用程序的任何输出。每个应用程序的输出都将显示在 Run 工具窗口的选项卡中，并以相应的运行/调试配置命名。

5.2.3　停止和暂停应用

在 Run 工具窗口中，可以停止程序或暂停其输出。如果程序停止，则其过程将中断并立即退出。暂停程序输出后，程序将继续在后台运行，但其输出将被暂停。

1. 停止程序

在 Run 工具窗口中，单击工具栏上的停止按钮 ■，或按 Ctrl+F2 快捷键。

2. 暂停和恢复程序输出

右击 Run 工具窗口，然后在上下文菜单中选择 Pause Output。注意，只有输出被挂起，程序才会继续执行。要恢复程序输出，可在上下文菜单中取消选择 Pause Output。

5.2.4　设置日志选项

在 Run/Debug Configurations 对话框中，使用 Logs（日志）选项卡配置由应用程序或服务器生成的日志文件在控制台中的显示方式。

配置日志选项的具体步骤如下：

步骤 01　在 Run/Debug Configurations 对话框中，打开 Logs（日志）选项卡。

步骤 02　单击添加按钮 +，将打开 Edit Log Files Aliases（编辑日志文件别名）对话框。

步骤 03　在 Alias 文本框中，输入日志条目的别名。

步骤 04　在日志文件位置字段中，指定要在运行或调试期间显示的日志文件，如图 5-6 所示。

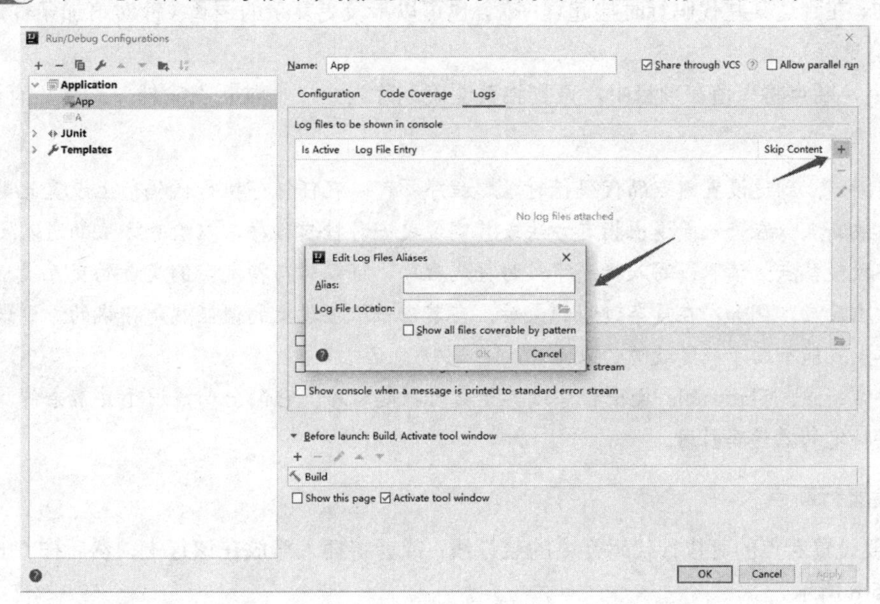

图 5-6　设置日志选项

5.2.5 查看运行过程

IntelliJ IDEA 使查看所有正在运行的应用程序成为可能。菜单 Run→Show Running List（显示运行列表）命令仅在存在活动应用程序时启用。如果没有活动的应用程序，该命令将显示为灰色，如图 5-7 所示。

图 5-7 显示运行清单

5.3 调 试

IntelliJ IDEA 提供了 Java 代码调试器。根据安装/启用的插件，还可以调试用其他语言编写的代码。调试器的目的是干扰程序执行，并提供有关幕后情况的信息，这有助于检测和修复程序中的错误过程。

5.3.1 断点

断点是特殊的标记，可在特定点挂起程序执行。这时可以检查程序状态和行为。断点可以很简单（例如，在到达某些代码行时挂起程序），也可以涉及更复杂的逻辑（针对附加条件进行检查、编写日志消息等）。

设置后，断点将保留在项目中，直到将其明确删除为止（临时断点除外）。断点有以下 4 种类型：

- 行断点：到达设置断点的代码行时挂起程序。可以在任何可执行代码行上设置此类断点。
- 方法断点：在进入或退出指定方法或其实现之一时挂起程序，以检查方法的进入/退出条件。
- 字段观察点：读取或写入指定字段时挂起程序，可以对与特定实例变量的交互
- 做出反应。例如，在复杂过程的最后，在其中一个字段上的值显然是错误的，则设置字段观察点可能有助于确定故障的来源。
- 异常断点：Throwable 抛出程序或其子类时挂起程序。它们全局适用于异常条件，并且不需要特定的源代码引用。

1．设置行断点

单击要设置断点的可执行代码行中的装订线；或者将插入号放在该行上，然后按 Ctrl+F8 快捷键，如图 5-8 所示。

```
3   public class Test {
4
5       public static void main(String[] args) throws Exception{
6           Thread.sleep( millis: 100000);
7           System.out.println(1);
8       }
9   }
10
```

图 5-8　设置断点行

如果该行包含 lambda 表达式，则可以选择是要设置常规行断点，还是仅在调用 lambda 时挂起程序，如图 5-9 所示。

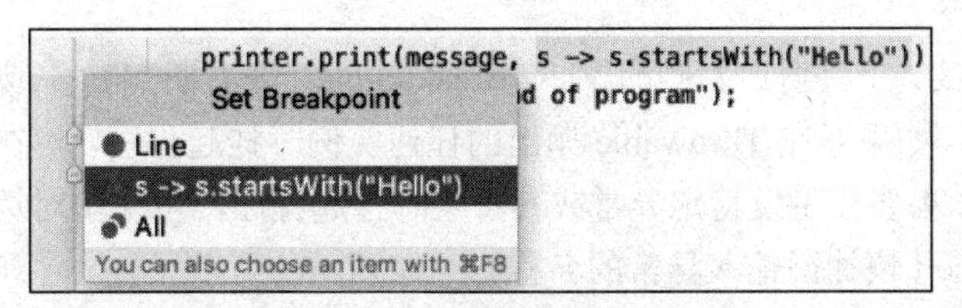

图 5-9　lambda 设置断点行

2. 设置方法断点

单击声明方法所在行的装订线；或者将插入号放在该行上，然后按 Ctrl+F8 快捷键，如图 5-10 所示。

```
10      public void print(){
11          System.out.println("设置方法断点");
12      }
13  }
14
```

图 5-10　设置方法断点

要在调用某个类的默认构造函数时挂起程序，可在声明该类的行上单击装订线，或在该行处插入符号，然后按 Ctrl+F8 快捷键，如图 5-11 所示。

```
public class Test {

    public static void main(String[] args) throws Exception{
        System.out.println(1);
    }

    public void print(){
        System.out.println("设置方法断点");
    }
}
```

图 5-11　构造函数方法断点

3. 设置字段观察点

在声明字段的行上单击装订线；或者将插入号放在该行上，然后按 Ctrl+F8 快捷键，如图 5-12 所示。

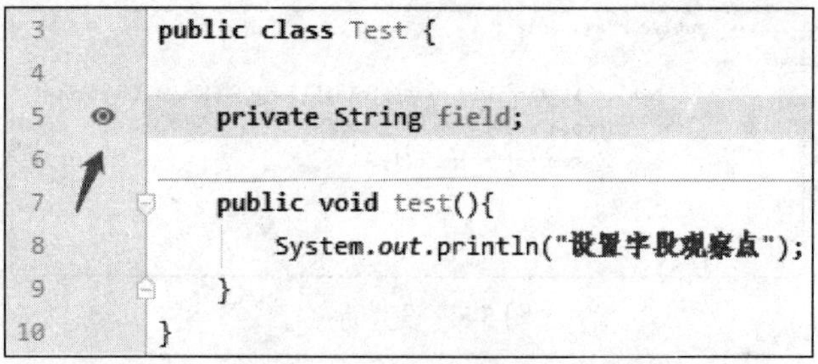

```
3  public class Test {
4
5      private String field;
6
7      public void test(){
8          System.out.println("设置字段观察点");
9      }
10 }
```

图5-12 设置字段观察点

4. 设置异常断点

单击Debug（调试）工具窗口左侧的View Breakpoints（查看断点）或按Ctrl+Shift+F8快捷键。根据异常的类型，如果要在Throwable抛出的任何实例时挂起程序，可在Java Exceptions下选中Any Exception。如果要在引发特定异常或其子类时挂起程序，可单击对话框左上角的Add（添加），然后按Alt+Insert快捷键输入异常的名称。

5.3.2 管理断点

1. 删除断点

- 对于非异常断点：单击装订线中的断点。
- 对于所有断点：从主菜单中选择Run→View Breakpoints，选择断点，然后单击删除。

2. 关闭断点

如果不需要在断点上停留一段时间，可以将其禁用，在不离开调试器会话的情况下恢复正常的程序操作。之后，可以取消断点的禁用并继续调试。

具体方法是：单击Debug工具窗口工具栏中的Mute Breakpoints（禁用断点）按钮。

3. 启用/禁用断点

删除断点时，其内部配置将丢失。要临时关闭单个断点而不丢失其参数，可以禁用它：

- 对于非异常断点：右击它，然后根据需要设置Enabled（启用）选项。
- 对于所有断点：单击View Breakpoints，然后在列表上选中/取消断点。

4. 移动/复制断点

- 要移动断点，可将其拖到另一行。
- 要复制断点，可按住Ctrl键将其拖到另一行。这将在目标位置创建具有相同参数的断点。

5.3.3 配置断点属性

根据断点类型，可以配置其他属性，以针对特定需求定制操作，如图5-13所示。

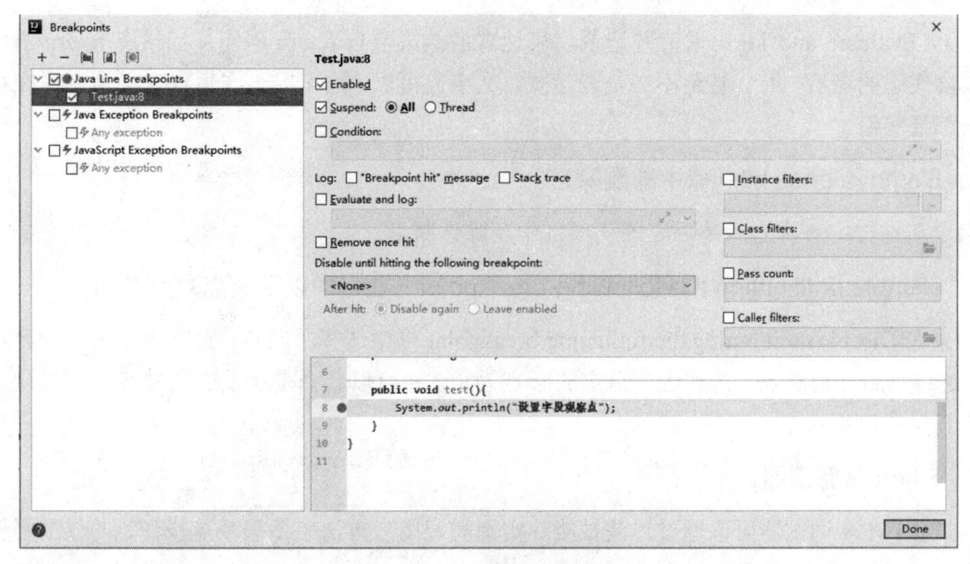

图 5-13　断点属性

1. Enabled（已启用）

清除复选框可临时禁用断点而不将其从项目中删除。在调试过程中会跳过禁用的断点。

2. Suspend（暂停）

指定在命中断点时是否暂停程序执行。对于挂起程序执行的断点，可以使用以下策略：

- 全部：当任何线程达到断点时，所有线程都将挂起。
- 线程：仅挂断到达断点的线程。

3. Condition（条件）

此选项用于指定每次命中断点时都要检查的条件。如果条件评估为 true，则执行选定的操作；否则，将忽略断点。表达式的结果取自 return 语句。当没有 return 语句时，结果取自代码的最后一行。

在条件主体中，可以使用：

- 多个语句，包括声明、循环、匿名类等。
- this（在非静态上下文中），例如引用当前异常"!(this instanceof IOException);"。

在运行表达式时，它们可能产生副作用，因为可能会影响程序的行为或结果。

4. Logging options（记录选项）

遇到断点时，可以将以下内容记录到控制台。

（1）"Breakpoint hit" message：类似的日志消息。

```
Breakpoint reached at ocean.Whale.main(Whale.java:5)
```

（2）Stack trace（堆栈跟踪）：当前帧的堆栈跟踪。如果要在不中断程序执行的情况下检查导致该点的路径，这将很有用。

（3）Evaluate and log：求值并记录。表达式的结果取自 return 语句。当没有 return 语句时，结果取自代码的最后一行，甚至不必是表达式：文字也可以。这可用于产生自定义消息或在程序执行时跟踪某些值。

5．Remove once hit（命中即删除）

指定在被击中一次之后是否应该从项目中删除该断点。

6．Disable until hitting the following breakpoint（在命中以下断点之前禁用）

如果在 Disable until hitting the following breakpoint 框中选择了断点，则它将作为当前断点的触发器。这将禁用当前断点，直到达到指定的断点为止。还可以选择是在发生这种情况后再次禁用它还是使其保持启用状态。

7．Filters（筛选器）

IntelliJ IDEA 调试器可以通过过滤掉类、实例和调用者方法来微调断点操作，并仅在需要时挂起程序。可以使用以下类型的过滤器：

- Catch class filters（捕获类过滤器）:仅当要在指定的类中捕获异常时，才允许挂起程序，仅适用于异常断点。
- Instance filters（实例过滤器）:将断点操作限制为特定的对象实例。这种类型的过滤器仅在非静态上下文中有效。
- Class filters（类过滤器）：将断点操作限制为特定的类。
- Caller filters（调用者过滤器）：根据当前方法的调用者来限制断点操作。选择仅在从某个方法调用（或不调用）当前方法时才需要在断点处停止。

要设置过滤器，可以单击文本字段附近的按钮并使用对话框或以文本格式定义它。对于文本格式，可使用多种语法，例如：

（1）使用完全限定的名称指定类和方法。如果通过类名指定了过滤器，则指向该类本身及其所有通过继承使用其成员的子类。

（2）可以使用通配符*定义类或方法的组。通过模式指定的过滤器指向其完全限定名称与该模式匹配的类/方法。

（3）使用实例 ID 指定对象实例。

8．Pass count（通过次数）

指定断点是否仅在被击中一定次数后才生效。这对于调试多次调用的循环或方法很有用。

计数完成后，将重置并重新开始。这意味着，如果“通过次数”设置为 10，则断点每单击 10 次便会工作一次。

如果同时设置了通过次数和条件，则 IntelliJ IDEA 首先满足条件，然后检查通过次数，以避免两个设置之间发生冲突。

5.3.4　断点状态

断点可以具有如表 5-1 所示的状态。

表 5-1　断点状态

状态	描述
已验证	在启动调试器会话之后，调试器将检查从技术上来说是否可以在断点处挂起程序。如果是，调试器将断点标记为 verify
警告	如果从技术上讲可以在断点处挂起程序，但是存在与之相关的问题，调试器会发出警告
无效	如果从技术上讲无法在断点处挂起程序，则调试器会将其标记为 invalid。最常见的原因是该行上没有可执行代码
不活动/依赖	如果将断点配置为禁用，直到命中另一个断点，并且该情况尚未发生，则将其标记为不活动/依赖
关闭断点	由于所有断点已被关闭，因此它们暂时处于非活动状态
禁用	该断点已被禁用，因此暂时处于非活动状态
不暂停	为该断点设置暂停策略，使其在执行时不暂停

5.3.5　调试器

启动调试器会话与正常模式下的程序非常相似。调试器位于幕后，因此无须配置任何特定内容即可启动调试器会话。

每次调试程序时，调试器会话都基于某种运行/调试配置。因此，可以将 IntelliJ IDEA 配置为使用任何参数并在启动程序之前执行任何操作。例如，配置可以在每次启动调试器会话或使用先前编译的代码时生成应用程序。还可以使用任何 VM 选项、自定义类路径值等（只要选定的运行/调试配置支持此功能）。

如果没有运行/调试配置，并且程序中不需要配置一个调试器，可单击该类附近装订线中的▶运行图标，然后选择调试。这将创建一个临时运行/调试配置。之后，根据需要自定义并保存此临时配置。这是从尚未定义的入口点调试程序的最快方法，如图 5-14 所示。

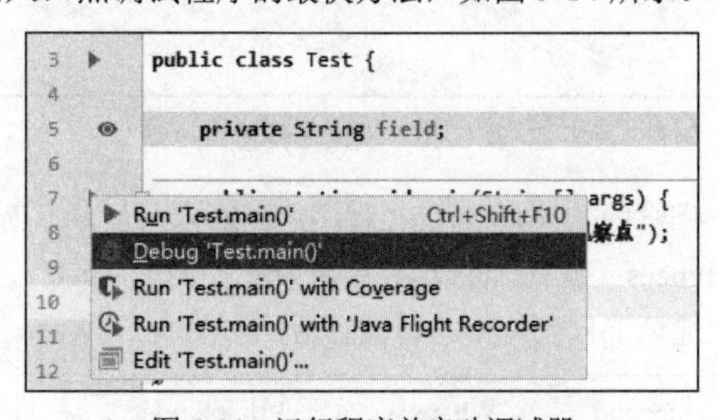

图 5-14　运行程序并启动调试器

如果已经具有运行/调试配置，并且当前在 Run/Debug Configurations（运行/调试配置）列表中将其选中，可按 Shift+F9 快捷键，如图 5-15 所示。

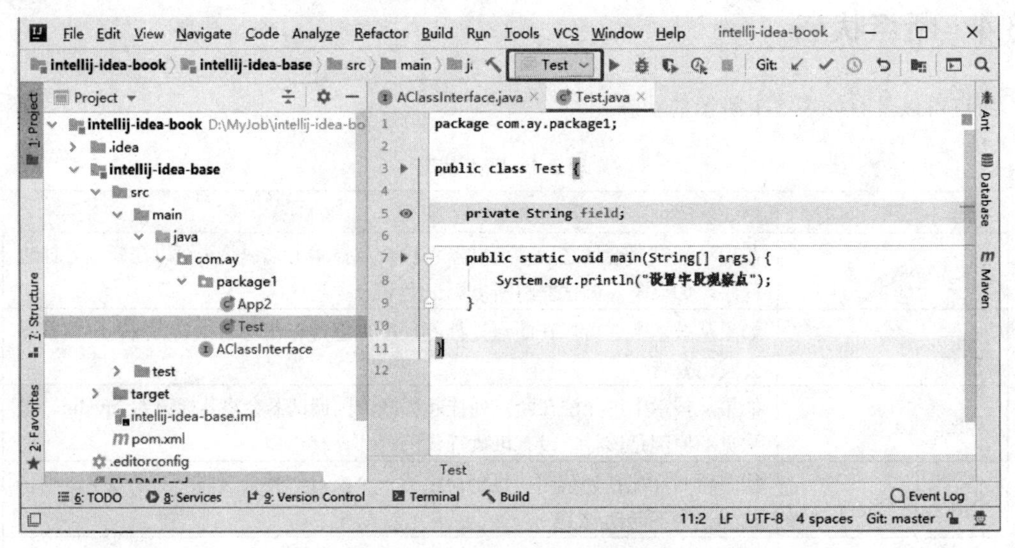

图 5-15　已经存在运行/调试配置

当调试器会话正在运行时，可以根据需要使用 Debug（调试）工具窗口工具栏上的按钮暂停/恢复它：

（1）要暂停调试器会话，可单击 。

（2）要恢复调试器会话，可单击 或者 F9 键。

（3）单击 停止按钮或者按 Ctrl+F2 快捷键并选择要终止的过程（如果有两个或多个）。

调试工具窗口用于控制调试器会话、显示和分析程序数据（框架、线程、变量等）以及执行各种调试器操作，如图 5-16 所示。

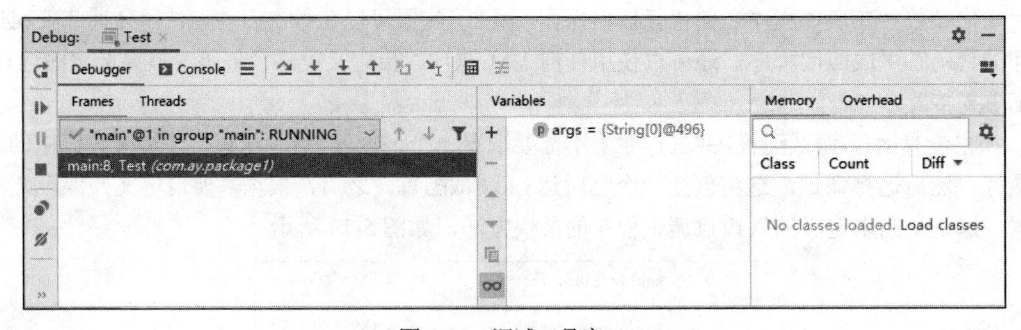

图 5-16　调试工具窗口

默认情况下，Debug（调试）工具窗口仅在程序遇到断点时显示，而在调试会话终止时再次隐藏，可以在 Settings/Preferences（设置/首选项）中更改此行为。

调试工具窗口顶部的选项卡代表可用的调试会话，如图 5-17 所示。

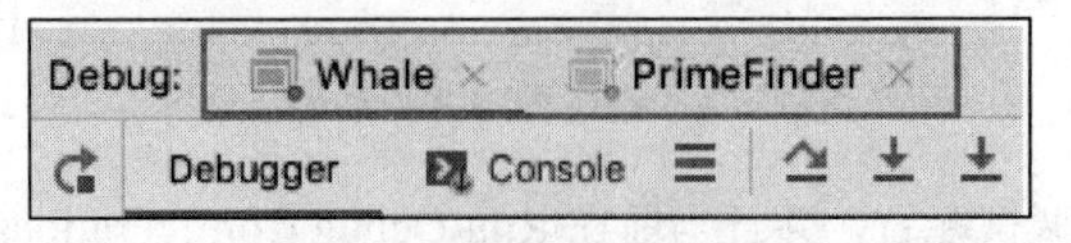

图 5-17　可用的调试会话

在调试工具窗口有以下选项卡：

- Frames（框架）：在线程的调用堆栈中导航。
- Variables（变量）：列出当前上下文中可用的变量。此选项卡提供了一些工具，可用于分析和修改程序状态。
- Watches（观察）：用于管理观察。默认情况下，监视显示在“变量”选项卡上。
- Console（控制台）：显示程序输出。
- Threads（线程）：显示活动线程列表，并允许在它们之间切换。在此选项卡中，可以以文本格式导出线程信息。
- Memory（内存）:提供有关堆上当前可用对象的信息，并允许监视和分析它们的生存期。
- Overhead（开销）：允许监视特定调试器功能消耗的资源，以优化调试器性能。

可以根据自己的喜好重新组织标签。可以将选项卡移动到另一个位置，或将一个选项卡与另一个选项卡分组，以便它们共享屏幕上的相同空间。将选项卡标题拖到所需的位置。蓝色框表示目的地，如图 5-18 所示。

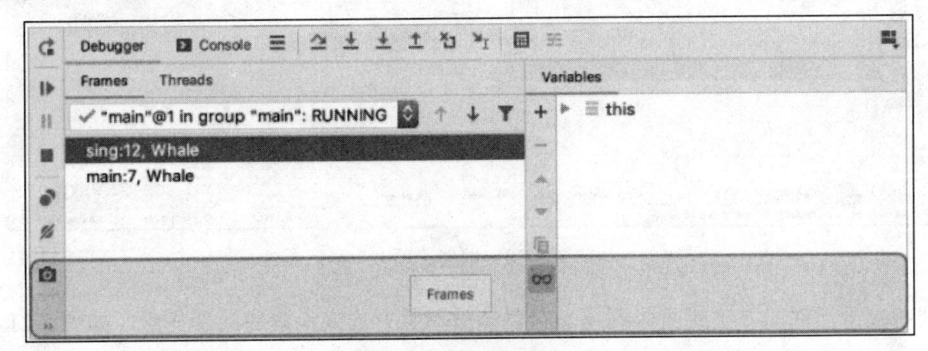

图 5-18　重新组织标签

如果更改了调试工具窗口的布局，并且不喜欢新的布局，则可以将其恢复为默认状态。单击 Debug（调试）工具窗口右上角的图标，然后单击 Restore Default Layout，如图 5-19 所示。

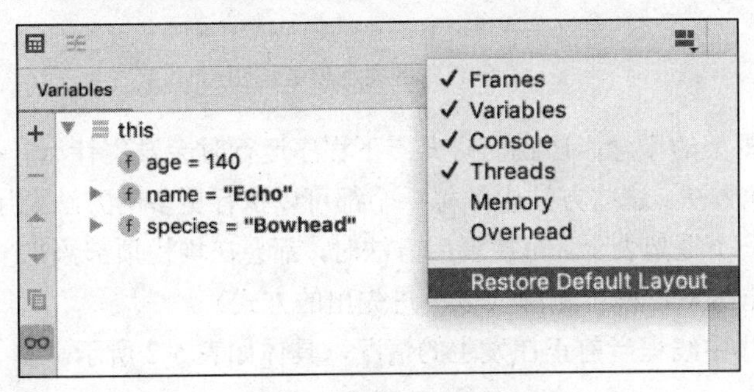

图 5-19　恢复组织标签

5.3.6　检查暂停程序

调试器会话启动后，将出现 Debug（调试）工具窗口，程序将正常运行，直到一个断点被命中或手动暂停程序。之后，该程序将被挂起，允许检查当前状态、控制其进一步执行以及在运行时测试各种方案。

1. 检查框架

程序的状态由框架表示。当程序挂起时，当前框架堆栈显示在 Debug（调试）工具窗口的 Frames（框架）选项卡上，如图 5-20 所示。

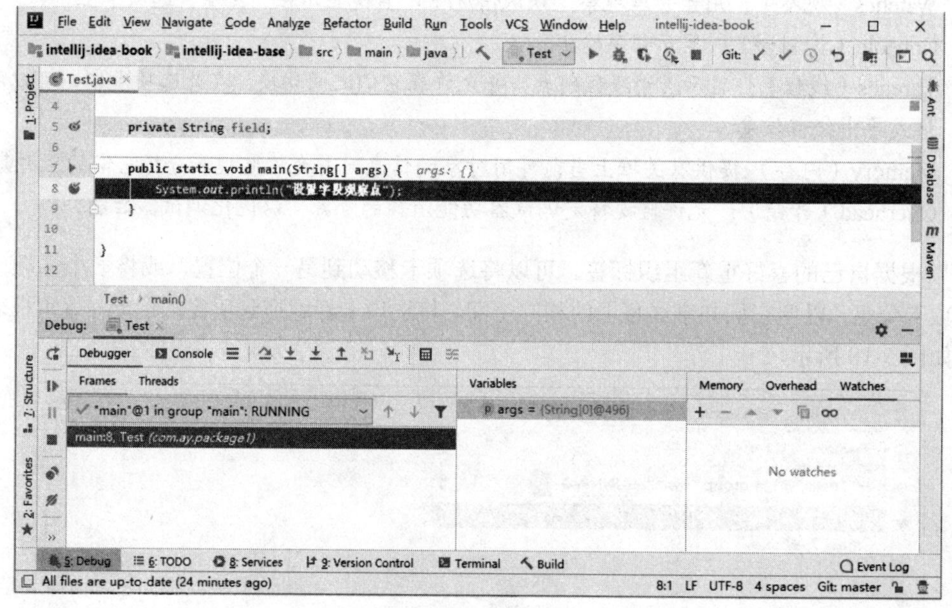

图 5-20　框架选项卡

框架对应于活动的方法或函数调用。它存储被调用方法或函数的局部变量，如图 5-21 所示。

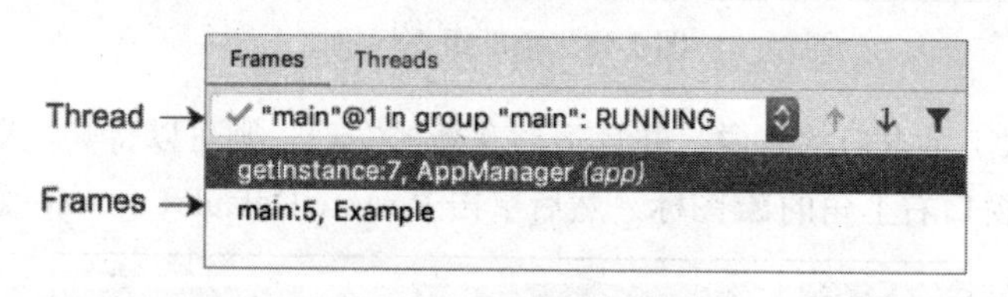

图 5-21　框架选项卡说明

为了更好地理解框架的概念，让我们研究一下程序运行时会发生什么。程序的执行从 main 方法开始，然后调用其他方法。这些方法中的每一个都可以执行更多的方法调用。每个方法调用的一组局部变量和参数由一个框架表示。每次调用方法时，都会在堆栈顶部添加一个新框架。方法执行完成后，将其对应的框架从堆栈中删除（以后进先出的方式）。

线程状态反映程序中线程当前正在发生的情况，具体如表 5-2 所示。

表 5-2　线程状态

线程状态	描述
监控	线程正在 Java 监视器上等待
没有开始	该线程尚未启动
正在运行	线程处于活动状态并正在运行

（续表）

线程状态	描述
睡眠	线程正在睡眠，因为 Thread.sleep()或被 JVM_Sleep()调用了
未知	线程状态未知
等待	线程正在等待 Object.wait()或被 JVM_MonitorWait()调用
完成	线程已完成执行

如果程序使用外部库，并且想省略在库类中进行的调用，可单击 Frames（框架）选项卡右上角的“从库中隐藏框架”按钮▼。

如果要复制当前线程的调用堆栈，可右击 Frames（框架）选项卡上的任意位置，然后选择 Copy Stack（复制堆栈），如图 5-22 所示。

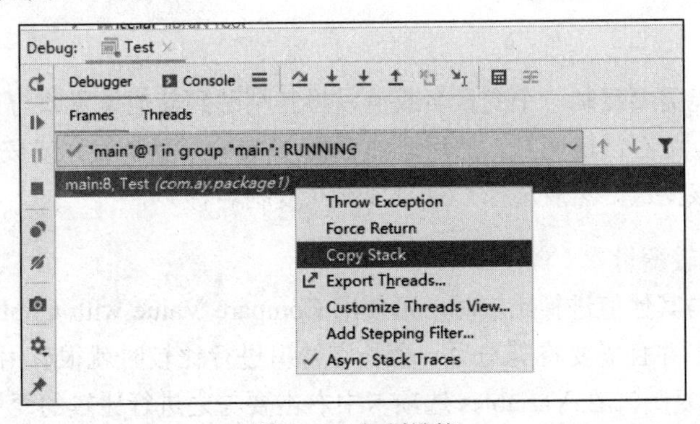

图 5-22　复制堆栈

如果需要获取包含每个线程的状态及其堆栈跟踪的报告，可使用 Export Threads（导出线程）选项。当需要以文本格式共享有关线程的信息时，很有用。

要将报告另存为文本文件，可在 Export Preview 对话框中指定文件的路径，然后单击 Save 按钮或 Copy 按钮将其复制到剪贴板，如图 5-23 所示。

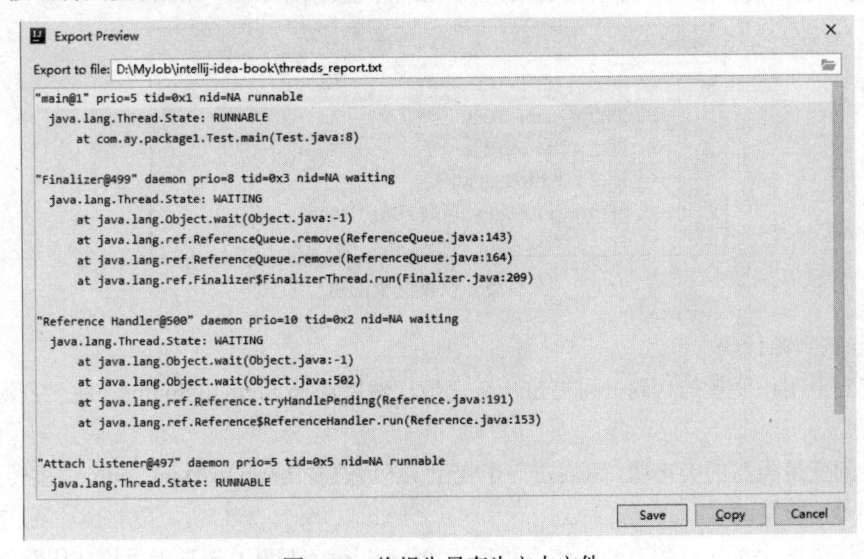

图 5-23　将报告另存为文本文件

2. 检查/更新变量

Variables（变量）选项卡显示所选框架/线程中的变量列表。检查变量有助于理解为什么程序以某种方式运行，如图 5-24 所示。

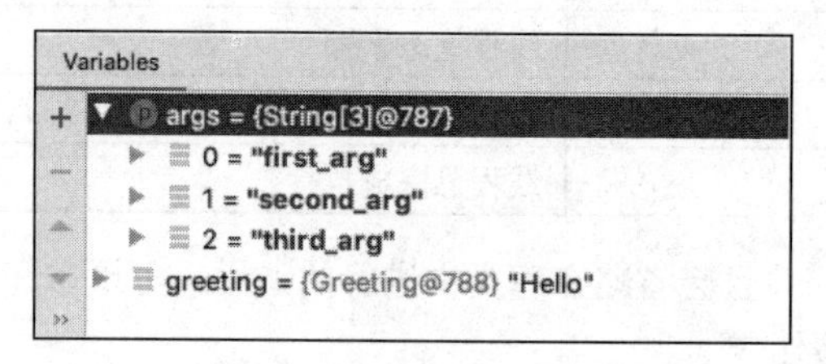

图 5-24 Variables 选项卡

每个变量左侧的图标指示其类型。

（1）复制变量

检查变量时，可能需要复制一个变量名或值以将其粘贴到其他位置或与另一个变量进行比较。要复制变量保存的值，可右击该变量，然后选择 Copy Value（复制值）或按 Ctrl+C 快捷键。要复制变量的名称，右击该变量，然后选择 Copy Name（复制名称）。

（2）用剪贴板比较变量

当需要将变量值与其他值进行比较时，可使用 Compare Value with Clipboard 选项。例如，当变量包含一个长字符串并且需要将其与另一个长字符串进行比较时就很有用。复制要比较的内容（例如，从文本文件中复制）。在 Variables 选项卡中右击要与之进行比较的变量，然后选择 Compare Value with Clipboard（使用剪贴板比较值）。

（3）设置变量值

如果需要测试程序在特定条件下的行为或在运行时修复当前行为，则可以通过设置/更改变量值来实现。右击 Variables（变量）选项卡上的变量，然后选择 Set value（设置值），或者选择该变量后按 F2 键。输入变量的值，然后按 Enter 键，如图 5-25 所示。

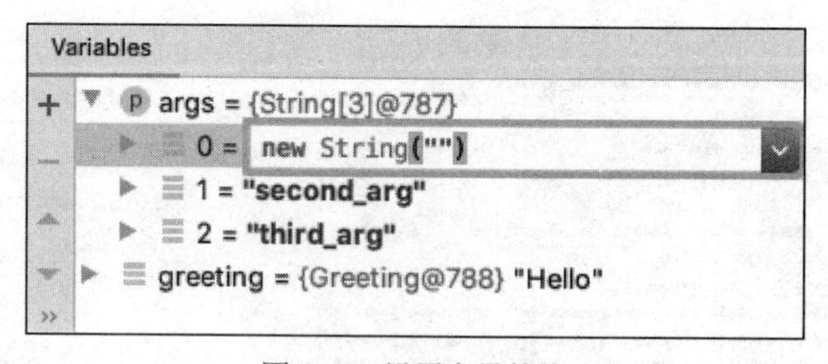

图 5-25 设置变量的值

（4）导航到源代码

要导航到声明该变量的代码，可右击一个变量，然后选择 Jump to Source（跳转到源代码）或者按 F4 键。

要导航到变量类型的类声明，可右击一个变量，然后选择 Jump to Type Source（跳转到类型源）或者按 Shift+F4 快捷键。

要从堆栈跟踪元素导航到方法主体，可单击 Variables（变量）选项卡上堆栈跟踪元素附近的

Navigate（导航），如图 5-26 所示。

```
▼ f stackTrace = {StackTraceElement[4]@793}
  ▶ ≡ 0 = {StackTraceElement@796} "MyObject.yetAnotherCall(EvaluateExpressionTest.java:52)" ... Navigate
  ▶ ≡ 1 = {StackTraceElement@797} "MyObject.doMore(EvaluateExpressionTest.java:47)" ... Navigate
  ▶ ≡ 2 = {StackTraceElement@798} "MyObject.doSomething(EvaluateExpressionTest.java:43)" ... Navigate
  ▶ ≡ 3 = {StackTraceElement@799} "MyObject.main(EvaluateExpressionTest.java:36)" ... Navigate
```

图 5-26　导航到源代码

（5）检查对象引用

IntelliJ IDEA 提供有关当前现有对象的信息，这些对象在 Variables（变量）选项卡上包含对这些对象的引用。该功能还可以检测间接引用，例如使用外部变量匿名类中的那些。

要查看引用对象列表，可在 Variables（变量）选项卡上右击一个变量，然后选择 Show Referring Objects（显示引用对象）。

3. 预执行表达式

IntelliJ IDEA 可以在调试会话期间评估表达式，以获得有关程序状态的其他详细信息或在运行时测试各种方案。

在预执行表达式时，注意可变范围和生存期。所有表达式都在当前执行点的上下文中求值。

（1）在编辑器中评估一个简单的表达式

预执行表达式的最简单方法是在代码中指向它。尽管这是最快的方法，但不能用于预执行方法调用。为了安全起见，这样做可能会产生副作用。当需要从编辑器快速求值表达式时，可使用此选项。

- 指向要预执行的表达式。表达式的结果出现在工具提示中，如图 5-27 所示。

```
1   package com.ay.package1;
2   public class Test {
3       public static void main(String[] args) {
4           Test test = new Test();
5           test.test();
6       }
7       public void test(){
8           User user = new User( id: "1",  name: "ay");   user: Test$User@499
9           System.out.println("hello" + user.name);   user: Test$User@499
10      }     + {Test$User@499}
11      class User{
12          public String id;
13          public String name;
14          public User(String id, String name){
15              this.id = id;
16              this.name = name;
17          }
18      }
19  }
```

图 5-27　评估简单的表达式

- 如果需要查看结果对象的子元素，可单击 **+** 按钮或按 Ctrl+F1 快捷键，如图 5-28 所示。

```
1   package com.ay.package1;
2   public class Test {
3       public static void main(String[] args) {
4           Test test = new Test();
5           test.test();
6       }
7       public void test(){
8           User user = new User( id: "1",  name: "ay");  user: Test$User@499
9           System.o
10      }
11      class User{
12          public S
13          public S
14          public U
15              this
16              this
17          }
18      }
19  }
```

```
user
user = {Test$User@499}
  id = "1"
  name = "ay"
  this$0 = {Test@497}
```

图 5-28　查看结果对象的子元素

（2）在编辑器中预执行复杂的表达式

如果要在涉及方法调用的代码中求值表达式，或者要具体确定求值的表达式部分，可使用 Quick Evaluate Expressio（快速求值表达式）选项。仅当程序在达到断点后挂起（不是手动暂停）时，此选项才可用。

- 将插入号放在表达式上或选择它的一部分，如图 5-29 所示。

```
int a = 2;
double b = Math.pow(2, 10) + a;
```

图 5-29　评估复杂的表达式

- 单击“Run→Quick Evaluate Expression”或者按 Ctrl+Alt+F8 快捷键，或者按住 Alt 键单击，如图 5-30 所示。

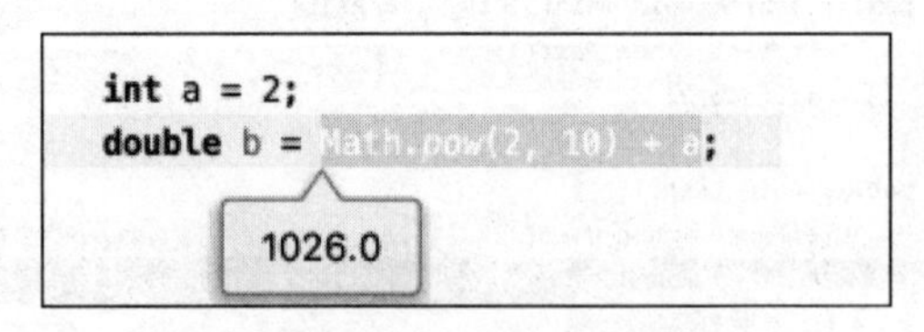

图 5-30　复杂的表达式计算值

如果从表达式调用的方法内部存在断点，则将忽略这些断点。

（3）评估任意表达式

预执行任意表达式是最灵活的评估选项。只要它在当前框架的上下文中，就可以预执行任何代码。使用它可以评估声明、方法调用、循环、匿名类、lambda 等。

使用此功能可获取有关程序当前状态的其他信息，并在同一调试会话中测试所有方案。通过减少必须运行的会话数，可以节省大量时间。仅当程序在达到断点后挂起（不是手动暂停）时，此选项才可用。

- 如果要从当前位于你前面的某些表达式或变量开始（例如，在编辑器中或在 Variables（变量）选项卡上），请选择它。
- 单击"Run→Evaluate Expression"或按 Alt+F8 快捷键，该快捷方式可能无法在 Ubuntu 上使用。
- 在 Evaluate（评估）对话框中，修改所选的表达式或在 Expression（表达式）字段中输入一个新表达式。如果要评估代码片段，可单击扩展或者按 Shift+Enter 快捷键，如图 5-31 所示。

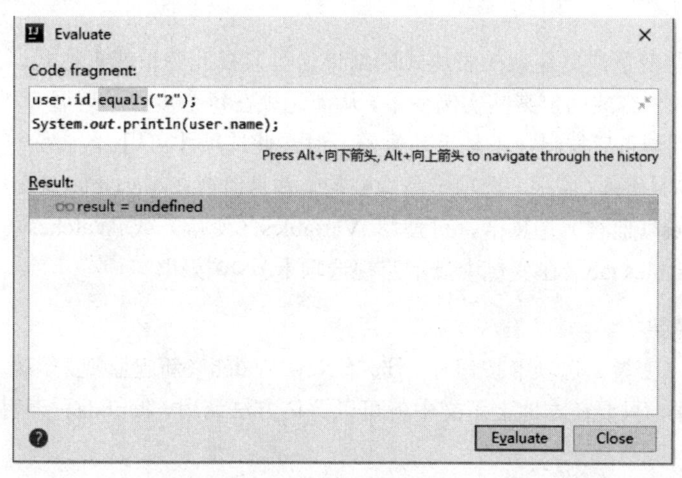

图 5-31　评估任意表达式

- 单击评估。表达式结果出现在 Result （结果）字段中。表达式的结果取自 return 语句。当没有 return 语句时，结果取自代码的最后一行（甚至不必是表达式，文字也可以）。如果没有有效的行可以作为价值依据，则结果为 undefined。如果无法评估指定的表达式，则 Result（结果）字段将指示原因。

每次预执行表达式或遍历代码时，IntelliJ IDEA 都会使用与调试后的应用程序相同的资源，这在某些情况下可能会严重影响整体性能。例如，条件恶劣的断点可能会大大增加代码行完成所需的时间。

如果调试后的应用程序性能不能令人满意，可使用 Overhead（开销）选项卡找出哪些调试器功能会占用最多的资源。

要隐藏或显示 Overhead（开销）选项卡，可在 Debug（调试）工具窗口的右上角单击图标，然后单击"开销"。

Overhead（开销）选项卡提供有关每个调试器功能使用的命中数和处理器时间信息。视图是动态更新的，因此不必暂停应用程序即可查看结果，如图 5-32 所示。

Watches　Memory　Overhead

Name	Hits	Time (ms) ▼
☑ ● Line 19 in User.User() (com.ay.packa	1	2
☑ ● Line 9 in Test.test() (com.ay.package	1	2
☑ ● Line 5 in Test.main() (com.ay.packag	1	2

图 5-32　监控调试器开销

如果发现某个功能消耗了太多的 CPU 时间，则可以在 Overhead（开销）选项卡中将其禁用，方法是清除要禁用的功能旁边的复选框，如图 5-33 所示。

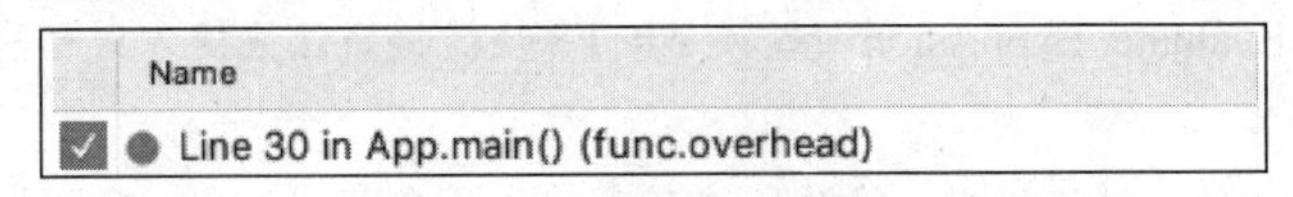

图 5-33　禁用调试器功能

4. 使用观察点

如果要跟踪某些变量或更复杂的表达式的结果，可监视此变量或表达式。当需要添加未在变量列表中定期显示的内容或固定某些实例变量，从而无须在每个步骤之后展开树时，此功能非常有用。仅当程序在达到断点后挂起（不是手动暂停）时，此选项才可用。

默认情况下，Watches（监视）选项卡是隐藏的，并且监视在 Variables（变量）选项卡上显示。要隐藏/显示 Watches（监视）选项卡，可使用 Variables（变量）或 Watches（监视）选项卡上的 Show watches in variables tab（在变量中显示监视选项卡）按钮。

（1）添加观察点

单击 Variables（变量）选项卡按钮＋，选择 New Watch（新建监视），输入要评估的变量或表达式。在表达式中，只要在本地上下文中就可以评估方法调用、lambda、声明变量等，如图 5-34 所示。

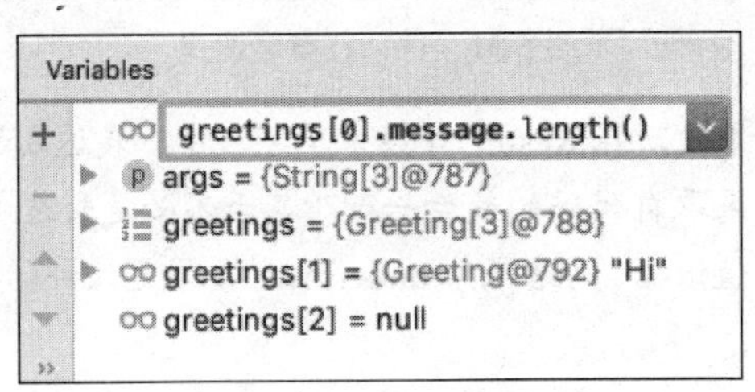

图 5-34　添加观察

将变量/表达式添加到 Watches 后，它将保留在那里并针对每个步骤进行评估，从而提供当前上下文中的结果。

（2）编辑观察点

右击所需的观察点，然后选择编辑。

（3）复制观察点

选择要复制的观察点，单击复制按钮。

（4）更改观察点的顺序

为了方便起见，可以更改观察点的显示顺序，使用 Move Watch Up/Move Watch Down（向上移动观察点/向下移动观察点），或者使用 Ctrl+Up 和 Ctrl+Down 快捷键。

（5）删除观察点

要删除一个观察点，右击它并选择 Remove Watch。

5.3.7　逐步执行程序

分步是控制程序逐步执行的过程。IntelliJ IDEA 提供了一组步进操作，具体取决于策略使用（例如，是否需要直接进入下一行或在此途中输入调用的方法）。步进按钮位于 Debug （调试）工具窗口工具栏上，如图 5-35 所示。

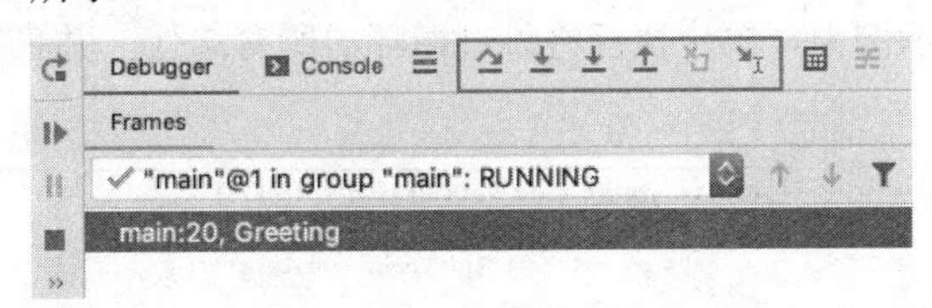

图 5-35　“调试”工具窗口工具栏

1. Step over（下一步）

单击 Step over（跳过）按钮或按 F8 键。

在图 5-36 所示的示例中，第 5 行将要执行。如果跨步，调试器将直接移至第 6 行，而无须跳入 count()方法。

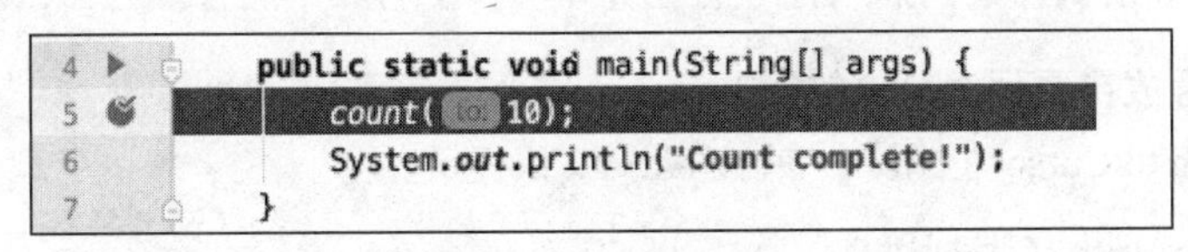

图 5-36　下一步按钮功能

如果跳过的方法中有断点，调试器将在断点处停止。如果需要跳过途中的任何断点，可使用 Force step over（强制跨过）。

2. Step into（步入）

逐步介绍该方法中发生的事情。如果不确定方法是否返回正确的结果，可使用此选项。单击单步执行按钮或按 F7 键。

在图 5-37 所示的示例中，第 5 行将要执行。如果此时介入，调试器将跳入 count(int to)方法的实现，可以详细检查其结果是如何产生的。

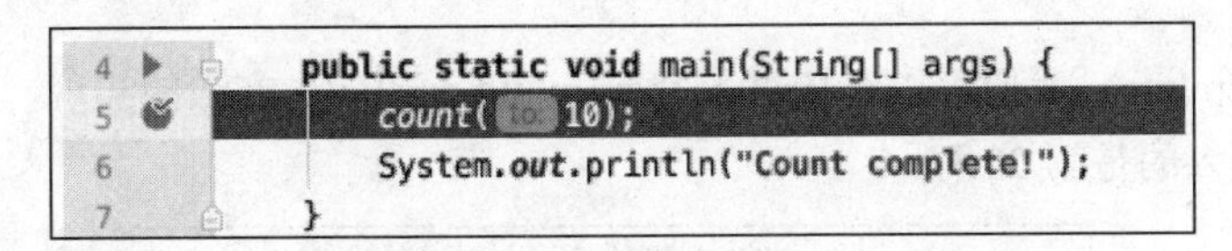

图 5-37　步入按钮功能

当一行上有多个方法调用并且想具体说明要输入哪种方法时，Smart Step Into 会很有用，可以选择感兴趣的方法调用。进入 Smart Step Into 的方式有：

（1）从主菜单中选择“Run→Smart Step Into”或按 Shift+F7 快捷键。

（2）单击方法或使用箭头键选择它，然后按 Enter+ F7 快捷键，如图 5-38 所示。

图 5-38 明智进入功能

3. Step out（步出）

退出当前方法，然后转到调用者方法。单击 Step out（单步执行）按钮或按 Shift+F8 快捷键。在如图 5-39 所示的示例中，单步执行将跳过循环的所有迭代，并直接进入 main 方法（调用方）。

```
4   public static void main(String[] args) {
5       count( to: 10);
6       System.out.println("Count complete!");
7   }
8
9   private static void count(int to) {
10      for (int i = 0; i < 10; i++) {
11          System.out.println(i);
12      }
13  }
```

图 5-39 步出功能

运行到光标需继续执行直到插入符号的位置。可以使用如下的方式之一：

（1）将插入号放在要程序暂停的行上。

（2）单击 Run to Cursor 按钮或按 Alt+F9 快捷键。

4. Force Step Into（强制进入）

单击 Force step into（强制进入）按钮或按 Shift+Alt+F7 快捷键。在如图 5-40 所示的示例中，执行将在要调用的行之前被暂停。

```
16  private static ArrayList<Integer> getInput() throws IOException {
17      ArrayList<Integer> list = new ArrayList<>();
18      BufferedReader reader = new BufferedReader(new InputStreamReader(System.in));
19      System.out.println("Enter numbers separated by commas");
20      String[] input = reader.readLine().split( regex: "\\s*,\\s*");
21      for (String s : input) list.add(Integer.parseInt(s));
22      return list;
23  }
```

图 5-40 强制进入函数（一）

使用 Force Step Into，我们可以直接进入 System.out.println() 方法的实现，如图 5-41 所示，而常规的 Step Into 进入的是第 20 行。

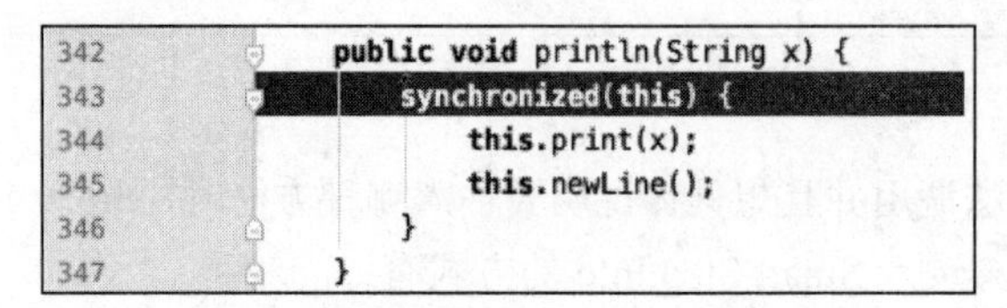

图 5-41 强制进入函数（二）

5. 强制运行到光标

继续执行直到插入符号的位置，途中的所有断点都将被忽略。可以使用如下方式之一：

（1）将插入号放在要程序暂停的行上。

（2）从主菜单中选择 Run→Force Step Over（运行→强制运行到光标）或按 Ctrl+Alt+F9 快捷键。

在图 5-42 所示的示例中，Force run to cursor（强制运行到光标）将继续执行并在第 7 行停止，就好像有一个断点一样，内部的断点 count 将不起作用。

```
4   public static void main(String[] args) {
5       System.out.println("Start");
6       count( to: 10);
7       System.out.println("Count complete!");
8   }
9
10  private static void count(int to) {
11      for (int i = 0; i < 10; i++) {
12          System.out.println(i);
13      }
14  }
```

图 5-42　强制运行到光标

6．强制越过

即使当前突出显示的行中包含方法调用，也将单步执行至当前代码行并带至下一行。如果调用的方法中有断点，则将其忽略。从主菜单中选择 Run→Force Step Over，或按 Shift+Alt+F8 快捷键。

在如图 5-43 所示的示例中，即使 count 方法中存在断点，单步执行也会运行到第 6 行的 print 语句，否则该断点将在循环的所有迭代中暂停应用程序。

```
4   public static void main(String[] args) {
5       count( to: 10);
6       System.out.println("Count complete!");
7   }
8
9   private static void count(int to) {
10      for (int i = 0; i < 10; i++) {
11          System.out.println(i);
12      }
13  }
```

图 5-43　强制越过

7．撤销

IntelliJ IDEA 允许撤销最后一帧并恢复堆栈中的前一帧。例如，错误地走了太远，或者想重新进入错过关键点的功能，这可能会很有用。

注意，此选项仅影响局部变量，不会恢复程序的整体状态，因为它不会还原静态变量和实例变量的值。这可能会导致程序流程更改。

单击 Drop Frame 按钮。

在如图 5-44 所示的示例中，撤销将会返回到调用方的方法中，就好像 count 从未执行过一样。

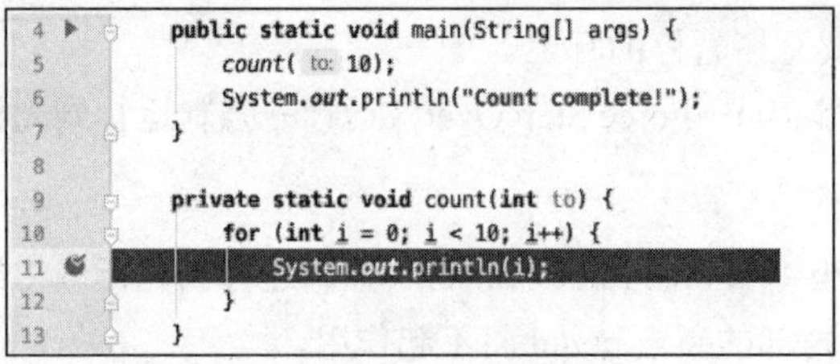

```
4    public static void main(String[] args) {
5        count( to: 10);
6        System.out.println("Count complete!");
7    }
8
9    private static void count(int to) {
10       for (int i = 0; i < 10; i++) {
11           System.out.println(i);
12       }
13   }
```

图 5-44 撤销

5.3.8 分析 JVM 堆中的对象

调试时，可以使用 Memory（内存）选项卡查看堆中所有对象的详细信息（见图 5-45）。此信息对于检测内存泄漏及其原因很有用。仅凭代码检查可能无法提供任何线索，因为有些错误很容易被忽略。例如，内部类可能会阻止外部类进行垃圾回收，最终可能会导致 OutOfMemoryError。在这种情况下，将 Memory 选项卡与 Show Referring Objects（显示参照对象）选项结合使用可以轻松找到泄漏。另外，检查内存使用情况有助于更好地了解幕后情况，并通过最大程度减少不必要对象的创建来优化程序。

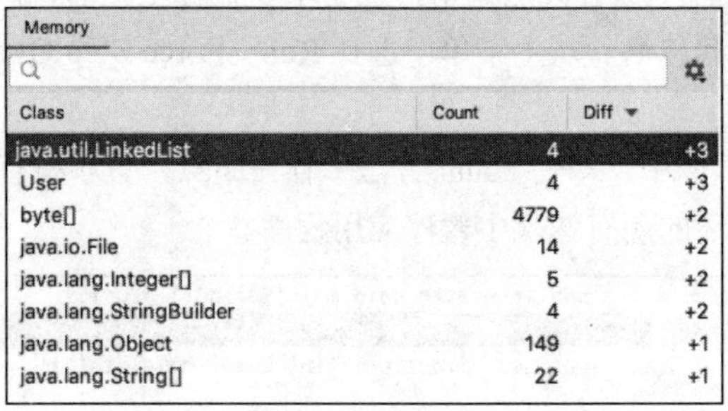

Memory

Class	Count	Diff ▾
java.util.LinkedList	4	+3
User	4	+3
byte[]	4779	+2
java.io.File	14	+2
java.lang.Integer[]	5	+2
java.lang.StringBuilder	4	+2
java.lang.Object	149	+1
java.lang.String[]	22	+1

图 5-45 分析 JVM 堆中的对象

该内存分页显示以下信息：

- Class：类名称。
- Count：堆中类实例（对象）的数量。
- Diff：两个执行点之间的实例数之差。

要对类进行排序，可单击相应的标题（Class、Count 或 Diff）。单击已选择的条件会更改顺序（升/降）。

要查找类，可在开始输入其名称，并在输入时动态应用名称过滤器。

有时了解从某个点开始已经创建了多少个对象很有用。为此，可以收集两次信息，并使用内置的 Diff 功能进行比较。

- 从起点收集实例数据，如图 5-46 所示。

```
18    System.out.println("Ready to create new user");
19    var user = new User();
20    System.out.println("Complete");
```

图 5-46 Diff 功能（一）

- 恢复程序执行或单步执行代码，如图 5-47 所示。

```
18    System.out.println("Ready to create new user");
19    var user = new User();
20    System.out.println("Complete");
```

图 5-47　Diff 功能（二）

- 在第二点收集实例数据，Diff（差异）列显示实例数是否已更改，如图 5-48 所示。

java.util.HashMap	378	+1
java.lang.Object	142	+1
usertest.User	2	+1
usertest.UserGroup	2	+1

图 5-48　Diff 功能（三）

如果要查看实例，可在 Memory 选项卡上双击一个类，在打开的对话框中会列出所选类的所有活动实例。可以浏览每个对象的内容，并使用条件过滤列表。

例如，要获取所有空 String 对象的列表，可在 Memory 选项卡上双击 String（字符串），然后在 Condition （条件）字段中输入“this.isEmpty()”，如图 5-49 所示。

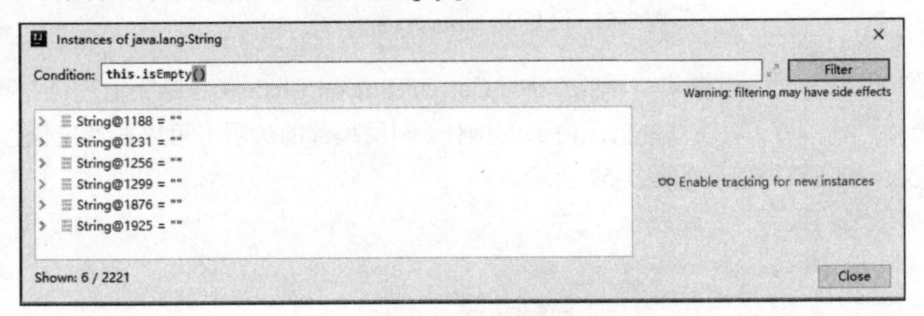

图 5-49　查看实例

除了获取实例数之外，还可以记录创建了哪些特定实例以及在调用堆栈中发生的位置。右击一个类，然后选择 Track new instances（跟踪新实例）。Memory 选项卡将存储此刻之后创建的所选类的实例信息。当有新实例时，它们的编号将显示在 Diff（差异）列的括号中，如图 5-50 所示。

Watches　Memory　Overhead

Class	Count	Diff
char[]	2378	+4
java.lang.String	2225	+4 (1)
java.util.concurrent.ConcurrentHashMap$Node	139	+2
java.lang.Object	123	+2
java.util.TreeMap$Entry	841	0
java.lang.Object[]	569	0

图 5-50　跟踪新实例

要查看新实例的列表，可单击 Diff（差异）列中的数字。在打开的对话框中，可以浏览每个对象的内容，并查看调用相应构造函数的线程的堆栈跟踪。

5.3.9 分析 Java Stream 操作

Java 8 Streams 有时可能难以调试，发生这种情况是因为会要求插入其他断点并彻底分析流中的每个转换。IntelliJ IDEA 通过可视化 Java Stream 操作中发生的事情来提供解决方案。

看如图 5-51 所示的实例。

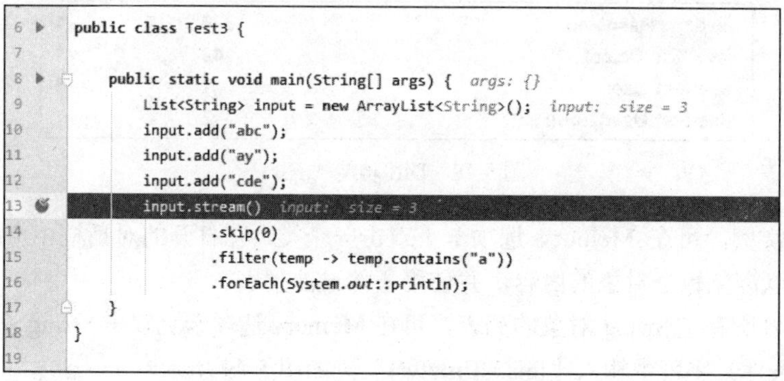

```
6   public class Test3 {
7
8       public static void main(String[] args) {  args: {}
9           List<String> input = new ArrayList<String>();  input:  size = 3
10          input.add("abc");
11          input.add("ay");
12          input.add("cde");
13          input.stream()  input:  size = 3
14                  .skip(0)
15                  .filter(temp -> temp.contains("a"))
16                  .forEach(System.out::println);
17      }
18  }
19
```

图 5-51　分析 Java Stream 操作（一）

在代码的第 13 行处添加断点。单击 Trace Current Stream Chain（跟踪当前流链）按钮。使用 Stream Trace（流跟踪）对话框分析流内部的操作。利用顶部的选项卡可以在特定操作之间切换，并查看每个操作如何转换值，如图 5-52 所示。

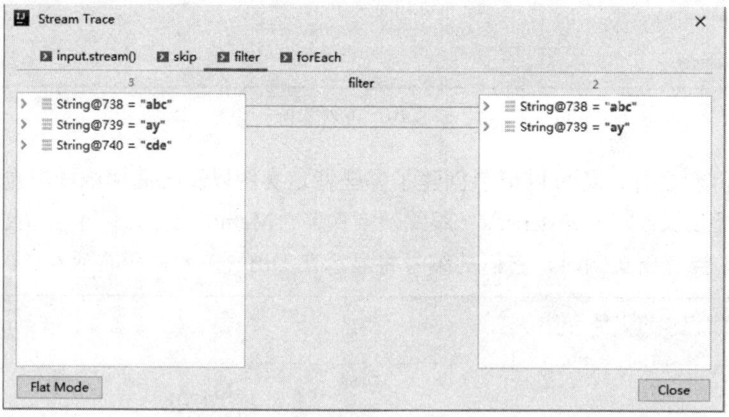

Stream Trace
input.stream()　skip　filter　forEach
3　filter　2
String@738 = "abc"　String@738 = "abc"
String@739 = "ay"　String@739 = "ay"
String@740 = "cde"
Flat Mode　Close

图 5-52　分析 Java Stream 操作（二）

如果要鸟瞰整个流，可单击 Flat Mode 按钮。

5.3.10 更改程序的执行流程

在调试应用程序时，通常遵循程序的正常流程。但是，在某些情况下需要偏离它。为了重现某些条件或测试程序如何处理问题（例如，处理 null 值或处理异常），可能需要这样做。

同样，当需要跳过程序中与当前正在检查的问题无关的特定部分时这很方便。

1．返回上一个堆栈帧

IntelliJ IDEA 可以回退到程序执行流程中的上一个堆栈帧。例如，错误地走了太远，或者想重新进入错过关键点的方法，这可能会很有用。方法是单击 Debug（调试）工具窗口工具栏上的 Drop Frame 图标，如图 5-53 所示。

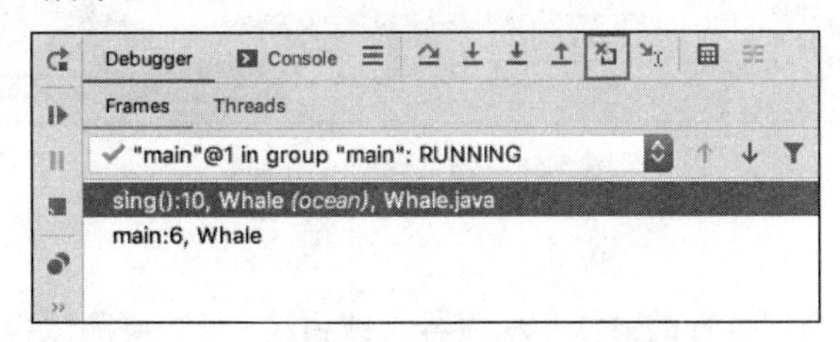

图 5-53　返回上一个堆栈帧

2．使用断点表达式

为了更改程序的流程，可以使用非挂起的断点，在命中时对表达式进行求值。例如，在调试过程中自动修改变量时，此功能很有用，具体参考 5.3.6 节内容。

3．从当前方法强制返回

可以在方法到达 return 语句之前退出方法，并使其返回任意值。

（1）确保在 Frames（框架）选项卡上选择了当前方法，然后右击选项卡中的任何位置，然后选择 Force return（强制返回），如图 5-54 所示。

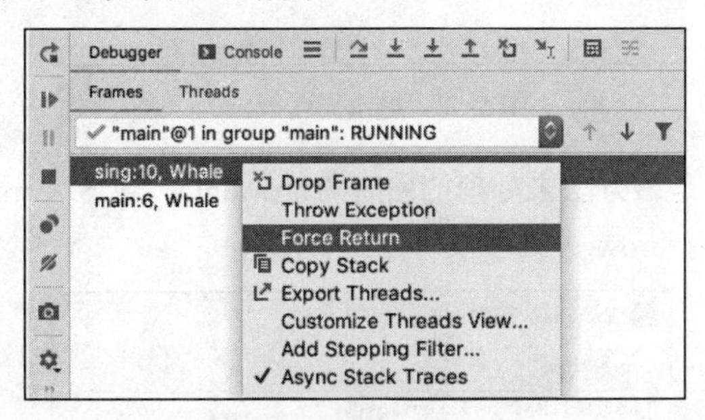

图 5-54　强制返回（一）

（2）如果该方法返回一个值（其返回类型不是 void），则指定该值或将对其进行计算的表达式，如图 5-55 所示。表达式是在局部上下文中求值的，可以使用已经声明的任何局部变量。返回值必须符合方法的返回类型。

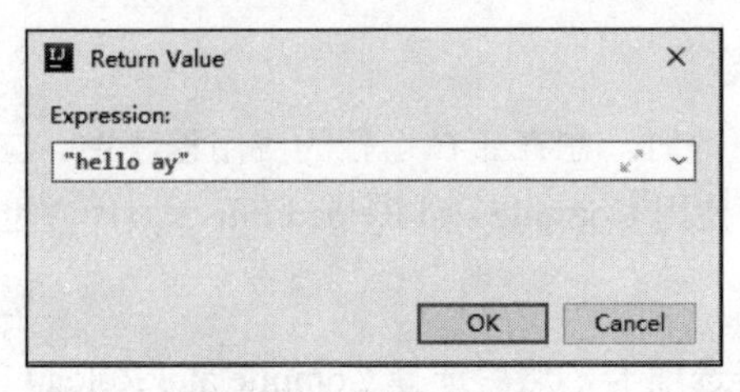

图 5-55　强制返回（二）

（3）如果执行点目前处于 try、catch 或 finally 块中，有一行代码中的 finally 还没有被执行，选择是否要跳过，如图 5-56 所示。

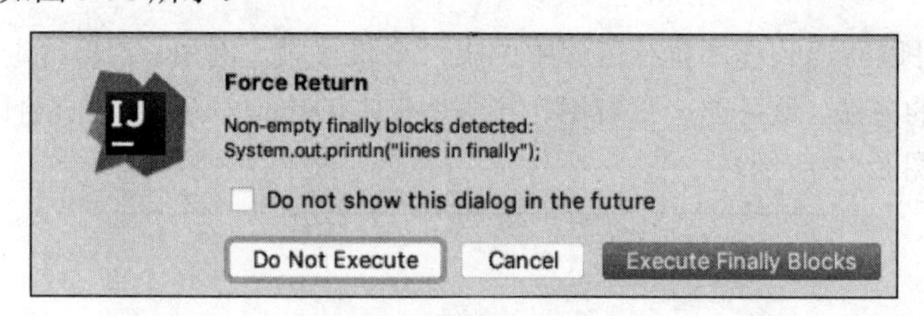

图 5-56　强制返回（三）

4．抛出异常

IntelliJ IDEA 可以从当前执行的方法中引发异常或错误。当想要测试程序中如何处理特定类型的异常而无须重现原因或修改代码时，此功能很有用。

（1）确保在 Frames（框架）选项卡上选择了当前方法，然后右击选项卡中的任何位置，再选择 Throw Exception（抛出异常），如图 5-57 所示。

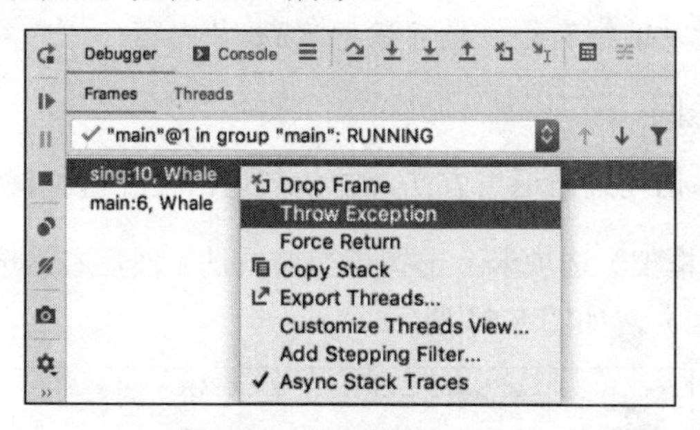

图 5-57　抛出异常（一）

（2）创建异常（可以是该方法未处理的所有 Throwable，包含 Error 和检查的异常），如图 5-58 所示。注意，不要使用 throw 关键字。

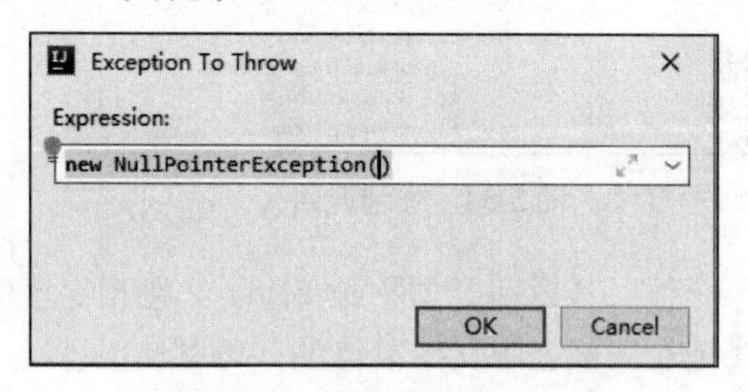

图 5-58　抛出异常（二）

5．重新加载修改后的类

当需要对代码进行细微更改时，想在正在运行的应用程序中，立即查看它们的行为，而无须重新启动整个应用程序，可以使用 Compile and Reload File（编译并重新加载文件）功能。

（1）重新加载单个文件

右击已修改文件的编辑器选项卡，然后选择 Compile and Reload File，如图 5-59 所示。

（2）重新加载所有文件

从主菜单中选择 Run→Reload Changed Classes（运行→重新加载更改的类）。

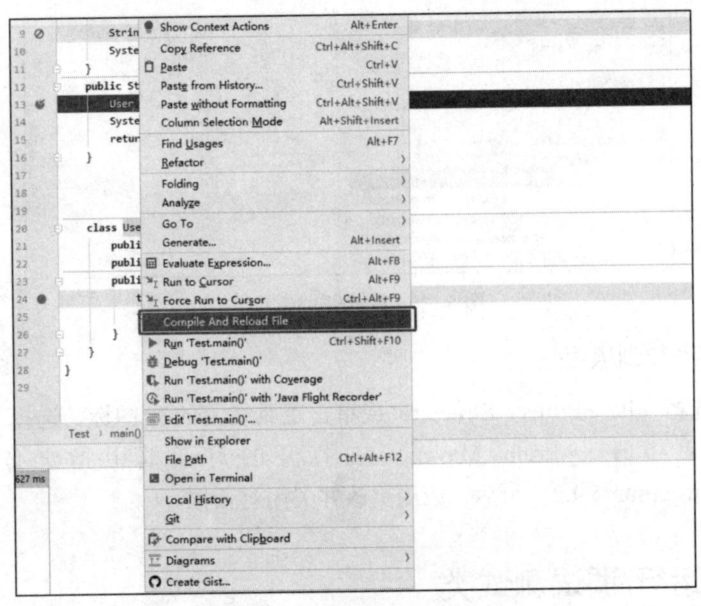

图 5-59　重新加载修改后的类

5.4　测　试

5.4.1　添加测试库

JUnit 和 TestNG 的库随 IntelliJ IDEA 一起提供，但默认情况下不包含在项目或模块的类路径中。这里提供几种添加测试库的方法。

1. 为类创建测试时添加测试库

- 在编辑器中，将插入号放在包含类声明的行中。
- 按 Alt+Enter 快捷键打开可用的上下文操作列表，然后选择 Create Test（创建测试）。
- 在 Create Test（创建测试）对话框中，在通知你未找到相应库的文本右侧，单击 Fix 按钮，如图 5-60 所示。

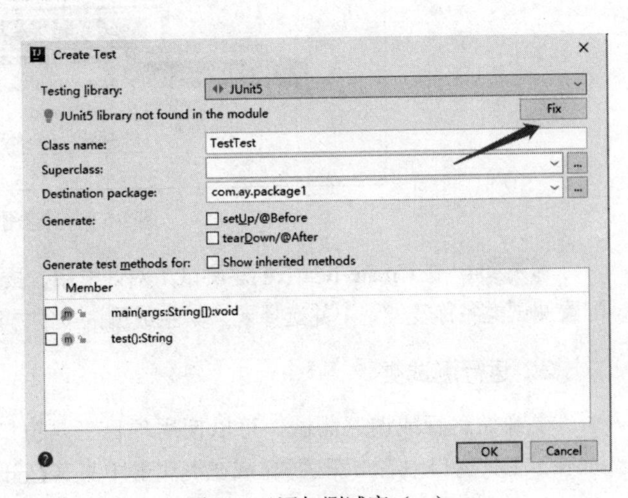

图 5-60　添加测试库（一）

2. 在编写测试代码时添加测试库

在测试类的源代码中，将插入符号放在未解决的引用或注解中。按 Alt+Enter 快捷键打开可用上下文操作列表， 然后选择 Add <library> to classpath，如图 5-61 所示。

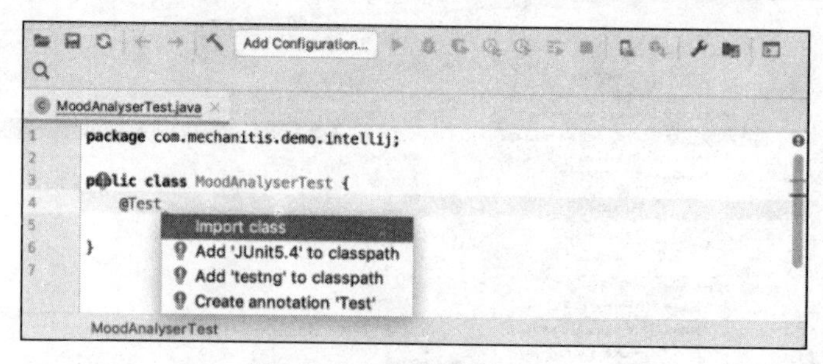

图 5-61 添加测试库（二）

3. 手动将库添加到项目

从主菜单中选择 File→Project Structure 或单击工具栏上的图标。选择 Project Settings→Libraries，然后单击 + → From Maven，在打开的对话框中指定必要的包，例如 org.junit.jupiter:junit-jupiter:5.4.2。最后，应用更改并关闭对话框。

5.4.2 创建/运行/调试测试类

1. 创建测试类

可以使用意图操作为支持的测试框架创建测试类，具体步骤如下：

步骤01 在编辑器中打开所需的类，然后将光标放在类名称上。

步骤02 按 Alt+Enter 快捷键调用可用意图动作列表。

步骤03 选择 Create Test（创建测试），如图 5-62 所示。

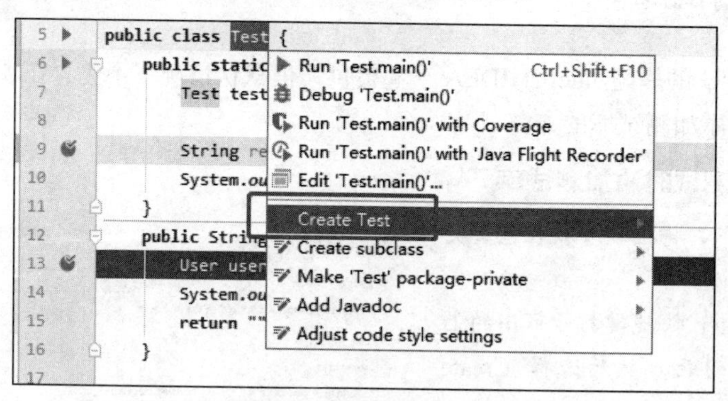

图 5-62 创建测试类

步骤04 在 Create Test（创建测试）对话框中，配置所需的设置。可以指定要使用的测试库、配置测试类名称及位置，并选择要为其生成测试类的方法。

2. 运行测试类

要开始运行或调试测试，可以使用项目工具窗口或编辑器中的主工具栏或上下文菜单。在 Project 工具窗口中右击测试类，或在编辑器中将其打开，然后右击。从上下文菜单中选择 Run <class name>（运行<类名称>）或 Debug....（调试...），如图 5-63 所示。

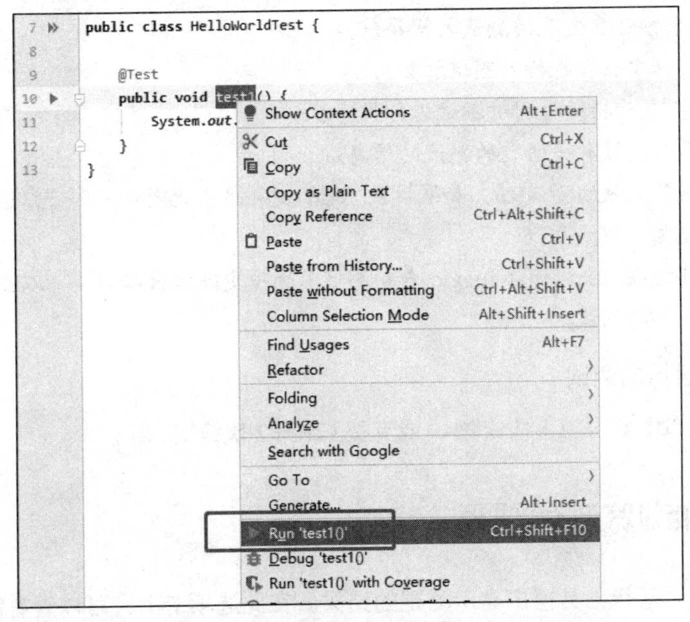

图 5-63　运行测试类

3. 测试和测试对象之间导航

在 IntelliJ IDEA 中，可以在测试和测试对象之间快速导航。

从测试跳到测试对象，具体步骤如下：

- 在编辑器中打开一个测试类。
- 从主菜单或编辑器上下文菜单中选择 Navigate→Test Subject 或者按 Ctrl+Shift+T 快捷键。

从类或文件跳至测试的具体步骤如下：

- 在编辑器中打开一个测试类，如果要从方法导航到其测试，可将插入号置于此方法处。
- 从主菜单或编辑器上下文菜单中选择 Navigate→Test（导航→测试）或者按 Ctrl+Shift+T 快捷键。

4. 监控和管理测试

测试进度和结果显示在 Run（运行）工具窗口的专用测试运行器选项卡中，如图 5-64 所示。

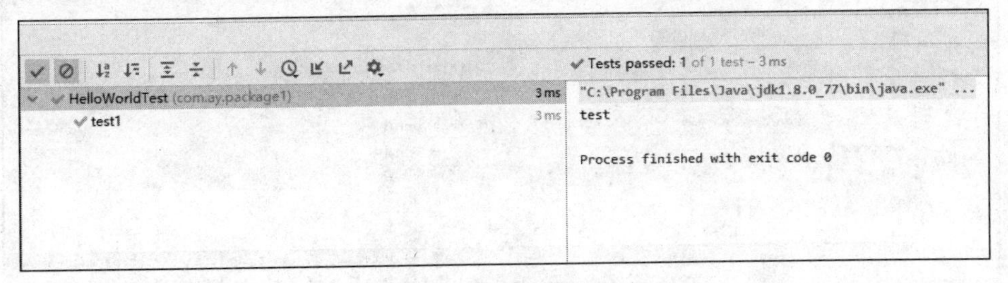

图 5-64　监控和管理测试

我们可以像运行应用程序一样重新运行、终止和暂停测试的执行。除了常见的运行操作之外，在测试运行程序中还可以：

- 使用 ↓ 和 ↑ 按钮在失败的测试之间导航。
- 查看当前会话中正在运行的测试总数。
- 按字母顺序 和持续时间对测试进行排序 。
- 单击以显示或隐藏有关通过的测试的信息✔。
- 单击重新运行失败的测试 。如果按住 Shift 键并单击此图标，则可以选择是要再次运行必要的测试还是“调试”。
- 通过启用 Toggle auto-test（Toggle 自动测试）选项更改源代码后，可以立即在当前运行配置中自动重新启动测试。

5. 停止正在运行的测试

在运行工具窗口中单击停止按钮 ■，或者按 Ctrl+F2 快捷键。

5.4.3 查看和浏览测试结果

运行一个测试，运行工具窗口显示测试的结果。在此选项卡上，可以查看测试的统计信息、导航到堆栈跟踪、显示或隐藏成功的测试等。

要查看测试的执行时间，可单击工具栏上的 图标，然后单击 Show Inline Statistics（显示内联统计信息）选项，如图 5-65 所示。

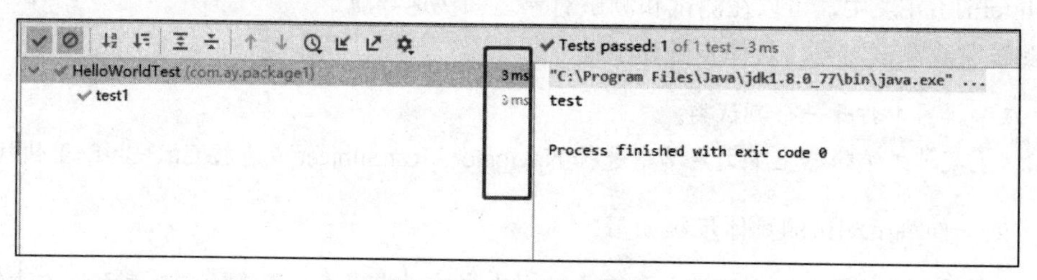

图 5-65 查看测试结果

如果单元测试包含字符串 assertEquals，则 IDE 可以查看比较的字符串之间的差异。右击必要的测试，然后从上下文菜单中选择 View assertEquals Difference，将能够在专用的差异查看器中比较字符串，如图 5-66 所示。

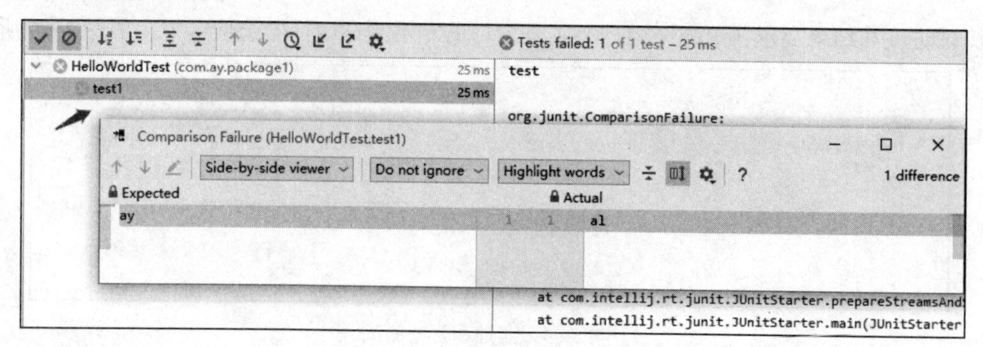

图 5-66 查看 assertEquals 差异

IntelliJ IDEA 自动保存 10 个最后测试的结果，要查看它们，可单击 图标，然后从列表中选择必要的测试。对于每个测试，该列表都会显示运行配置名称和时间戳，如图 5-67 所示。

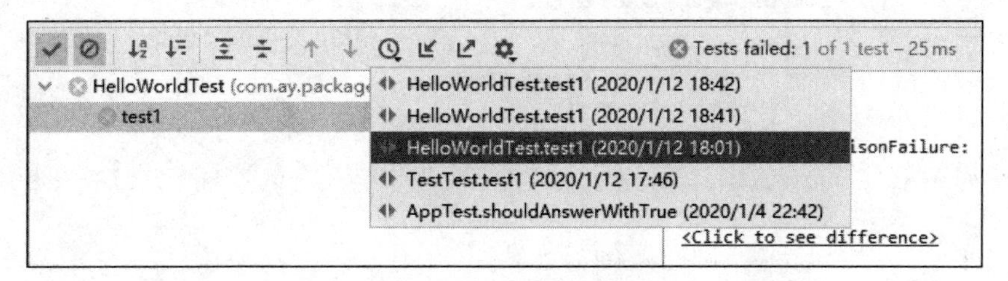

图 5-67　查看以前的测试结果

如果要保留测试结果或与团队共享，也可以将测试结果导出到文件中。单击测试运行器工具栏按钮，选择要用于保存文件的格式，然后指定其名称和位置。要加载以前导出的文件，可单击 按钮，然后在打开的对话框中选择所需的 XML 文件。

5.5　代码覆盖率

代码覆盖率可以查看在单元测试期间执行了多少代码，因此可以了解这些测试的有效性。

5.5.1　配置覆盖率

1．配置代码覆盖行为

在 Settings/Preferences 对话框中，选择 Build, Execution, Deployment→Coverage，然后定义如何处理收集的覆盖率数据：

- Show options before applying coverage to the editor（在将覆盖率应用于编辑器之前显示选项）：每次运行具有代码覆盖率的新运行配置时都会显示“代码覆盖率”对话框。
- Do not apply collected coverage（不要应用收集的 coverage）：丢弃新的代码 coverage 结果。
- Replace active suites with the new one（用新套件替换活动套件）：丢弃活动套件，并在每次启动具有代码覆盖范围的新运行配置时使用新套件。
- Add to the active suites（添加到活动套件中）：每次启动具有代码覆盖率的新运行配置时，将新的代码覆盖套件添加到活动套件中。
- Ignore implicitly declared default constructors（忽略隐式声明的默认构造函数）：从 coverage 统计信息中排除隐式声明的默认构造函数，显式声明的默认构造函数将保留在其中。
- Ignore empty private constructors of utility classes（忽略空私有构造函数）：从覆盖范围统计信息中排除所有其他方法均为静态的类中的空私有构造函数，如图 5-68 所示。

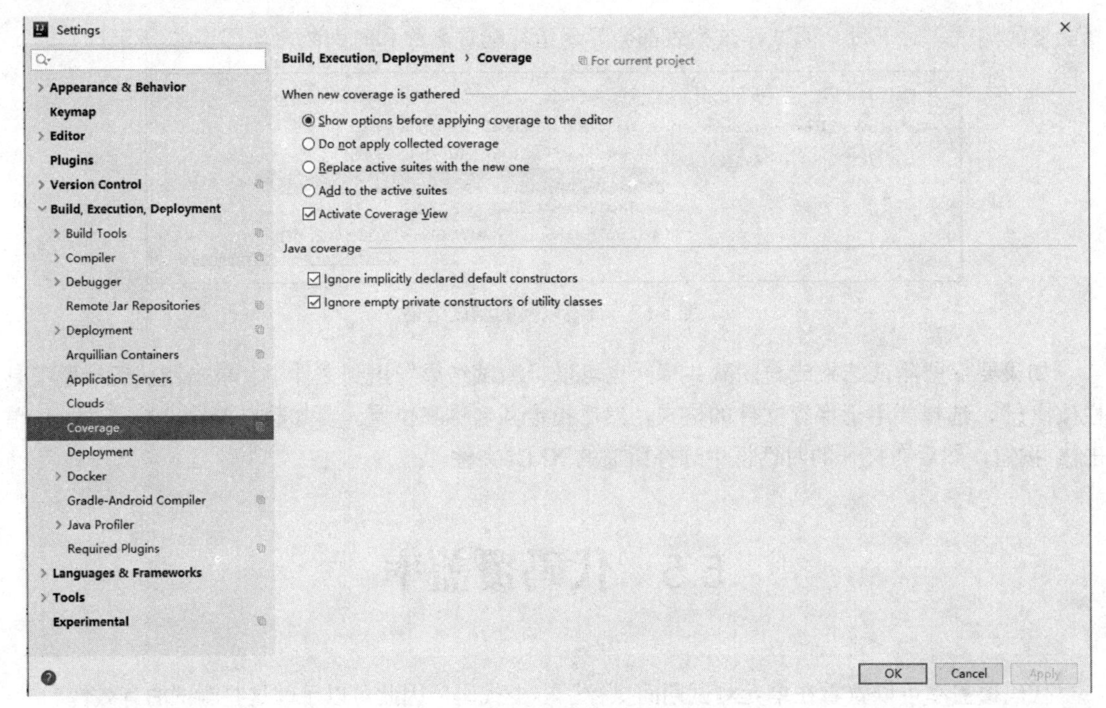

图5-68　配置覆盖率

2．配置代码覆盖率选项

从主菜单中选择 Run→Edit Configurations，添加必要的运行/调试配置，然后切换到 Code Coverage（代码覆盖率）选项卡。

在 Code Coverage 选项卡上，从 Choose coverage runner（选择覆盖率运行器）列表运行器中选择一个代码覆盖率：EMMA、JaCoCo 或 IntelliJ IDEA。选择要使用的模式，即采样或跟踪：

- 采样模式可使线路覆盖率的降低幅度忽略不计。
- 跟踪模式可准确收集分支覆盖范围，并具有跟踪测试，查看覆盖范围统计信息以及获取每个覆盖行上其他信息的能力。

跟踪每个测试覆盖率选项允许跟踪每个测试用例产生的单个代码覆盖率。如果想确切地知道特定测试涵盖了哪些代码，就启用此选项，将能够看到与每个代码段相关的测试。

Packages and classes to include in coverage data（包含在覆盖率数据中的包和类）和 Packages and classes to exclude from coverage data（从覆盖率数据中排除的包和类）区域允许缩小代码覆盖范围。例如，可以在覆盖率测量中包括或排除特定的类和程序包，即单击+（添加类）或+（添加包）图标，然后选择必要的项目。

要收集测试的代码覆盖率统计信息，可选中 Enable Coverage in Test Folders（在测试文件夹中启用覆盖率）复选框，如图5-69所示。

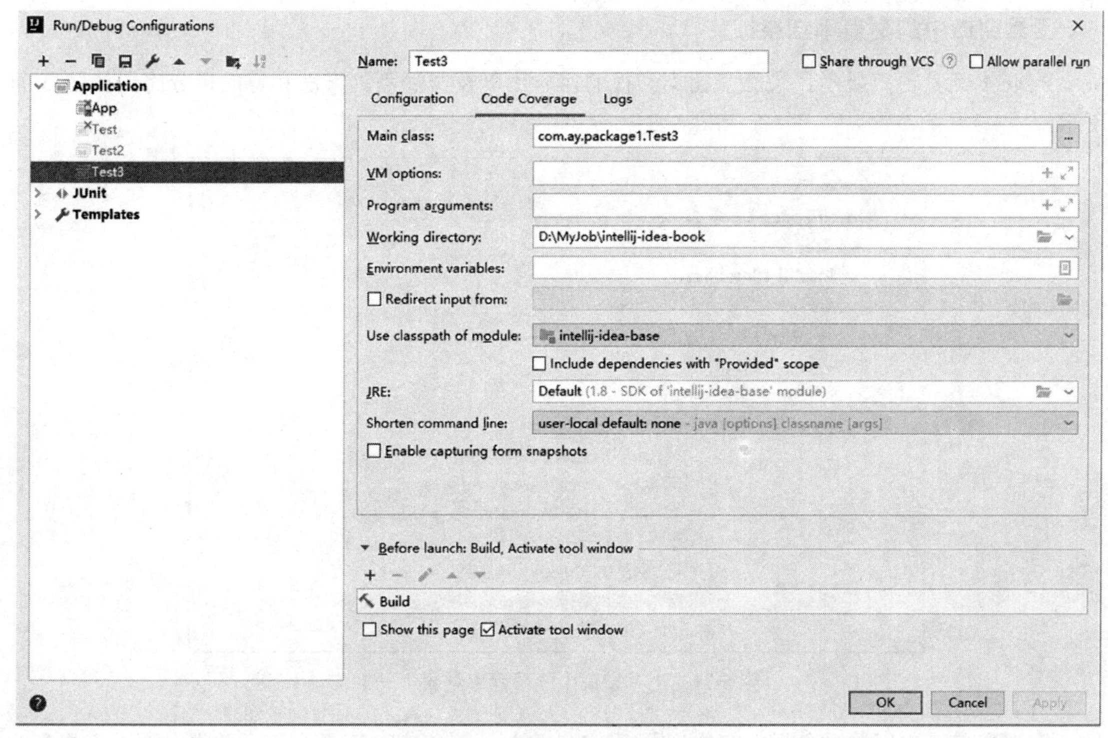

图 5-69 配置代码覆盖率选项

5.5.2 使用覆盖率运行测试

首先，确保已为测试创建了必要的运行/调试配置。另外，还可以运行必要的测试以生成临时运行配置，以供以后修改和保存。

在工具栏的列表中选择正确的配置，然后单击图标，或从主菜单中选择 Run→Run ... with Coverage，如图 5-70 所示。

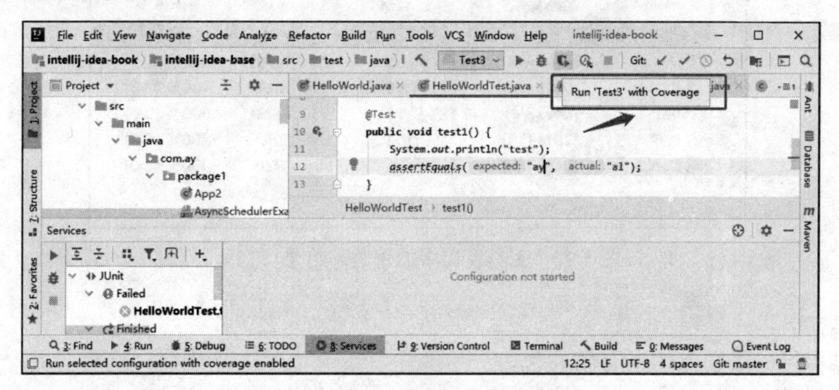

图 5-70 使用覆盖率运行测试

至少运行一个具有覆盖率的测试后，代码覆盖率结果将显示在 Coverage （覆盖率）工具窗口、Project 工具窗口和编辑器中。

工具窗口中的覆盖率结果

Project 工具窗口显示目录涵盖的类和行的百分比以及类涵盖的方法和行的百分比，如图 5-71 所示。

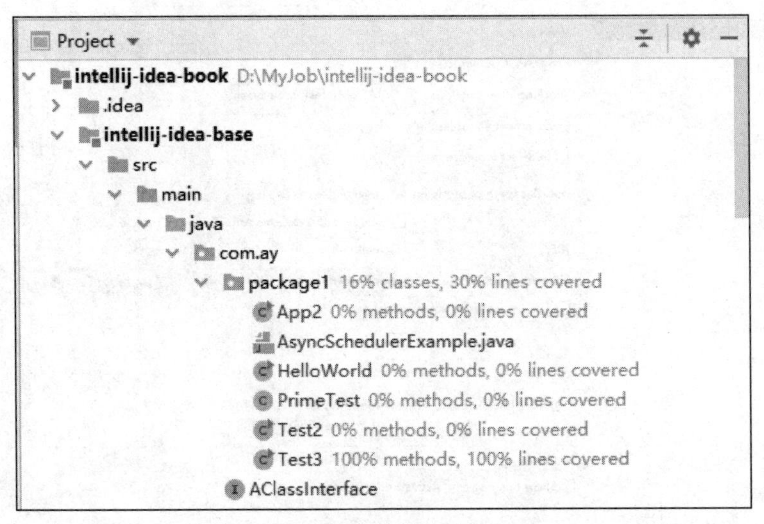

图 5-71　工具窗口中的覆盖率结果（一）

在对覆盖率进行测试之后，将立即显示 Coverage（覆盖率）工具窗口，并显示覆盖率报告。如果要重新打开 Coverage 工具窗口，就选择 Run→Show Code Coverage Data 或者按 Ctrl+Alt+F6 快捷键，该报告显示了测试涵盖的代码百分比。可以看到类、方法和行的覆盖结果。

分支覆盖率显示了源代码中已执行分支的百分比（通常是 if/ else 和 switch 语句）。如果启用了 Tracing（跟踪）选项，则此信息可用于 JaCoCo 运行程序和 IntelliJ IDEA 运行程序，如图 5-72 所示。

Coverage: PetclinicIntegrationTests

90% classes, 15% lines covered in package 'org.springframework.samples.pe...

Element	Class, %	Method, %	Line, %	Branch, %
model	100% (3/3)	0% (0/10)	23% (3/13)	100% (0/0)
owner	87% (7/8)	7% (4/51)	9% (14/145)	0% (0/4)
system	100% (3/3)	60% (3/5)	75% (6/8)	100% (0/0)
vet	75% (3/4)	11% (1/9)	17% (4/23)	100% (0/0)
visit	100% (1/1)	14% (1/7)	25% (2/8)	100% (0/0)
PetClinic...	100% (1/1)	0% (0/1)	50% (1/2)	100% (0/0)

图 5-72　工具窗口中的覆盖率结果（二）

：上一层。

：显示同一级别上的所有软件包。

：当按下此按钮时，在工具窗口中选择的类的源代码会自动在单独的编辑器选项卡中打开，并获得焦点。

：按下此按钮时，当某个类的源代码在编辑器中成为焦点时，相应的节点将在工具窗口中自动突出显示。

↗：生成代码覆盖率报告并将其保存到指定目录，如图 5-73 所示。

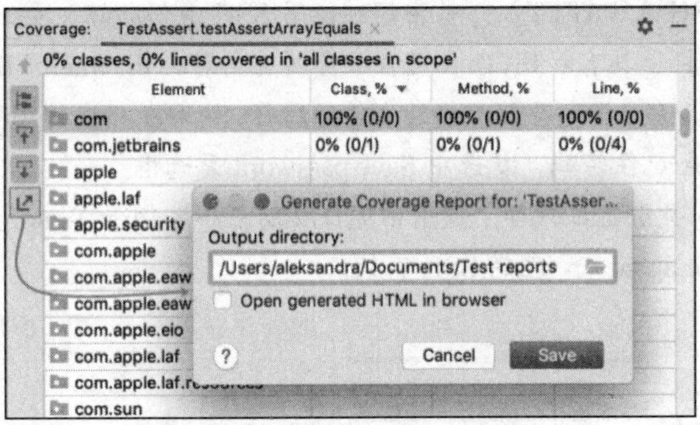

图 5-73　将代码覆盖率保存到文件中

5.6　连接服务器

5.6.1　连接远程服务器

远程服务器是另一个计算机（远程主机）上运行的服务器。可通过 FTP / SFTP / FTPS 协议访问服务器上的文件，具体连接步骤如下：

步骤 01　单击 File→Settings→Preferences 对话框，选择“Build, Execution, Deployment”，或者单击 Tools→Deployment→Configuration。

步骤 02　在列出所有现有服务器配置的左侧窗格中，单击 Add 按钮＋，根据要用于与服务器交换数据的协议选择服务器配置类型。

- FTP：选择此选项，以使 IntelliJ IDEA 通过 FTP 文件传输协议访问服务器。
- SFTP：选择此选项，以使 IntelliJ IDEA 通过 SFTP 文件传输协议访问服务器。
- FTPS：选择此选项，以使 IntelliJ IDEA 通过 SSL 上的 FTP 文件传输协议访问服务器。

步骤 03　在打开的 Create new server（创建新服务器）对话框中，输入要创建的服务器的名称，然后单击 OK 按钮。关闭创建新服务器对话框，然后返回到 Connection 部署节点的选项卡。

步骤 04　勾选 Visible only for this project 复选框，配置服务器访问配置的可见性。

- 选中复选框以将配置的使用限制为当前项目。这样的配置不能在当前项目外部重用。它不会出现在其他项目的可用配置列表中。 例如，在 SFTP 配置中选中此复选框，则不能使用 SSH 凭据来配置远程解释器。
- 清除复选框后，该配置在所有 IntelliJ IDEA 项目中可见。它的设置（包括 SFTP 服务器的 SSH 凭据）可以在多个项目中重复使用。

步骤 05　填写连接信息，包括远程服务的 IP、端口、用户名、密码等信息。对于 SFTP 服务器，选择对服务器进行身份验证的方式，如图 5-74 所示。可执行以下任一操作：

- 密码：使用密码访问主机。指定密码，然后选中 Save password（保存密码）复选框以将密码保存在 IntelliJ IDEA 中。

- 密钥对（OpenSSH 或 PuTTY）：对密钥对使用 SSH 身份验证。要应用此身份验证方法，必须在客户端计算机上具有私钥，而在远程服务器上具有公钥。IntelliJ IDEA 支持使用 OpenSSH 实用程序生成的私钥。指定存储私钥的文件的路径，然后在相应的字段中输入密码（如果有）。要使 IntelliJ IDEA 记住密码，就选中 Save password 复选框。
- OpenSSH 配置和身份验证代理：使用由凭证帮助程序（例如 Windows 上的 Pageant 或 Mac 和 Linux 上的 ssh-agent）管理的 SSH 密钥。

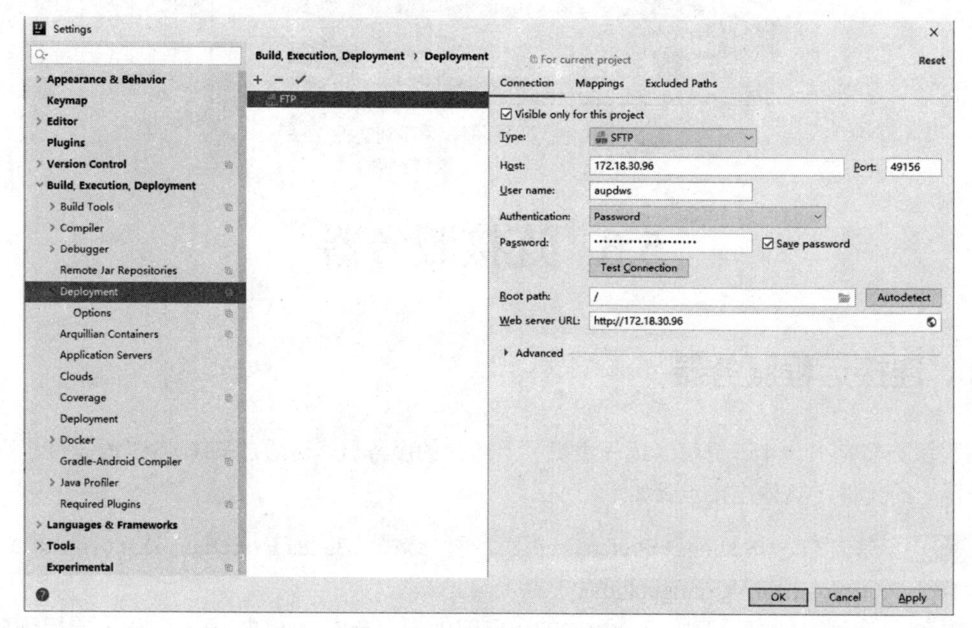

图 5-74 连接远程服务器

步骤 06 在 Root path（根路径）文本框中指定相对于服务器上根文件夹的服务器配置根目录。该文件夹将是可通过当前服务器配置访问的文件夹结构中的最高文件夹。可执行以下任一操作：

- 接受默认的/路径（指向服务器上的根文件夹）。
- 手动输入路径。
- 单击📂并在打开的“选择根路径”对话框中选择所需的文件夹。
- 单击“自动检测”按钮，让 IntelliJ IDEA 检测 FTP / SFTP 服务器上的用户主文件夹设置，并根据它们设置根路径，仅在指定凭据后才启用该按钮。

步骤 07 单击 Test Connection 按钮测试连接情况。

5.6.2 访问远程服务器文件

（1）访问远程服务器文件

一旦连接上另一个计算机（远程主机）上运行的服务器。可通过 FTP / SFTP / FTPS 协议访问服务器上的文件。访问服务器上文件的具体步骤如下：

步骤 01　选择 Tools→Deployment→Browse Remote Host 打开远程主机工具窗口（见图 5-75），或者从主菜单中单击 View→Tool Windows→Remote Host。

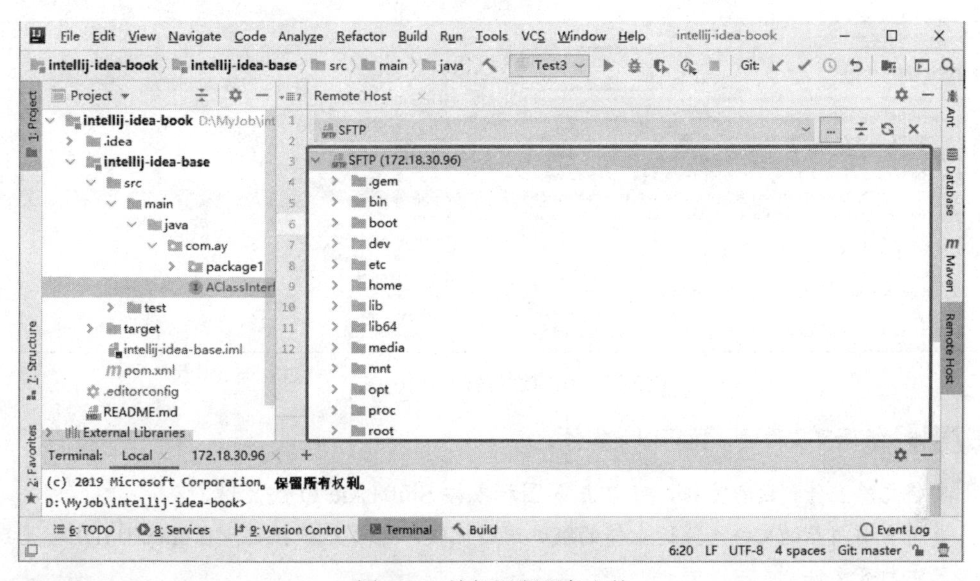

图 5-75　访问远程服务文件

步骤 02　从列表中选择所需的部署服务器。工具窗口显示服务器根目录下文件和文件夹的树状视图。如果列表中没有可用的相关服务器，就单击...，然后在打开的部署对话框中配置对所需服务器的访问权限。

（2）编辑远程主机上的文件

步骤 01　通过选择 Tools→Deployment→Browse Remote Host 打开远程主机工具窗口，或者从主菜单中选择 View→Tool Windows→Remote Host。

步骤 02　从列表中选择所需的部署服务器。工具窗口显示服务器根目录下文件和文件夹的树状视图。

步骤 03　双击所需的文件，或从上下文菜单中选择 Edit Remote File（编辑远程文件），如图 5-76 所示。

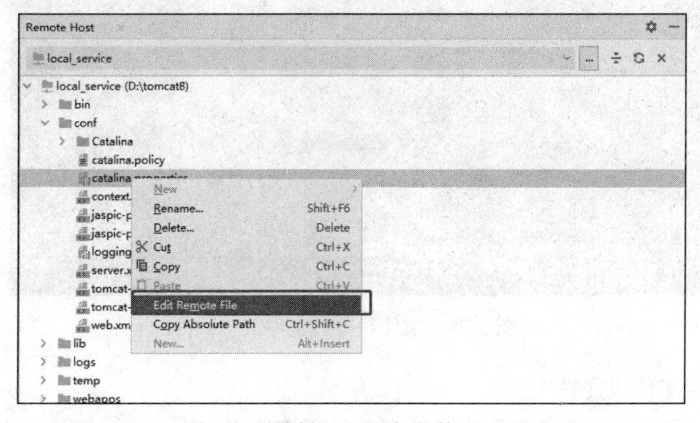

图 5-76　编辑远程服务文件（一）

步骤 04 该文件将在 IntelliJ IDEA 编辑器中打开，而不会添加或下载到本地项目中。使用远程文件时，编辑器顶部会显示一个特殊的工具栏，显示编辑状态，如图 5-77 所示。

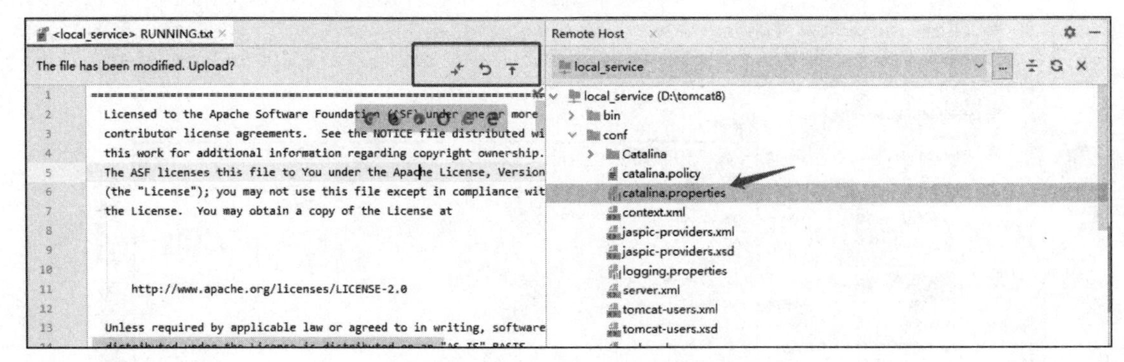

图 5-77 编辑远程服务文件（二）

步骤 05 编辑完文件后，执行以下操作之一：

- 要将文件上传到远程主机，可单击图标或按 Shift+Alt+Q 快捷键。
- 要将当前打开的文件与最近上传的版本进行比较，可单击按钮。在 IntelliJ IDEA 差异查看器中打开文件。
- 要放弃上次上传后对该文件所做的更改，可单击按钮。

5.6.3 上传和下载文件

IntelliJ IDEA 提供了以下将项目文件和文件夹上传到部署服务器的主要方法：

- 手动：通过菜单命令。
- 自动：每次一个文件被更新，或启动调试会话之前，或提交给版本控制系统。

对于下载文件和文件夹，IntelliJ IDEA 仅支持手动模式。IntelliJ IDEA 在 File Transfer（文件传输）工具窗口（View→Tool Windows→File Transfer）中显示日志，如图 5-78 所示。

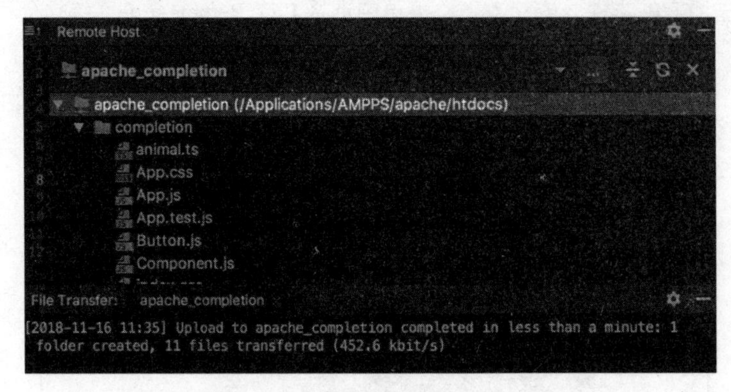

图 5-78 上传和下载文件（一）

（1）手动上传文件或文件夹

在 Project 工具窗口中，右击文件或文件夹，然后选择 Deployment→Upload to，然后从列表中选择目标部署服务器或服务器组。

（2）下载文件或文件夹

在“远程主机”工具窗口中选择所需的文件或文件夹，然后从所选内容的上下文菜单中选择 Download from here（从此处下载）。

5.6.4 将服务器分组

服务器组可以将服务器配置分组在一起，并像对待单个实体一样使用它们。如果需要将代码部署到多个服务器，则可以使用一个服务器组，并避免将其分别部署到每个服务器。

创建服务器组的步骤如下：

步骤 01 通过执行下列操作之一打开部署页面：

- 在 Settings/Preferences 对话框中，选择“Deployment under Build, Execution, Deployment”。
- 从主菜单中选择 Tools→Deployment→Configuration。

步骤 02 在列出所有现有服务器配置的左侧窗格中，单击添加按钮＋，然后在弹出菜单中选择 Server group（服务器组）。

步骤 03 要在组内创建新的服务器配置，可在左侧窗格中选择该组，然后单击右侧窗格中的 Add new server（添加新服务器）链接或添加按钮工具栏按钮。要将现有服务器配置添加到组中，可将其拖动到组中；要删除服务器配置，就将其拖出组。

5.7 分析应用

分析工具对于大多数运行需要花费大量时间的方法很有用，有助于了解各方法的行为。

IntelliJ IDEA 可与以下分析工具集成：

- Async Profiler：用于 Linux 和 macOS 的 CPU 和内存分析工具。
- Java Flight Recorder：Oracle 提供的 CPU 工具，可在 Linux、macOS 和 Windows 上使用。

5.7.1 分析工具

1. Async Profiler

Async Profiler 监视应用程序的 JVM 级别参数，以更好地了解应用程序的执行方式以及内存和 CPU 资源的分配方式，以查找和解决性能问题。

可以为使用 Gradle 和本机 IntelliJ IDEA 构建工具构建的项目运行事件探查器。如果使用 Maven，则可以使用本机 IntelliJ IDEA 运行该应用程序以获取分析数据。分析完成后，探查器会在报告中可视化输出数据。

2. Java Flight Recorder

Java Flight Recorder（JFR）是一种监视工具，可在应用程序执行期间收集有关 Java 虚拟机中特定时间实例中事件（数据片段）的信息。

Java Flight Recorder 可以在版本 8 开始的 Oracle JDK 构建上使用，前提是已启用 commercial 功能，并且可以在版本 11 开始的任何 JDK 构建上运行。

启用 commercial 功能的步骤如下：

步骤 01 从主菜单中选择 Run→Edit Configurations（运行→编辑配置），然后从左侧列表中选择要使用 JFR 分析的运行配置。

步骤 02 在 Configuration（配置）选项卡的“VM Option”文本框中，添加“-XX:+Unlock-CommercialFeatures”。

步骤 03 应用更改并关闭对话框，如图 5-79 所示。

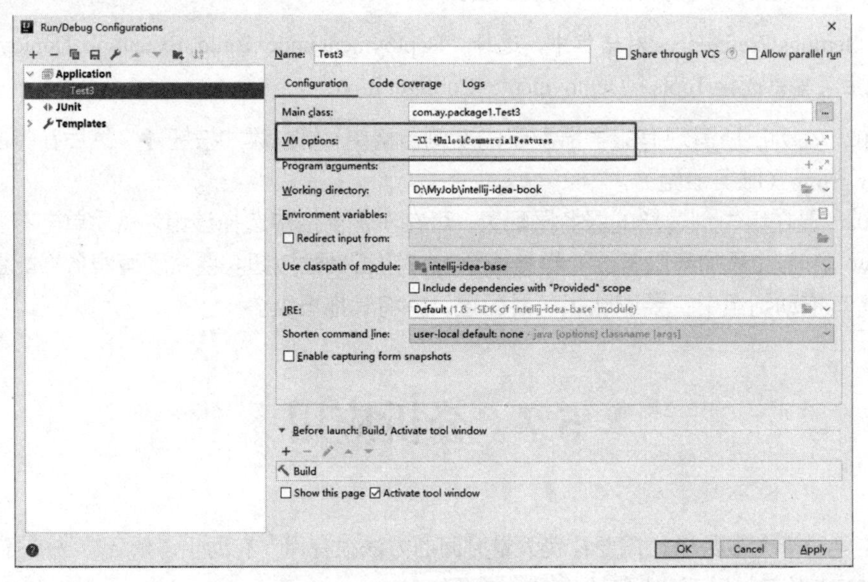

图 5-79 分析应用（一）

创建一个新的 JFR 配置，其中有两种预安装的配置：Default 和 Profile。Default 配置的开销很低（约 1%），可以很好地用于连续剖面。Profile 配置的开销约为 2%，并且可以用于更详细的应用程序分析。

这些配置涵盖了所有用例的大部分，但是可以通过 Java Mission Control 创建和上传自己的设置，如图 5-80 所示。

为了运行 Async Profiler 或 Java Flight Recorder，从主菜单中选择运行或单击工具栏上的图标。分析数据准备就绪后将看到一个确认弹出窗口，并且 Profiler 工具按钮将出现。单击此按钮以打开 Profiler 工具窗口，如图 5-81 所示。

在探查器工具窗口中，收集的数据显示在 Flame Graph、Call Tree、Method List 和 Events 选项卡上。左侧列出了应用程序线程。通过单击每个线程，可以进入更多详细信息。

在 Profiler 工具窗口的左框架上单击按钮，在打开的对话框中命名文件、指定要在其中保存文件的文件夹，然后单击 Save（保存）按钮。

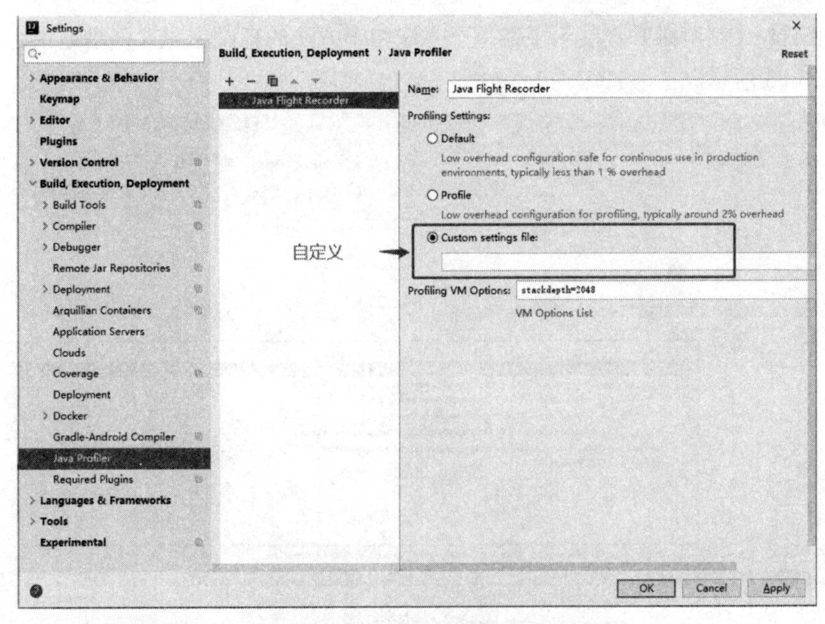

图 5-80　分析应用（二）

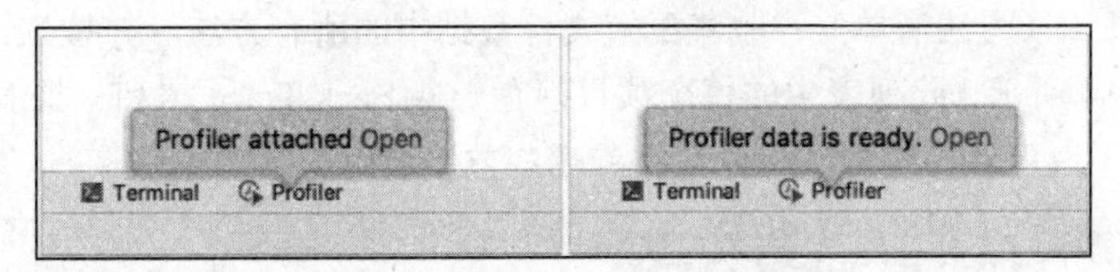

图 5-81　打开 Profiler 工具窗口

可以将概要分析数据导入到 IDE 中，以使用概要分析工具进行分析，确保导入的文件由 Async Profiler 创建或具有.jfr 格式。

（1）Flame Graph（火焰图）：由现在工作在 Netflix 的性能分析专家 Brendan Gregg 所发明，主要通过将 CPU 采样按照调用栈方式排列来进行可视化。通过火焰图我们能够非常方便、直观地看到性能问题和瓶颈，如图 5-82 所示。

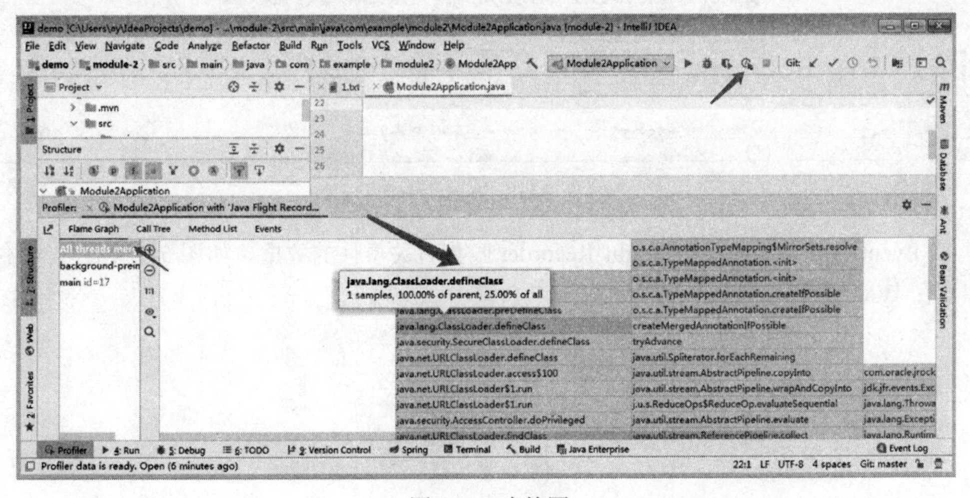

图 5-82　火焰图

（2）Call Tree（调用树）：展示了在每个方法中子方法的耗时占比（严格地说是 CPU sample 占比），如图 5-83 所示。

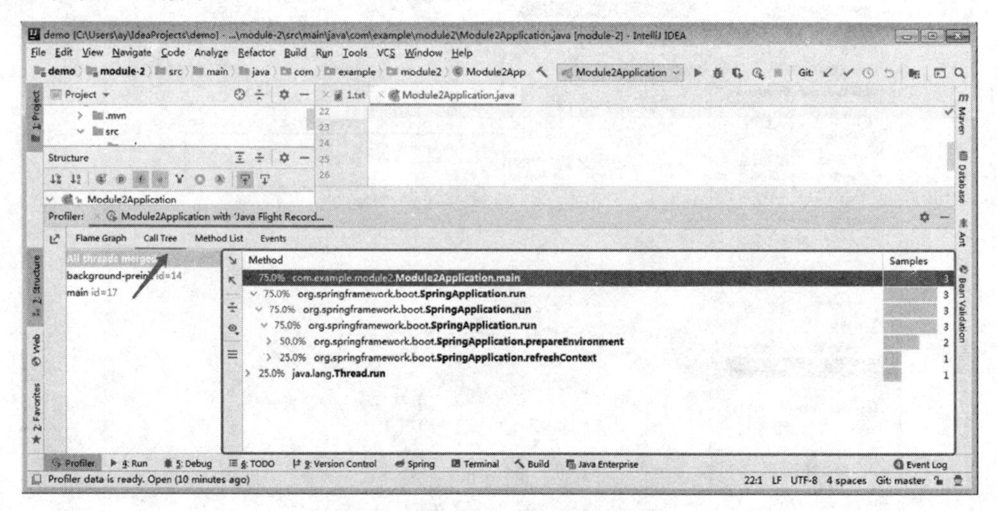

图 5-83　调用树

（3）Method List（方法清单）：收集配置文件数据中的所有方法，并按累计采样时间对它们进行排序，如图 5-84 所示。此列表中的每个项目都有一棵 Back Trace 树和一棵 Merged Callees 树。Back Trace 树显示了调用者的层次结构，可跟踪哪些方法调用选定的方法。

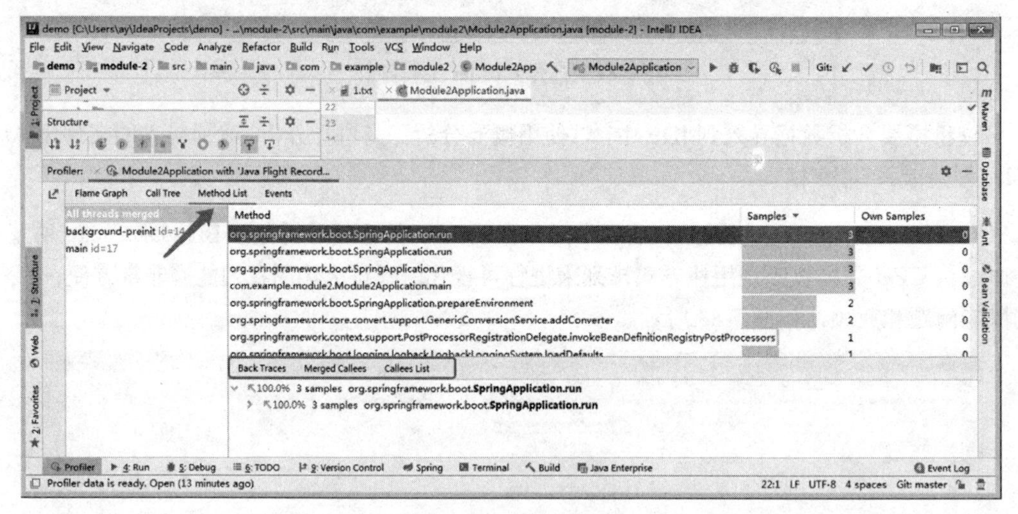

图 5-84　方法清单

（4）Events（事件）：Java Flight Recorder 收集有关事件的数据，如图 5-85 所示。事件于特定时间点在 JVM 或 Java 应用程序中发生。

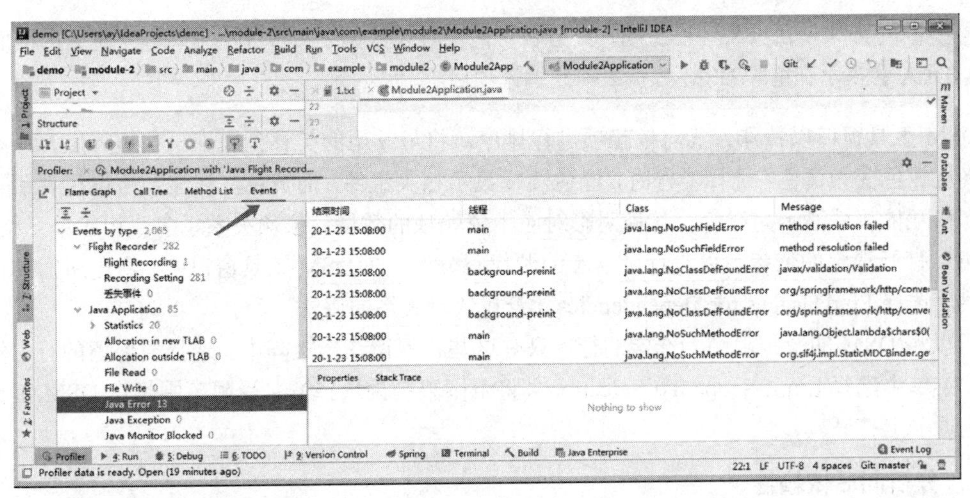

图 5-85　事件

5.7.2　分析依赖

在具有众多依赖项的复杂项目上进行工作，当出现问题时很难排查。可能会遇到严重影响应用程序性能和行为的复杂关系或周期性依赖关系。

1．DSM 分析

DSM 表示 Dependency Structure Matrix（依赖关系结构矩阵），可以可视化项目各部分（模块、类等）之间的依赖关系，并突出显示项目中的信息流。

DSM 分析可用于查看更改将如何影响项目。例如，需要更改其中一个类，则可以识别所有依赖项，并查看此更改将如何在整个项目中传播，具体步骤如下：

步骤 01　从主菜单中选择 Analyze→Analyze Dependency Matrix（分析→分析依赖矩阵）。

步骤 02　在打开的对话框中，选择要分析的范围，然后单击 OK 按钮，将打开 DSM 工具窗口（见图 5-86），以检查依赖关系。通过单击工具窗口中的单元格，可以更详细地进行操作。

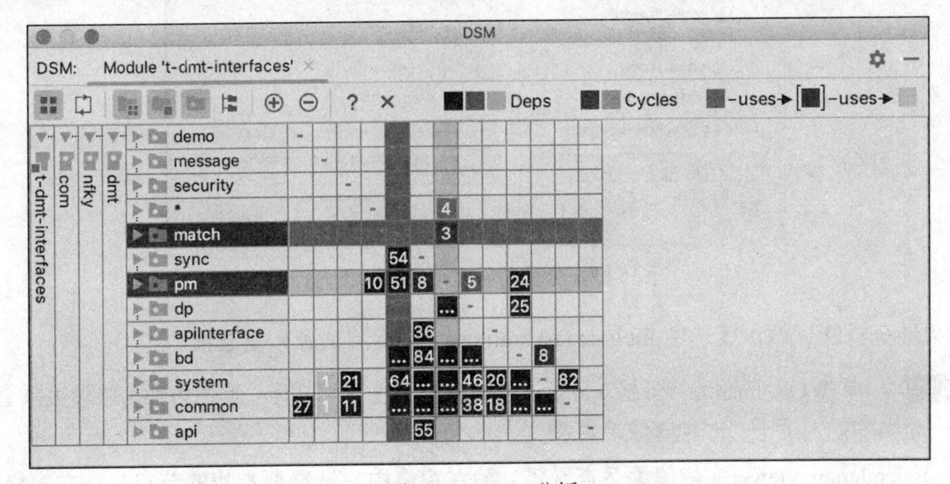

图 5-86　DSM 分析

步骤03 如果项目类文件已过期，则分析可能会导致数据不完整或不正确。为避免这种情况，IntelliJ IDEA 会提示在继续 DSM 分析之前先编译项目。

DSM 工具窗口以特殊方式对依赖项进行排序：将最常用的类移到底部。在矩阵上，所有依赖项始终从绿色变为黄色：选择一行时，绿色注释显示相关组件，而黄色注释显示所选组件所依赖的组件。相互依赖性显示为红色。各种阴影对应于依赖项的数量。依赖关系越多，相应单元格越暗。

可以打开选定的依赖项以进行进一步的源代码分析。在 DSM 工具窗口中，右击所需的依赖关系，然后选择 Find Usages for Dependencies（查找依赖关系的用法）。

可以将 DSM 的范围限制为选定的行，只有这些将保留在新矩阵中。选择要保留的行，然后从上下文菜单中选择 Limit Scope To Selection（将范围限制为选择）。受限范围将在 DSM 工具窗口的新选项卡上打开。

2. 分析向后依赖性

使用这种类型的分析，可以在特定的关注范围内找到其他类或模块，这些类或模块取决于指定的分析范围（整个项目、一个模块、一个文件、未版本化的文件等）。分析结果显示在 Dependency Viewer 的专用选项卡中 。向后依赖性分析可能会非常耗时，尤其是在大型项目上。

分析项目的向后依赖性，具体步骤如下：

步骤01 在主菜单上，选择 Analyze→Analyze Backward Dependencies（分析→分析向后依赖性）将打开 Specify Backward Dependency Analysis Scope（指定向后依赖性分析范围）对话框，如图 5-87 所示。

步骤02 在 Analysis Scope（分析范围）中，指定要查找依赖项的项目部分。

步骤03 在 Scope to Analyze Usages in（关注范围）中，指定要寻找依赖项的范围。可以从下拉列表中选择一个预定义的范围，或者单击省略号按钮，然后在 Scope（范围）对话框中创建自己的范围。

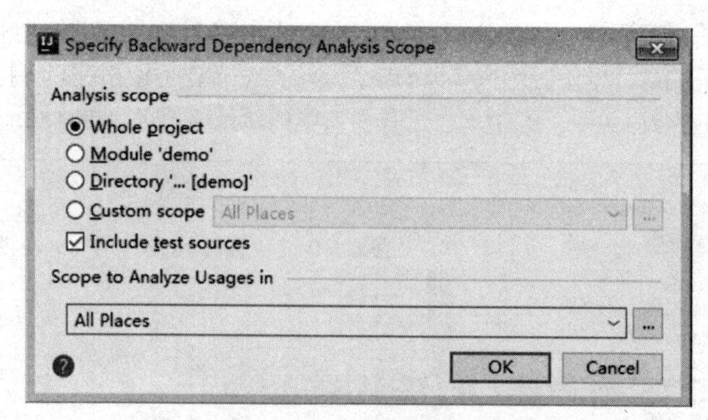

图 5-87 分析向后依赖依赖性（一）

如果要分析测试源，就选中 Include test sources（包括测试源）复选框。

步骤04 单击 OK 按钮运行分析。分析进行时会显示生产率提示。准备好后，依赖关系查看器将打开一个特殊的选项卡，以检查依赖关系。

在 Dependency viewer（依赖关系查看器）的左窗格中，选择要查找的节点；在右窗格中，选择范围以查找所选节点的用法；搜索结果显示在选项卡的下部窗格中，如图 5-88 所示。

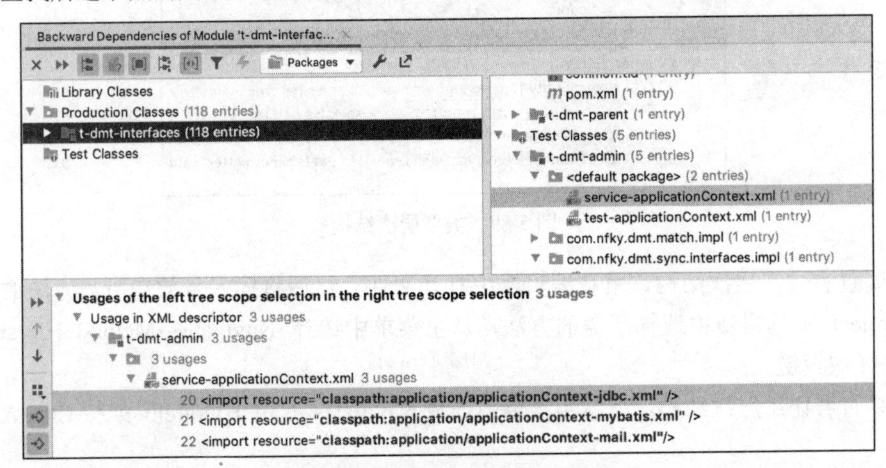

图 5-88　分析向后依赖依赖性（二）

3．分析循环依赖

循环依赖关系分析能够检测指定范围内的程序包之间的任何循环关系，分析结果显示在 Dependency Viewer 的专用选项卡中，具体步骤如下：

步骤 01　在主菜单上，选择 Analyze→Analyze Cyclic Dependencies（分析→分析循环依赖性）。

步骤 02　在 Specify Cyclic Dependency Analysis Scope（指定循环依赖性分析范围）对话框中，选择所需的分析范围。

步骤 03　单击 OK 按钮以运行分析。分析进行时会显示生产率提示。准备好后，依赖关系查看器将打开一个特殊的选项卡，以检查依赖关系。

步骤 04　在依赖关系查看器的左窗格中，选择要查找的节点；在右窗格中，选择范围，以查找所选节点的用法；搜索结果将显示在下部窗格中。

4．分析模块依赖

模块依赖关系分析显示指定范围内存在的所有模块、在 Project Structure 对话框的"依赖关系"选项卡中指定的这些模块之间的关系以及模块之间的循环依赖关系，具体步骤如下：

步骤 01　在主菜单上，选择 Analyze→Analyze Module Dependencies（分析→分析模块依赖性）。

步骤 02　指定分析范围，可以选择整个项目或特定模块。

步骤 03　在 Module dependencies（模块依赖关系）工具窗口中检查依赖关系。

步骤 04　在树状视图中选择一个模块，然后使用工具窗口的工具栏按钮查找依赖于所选模块的模块。

5.7.3　查看源代码层次结构

使用 IntelliJ IDEA 可以检查类、方法和调用的层次结构（见图 5-89），并探索源文件的结构。在 Project 工具窗口中选择所需的类，或在编辑器中将其打开，从主菜单中选择 Navigate→Type Hierarchy。

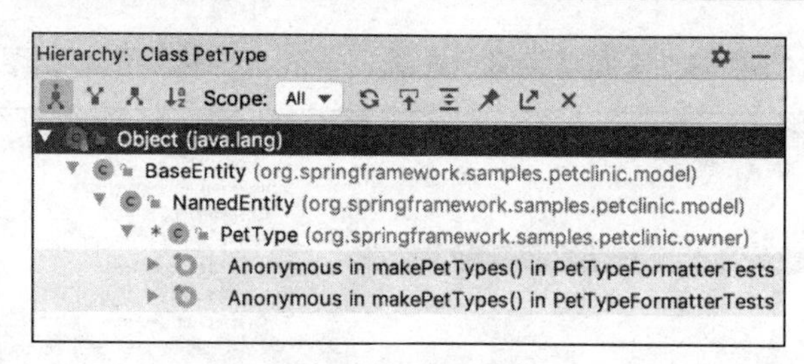

图 5-89　类型层次结构

如果要查看方法层次结构，就在编辑器中打开文件，然后将插入号放在所需方法的声明处；或者在 Project 工具窗口中选择所需的方法，从主菜单中选择 Navigate→Method Hierarchy 或按 Ctrl+Shift+H 快捷键。

如果要查看调用层次结构，就从主菜单中选择 Navigate→Call Hierarchy 或按 Ctrl+Alt+H 快捷键。

层次结构工具窗口按钮如表 5-3 所示。

表 5-3　层次结构工具窗口按钮

项目	描述	可用范围
	显示所选类的父类和子类，在结果树中用箭头标记	类层次结构
	根据层次结构类型： ● 类层次结构：显示当前类的每个超类型的层次结构 ● 调用层次结构：显示所选方法的调用者	类层次结构或者调用层次结构
	根据层次结构类型： ● 类层次结构：显示扩展所选类的所有类 ● 调用层次结构：显示所选方法的被调用者	类层次结构或者调用层次结构
	将树中的所有元素按字母顺序排序	所有层次
范围	使用此列表来限制当前层次结构的范围： ● 项目：跟踪整个项目中方法的用法 ● Test：跨测试类跟踪方法的用法 ● 全部：跟踪方法在整个项目和库中的用法 ● 此类：将范围限制为当前类别 除了预配置的范围外，还可以定义自己的范围。要定义范围，可从列表中选择“配置”，然后在“范围”对话框中定义所需的范围	调用层次结构

在方法层次结构图标如表 5-4 所示中，以下类的树视图可用：

- 加号图标+：方法已定义。
- 减号图标–：仅在超类中定义。
- 感叹号图标!：必须定义该方法，因为该类不是抽象的。

表 5-4 方法层次结构图标

图标	描述	可用范围
↻	显示所有更新的类或类结构	所有层次
⇡	移至源代码中与层次结构树中所选节点相对应的文件和部分	所有层次
⇕	展开所有节点	所有层次
📌	锁定当前选项卡，使其无法关闭和重复使用。下一个命令的结果将显示在新选项卡中	所有层次
↗	将层次结构导出到文本文件，可以为此文件指定位置	所有层次
×	关闭工具窗口	所有层次

5.7.4 查看源代码结构

可以使用 Structure（结构）工具窗口或“结构”弹出窗口检查当前在编辑器中打开的文件结构，快捷键为 Alt + 7。

默认情况下，IntelliJ IDEA 显示当前文件的所有类、方法和其他元素。要切换显示的元素，可单击 Structure（结构）工具窗口工具栏上的相应按钮（见图 5-90）。例如：

- 单击 f 按钮以显示类字段。
- 单击 ⋎ 按钮以显示继承的成员。
- 单击 λ 按钮以显示 lambda。

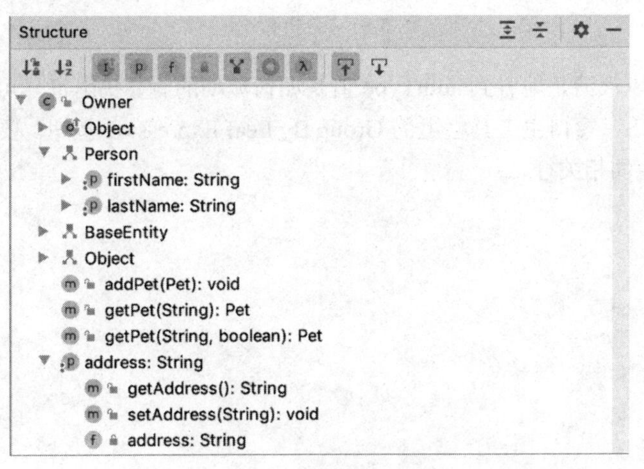

图 5-90 查看源代码结构

5.7.5 分析数据流

IntelliJ IDEA 提供的数据流分析功能可以更好地了解继承的项目代码、解释代码的复杂部分、查找源代码中的瓶颈等。

具体来说，Dataflow to/from here 功能能够完成以下任务：

- 查看分配给变量的值从何而来。
- 找出变量具有的所有可能值。
- 找出一个表达式/变量/方法参数可以流入的地方。
- 揭示可能产生 NullPointerException 的地方。

要分析符号的数据流，具体步骤如下：

步骤 01 打开所需的文件进行编辑。

步骤 02 将插入号放在要分析的符号上（expression / variable / method 参数）。

步骤 03 在主菜单或上下文菜单中选择 Analyze→Dataflow to Here 或 Analyze→Dataflow from Here（分析→数据流到此处）或（分析→来自此处的数据流）。

步骤 04 指定分析范围，然后选择是否要忽略来自测试代码的所有值。

步骤 05 单击 OK 按钮。在专用的 Analyze Dataflow （分析数据流）工具窗口中查看分析结果（见图 5-91）。

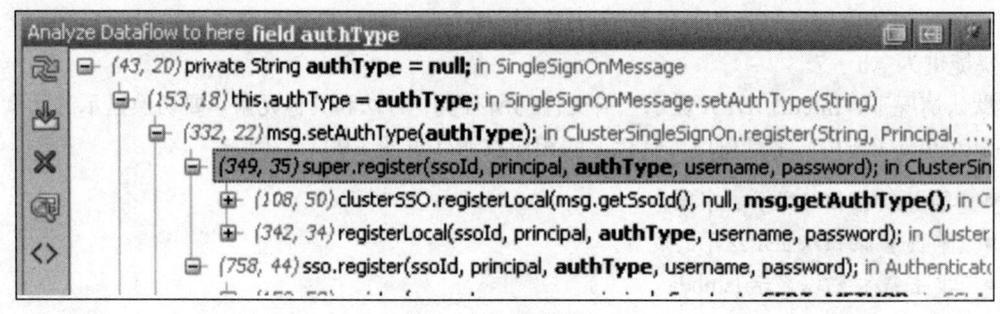

图 5-91 分析数据流

从图 5-91 中可以很清楚地看到 authType 值是如何流动的。要找出符号可能具有的值，可单击 Dataflow（数据流）工具窗口主工具栏上的 Group By Leaf Expression 按钮。要导航到分配或调用的源代码，可双击树中的相关行。

第6章

Git 版本管理

本章主要介绍在 IntelliJ IDEA 中如何使用启动/管理/配置 VCS、Git 如何进行代码分支管理、提交、合并、解决冲突、暂存和取消代码修改等内容。

6.1 VCS

VCS（Version Control System）版本控制系统是一种记录一个或若干文件内容变化，以便将来查阅特定版本修订情况的系统。版本控制系统不但可以应用于软件源代码的文本文件，而且可以对任何类型的文件进行版本控制，用得比较多的有 SVN、Git 等。

使用 VCS 弹出窗口（或单击 VCS→VCS Operations Popup）可以快速调用任何与 VCS 相关的命令。弹出窗口中的操作列表取决于当前启用的 VCS，如图 6-1 所示。

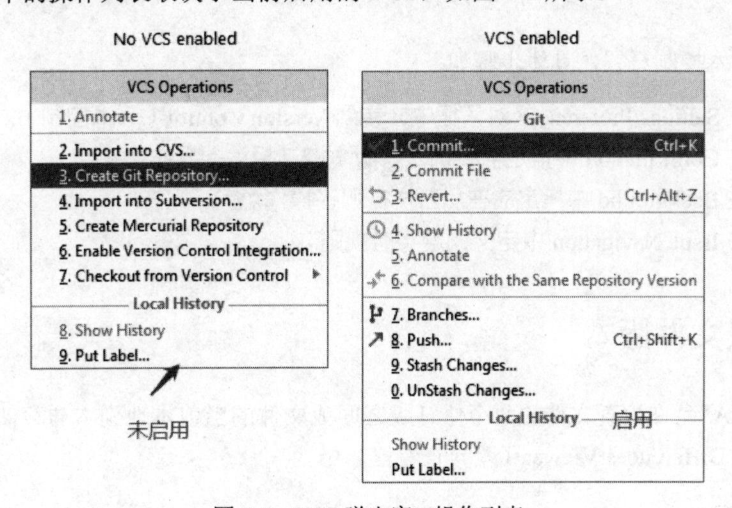

图 6-1　VCS 弹出窗口操作列表

6.1.1 启动版本控制

IntelliJ IDEA 在两个级别上支持版本控制集成：

- 在 IDE 级别，通过默认情况下启用的一组捆绑插件提供 VCS 集成。
- 在项目级别，通过将项目文件夹与一个或多个版本控制系统关联来启用 VCS 集成。

IntelliJ IDEA 可以快速启用项目与版本控制系统的集成，并将其与项目根目录关联，具体步骤如下：

步骤 01 在 VCS 主菜单中选择 Enable Version Control Integration（启用版本控制集成）。

步骤 02 在打开的启用版本控制集成对话框中，从列表中选择要与项目 root 关联的版本控制系统。

步骤 03 启用 VCS 集成后，IntelliJ IDEA 将询问是否要通过 VCS 共享项目设置文件，可以选择 Always Add（始终添加），以使用 IntelliJ IDEA 的其他 repository（仓库）用户同步项目设置，如图 6-2 所示。

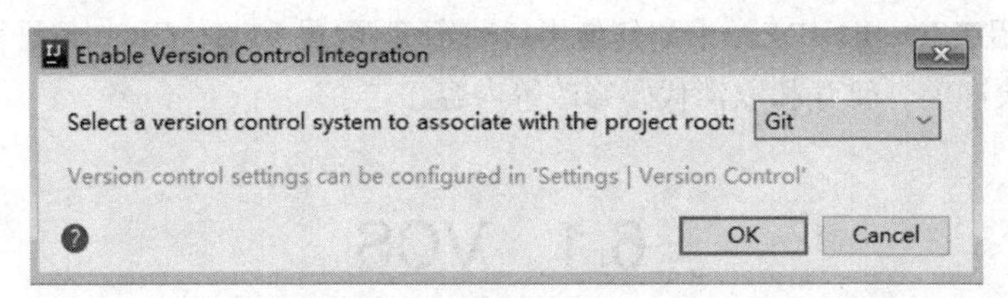

图 6-2 启用版本控制集成

注 意

启动版本控制之前，要先安装 Git 软件（下载地址为 https://git-scm.com/downloads）。

6.1.2 配置版本控制

配置常规版本控制设置，具体步骤如下：

步骤 01 在 Settings/Preferences 对话框中，转到 Version Control（版本控制）。

步骤 02 在 Confirmation 中指定需要确认与版本控制相关的操作。

步骤 03 在 Background 中指定应在后台执行哪些操作。

步骤 04 在 Issue Navigation 中定义问题导航规则。

6.1.3 比较文件版本

IntelliJ IDEA 允许检查文件的两个修订版之间或文件的当前本地副本与存储库版本之间的差异。差异显示在 Differences Viewer（差异查看器）中。

1. 将修改后的文件与其存储库版本进行比较

步骤 01 打开版本控制工具窗口，然后切换到 Local Changes（本地更改）选项卡。

步骤 02 选择一个文件，然后单击工具栏上的按钮，如图 6-3 所示。

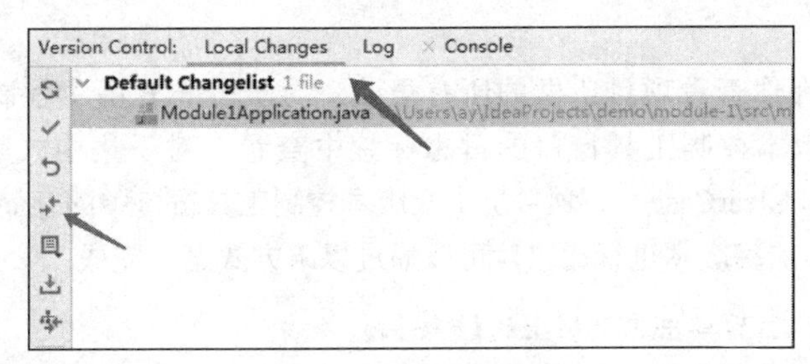

图 6-3　比较文件版本

2. 将文件的当前修订与同一分支中的选定版本进行比较

步骤 01 在 Project 工具窗口中选择一个文件，然后选择<your_VCS>→Compare With。

步骤 02 从打开的对话框中选择要与当前文件版本进行比较的版本。

3. 将文件的当前修订版本与另一个分支进行比较

步骤 01 在 Project 工具窗口中选择一个文件，然后选择<your_VCS>→Compare With Branch。

步骤 02 从打开的对话框中选择要与当前文件版本进行比较的分支。

6.1.4　管理变更清单

一个修改列表是一组尚未提交到 VCS 库的局部变化。使用变更列表，可以将与不同任务相关的变更分组，并独立提交这些变更集。

变更列表显示版本控制工具窗口中的 Local Changes（本地更改）选项卡。最初只有一个 Default Changelist。它以粗体显示其活动状态，这意味着所有新更改都将自动放置在此更改列表中。还有一个 Unversioned Files（未版本控制的文件）更改列表，该列表将尚未添加到 VCS 的新创建文件进行分组。

可以根据需要创建任意数量的变更列表，并随时将其激活。可以将任何未提交的更改移动到任何更改列表。

1. 创建一个新的变更清单

步骤 01 打开版本控制工具窗口，然后切换到 Local Changes 选项卡。

步骤 02 单击工具栏上的按钮，然后选择 New Changelist（新建变更列表）。

步骤 03 在新建变更列表对话框中，指定新变更列表的名称和可选描述。

2. 在变更列表之间移动变更

步骤 01 打开版本控制工具窗口，然后切换到 Local Changes 选项卡。

步骤 02 选择要移动到另一个变更列表的变更。

步骤 03 右击所选内容，或单击工具栏上的按钮，然后选择 Move to Another Changelist（移至另一个变更清单）。

步骤04 在打开的对话框中选择一个现有的变更列表或输入新变更列表的名称。

6.1.5 查看变更

IntelliJ IDEA 允许你查看项目所做的所有更改。对于分布式版本控制系统（例如 Git 和 Mercurial），可以在版本控制工具窗口的日志标签中查看。对于集中式版本控制系统（例如 Subversion、Perforce 和 ClearCase），项目历史在版本控制工具窗口中的存储库选项卡中查看。

要将本地更改与存储库版本进行比较，可以通过以下方式之一完成：

- 选择一个文件，然后单击工具栏上的◧按钮。
- 选择一个文件，然后单击工具栏上的↗按钮。

左窗格显示受影响的代码，与基本版本中的代码相同；右窗格显示更改后的受影响的代码，如图 6-4 所示。

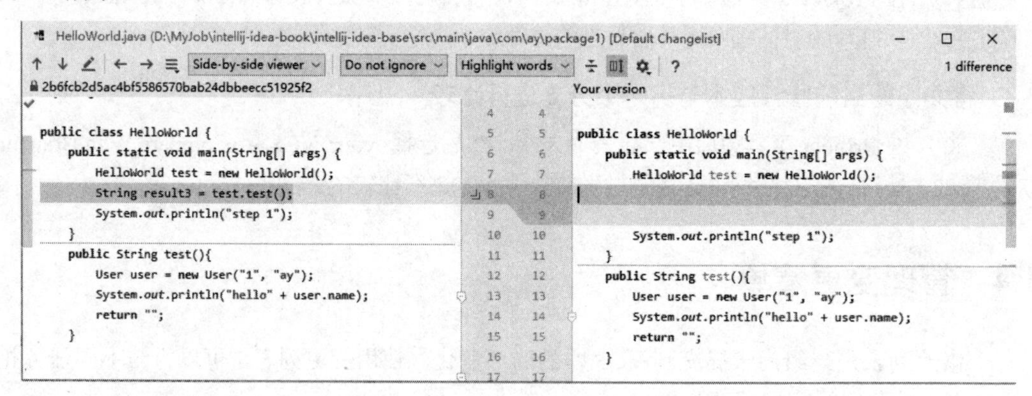

图 6-4 查看变更

- ↑/↓：跳到下一个/上一个差异。
- ✎：跳转到源。
- ←/→：比较上一个/下一个文件。
- ≡：转到更改的文件。
- Viewer type：选择查看器类型。
- Whitespace（空格）：定义差异查看器应如何对待空白。
- Highlighting mode（高亮模式）：选择突出显示差异粒度的方式。
- ÷：单击此按钮可以折叠两个文件中所有未更改的片段。
- ▥：同步滚动，单击此按钮以同时滚动两个差异窗格。如果释放此按钮，则每个窗格都可以独立滚动。
- ⚙：单击此按钮以调用可用设置列表。
- ⚙：在外部工具中显示差异。
- ？：单击此按钮以显示相应的帮助页面。

IntelliJ IDEA 允许查看对文件甚至源代码片段所做的更改。可从 VCS 主菜单和文件的上下文菜单中获得 Show History（显示历史记录）和 Show History for Selection（被选择对象的历史记录）

命令。

对文件的更改历史记录将显示在专用的历史记录选项卡的版本控制工具窗口中，如图 6-5 所示。

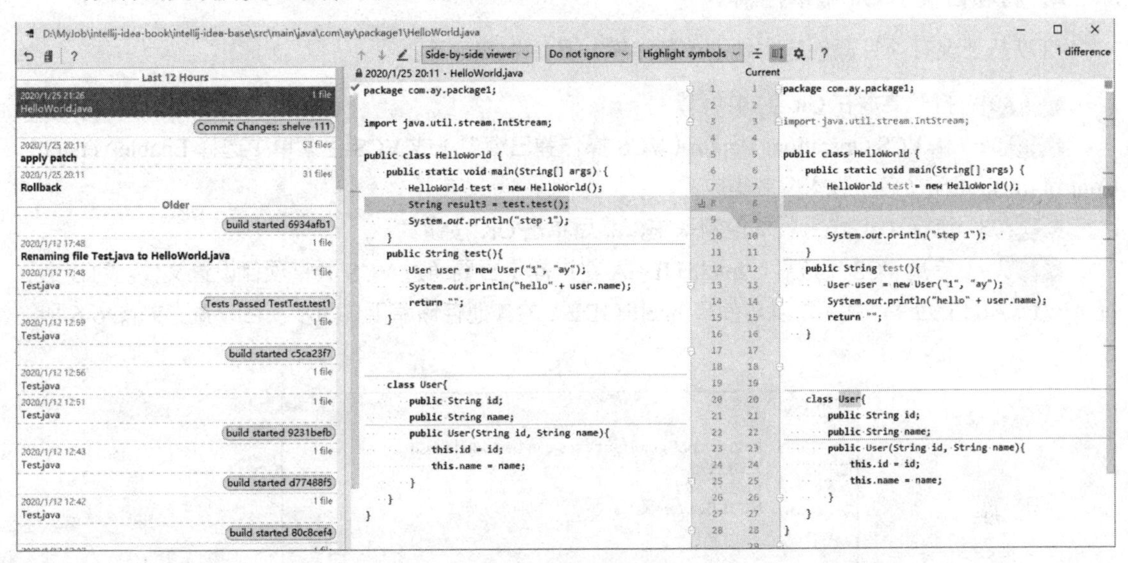

图 6-5 显示历史记录

6.2 Git

Git 是一个开源的分布式版本控制系统，可以有效、高速地处理从很小到非常大的项目版本管理。Git 是 Linus Torvalds 为了帮助管理 Linux 内核开发而开发的一个开放源码的版本控制软件。

注　意
先安装 Git 软件，Git 下载地址为 https://git-scm.com/downloads。

在 Settings/Preferences 对话框中，选择 Version Control→Git 并指定 Git 可执行文件的路径。例如，Windows 上的默认路径可以是 C：\Program Files\ Git\ bin\git.exe，macOS 可以是 /usr/local/git/bin/git。如果 IntelliJ IDEA 无法找到 Git 的默认路径，则可能已将其安装在其他位置。最后设置远程 Git 存储库的密码。

6.2.1 设置一个 Git 仓库

1. 从远程主机（克隆）检出项目

IntelliJ IDEA 允许检出一个现有的存储库，并根据下载的数据创建一个新项目，具体步骤如下：

步骤 01 从主菜单中选择 VCS→Get from Version Control；如果当前未打开任何项目，可在“欢迎”屏幕上单击 Get from Version Control（从版本控制获取）。

步骤 02 在 Get from Version Control 对话框中，指定要克隆的远程存储库的 URL。

步骤03 单击 Clone（克隆）。

2．将项目置于 Git 版本控制下

可以基于现有项目源创建本地 Git 存储库，具体步骤如下：

步骤01 打开要放在 Git 下的项目。

步骤02 从 VCS Operations Popup（VCS 操作弹出窗口）或 VCS 主菜单中选择 Enable Version Control Integration（启用版本控制集成）。

步骤03 选择 Git 作为版本控制系统，然后单击 OK 按钮。

步骤04 启用 VCS 集成后，IntelliJ IDEA 将询问是否要通过 VCS 共享项目设置文件。可以选择 Always Add（始终添加），以与使用 IntelliJ IDEA 的其他存储库用户同步项目设置，如图 6-6 所示。

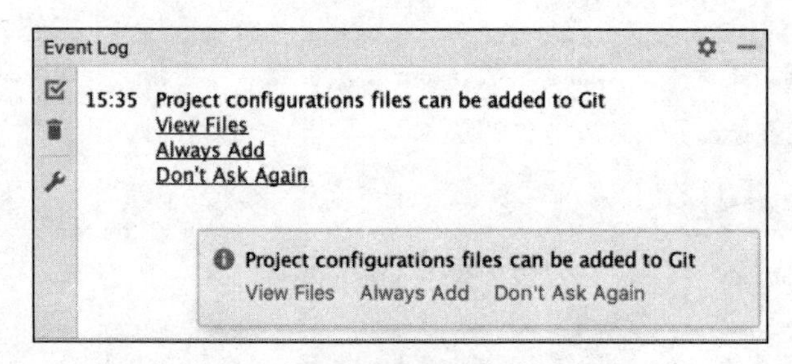

图 6-6 将项目置于 Git 版本控制下

3．将项目中的不同目录与不同的 Git 存储库相关联

将项目中的不同目录与不同的 Git 存储库相关联，具体步骤如下：

步骤01 打开要放在 Git 下的项目。

步骤02 从主菜单中，选择 VCS→Import into Version Control→Create Git Repository。

步骤03 在打开的对话框中，指定将在其中创建新 Git 存储库的目录。

步骤04 如果要在项目结构中创建多个 Git 存储库，可对每个目录重复上述步骤。

4．将文件添加到本地存储库

将文件添加到本地存储库，具体步骤如下：

步骤01 打开 Version Control 工具窗口，然后切换到 Local Changes 选项卡。

步骤02 在上下文菜单中选择 Add to VCS（添加到 VCS）或按 Ctrl+Alt+A 快捷键，将所有文件置于 Version Control 的文件更改列表中，如图 6-7 所示。可以添加整个更改列表，也可以选择单独的文件。

步骤03 从 Project 工具窗口中将文件添加到本地 Git 存储库中：选择要添加的文件，然后按 Ctrl+Alt+A 快捷键或从上下文菜单中选择 Git→Add。

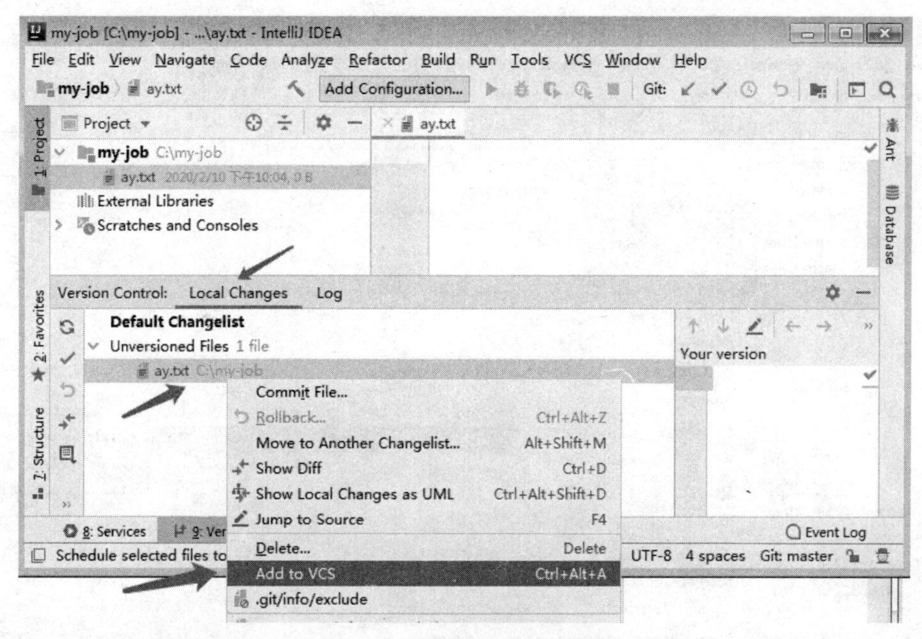

图 6-7　将文件添加到本地存储库

5．从版本控制中排除文件（忽略）

可以通过 IntelliJ IDEA 忽略文件，IDE 不会将它们添加到 Git 中，而是将其突出显示为被忽略。Git 允许在两种配置文件中列出被忽略的文件模式：

（1）.git / info / exclude 文件，初始化或检出 Git 存储库时会自动创建此文件。

（2）VCS 根目录及其子目录中的一个或多个.gitignore 文件，这些文件被检入到存储库中，以便整个团队都可以使用其中的忽略模式。

如果 VCS 根目录中没有.gitignore 文件，则可以在 Project 窗口中的任何位置单击鼠标右键，然后选择 New→File，然后输入.gitignore。

将文件添加到.gitignore 或.git / info / exclude，具体步骤如下：

步骤 01　在目录、版本控制工具窗口的 Local Changes 选项卡或者项目工具窗口中找到要忽略的未版本化文件。

步骤 02　右击文件名，然后选择 Git→Add to .gitignore 或者 Git→Add to .git/info/exclude。

如果需要按某种模式排除文件或某种类型的文件，则可以直接编辑 .gitignore 或 .git/info/exclude 文件，如图 6-8 所示。

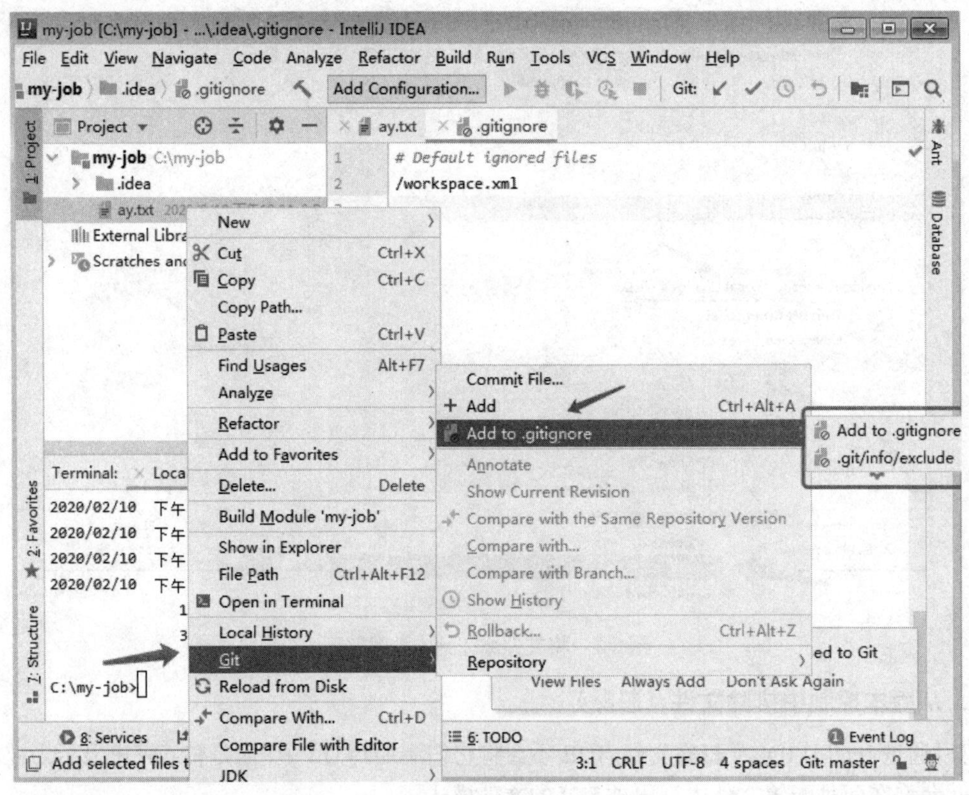

图 6-8 从版本控制中排除文件（忽略）

6. 检查项目状态

打开 Version Control 工具窗口，然后切换到 Local Changes 选项卡，如图 6-9 所示。

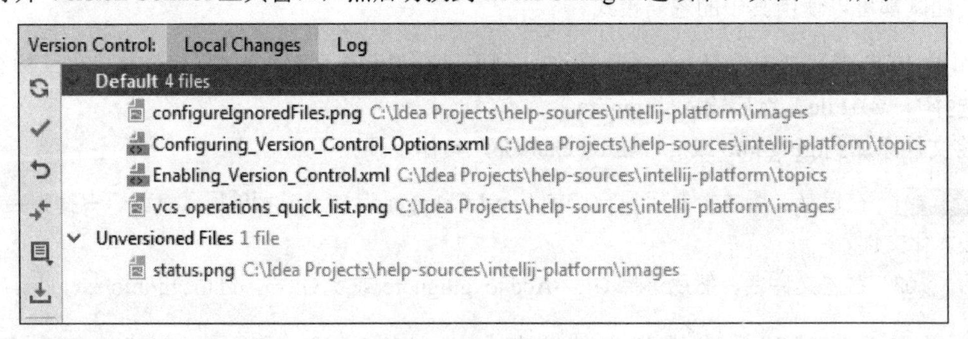

图 6-9 检查项目状态

Default：显示自上次与远程存储库（蓝色高亮显示）同步的已被修改所有文件，以及已被添加到 VCS 但尚未提交的所有新文件（以绿色高亮显示）。

Unversioned Files：显示已添加到项目中的文件，但所有文件都没有被 Git 跟踪。

如果合并期间存在尚未解决的冲突，则 Merge Conflicts（合并冲突）节点将显示在相应的更改列表中，并带有一个链接来解决这些冲突，如图 6-10 所示。

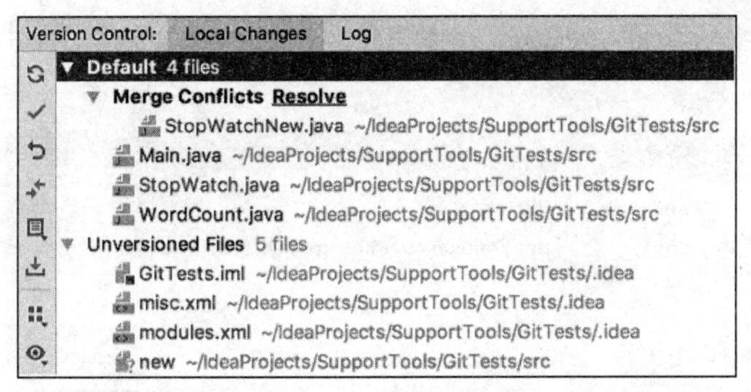

图 6-10 冲突文件显示

7. 在编辑器中跟踪对文件的更改

还可以在编辑器中修改文件时跟踪对文件的更改。所有更改都用更改标记（出现在已修改行旁边的装订线中）突出显示，并显示自上次与存储库同步以来引入的更改类型。将更改提交到存储库后，更改标记消失。

可对文本所做的更改使用颜色编码：

▌：添加行。

▌：改变行。

删除行时，▸ 标记将出现在装订线中。

将鼠标光标悬停在更改标记上后单击时会出现工具栏，可以使用该工具栏来管理更改，如图 6-11 所示。

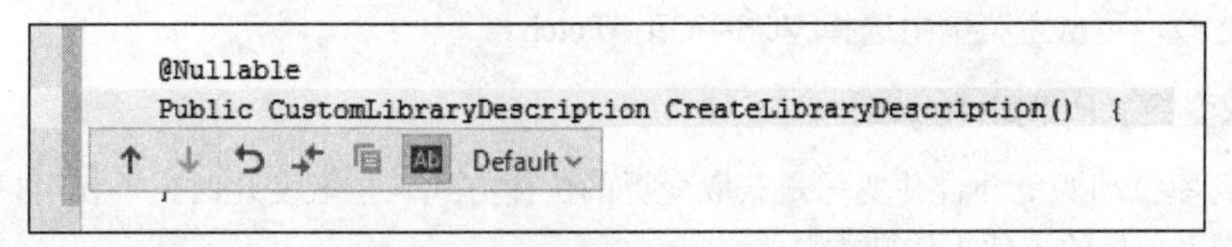

图 6-11 在编辑器中跟踪对文件的更改

可以单击⮌按钮来回滚更改，通过单击按钮来探索当前行的当前版本与存储库版本之间的差异。

8. 添加一个远程仓库

为了能够在 Git 项目上进行协作，需要配置要从中获取数据并在需要共享工作时将其推送到的远程存储库。

如果已从 GitHub 克隆了一个远程 Git 存储库，例如该远程库是自动配置的，则在想要与之同步时（执行拉或推操作时）不必指定它。

如果于本地资源创建了一个 Git 存储库，则需要添加一个远程存储库，其他贡献者可以将其更改推送到该存储库，并可以共享工作结果。

定义 Remote 的具体步骤如下：

步骤 01 在任何 Git 托管（例如 Bitbucket 或 GitHub）上创建一个空的存储库，例如 ay-book，仓库地址为 https://github.com/huangwenyi10/ay-book.git。

步骤 02 单击 VCS→Git→Remotes，则将显示 Git Remotes 对话框，单击 + 按钮添加一个 Remote，如图 6-12 所示。

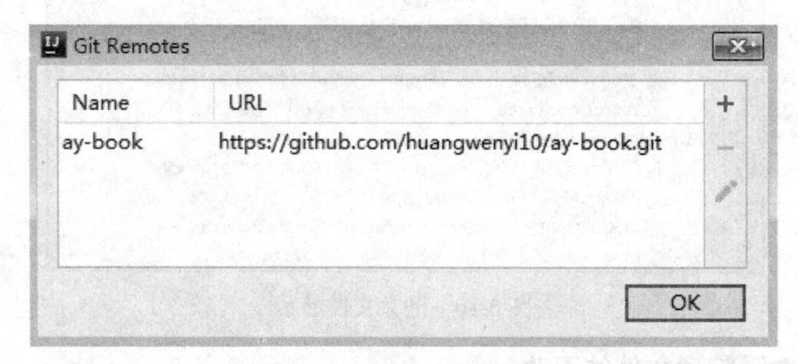

图 6-12 添加一个远程仓库

步骤 03 如果要删除无效的存储库，可在 Git Remotes 对话框中将其选中，然后单击工具栏上的 − 按钮。

6.2.2 与远程 Git 仓库同步

1．抓取更改（Fetch changes）

当从上游获取更改时，自上次与远程存储库同步以来所做的所有提交的新数据都将下载到本地副本中。此数据未集成到本地文件中，并且更改也未应用于代码，这是对远程存储库中所有更改进行更新的安全方法。

要获取更改，可从主菜单中选择 VCS→Git→Fetch。

2．拉取变更（Pull changes）

从远程仓库拉动变更并合并变化是获取变更的快捷方式。拉取变化时，不仅可以下载新的数据，还可以融入项目的本地工作副本：

（1）从主菜单中选择 VCS→Git→Pull，将打开 Pull changes（拉取更改）对话框。

（2）如果项目有多个 Git 存储库，就从 Git Root 列表中选择要更新的本地存储库的路径。

（3）如果为存储库配置了多个远程服务器，就在 Remote（远程）列表中选择要从中提取数据的远程服务器的 URL。

（4）选择要从中获取更改的分支，然后合并到当前检出的分支中。

（5）从 Strategy（策略）列表中选择将用于解决合并期间发生冲突的合并策略：

- No commit（不提交）：如果不希望 IntelliJ IDEA 自动提交合并结果，可选择此选项。在这种情况下，可以检查合并结果并在必要时进行调整。
- Squash commit：在当前分支上创建一个提交，而不是合并一个或多个分支。它产生工作树和索引状态，就好像发生了真正的合并一样，但是实际上并没有进行提交或移动 HEAD。
- No fast forward：生成一个合并提交。
- Add log information：希望 IntelliJ IDEA 在分支消息中使用合并的实际提交中的单行描述

（除了分支名称）来填充日志消息时，选择此选项。

（6）单击 Pull（拉取）按钮，以从选定的远程存储库中获取并应用更改，如图 6-13 所示。

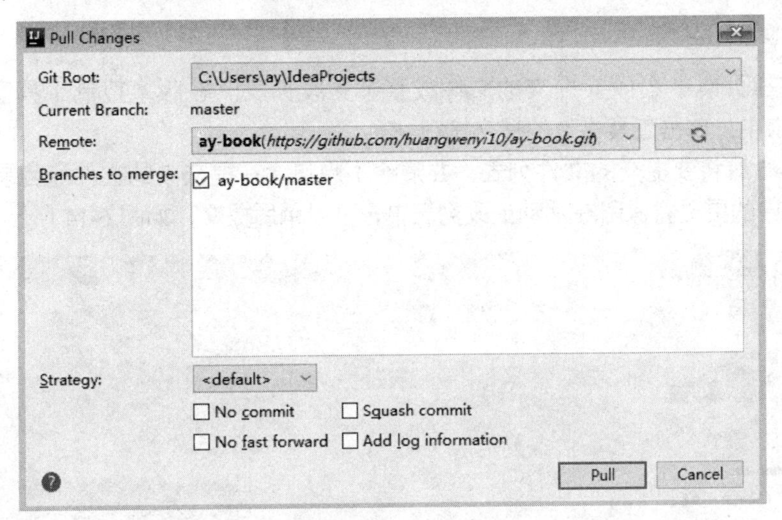

图 6-13　与远程 Git 仓库同步

3. 更新项目

如果有多个项目根目录，或者想在每次与远程存储库同步时从所有分支中获取更改，那么更新项目是一个更方便的选择。

当执行更新操作时，IntelliJ IDEA 将从所有项目的根目录和分支中获取更改，并将跟踪的远程分支合并到本地工作副本中（等效于 pull），具体步骤如下：

步骤 01　从主菜单中选择 VCS→Update Project，将打开 Update Project（更新项目）对话框。

步骤 02　选择更新类型：

- Merge the incoming changes into the current branch：将传入的更改合并到当前分支中，以在更新期间执行合并，等效于先运行 git fetch，然后运行 git merge 或 git pull --no-rebase。
- Rebase the current branch on top of the incoming changes：可在更新期间重新设置基准，等效于先运行 git fetch，然后运行 git rebase 或 git pull –rebase。

如果选择以后不再显示 Update Project（更新项目）对话框，在以后想修改默认更新策略，在 Settings/Preferences 对话框中，选择 Version Control→Confirmation，在 Display options dialog when these commands are invoked 下选择 Update，并在下次执行更新时修改更新策略。

更新操作完成后，Update Info（更新信息）选项卡将添加到版本控制工具窗口。它列出了自从上次与远程同步以来的所有提交，并允许以与日志选项卡相同的方式查看更改。

6.2.3　提交并推送修改

在将新文件添加到 Git 存储库或修改了已经在 Git 版本控制下的文件并对它们的当前状态感到满意之后，可以共享工作结果。这涉及在本地提交修改，以将存储库快照记录到项目历史记录中；

将其推送到远程存储库，以便其他人可以使用。

1．提交本地修改

提交本地修改的具体步骤如下：

步骤01 在页面中选择要提交的文件或整个更改列表。在版本控制工具窗口的 Local Changes 选项卡中，单击工具栏上的提交按钮✔。

步骤02 查看将要提交的文件列表，并清除不想包含在提交中的文件和目录旁边的复选框。排除文件中的更改将保留在活动更改列表中，可以稍后提交，如图 6-14 所示。

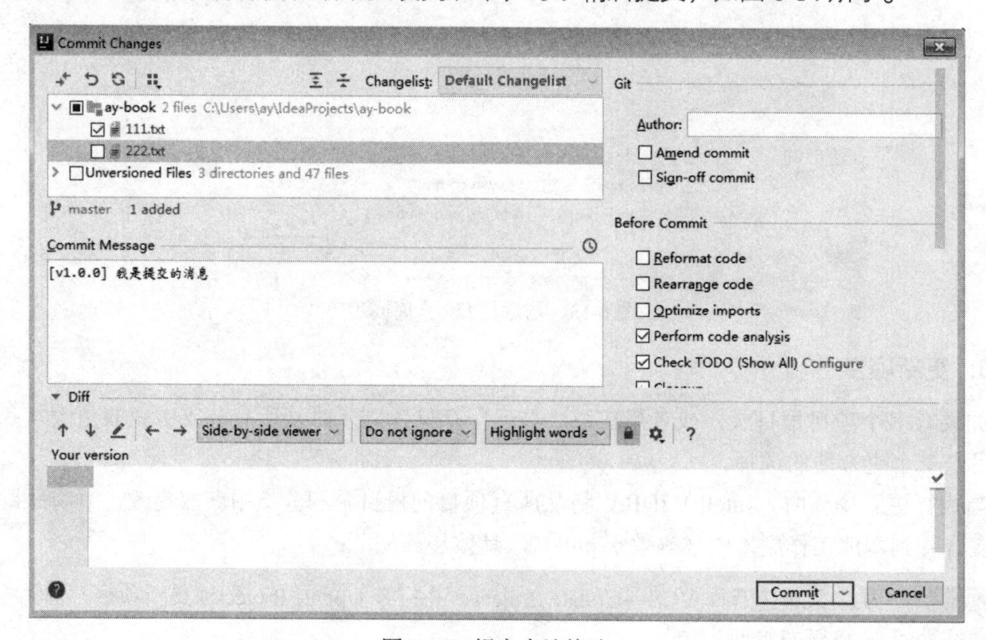

图 6-14　提交本地修改

步骤03 输入有意义的提交消息，可以单击 Commit Message history 以从最近的提交消息列表中进行选择。还可以稍后在推送提交之前编辑提交消息。

步骤04 如有必要，可以设置提交高级选项。这些选项在对话框的右侧可用：

- Author：如果要提交其他人所做的更改，则可以指定这些更改的作者。
- Amend commit：允许将本地更改添加到最新提交。
- Sign-off commit：选择是否要注销提交以证明将要签入的更改已由用户进行，或者由用户对提交的代码负责；启用此选项后，将在提交消息的末尾自动添加 “Signed off by: <username>”。

步骤05 单击 Commit 按钮，或单击 Commit 按钮上的箭头以显示可用的提交选项：

- Commit and Push：提交并推送，提交后立即将更改推送到远程存储库。能够查看当前提交以及所有其他提交，然后将它们提交到远程。
- Create Patch：根据要提交的更改生成补丁。在 Create Patch（创建补丁）对话框中，输入补丁文件的名称，并指定是否需要反向补丁。

2. 提交文件的一部分

当进行与特定任务相关的更改时，有时会应用影响该文件的其他不相关的代码修改。将所有此类更改包括在一次提交中可能不是一个好选择，因为检查、还原、选择等会更加困难。

IntelliJ IDEA 可以通过以下方式之一提交此类更改：

（1）在 Commit Changes（提交更改）对话框中，选择要包括的修改后的代码块，并保留其他更改，以便以后提交。

（2）在编辑代码时，将不同的代码块动态地放入不同的变更列表中，然后分别提交这些变更列表。

在 Version Control 工具窗口中，选择 Local Changes 选项卡，选择要提交的文件，调用 Commit Changes 对话框，单击 Show Diff 显示库版本和所选文件的本地版本之间的差异，如图 6-15 所示。

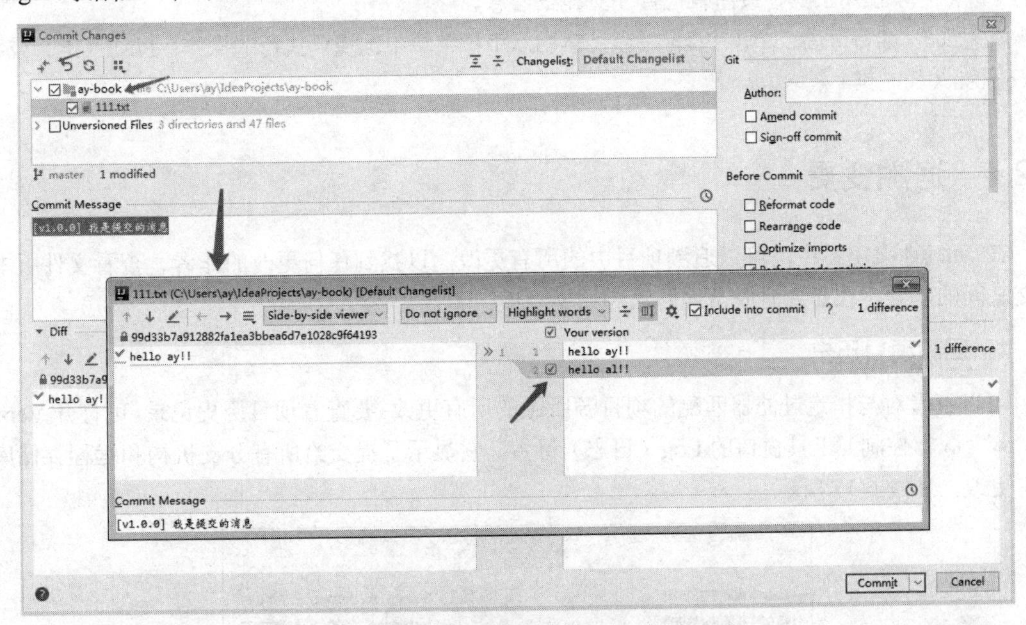

图 6-15　提交文件的一部分（一）

单击 Commit 按钮，未选择的更改将保留在当前更改列表中，以便可以分别提交。

如果想将更改放入不同的更改列表，那么在编辑器中对文件进行更改时可在装订线中单击相应的更改标记。在出现的工具栏中为修改后的代码块选择目标更改列表（或创建一个新的更改列表），分别提交每个变更列表，如图 6-16 所示。

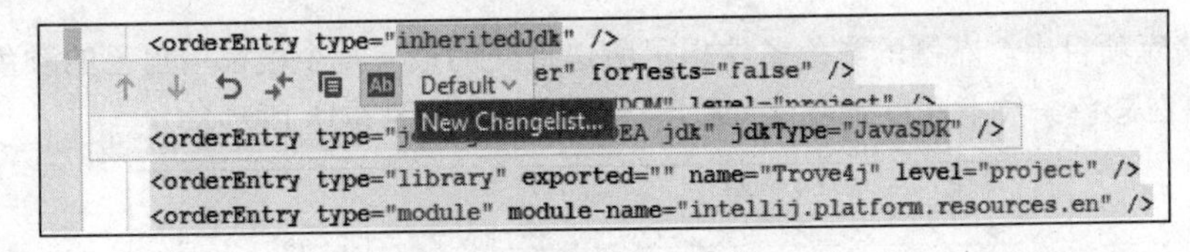

图 6-16　提交文件的一部分（二）

3. 将更改推送到远程存储库

在进行更改之前，与远程服务器同步，并确保存储库的本地副本是最新的，以避免冲突。IntelliJ

IDEA 允许将更改从任何分支上传到其跟踪的分支或任何其他远程分支，具体步骤如下：

步骤01 要从当前分支推送更改，就从主菜单中选择 VCS→Git→Push，打开 Push Commits dialog（推送提交）对话框，显示所有 Git 存储库（用于多存储库项目），并列出自上次推送以来在每个存储库中当前分支中进行的所有提交。

步骤02 如果存储库中没有远程服务器，则将显示"定义远程"链接。单击此链接，然后在打开的对话框中指定远程名称和 URL。

步骤03 如果要修改推送到的目标分支，可以单击分支名称，标签会变成一个文本字段，可以在其中输入现有的分支名称或创建新的分支；也可以单击右下角的 Edit all targets（编辑所有目标）链接以同时编辑所有分支名称。

步骤04 如果要在推送更改之前预览它们，就选择所需的提交，右侧窗格会显示所选提交中包含的更改。可以使用工具栏按钮来检查提交详细信息。

步骤05 准备好后，单击 Push 按钮，然后从下拉菜单中选择要执行的操作：Push（推）或者 Force push（强制推）。

6.2.4 追溯变更

在 IntelliJ IDEA 中，可以追溯项目中的所有更改，以找到任何更改的作者、查看文件版本或提交之间的差异、在必要时安全地回滚和撤销更改。

1. 回顾项目历史

可以查看对与指定过滤器匹配的项目源所做的所有更改。要查看项目历史记录，可打开 Version Control（版本控制）工具窗口的 Log（日志）标签。它显示了提交给所有分支机构和远程存储库的所有更改，如图 6-17 所示。

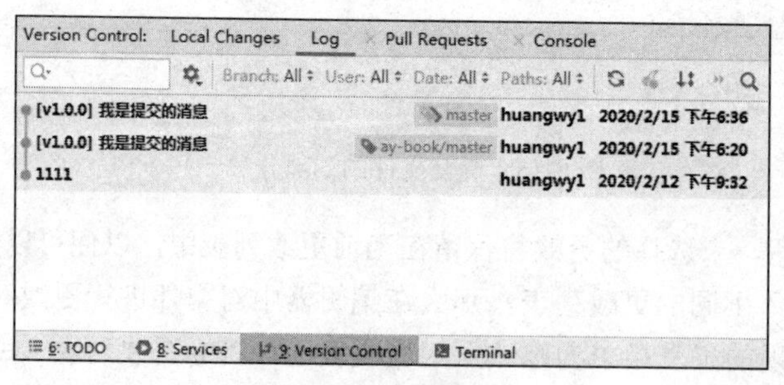

图 6-17 追溯变更

在多存储库项目中，左侧的彩色条纹指示所选提交的根（每个根都用自己的颜色标记）。将鼠标指针悬停在彩色条纹上，以调用显示根路径的提示，如图 6-18 所示。

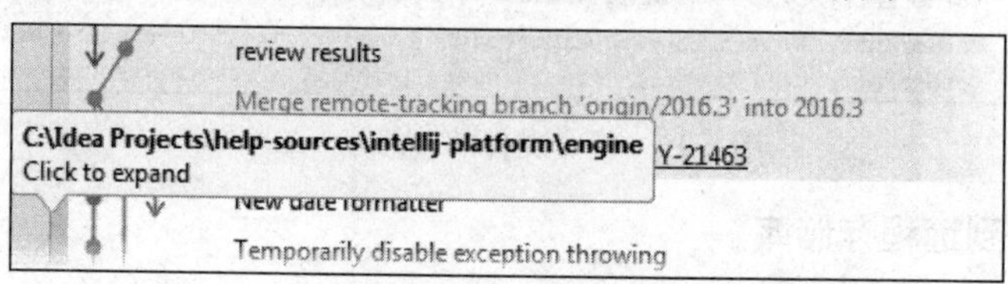

图 6-18 显示调用根路径

2．浏览和搜索项目历史记录

步骤01 通过输入完整的提交名称、消息或其片段、修订号或正则表达式来搜索提交列表。

步骤02 按分支或收藏夹分支、用户、日期和文件夹（或多根项目的根和文件夹）过滤提交。

步骤03 单击工具栏上的 Go to Hash/Branch/Tag 图标。

步骤04 单击箭头跳到长分支中的下一个提交。

步骤05 按 Left 和 Right 键跳到父/子提交。提交了不同的存储库并且多个分支混合在一起时，这特别有用。

3．查看特定版本的项目快照

IntelliJ IDEA 可以在选定的版本中查看项目的状态，具体步骤如下：

步骤01 打开 Version Control 工具窗口，然后切换到 Log 选项卡。

步骤02 选择一个提交，然后从上下文菜单中选择 Show Repository at Revision，Repositories 工具窗口将打开，其中包含所选修订版本的项目快照。

4．查看两次提交之间的差异

IntelliJ IDEA 允许检查两次提交之间修改了哪些文件：

（1）在 Version Control 窗口中，切换到 Log 选项卡，选择任意两次提交，然后从上下文菜单中选择 Compare Versions。

（2）打开在选定提交之间修改的文件列表。可以通过单击图标来查看任何文件的差异。

5．查看文件历史记录

可以查看对特定文件所做的所有更改，并找到每个修订版中所做的确切修改：

（1）在 Version Control 窗口中的 Local Changes 选项卡中，选择所需的文件。

（2）从 VCS 主菜单中选择 Git→Show History，History（历史）选项卡将添加到版本控制工具窗口中，显示选定文件的历史记录，并允许查看和比较其修订版本，如图 6-19 所示。

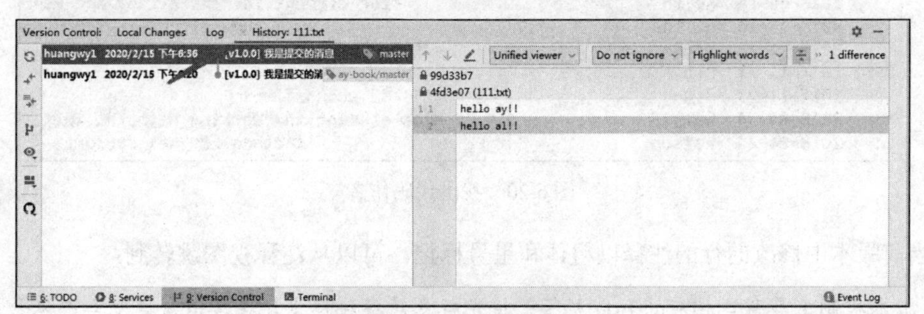

图 6-19　查看文件的历史记录

（3）要确定特定修订中引入了哪些更改，可在列表中选择它，在面板的右侧会立即显示差异。

（4）要在专用差异查看器中查看整个文件的差异，可在列表中选择文件，然后按 Ctrl+D 快捷键或单击工具栏上的按钮。

6．查看目录的历史记录

除了查看整个项目或特定文件的历史记录之外，还可以检查在特定文件夹中进行了哪些更改：

（1）在 Project 工具窗口中选择一个目录或多个目录，然后从上下文菜单中选择 Git→Show History。

（2）新标签页将添加到版本控制工具窗口，显示按选定文件夹过滤的提交。

7．审查合并的修改

IntelliJ IDEA 允许查看从一个分支到另一个分支的合并是如何变化的，以及在合并过程中如何准确解决冲突：

（1）在版本控制工具窗口中，选择感兴趣的合并提交。

（2）如果在合并过程中未检测到冲突并解决了冲突，则 IntelliJ IDEA 将在 Changed Files 更改的文件窗格中显示相应的消息，并建议查看来自两个父级的更改。

从一个节点中选择所需的文件，然后单击工具栏上的 Show Diff 图标或按 Ctrl+D 快捷键。在不同浏览器中会显示一个双面板 DIFF，让当前版本与比较所选父级。

（3）如果在合并过程中发生冲突，Changed Files（更改的文件）窗格将显示合并了冲突的文件列表。选择所需的文件，然后单击工具栏上的 Show Diff（显示差异）图标或按 Ctrl+D 快捷键。在不同浏览器会显示一个三面板 DIFF，说明冲突究竟是如何得到解决的。

8．找到代码作者

可以使用 VCS 注释找出谁对文件进行了哪些更改，如图 6-20 所示带注释的视图显示每行代码的详细信息。

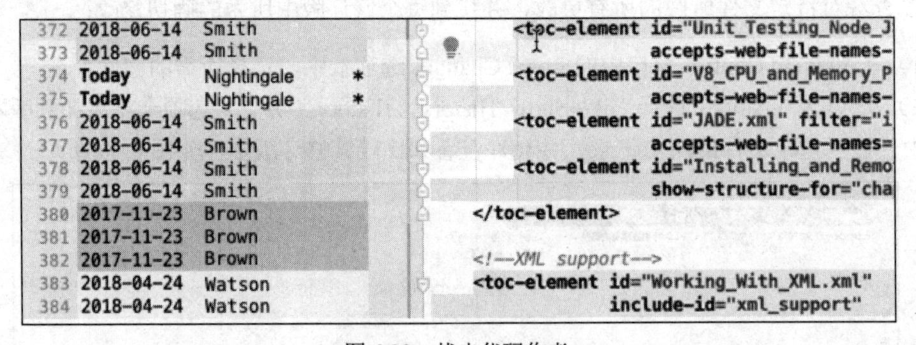

图 6-20 找出代码作者

在当前版本中修改的行的注释以粗体和星号标记。可以从注释视图跳转到：

- 版本控制工具窗口相应的 Log 标签：将光标悬停在注释上，在弹出窗口中单击包含详细信息的提交。
- https://github.com 上的相应提交：使用上下文菜单命令 Open on GitHub。

（1）启动注释

在编辑器或 Differences Viewer（差异查看器）中右击装订线，然后从上下文菜单中选择 Annotate（注释）。

（2）配置注释中显示的信息量

可以选择要在注释视图中看到的信息量。右击注释装订线，选择 View，然后选择要查看的信息类型，包括此更改的发起版本、日期、不同格式的作者姓名以及提交编号。还可以在 Colors（颜色）下设置突出显示。

（3）配置注释选项

右击注释装订线，然后从上下文菜单中选择 Options（选项）：

- Ignore Whitespaces: 空格将被忽略。
- Detect Movements Within File: 当提交在同一文件内移动或复制行时，此类更改将被忽略。
- Detect Movements Across Files: 当提交移动或从同一提交中修改的其他文件中复制行时，此类更改将被忽略。
- Show Commit Timestamp: 如果希望 IntelliJ IDEA 在 Annotations 视图中显示提交时间戳，而不是在创作更改的时间，可选择此选项。

（4）自定义日期格式

在 Settings/Preferences 对话框中，转到 Appearance & Behavior→System Settings→Date Formats，单击 VCS Annotate 旁边的 Date Time Pattern，然后指定要用于 VCS 批注的日期格式。

6.2.5 管理分支

在 Git 中，分支是一种强大的机制，可与主要开发线有所不同，例如需要使用某个功能或冻结某个代码库的特定状态以进行发布。

在 IntelliJ IDEA 中，所有带有分支的操作都在 Git Branches 弹出窗口中执行。要调用它，可单击状态栏中的 Git 部件或按 Ctrl+Shift+`快捷键。如图 6-21 和图 6-22 所示。

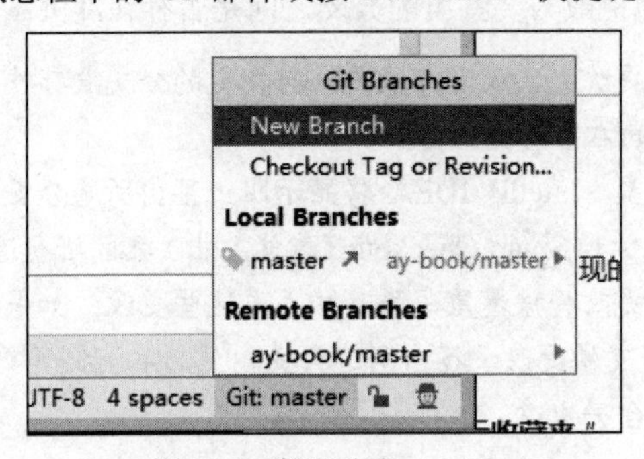

图 6-21 管理分支（一）

图 6-22 管理分支（二）

当前检出的分支名称显示在状态栏的 Git 部件中。如果有很多分支，则可能只想查看自己喜欢的分支。默认情况下，master 分支被标记为收藏；最喜欢的分支总是显示在 Branches（分支）弹出窗口的顶部。

1. 管理喜欢的分支

要将分支标记为收藏，可将鼠标光标悬停在分支名称上，然后单击左侧出现的星形轮廓。要隐藏非收藏夹分支，可单击 Branches（分支）弹出窗口底部的 Show Only Favorites。

2. 从当前分支创建一个新分支

在 Branches 弹出窗口中，选择 New Branch（新建分支）。在打开的对话框中，指定分支名称，如果要切换到该分支，就选中 Checkout branch（签出分支）选项。新分支将从当前 HEAD 开始。如果要从上一个提交而不是当前分支 HEAD 开始分支，可在版本控制工具窗口中的 Log（日志）选项卡中，选择 New Branch。

3. 从所选分支创建一个新分支

在 Branches 弹出窗口中，选择要从其开始新分支的本地或远程分支，然后从操作列表中选择 New Branch from Selected。在打开的对话框中指定分支名称，如果要切换到该分支，就选中 Checkout branch 选项。

4. 将分支签出为新的本地分支

如果要在其他人创建的分支中工作，则需要将其签出，以创建该分支的本地副本：

（1）在 Branches 弹出窗口中，选择 Remote Branches（远程分支）或 Common Remote Branches（公用远程分支，如果项目具有多个根并且启用了同步分支控制）。

（2）从操作列表中选择 Checkout（签出）。

（3）如有必要，为此分支输入一个新名称，或保留与远程分支相对应的默认名称，然后单击 OK 按钮。新的本地分支将设置为跟踪原始远程分支。

5. 在分支之间切换

在执行多任务处理时，通常需要在分支之间跳转，以提交不相关的更改：

（1）在 Branches 弹出窗口中，在 Local Branches（本地分支）下选择要切换到的分支，然后从可用操作列表中选择 Checkout。

（2）接下来会发生什么取决于尚未提交的本地更改与要签出的分支之间是否存在冲突：

- 如果工作树很干净（这意味着没有未提交的更改），或者本地更改与指定的分支没有冲突，则该分支将被检出（通知将在 IntelliJ IDEA 的右下角弹出窗口）。
- 如果存在本地更改，则本地更改将被签出覆盖，IntelliJ IDEA 将显示阻止签出所选分支的文件列表，并建议在 Force Checkout（强制签出）和 Smart Checkout（智能签出）之间进行选择。如果单击 Force Checkout，则本地未提交的更改将被覆盖，并且将丢失这些更改；如果单击 Smart Checkout，则 IntelliJ IDEA 将搁置未提交的更改，签出所选分支，然后取消搁置更改。如果在取消搁置操作期间发生冲突，将提示合并更改。

6. 比较分支

从 Branches 弹出窗口中，选择要与当前分支进行比较的分支，然后选择 Compare with Current（与当前进行比较），如图 6-23 所示。

要查看一个分支中存在而另一个分支中不存在的提交列表，可在打开的对话框中浏览 Log（日志）选项卡。要查看两个分支中所有不同文件的列表，可切换到 Files（文件）选项卡。

可以单击 Swap branches（交换分支）链接来切换哪个分支被视为与另一个分支进行比较的基础。基础分支显示在左侧。

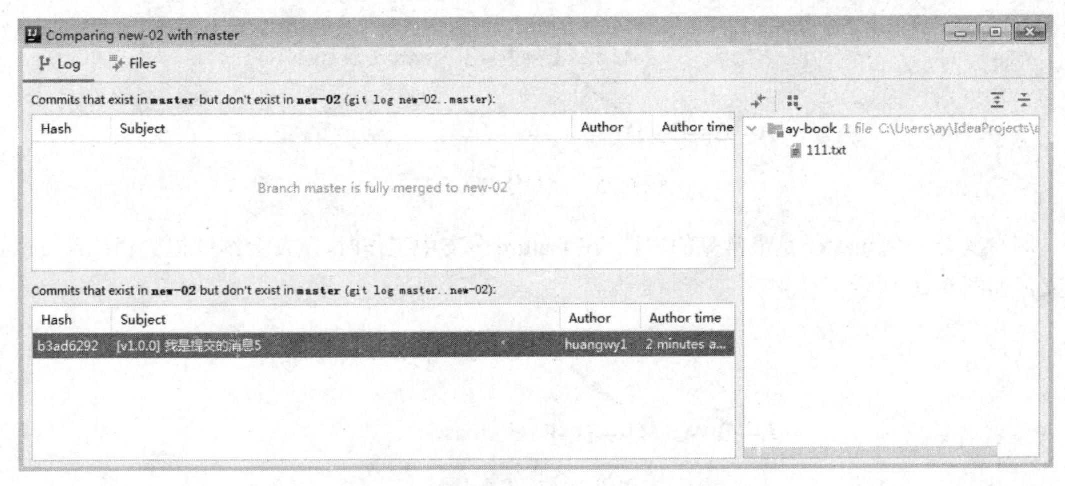

图 6-23 比较分支

7. 删除分支

可以删除不再需要的分支：

（1）调用分支弹出窗口，然后选择要删除的分支。

（2）从子菜单中选择 Delete（删除）。删除分支后，将在右下角显示一条通知，可以从中恢复已删除的分支，如图 6-24 所示。

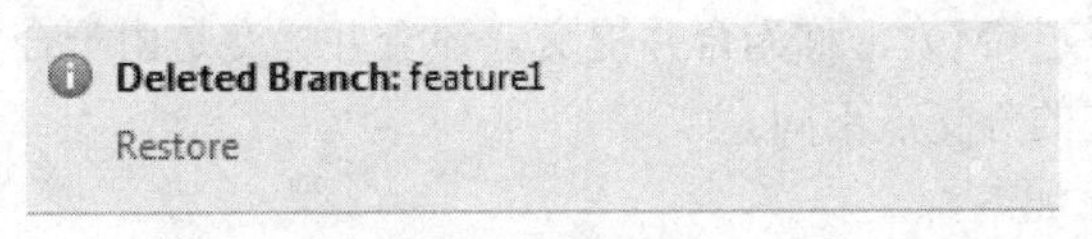

图 6-24 删除分支

如果分支包含尚未合并到其上游分支或当前分支的提交，则仍将立即将其删除（等同于 git branch --D or git branch --delete --force 命令），但通知还将包含一个链接，允许查看未合并的提交。如果删除的分支正在跟踪远程分支，则此通知中还将包含一个链接，以删除远程分支。

6.2.6 合并分支

在 Git 中，有几种方法可以将更改从一个分支集成到另一个分支：Merge branches（合并分支），Rebase branches（重新设置分支），或将一个分支的单独提交应用于另一个分支（cherry-pick）。

在 IntelliJ IDEA 中，所有带有分支的操作都在 Git Branches 弹出窗口中执行。要调用它，可单击状态栏中的 Git 部件或按 Ctrl+Shift+`快捷键。

1. Merge branches（合并分支）

假设创建了一个 feature 分支，以执行特定任务，并想在完成并测试功能后将工作结果集成到 master 分支，如图 6-25 所示。

```
            1---2---3   feature branch
           /
A---B---C---D     master
```

图 6-25　合并分支（一）

将分支合并到 master 是最常见的方法。在 feature 分支中工作时，队友会继续提交代码到 master 分支，如图 6-26 所示。

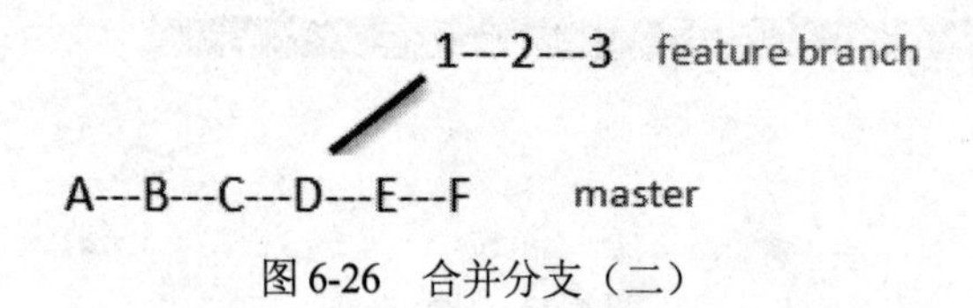

图 6-26　合并分支（二）

运行 merge 时，feature 分支的更改将集成到目标分支的 HEAD 中，如图 6-27 所示。

```
           1---2---3   feature branch
          /         \
A---B---C---D---E---F---M     master
```

图 6-27　合并分支（三）

Git 创建一个新的提交（M），称为合并提交。该合并提交是由于合并了功能分支和主分支的更改而导致的，两个分支的分支点不同。

合并分支的具体操作如下：

步骤 01 在 Branches 弹出窗口中选择要将更改集成到的目标分支，然后从弹出的菜单中选择 Checkout（签出），以切换到该分支。

步骤 02 单击 IntelliJ IDEA 窗口底部的 Branches 弹出窗口，选择要合并到目标分支的分支，然后从子菜单中选择 Merge into Current（合并到当前）。

- 如果工作树是干净的（没有未提交的更改），并且功能分支和目标分支之间没有发生冲突，则 Git 将合并两个分支，并且合并提交将出现在日志标签版本控制工具窗口，如图 6-28 所示。

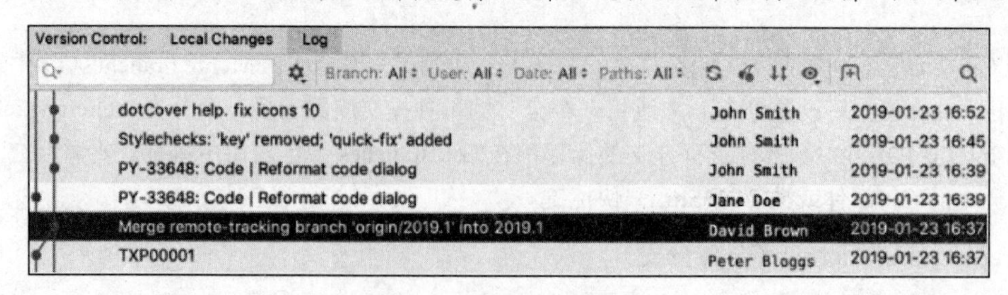

图 6-28　合并分支（四）

- 如果分支和目标分支之间发生冲突，将提示解决冲突。如果合并后还有未解决的冲突，则“合并冲突”节点将出现在合并的相应更改列表中。版本控制工具窗口中的 Local Changes 标签包含解决这些问题的链接。

- 如果有本地更改将被合并覆盖，则 IntelliJ IDEA 建议执行 Smart merge。如果选择此选项，则 IntelliJ IDEA 将存储未提交的更改，执行合并，然后取消存储更改。

2. Rebase branches（重新设置分支）

当将 rebase 一个分支转移到另一个分支时，可以将第一个分支的提交应用于第二个分支的 HEAD 提交的顶部，而不是将它们合并到目标分支中。

假设创建了一个 feature 分支来处理特定任务，并对该分支进行了几次提交，如图 6-29 所示。

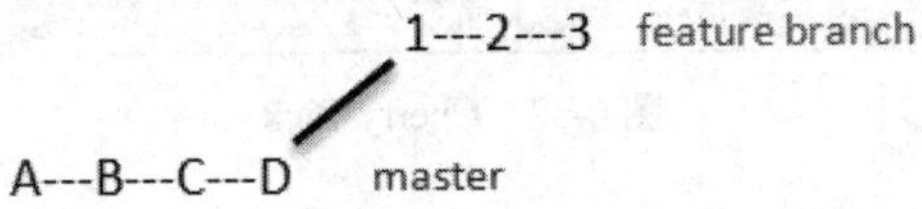

```
             /1---2---3   feature branch
A---B---C---D   master
```

图 6-29　Rebase 分支（一）

在 feature 分支中工作时，队友会继续提交代码到 master 分支，如图 6-30 所示。

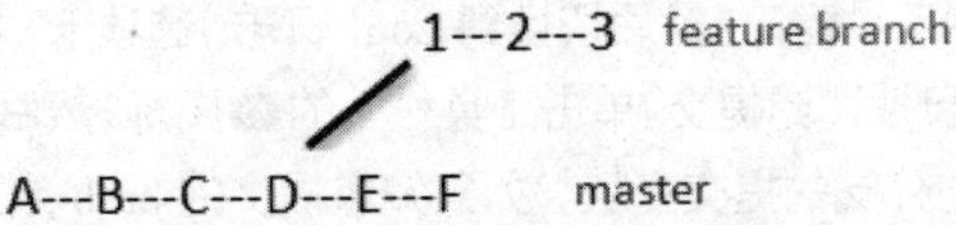

```
             /1---2---3   feature branch
A---B---C---D---E---F   master
```

图 6-30　Rebase 分支（二）

执行 rebase 操作时，可以将提交应用于当前 HEAD 提交的顶部，从而将 feature 分支中所做的更改集成到 master 分支中，如图 6-31 所示。

```
A---B---C---D---E---F---1'---2'---3'   master
```

图 6-31　Rebase 分支（三）

（1）将当前分支重新置于另一个分支之上

在 Branches 弹出窗口中，选择要作为当前分支基础的分支，从弹出的菜单中选择 Rebase Current onto Selected。

（2）在当前分支之上重新建立分支

在 Branches 弹出窗口中，选择要在当前分支之上重新建立基础的分支，从弹出的菜单中选择 Checkout and Rebase onto Current。

3. Cherry-Pick 单独提交

有时，只需要对不同分支应用单个提交，而无须重新定级或合并整个分支。例如，在功能分支中工作，并且希望集成来自两个分支分开之后提交的 master 的修补程序。或者，需要将修补程序反向移植到以前的版本分支，就可以使用 Cherry-Pick 操作。

Cherry-Pick 操作的状态显示在状态栏中，如图 6-32 所示。可以通过在 Git Branches 窗口中选择 Abort Cherry-Pick 来中止正在进行的 Cherry-Pick。

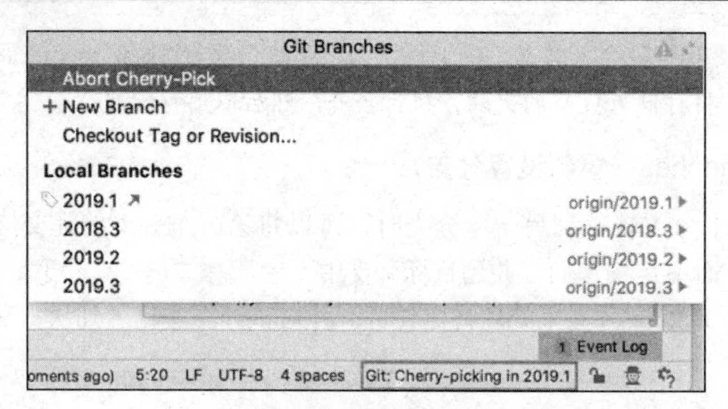

图 6-32 Cherry-Pick

将提交应用于另一个分支的具体步骤如下：

步骤 01 在 Branches 弹出窗口中，选择要将更改集成到的目标分支，然后从弹出菜单中选择 Checkout（签出）以切换到该分支。

步骤 02 打开版本控制工具窗口，然后切换到 Log（日志）选项卡；找到包含要进行 Cherry-Pick 的提交，可以按分支、用户或日期过滤提交。单击工具栏上的图标，然后选择 Highlight→Non-Picked Commits，可将已应用于当前分支的提交变灰。如果知道提交的 hash 或正在寻找一个标记提交，也可以使用 Go to Hash / Branch / Tag 动作或者单击工具栏上的按钮。

步骤 03 选择所需的提交。使用 Commit Details（提交详细信息）区域中的信息来确认这些是所要转移到另一个分支的更改。

步骤 04 单击工具栏上的 Cherry-Pick 按钮。IntelliJ IDEA 将显示带有自动生成的提交消息的 Commit Changes（提交更改）对话框。如果要在将更改提交到目标分支之前查看更改或修改代码，可以在此对话框中提供的差异查看器中进行。

步骤 05 完成后，单击 Commit 按钮以选择所选更改。

步骤 06 将更改推送到目标分支。

4. 应用单独的更改

假设已经对要应用到其他分支的文件进行了一些更改，但是这些更改是与其他已修改文件一起提交的。IntelliJ IDEA 允许应用单独的更改，而不是挑选整个提交：

步骤 01 在 Branches 弹出窗口中，选择要将更改集成到的目标分支，然后从弹出的菜单中选择“签出”以切换到该分支。

步骤 02 打开版本控制工具窗口，然后切换到 Log 选项卡，找到包含要进行 Cherry-Pick 的提交，可以按分支、用户或日期过滤提交。单击工具栏上的图标，然后选择 Highlight→Non-Picked Commits，可将已应用于当前分支的提交变灰。如果知道提交的 hash 或正在寻找一个标记提交，也可以使用 Go to Hash / Branch / Tag 动作或者单击工具栏上的按钮。

步骤 03 在右侧的 Commit Details（提交详细信息）窗格中，选择包含要应用到目标分支的更改的文件，然后从上下文菜单中选择 Apply Selected Changes。

步骤 04 在打开的对话框中，选择一个现有的变更列表或输入新变更列表的名称，然后单击 OK 按钮。

步骤 05 提交更改，然后将其推送到目标分支。

5. 应用单独的文件

除了对单个文件应用单独的更改之外，还可以将整个文件的内容复制到另一个分支。例如，要应用的文件在目标分支中不存在，或者在几次提交中对文件进行了更改，这可能会很有用：

（1）检出将应用更改的分支。

（2）在 Branches 弹出窗口中，单击包含要应用的文件的分支，然后选择 Compare with Current（与当前比较）。

（3）切换到 Files 选项卡，选择要应用于当前分支的文件，然后从上下文菜单中选择 Get from Branch（从分支获取）。

（4）提交并推送更改。IntelliJ IDEA 会将文件的全部内容复制到当前分支。

6.2.7 解决冲突

在团队中工作时，可能会遇到有人将更改推送到当前正在处理的文件的情况。如果这些更改不重叠（对不同的代码行进行更改），则冲突的文件将自动合并。如果同一行受到影响，则 Git 无法随机选择一侧，会要求解决冲突。

在 Git 中，尝试执行 pull、merge、rebase、cherry-pick、unstash changes 或者 apply a patch 操作时可能会发生冲突。如果存在冲突，那么这些操作将失败，并且提示你接受上游版本、接受自己的版本或合并更改，如图 6-33 所示。

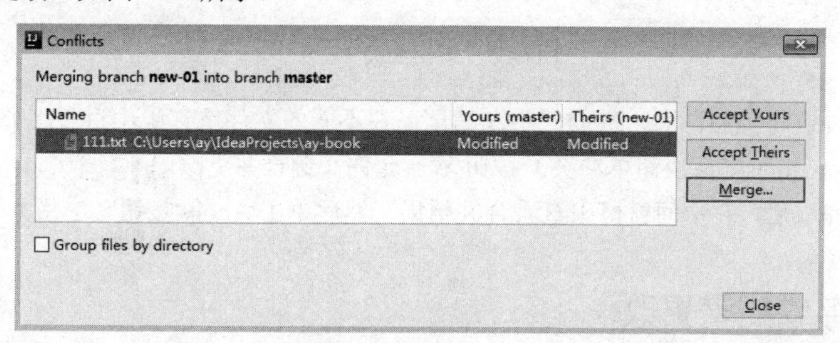

图 6-33 解决冲突（一）

IntelliJ IDEA 提供了用于本地解决冲突的工具。该工具包含 3 个窗格。左窗格显示只读的本地副本。右窗格显示签入到存储库中的只读版本。中央窗格显示一个功能齐全的编辑器，其中显示了合并和解决冲突的结果。最初，此窗格的内容与文件的基本修订版本相同。单击 Conflicts（冲突）对话框中的 Merge（合并）按钮，或在编辑器中选择冲突的文件，然后从主菜单中选择 VCS→<your_VCS>→Resolve Conflicts。

要自动合并所有不冲突的更改，可单击工具栏上的»«（应用所有不冲突的更改）按钮。还可以使用 »（从左侧应用无冲突的更改）和 «（从右侧应用无冲突的更改）分别合并对话框左、右部分的无冲突更改。

要解决冲突，需要选择对左侧（本地）版本和右侧（存储库）版本应用（接受«或忽略✕按钮）的操作，然后在中间窗格中检查生成的代码，如图 6-34 所示。

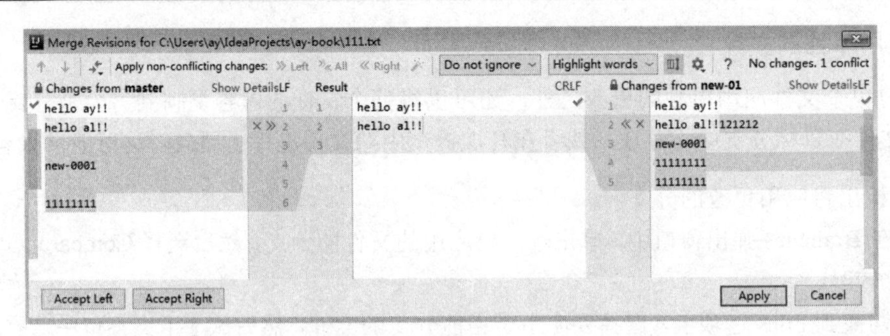

图 6-34 解决冲突（二）

也可以右击中间窗格中的冲突，然后使用上下文菜单中 Resolve using Left（左解析）和 Resolve using Right（右解析）命令来接受从一侧变化，如图 6-35 所示。

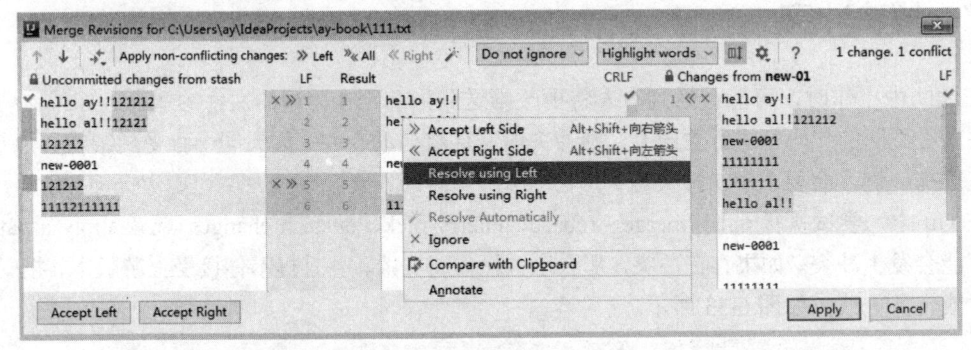

图 6-35 解决冲突（三）

对于简单冲突（例如，同一行的开头和结尾已在不同的文件修订版中进行了修改），提供了 Resolve simple conflicts（解决简单冲突）按钮，允许一键合并更改。

冲突解决完成后，在中间窗格中查看合并结果，然后单击 Apply 按钮（应用）。

6.2.8 暂存或搁置更改

有时需要在未完成的事情之间切换到不同的任务再返回。IntelliJ IDEA 提供了以下几种方法，可以方便地使用多种不同功能，且不会丢失工作。

- 暂存或搁置（stash or shelve）更改。Stash 和 Shelve 非常相似，唯一的区别在于补丁的生成和应用方式。暂存是由 Git 生成的，可以在 IntelliJ IDEA 内部或外部应用。具有搁置更改的补丁程序是由 IntelliJ IDEA 生成的，也可以通过 IDE 应用。
- 将与不同任务或功能相关的更改保留在不同的更改列表中。
- 创建分支以使用不同的不相关功能。

1. 搁置更改

可以临时将还没有提交的更改进行存储。例如，需要切换到另一个任务，并且想将更改留在一边以便后续进行处理。

使用 IntelliJ IDEA，可以搁置单独的文件和整个变更列表。搁置后，可以根据需要多次应用更改。

搁置更改的具体步骤如下：

步骤01 打开版本控制工具窗口，然后切换到 Local Changes 选项卡。

步骤02 右击要放在架子上的文件或更改列表，然后从上下文菜单中选择 Shelve Changes（搁置更改）。

步骤03 在 Shelve Changes（搁置更改）对话框中，查看已修改文件的列表。

步骤04 在 Commit Message（提交消息）字段中，输入要创建的架子的名称，然后单击 Shelve Changes（搁置更改）按钮，如图 6-36 所示。

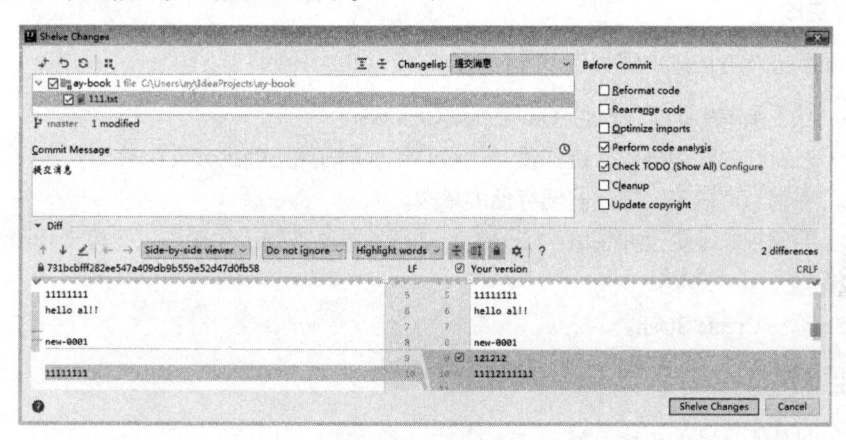

图 6-36 搁置更改

也可以静默搁置更改，而无须显示 Shelve Changes 对话框。为此，请选择要搁置的文件或更改列表，然后单击工具栏上的静默搁置图标默默搁置，或按 Ctrl+Shift+H 快捷键。包含要搁置的更改列表的名称将用作架子名称。

2. 取消搁置更改

取消搁置是将已推迟的更改从机架移动到待处理的更改列表。未搁置的更改可以从视图中过滤掉或从架子上删除：

步骤01 在 Version Control 工具窗口的 Shelf（货架）标签中，选择更改列表或要取消搁置的文件。

步骤02 按 Ctrl+Shift+U 快捷键或从所选内容的上下文菜单中选择 Unshelve（搁置）。

步骤03 在 Unshelve Changes（取消搁置的更改）对话框中，在 Name（名称）字段中指定要将未搁置的更改还原到的更改列表。可以从列表中选择一个现有的更改列表，或输入要创建的新更改列表的名称。如果要使新变更列表处于活动状态，就选择 Set active option；否则，当前活动的更改列表将保持活动状态。

步骤04 如果要删除将要搁置的更改，请选择 Remove successfully applied files from the shelf（从架子中删除成功应用的文件）选项。未搁置的文件将从该架子中删除，并添加到另一个变更列表中，并标记为已应用。在工具栏上单击图标或从上下文菜单中选择 Clean Already Unshelved（清理已搁置的干净），除非将它们明确删除，否则不会完全删除它们。

步骤05 单击 OK 按钮。

3．恢复搁置的更改

IntelliJ IDEA 可以在必要时重新应用未搁置的更改。单击工具栏上的图标，或从上下文菜单中选择 Clean Already Unshelved，可以将所有未搁置的更改重新使用，直到将其明确删除为止：

步骤 01 确保工具栏上的 Show Already Unshelved 选项已启用。

步骤 02 选择要还原的文件或文件架。

步骤 03 从上下文菜单中选择 Restore（还原）。

4．暂存更改

将更改暂存起来的具体步骤如下：

步骤 01 从主菜单中选择 VCS→Git→Stash Changes。

步骤 02 在打开的对话框中，选择适当的 Git 根，并确保正确的分支被检出。

步骤 03 在消息字段中，描述将要存储的更改。

步骤 04 要暂存本地更改并将索引中分阶段进行的更改带到工作树中进行检查和测试，可选择 Keep index（保留索引）选项。

步骤 05 单击 Create Stash。

5．应用暂存

应用暂存的具体步骤如下：

步骤 01 从主菜单中选择 VCS→Git→UnStash Changes。

步骤 02 选择要在其中应用隐藏的 Git 根，并确保签出了正确的分支。

步骤 03 从列表中选择要应用的暂存，如图 6-37 所示。

步骤 04 如果要检查所选存储中受影响的文件，可单击 View 按钮查看。

步骤 05 要在应用选定的暂存后将其删除，可选择 Pop stash（弹出存储）选项。

步骤 06 要同时应用暂存索引修改，可选择 Reinstate Index（恢复索引）选项。

步骤 07 要基于所选暂存区创建新分支，而不是将其应用于当前已签出的分支，可在 As new branch 文本框中输入该分支的名称。

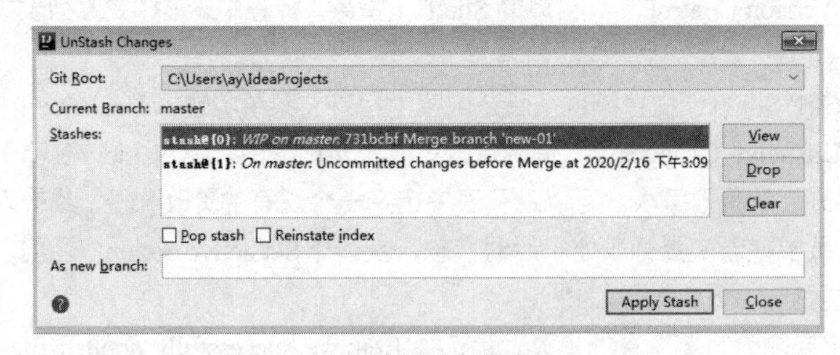

图 6-37 应用暂存

要删除暂存，可在列表中将其选中，然后单击 Drop 按钮。要删除所有隐藏物，可单击 Clear（清除）按钮。

6.2.9 取消更改

1. 还原未提交的更改

在提交更改之前，始终可以撤销在本地所做的更改：

步骤01 打开版本控制工具窗口，然后切换到 Local Changes 选项卡。

步骤02 在活动的更改列表中，选择一个或多个要还原的文件，然后从上下文菜单中选择 Rollback，自上次提交以来对选定文件所做的所有更改都将被放弃。

2. 撤销上一次提交

IntelliJ IDEA 允许撤销当前分支中的最后一次提交（例如 HEAD）：

步骤01 打开版本控制工具窗口，然后切换到 Log 选项卡。

步骤02 选择当前分支中的最后一个提交，然后从上下文菜单中选择 Undo Commit（撤销提交）。

步骤03 在打开的对话框中，选择一个更改列表，将要放弃的更改将在其中移动。可以从 Name（名称）列表中选择一个现有的变更列表，也可以指定新变更列表的名称。

3. 还原推送的提交

如果发现已推送的特定提交中有错误，则可以还原该提交。此操作将导致一个新的提交，即撤销提交。因此，原始提交保持不变，项目历史得以保留。

（1）在 Version Control 工具窗口的 Log 选项卡，找到要还原的提交，右击，然后从上下文菜单中选择 Revert Commit，将打开 Commit Changes（提交更改）对话框，并带有自动生成的提交消息。

（2）如果所选提交包含多个文件，实际只需要还原其中一些文件，则取消不想还原的文件。

（3）单击 Commit（提交）按钮以提交更改集。

4. 将分支重置为特定提交

先回顾一下 Git 的基础知识，在 Git 中有工作区、暂存区、本地仓库，三者的使用情况如下：

- 代码编写及修改是在工作区。
- git add：将本地修改添加到暂存区。
- git commit：将暂存区中的内容提交到本地仓库。
- git reset --hard HEAD：三者的改变全都丢失，即代码的修改内容丢失。
- git reset --soft HEAD：回退到 git commit 之前，此时处在暂存区，即执行 git add 命令后。
- git reset --mixed HEAD：等于 git reset HEAD 回退到工作区，即执行 git add 命令前。

如果在一组最近的提交中发现错误，并且想要重做该部分，则可以将存储库回滚到特定状态。这可以通过将当前分支 HEAD 重置为指定的提交来完成（如果不希望在历史记录中反映撤销操作，则可以选择重置索引和工作树）。

（1）打开版本控制工具窗口，然后切换到 Log 选项卡。

（2）选择要将 HEAD 移至的提交，然后从上下文菜单中选择 Reset Current Branch to Here（将当前分支重置为此处）。

（3）在打开的 Git Reset 对话框中，选择更新工作树和索引的方式，然后单击 Reset 按钮，如图 6-38 所示。

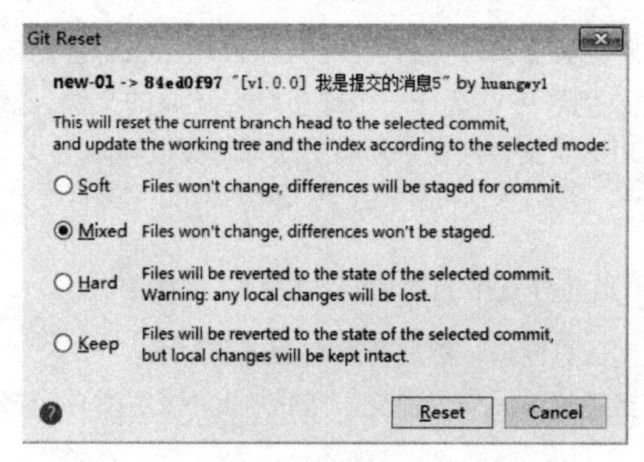

图 6-38 将分支重置为特定提交

6.2.10 使用标签标记特定的提交

Git 允许将标记附加到提交来标记项目历史记录中的某些点，以便将来引用。例如，可以标记与发行版本相对应的提交，而不用创建分支来捕获发行快照。

1. 为提交分配标签

打开版本控制工具窗口，然后切换到 Log 选项卡。找到所需的提交，右击，然后从上下文菜单中选择 New Tag（新建标签）。输入新标签的名称，然后单击 OK 按钮，标签将显示在版本控制工具窗口的 Log 选项卡中，如图 6-39 所示。

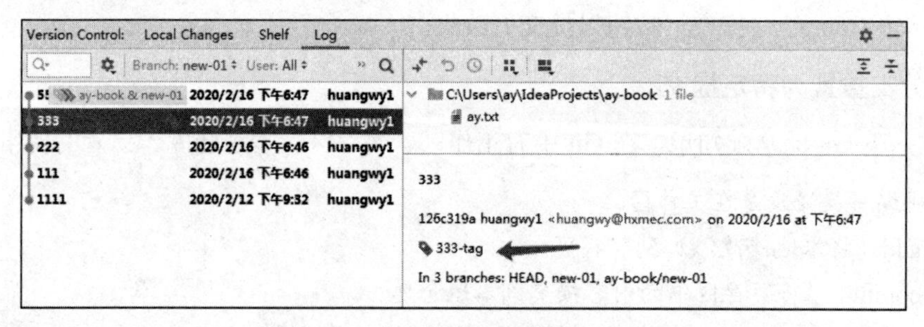

图 6-39 使用标签标记特定的提交

2. 重新分配现有标签

如果将标签放置在错误的提交上，并且想要重新分配它，可执行以下操作：

步骤 01 从主菜单中选择 VCS→Git→Tag。

步骤 02 在 Tag（标签）对话框的 Tag Name（标签名称）字段中指定要重新分配的现有标签的名称。

步骤 03 选择强制选项。

步骤04 在提交字段中，指定将标签移动到的提交，然后单击 Create Tag（创建标签）。

3. 跳转到标记的提交

步骤01 打开版本控制工具窗口，然后切换到 Log 选项卡。

步骤02 单击工具栏上的 Go To Hash/Branch/Tag 图标 。

步骤03 输入标签名称，然后按 Enter 键。

4. 检出带标记的提交

假设用标签标记了与发行版本相对应的提交，现在想在该时间点查看项目的快照，就可以签出带标记的提交。执行以下任一操作即可：

（1）找到要签出的带标记的提交，右击，然后从上下文菜单中选择 Checkout Revision。

（2）调用分支弹出窗口，单击 Checkout Tag or Revision，然后输入标签名称。

注意，此操作将导致 HEAD 分离，即不再位于任何分支中。可以使用此快照进行检查和实验。但是，如果要在此快照上提交更改，则需要创建一个分支。

5. 删除标签

找到带标记的提交，右击，然后从上下文菜单中选择 Tag <tag_name>→Delete。

6.2.11 编辑项目历史

当在功能分支上工作，想要对其进行清理，并使其与他人共享之前看起来像你想要的样子时，编辑项目历史记录很有用。例如，可以编辑提交消息，将与相同功能相关的较小提交压缩在一起，将包含无关更改的提交拆分为单独的提交，将更改添加到先前的提交，等等。

1. 编辑提交信息

如果唯一需要更改的是提交消息，则可以在推送此提交之前进行编辑：

（1）在版本控制工具窗口中右击要在其中编辑消息的提交，然后从上下文菜单中选择 Edit Commit Message（编辑提交消息）。

（2）在打开的对话框中，输入新的提交消息，然后单击 OK 按钮。

2. 修改上一次提交

有时可能提交得太早而忘记添加一些文件，或者注意到要修复的上一个提交中有一个错误而没有创建单独的提交。

可以使用 Amend commit 将提交的更改附加到上一个提交的 Amend commit （修改提交）选项中，最终获得一个提交，而不是两个不同的提交：

（1）在版本控制工具窗口的 Local Changes 选项卡中，选择要添加到上一次提交的更改，然后单击工具栏上的提交按钮✔。

（2）在提交更改对话框里，在提交更改之前，选择右侧的 Amend commit 修改提交选项。

3. 修改任何先前的提交

如果需要将更改添加到任何先前的提交中，而不是分别进行更改，则可以使用 fixup 或 squash 操作来进行更改。这两个命令都将阶段性更改附加到所选提交中，但是会以不同方式处理提交消息：

- squash：将新的提交消息添加到原始提交。
- fixup：丢弃新的提交消息，仅保留原始提交中的消息。

（1）进行想要附加到任何较早提交的更改。

（2）在版本控制工具窗口的 Log 选项卡中，右击要使用本地更改进行修改的提交，然后从上下文菜单中选择 Fixup（修复）或 Squash Into（压入）。

（3）选择压缩更改，有必要，则修改提交消息。

（4）单击 Commit 按钮上的箭头，然后选择 Commit and Rebase（提交并重新设置基准）。

第 7 章

IDEA 高级功能

本章主要介绍 IntelliJ IDEA 先进的功能（例如 Terminal 终端仿真器、JShell 控制台、IDE 脚本控制台、Markdown 等）、IntelliJ IDEA 如何连接数据库并进行相关的库表操作、IntelliJ IDEA 连接 Docker、IntelliJ IDEA 使用 Groovy 语言、IntelliJ IDEA 创建 Spring Boot 项目。

7.1 IDEA 先进的功能

IntelliJ IDEA 提供了许多与编写代码、运行、调试和分析应用程序不直接相关的功能。这些功能可以帮助我们执行其他任务，而无须从 IDE 切换上下文，例如在系统 Shell 中运行命令、使用第三方工具、管理任务等。

7.1.1 Terminal 终端仿真器

IntelliJ IDEA 包含一个嵌入式终端仿真器，用于从 IDE 内部使用命令行 Shell。在 IDE 中可以执行诸如运行 Git 命令之类的操作，无须切换窗口。

打开终端工具窗口的方式如下：

- 按 Alt+F12 快捷键。
- 从主菜单中选择 View→Tool Windows→Terminal。
- 单击终端工具窗口按钮 Terminal 。
- 将鼠标指针悬停在 IDE 的左下角，然后从菜单中选择“终端”。

默认情况下，终端模拟器运行时将当前目录设置为当前项目的根目录。可以在 Tools→Terminal 终端页面设置默认的开始目录。

1. 开始新的会话

在工具栏上单击＋按钮，在单独的选项卡中打开一个新会话，如图 7-1 所示。

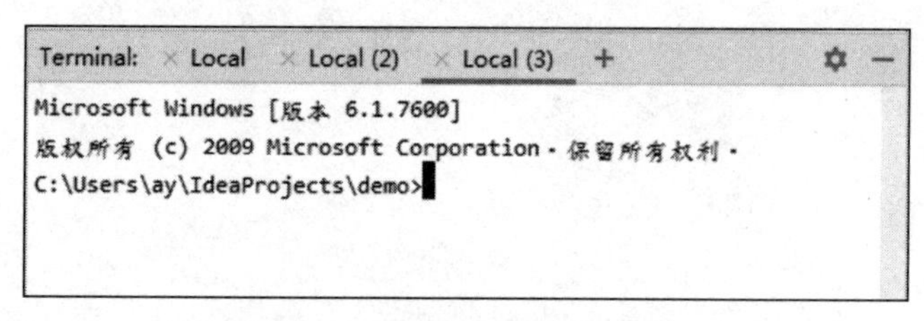

图 7-1 Terminal 终端仿真器

当关闭项目或 IntelliJ IDEA 时，将保存会话，包括选项卡名称、当前工作目录以及 Shell 历史记录。

要关闭活动的会话，在终端工具栏上单击关闭按钮，或右击当前会话选项卡，然后从上下文菜单中选择关闭选项卡。

2. 在标签之间切换

按 Alt+Right 和 Alt+Left 快捷键切换活动选项卡；或者，按 Alt+Down 快捷键查看所有终端选项卡的列表。

3. 重命名标签

右击选项卡，然后从上下文菜单中选择 Rename Session（重命名会话）。

4. 浏览输入命令的历史记录

使用 Up 和 Down 键。

5. 配置终端仿真器

在 Settings/Preferences 对话框中，转到 Tools→Terminal，如图 7-2 所示。

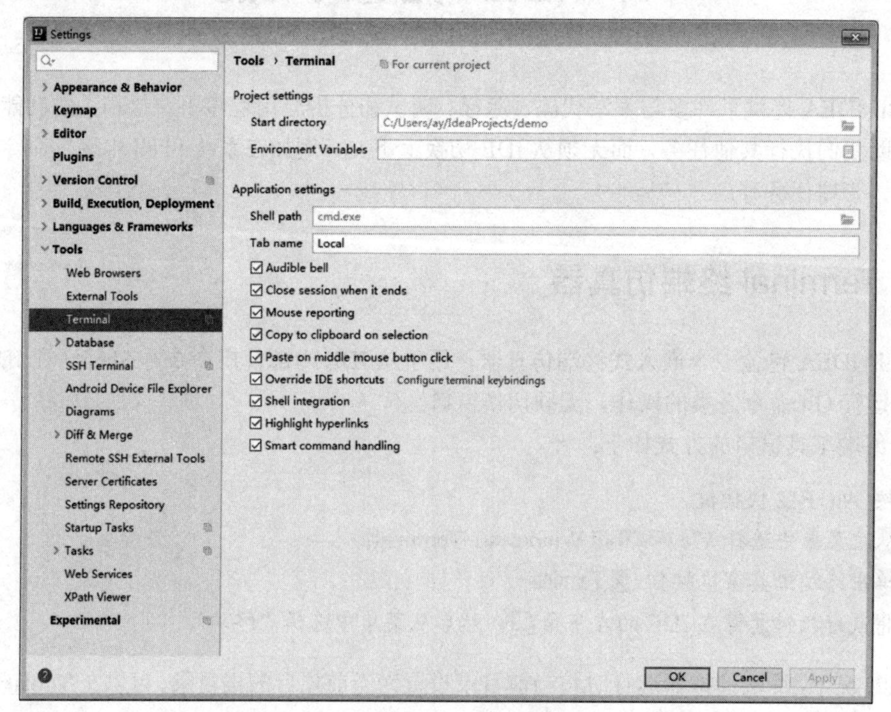

图 7-2 设置终端仿真器

7.1.2 JShell控制台

JShell是JDK 9中引入的Java REPL工具，能够交互式地评估Java表达式，而无须创建可执行类、编译代码等开销。

IntelliJ IDEA包括一个基本控制台，用于从IDE内部使用JShell，类似于Groovy Console。可以使用JShell控制台试用代码段，甚至可以引用项目中定义的类。

打开JShell控制台的具体步骤如下：

在主菜单中选择Tools→JShell Console，在编辑器中打开的JShell控制台选项卡中输入Java代码，例如：

```
String name = "John";
System.out.println("Hello " + name);
```

按Ctrl+Enter快捷键在JShell中运行此代码。在运行工具窗口中可以看到以下输出：

```
Defined field String name = "John"
System.out.println("Hello " + name)
Hello John
```

为了使用JShell控制台，需要具有Java 9或更高版本。可以在较旧的运行时上运行IntelliJ IDEA，并且项目可以使用较旧的JDK，但是必须从JShell控制台选项卡顶部的JRE列表中选择受支持的Java版本。或者单击“…”按钮以指定有效Java版本的路径。

默认情况下，项目依赖的库可用于JShell控制台。可以使用Use classpath of列表来选择特定的模块。如果要让JShell控制台引用项目定义的类和方法，可将项目的输出作为库提供给IntelliJ IDEA：

（1）打开Project Structure对话框，然后在左侧选择Libraries（库）。

（2）单击＋按钮，选择Java，然后指定项目输出类的位置。

（3）单击OK按钮以应用更改。

7.1.3 IDE脚本控制台

IDE脚本控制台可用于编写简单的脚本，以自动执行IntelliJ IDEA功能并提取各种信息。默认情况下，它支持用Kotlin、JavaScript和Groovy编写的脚本。实际上，可以使用任何与JSR 223兼容的脚本语言，例如Python、Ruby、Clojure等。

打开IDE脚本控制台的具体步骤如下：

步骤01 在主菜单中选择Tools→IDE Scripting Console。

步骤02 选择所需的脚本语言。在编辑器中打开IDE脚本控制台选项卡，可以在其中输入代码并执行代码。

例如，使用以下代码创建Kotlin脚本：

```
import com.intellij.openapi.ui.Messages.showInfoMessage
```

```
var sum: Long = 0L
val arr = "35907 77134 453661 175096 23673 29350".split(" ")
arr.forEach { sum+=it.length }
showInfoMessage((sum.toFloat() / arr.size).toString(), "test")
```

用鼠标指针或将其全部选中后按 Ctrl+A 快捷键，然后按 Ctrl+Enter 快捷键运行。应该在运行工具窗口中看到执行每一行的结果，并在弹出的对话框中看到标题为 test 的对话框，其中包含数组中已编号元素的平均长度。单击 OK 按钮将其关闭。

脚本存储在 consoles/ide 下的 Configuration 目录中，还可以在 Scratches and Consoles/IntelliJ IDEA Consoles 下的 Project 工具窗口中看到。如果在该目录中添加一个名为.profile 的文件，后跟相应语言的名称（例如.profile.groovy），就将与运行的任何脚本一起执行。

7.1.4 外部工具

可以将独立的第三方应用程序定义为外部工具，然后从 IntelliJ IDEA 运行。可以将项目中的上下文信息作为命令行参数传递给外部工具、查看该工具产生的输出等。

IntelliJ IDEA 可以使用不同类型的外部工具：

- Local external tools（本地外部工具）：在计算机上本地运行的应用程序。
- Remote SSH external tools（远程 SSH 外部工具）：通过 SSH 在远程服务器上执行的。

1. 添加本地外部工具

本示例演示如何将 javap 添加为外部工具，并使用它从 IntelliJ IDEA 快速反汇编项目中的任何类文件。

步骤01 在 Settings/Preferences 对话框中，选择 Tools→External Tools。

步骤02 单击+按钮并指定如图 7-3 所示的设置。

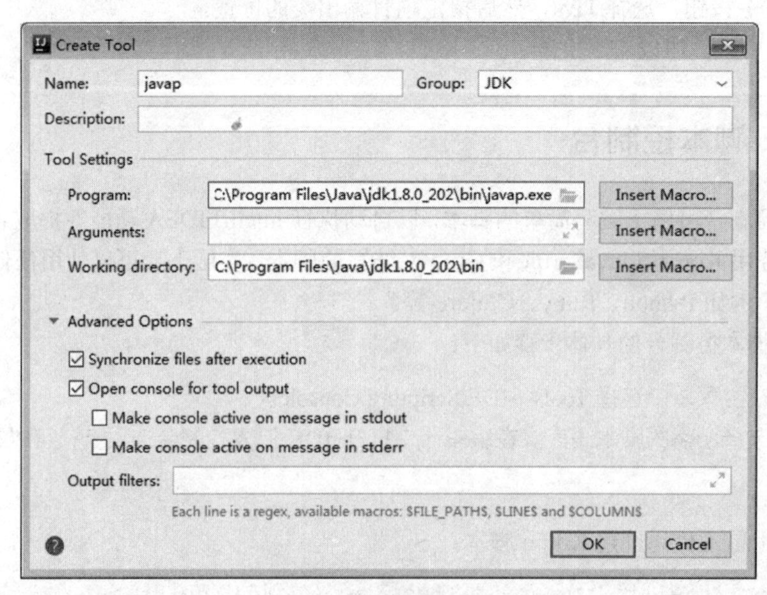

图 7-3 配置外部工具

- Name（名称）：将在IntelliJ IDEA界面中显示的工具名称。
- Group（组）：工具所属的组的名称。可以选择一个现有组或输入一个新组的名称。
- Description（描述）：对该工具有意义的描述。
- Program（程序）：可执行文件的名称。如果目录不在PATH环境变量中，可使用绝对路径指定。
- Arguments（参数）：传递给可执行文件的参数，就像在命令行上指定的一样。
- Working directory（工作目录）：执行该工具当前工作目录的路径。

步骤03 单击OK按钮添加该工具，然后应用更改。

要在选定的类文件上运行添加的javap 工具，可执行以下操作：

- 在主菜单中选择Tools→JDK→javap。
- 在Project工具窗口中右击一个文件，然后选择JDK→javap。

2. 添加远程SSH外部工具

远程SSH外部工具的配置与本地外部工具类似，但是还定义了在其上执行远程SSH的远程服务器，并且需要凭据才能通过SSH连接到。

本示例演示了如何添加date作为在远程服务器上执行的远程SSH外部工具，并在其上返回当前日期和时间。

步骤01 在Settings/Preferences对话框中，选择Tools→Remote SSH External Tools。

步骤02 单击＋按钮，并指定如图7-4所示的设置。

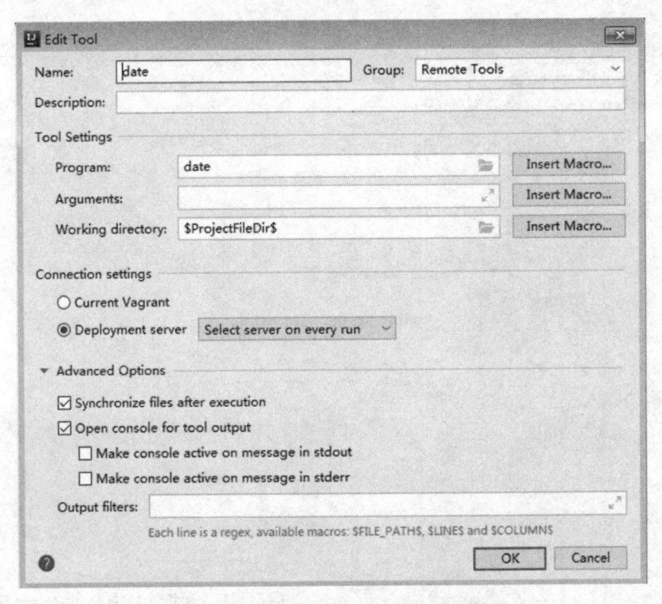

图7-4 配置远程SSH外部工具

提 示

该对话框提供的设置与添加本地外部工具时的设置相同。

步骤 03 单击 OK 按钮添加该工具，然后应用更改。

要在远程服务器上运行添加的 date 工具，可在主菜单中选择 Tools→Remote tools→date；指定主机、端口和凭据后，IntelliJ IDEA 将通过 SSH 连接到服务器并运行 date 命令，将输出返回到 IntelliJ IDEA 中的 Run 运行工具窗口。

7.2 数据库工具

数据库工具和 SQL 插件支持 IntelliJ IDEA 中的数据库管理功能。利用该插件，可以查询、创建和管理数据库。数据库可以在本地、服务器或云中工作。该插件支持 MySQL、PostgreSQL、Microsoft SQL Server、SQLite、MariaDB、Oracle、Apache Cassandra 等。

7.2.1 连接数据库

要向数据库发出查询，必须创建数据源连接。数据源是数据的位置，可以是服务器、CSV 或 DDL 文件。数据源包括名称和连接设置，具体参数取决于数据源的类型。

市面上的数据库产品很多，这里只以 MySQL 为例。

步骤 01 在 Database（数据库）工具窗口中（View→Tool Windows→Database），单击数据源属性图标，如图 7-5 所示。

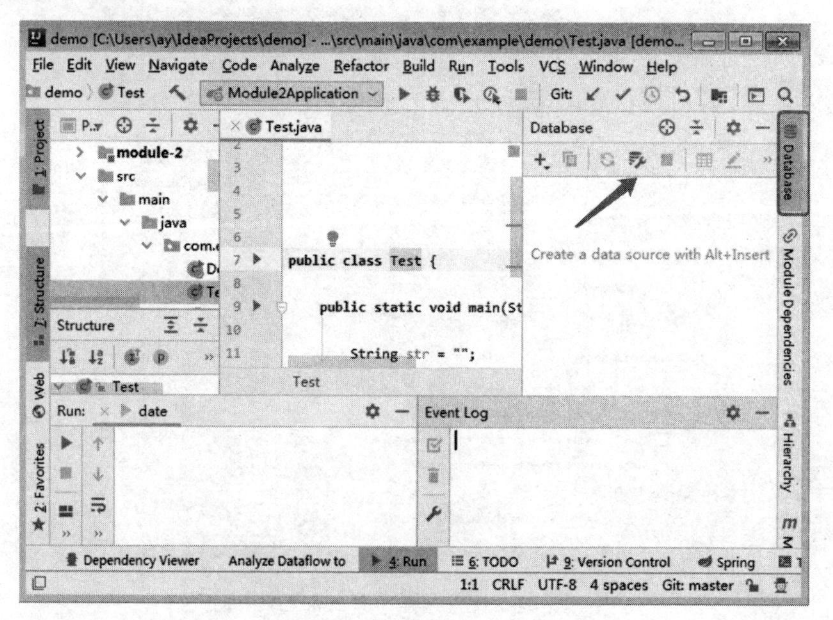

图 7-5 连接数据库（一）

步骤 02 在 Data Sources and Drivers（数据源和驱动程序）对话框中，单击添加图标＋，然后选择 Mysql。

步骤03 在数据源设置区域的底部单击 Download missing driver files（下载缺少的驱动程序文件）链接。或者，为数据源指定用户驱动程序。

步骤04 指定数据库连接详细信息，或者将 JDBC URL 粘贴到 URL 字段中，如图 7-6 所示。

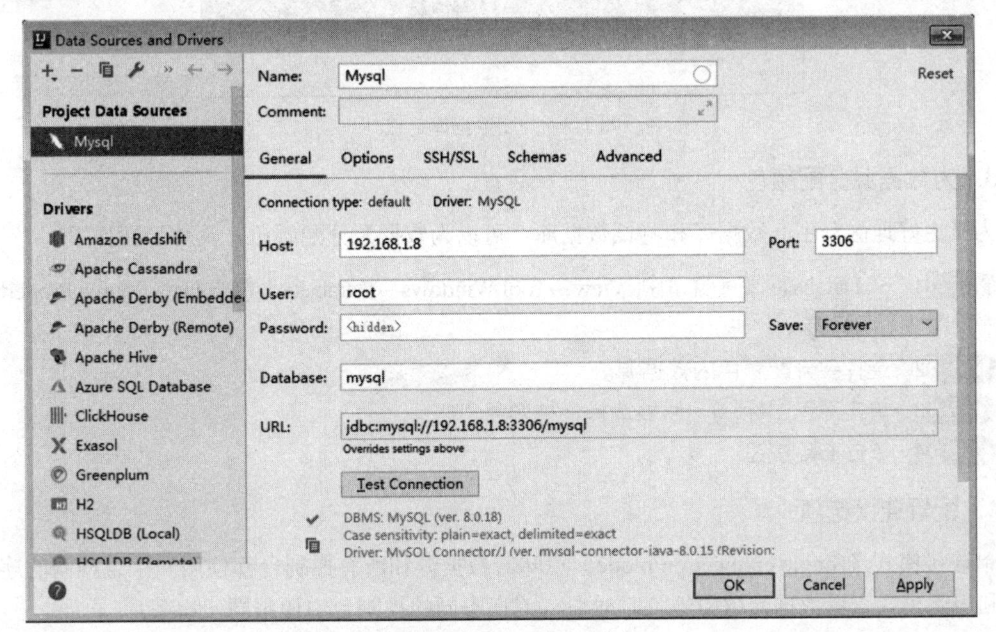

图7-6 连接数据库（二）

步骤05 要确保成功连接到数据源，可单击 Test Connection（测试连接）按钮。

7.2.2 配置数据库连接

1. 记住密码

可以选择以下选项来存储密码：

- Never（从不）：每次与数据库建立连接时都会提示输入密码。
- Until restart：仅保存当前 IntelliJ IDEA 运行的密码。如果退出 IntelliJ IDEA 并再次将其打开，则必须再次提供密码。
- For session：仅在与数据库的当前连接会话中保存密码（直到断开与数据库的连接）。
- Forever：密码保存在 IntelliJ IDEA 存储中，下次打开 IntelliJ IDEA 时无须提供密码。

IntelliJ IDEA 自动连接到数据库。数据源的名称在 Database（数据库）工具窗口中以粗体显示。

2. 关闭数据库连接

要关闭数据库连接，可选择一个数据源，然后单击工具栏上的断开连接按钮■；或者选择一个数据源，然后按 Ctrl+F2 快捷键，如图 7-7 所示。

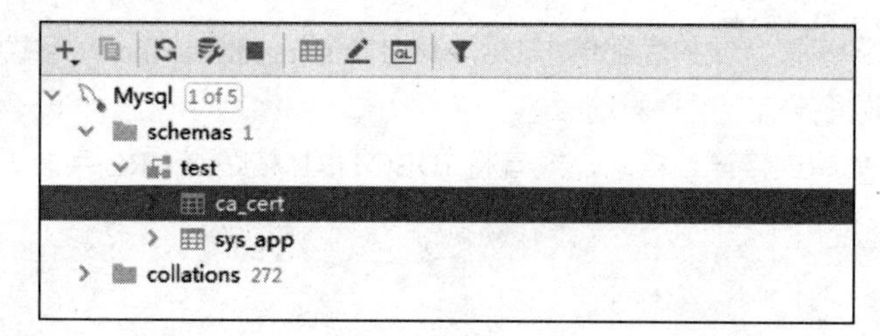

图 7-7 关闭数据库连接

3. 为数据源分配颜色

为了更好地区分生产数据库和测试数据库，可以为数据源分配颜色，具体步骤如下：

步骤 01 在Database工具窗口中（View→Tool Windows→Database），单击Data Source Properties（数据源属性）图标。

步骤 02 选择要分配颜色的数据源。

步骤 03 单击颜色图标◯，然后选择一种颜色。

步骤 04 单击OK按钮。

4. 配置连接选项

单连接模式（Single connection mode）意味着数据源和所有控制台都使用一个且相同的连接。可以利用此模式查看数据库树中的临时对象，或在不同的控制台中使用同一事务。

应用单连接模式（见图7-8）时，必须关闭所有打开的连接。如果已打开连接，则IntelliJ IDEA将显示通知。要关闭所选数据源打开的连接，就单击是。

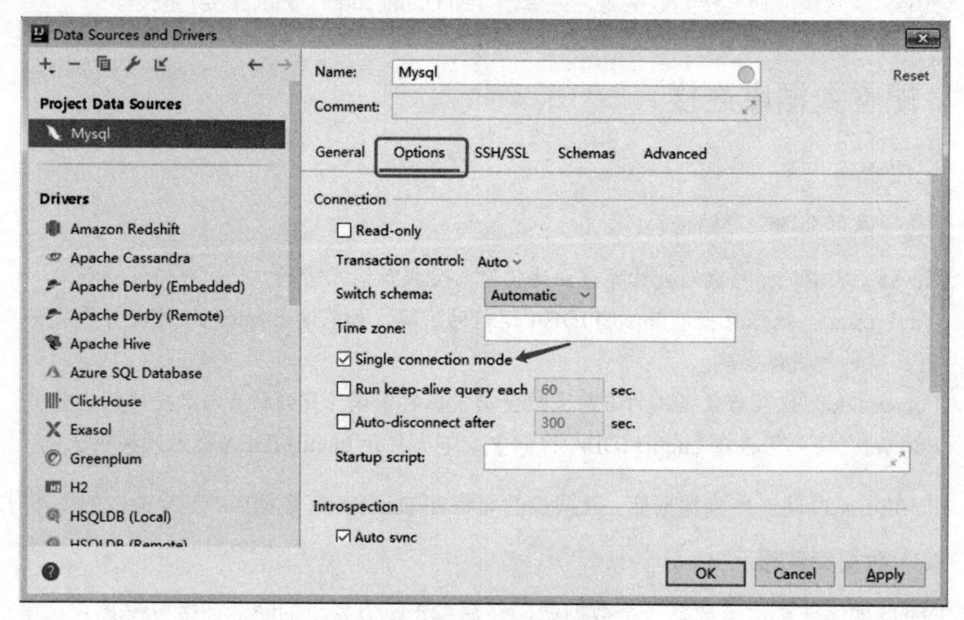

图 7-8 启用单连接模式

打开Options选项卡，选择Read-only（只读）复选框，如图7-9所示。

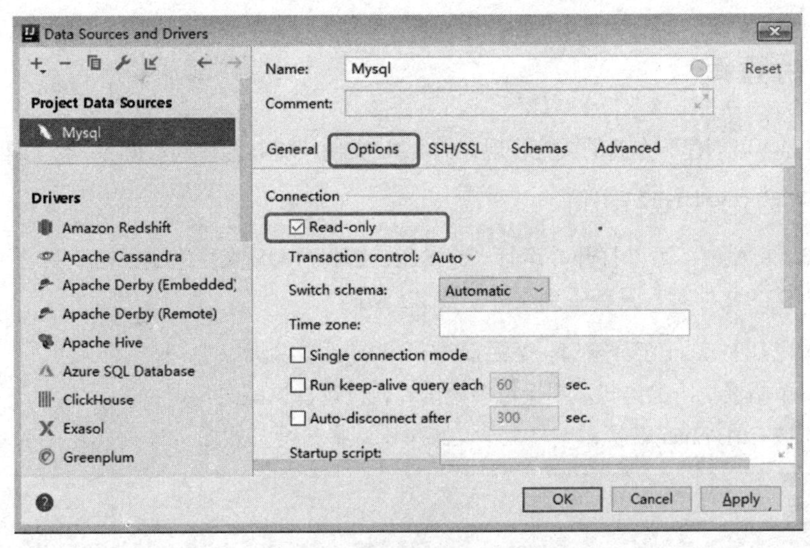

图 7-9 启用连接的只读模式

通过在指定时间段后运行保持活动查询，可以保持与数据库的连接处于活动状态。在 Options 选项卡上，选中 Run keep-alive query each N seconds（每 N 秒运行一次保持活动查询）复选框，其中 N 是 IntelliJ IDEA 再次运行保持活动查询的秒数。

可以指定一个以秒为单位的时间段，在此之后 IntelliJ IDEA 终止连接。在 Options 选项卡上，选中 Auto-disconnect after N seconds（N 秒后自动断开连接）复选框，其中 N 是 IntelliJ IDEA 终止连接所经过的秒数。

每次建立连接时，都可以运行预定义的 SQL 查询。在 Options 选项卡上的 Startup script（启动脚本）字段中，指定计划在与数据库的连接上运行的 SQL 查询，如图 7-10 所示。

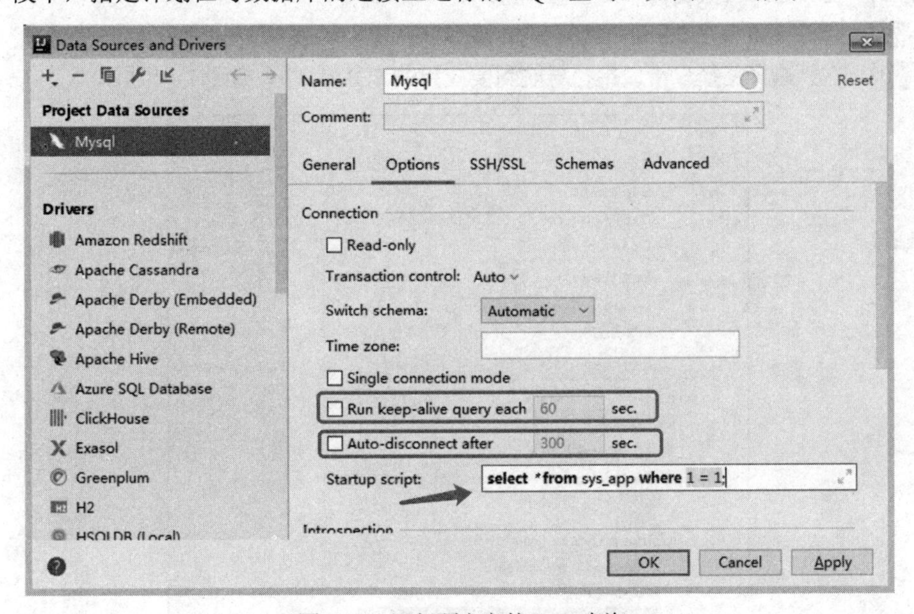

图 7-10 运行预定义的 SQL 查询

7.2.3 运行查询

要运行查询，可创建一个新的或打开现有的 SQL 文件，将其连接到数据源，然后运行代码。

1. 从打开的文件中运行语句

在 IntelliJ IDEA 中，可以打开并运行一个 SQL 文件。SQL 文件大小的限制为 20 MB。当打开一个大于 20 MB 的文件时，只会看到文件的前 2.5 MB。

步骤 01 打开 Project 工具窗口，然后双击一个 SQL 文件。

步骤 02 单击要执行的语句。要运行多个语句，请选择这些语句。

步骤 03 按 Ctrl+Enter 快捷键或从上下文菜单中选择执行，如图 7-11 所示。

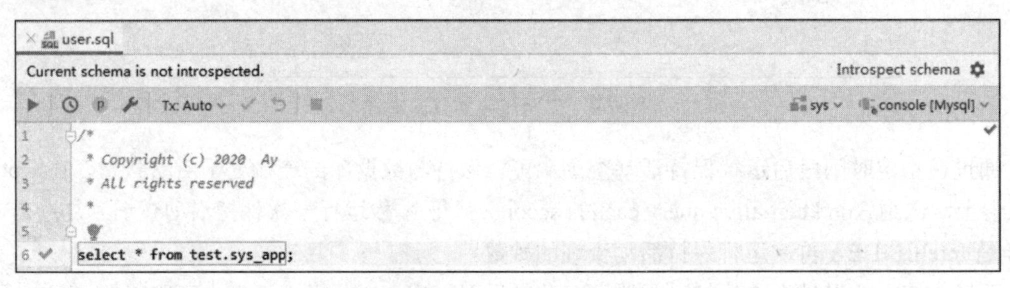

图 7-11 运行 SQL

2. 从硬盘运行 SQL 文件

从硬盘运行 SQL 文件的具体步骤如下：

步骤 01 在数据库工具窗口中右击数据源。

步骤 02 选择 Run SQL Script（运行 SQL 脚本）。

步骤 03 在“选择路径”窗口中，导航到要应用的 SQL 文件，如图 7-12 所示。

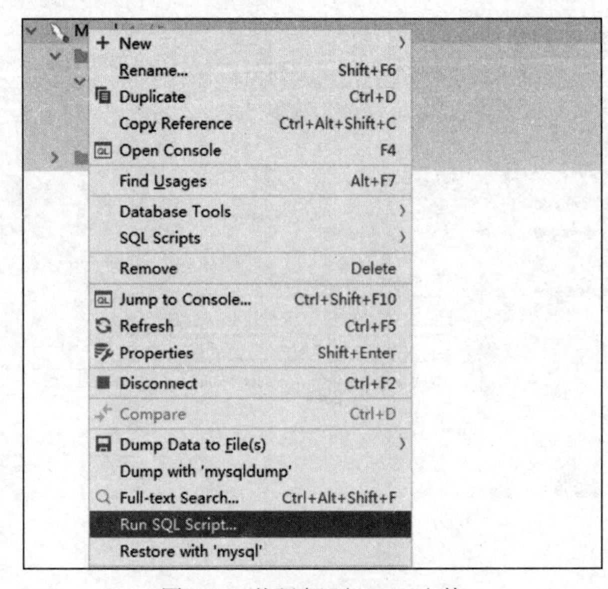

图 7-12 从硬盘运行 SQL 文件

7.2.4　查询结果

1．为每个查询打开一个新标签

运行查询时，会以表格格式接收结果。默认情况下，IntelliJ IDEA 每次运行查询时都会用结果更新同一选项卡。可以更改此行为，并在每次运行查询时创建一个选项卡：

步骤 01　在 IDE 设置中转到 Tools→Database。

步骤 02　选择 Open results in new tab（在新选项卡中打开结果）复选框，然后单击 OK 按钮。

2．为结果的标签使用自定义标题

可以在查询前的注释部分中定义选项卡标题，具体如图 7-13 所示。

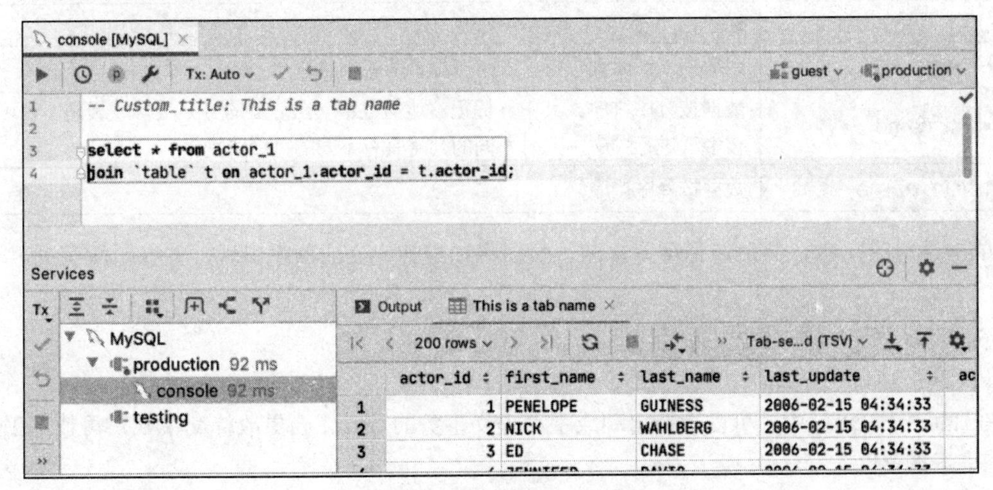

图 7-13　定义选项卡标题

3．编辑结果集中的值

在结果集中单击要编辑的单元格值，指定一个新值，然后按 Enter 键。要将更改提交到数据库，可单击提交图标 ，或按 Ctrl+Enter 快捷键，如图 7-14 所示。

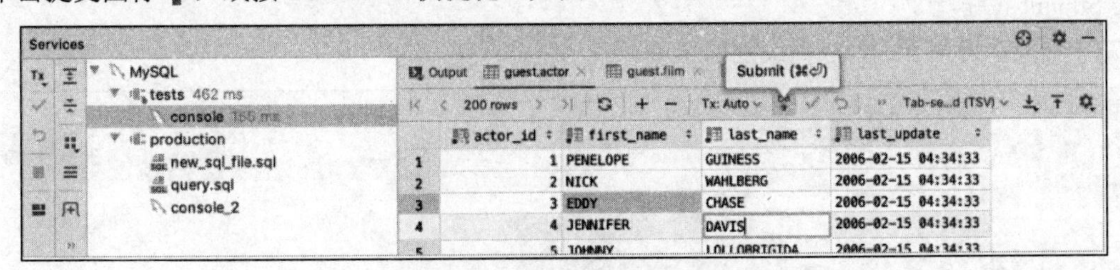

图 7-14　编辑结果集中的值

4．导出到文件

右击结果集，选择 Dump Data→To File，如图 7-15 所示。

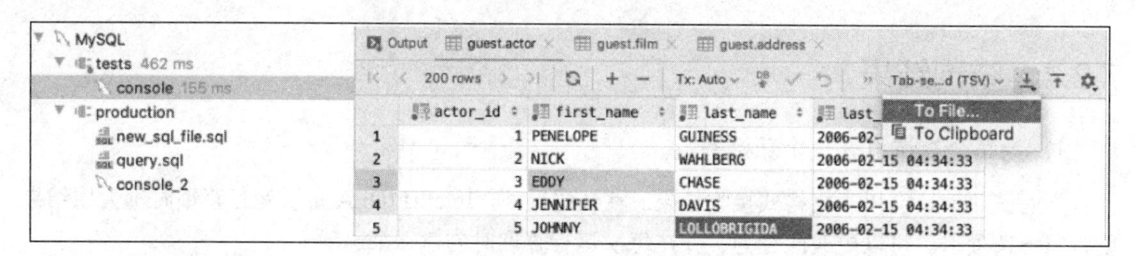

图 7-15 导出到文件

5. 排序数据

要对列中的表数据进行排序，可单击标题行中的单元格（见表 7-1）。

表 7-1 排序数据

图片	描述
first_name ⇕	该数据未在此列中排序。排序标记的初始状态
first_name ▲ 1	数据按升序排序。其中，标记右边的数字（图片上的 1）是排序级别。也可以按多列进行排序，此时不同的列将具有不同的排序级别
first_name ▼ 1	数据按降序排序

单击设置图标，然后选择重置视图，数据将以最初定义的顺序出现，并显示所有列。

7.2.5 将更改提交到数据库

在 IntelliJ IDEA 中，可以选择自动或手动提交事务的方式。要更改提交模式，可使用工具栏上的 Tx 下拉菜单。

如果将更改提交到数据库服务器并且提交模式设置为 Auto，则值、行或列的每次更改都是隐式提交的，并且无法回滚。在自动提交模式下，Commit 按钮和 Rollback 按钮被禁用，可以通过单击 Submit 按钮提交更改，如图 7-16 所示。如果提交模式设置为手动，则可以通过单击 Commit 按钮和 Rollback 按钮来显式提交或回滚已提交的更改。要将更改提交到数据库，可单击 Submit 按钮。

Tx 开关也可用于选择隔离级别的事务。

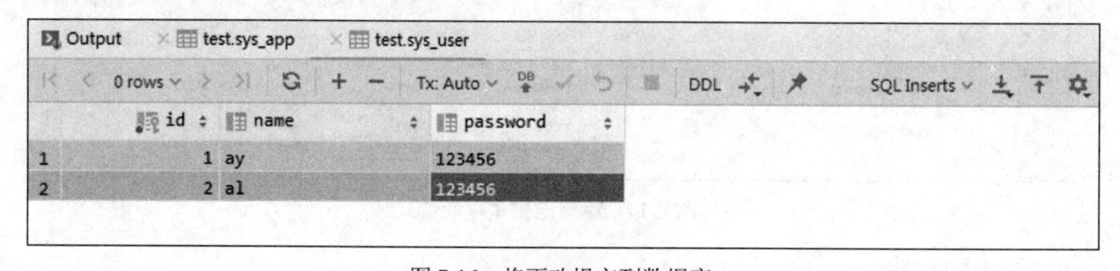

图 7-16 将更改提交到数据库

提交更改之前，还可以还原。还原命令的范围由表中的当前选择定义，即仅适用于选择中的更改。因此，可以还原单个更改、一组更改或所有更改。如果当前未选择任何内容，则将还原命令应用于整个表。

要还原未提交的更改，可选择并右击一个或多个单元格，再选择 Revert Selected（还原选定项）。

7.2.6 查看表

在关系数据库中，数据库对象是用于存储或引用数据的结构。表中的数据存储在单元格中，该单元格是垂直列和水平行的交集。该表具有指定数量的列，但可以具有任意数量的行。使用 IntelliJ IDEA，可以对表执行数据操作和数据定义。

1. 显示数据库和表的描述（见图 7-17）

要启用数据库和表的描述，可导航至 View→Appearance，然后选择 Details in Tree Views。要为表格添加注释，可选择一个表格，然后按 Ctrl+F6 快捷键。在注释文本字段中，添加表描述。要为数据库添加注释，可先打开数据库设置，然后在“注释”文本字段中添加数据库描述。

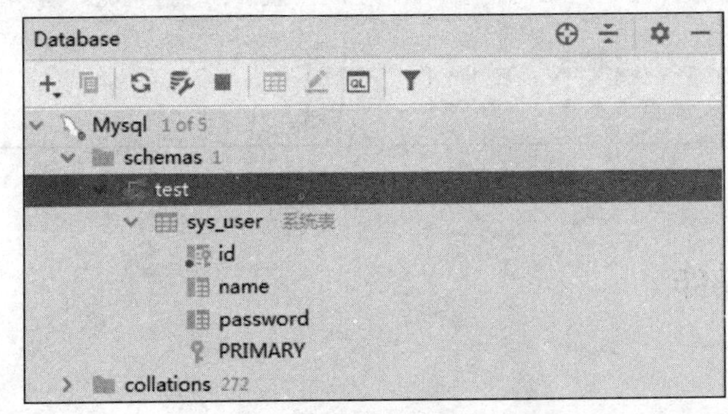

图 7-17 显示数据库和表的描述

2. 表格的查看模式

在数据库工具窗口中双击表，该表将在数据编辑器中打开。可以通过 Table、Transposed Table 和 Tree 这 3 种模式浏览和编辑表数据。要在这些模式之间切换，可单击 Show Options Menu（显示选项菜单）按钮⚙，导航到 View as（查看为）并选择所需的模式。

（1）Table（表格）：表格数据的默认查看模式。表中的数据存储在单元格（垂直列和水平行的交集）中，如图 7-18 所示。

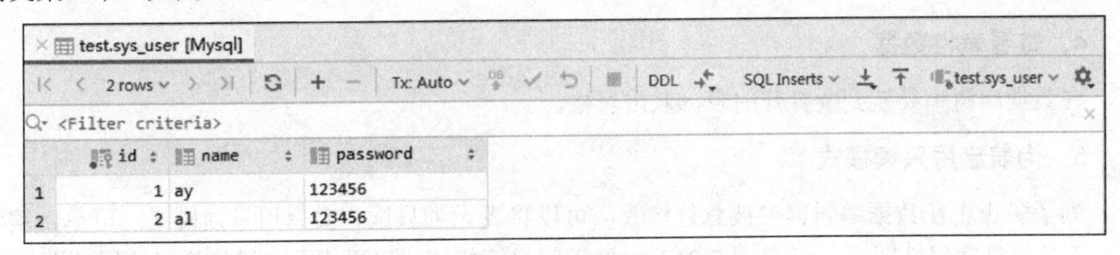

图 7-18 表格查看模式

（2）Transposed Table（转置表）：行和列互换的查看模式，如图 7-19 所示。

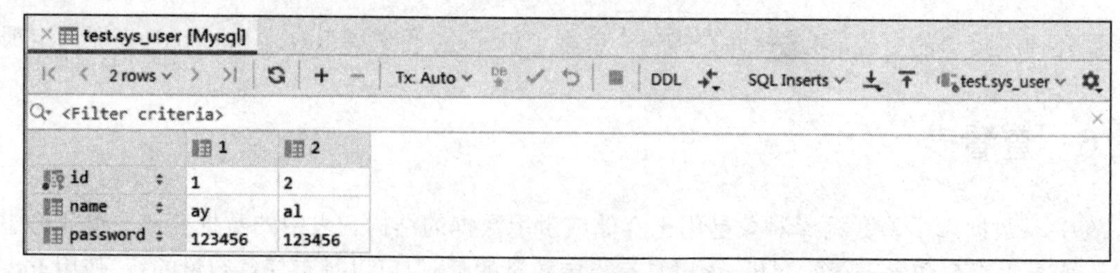

图 7-19 转置表查看模式

（3）Tree（树）：一种数据显示在键值表中的查看模式，并且包含子节点时，可以扩展键单元格，来自扩展子节点的数据分布在键和值列之间，如图 7-20 所示。可能考虑使用此模式来处理 JSON 和数组数据。

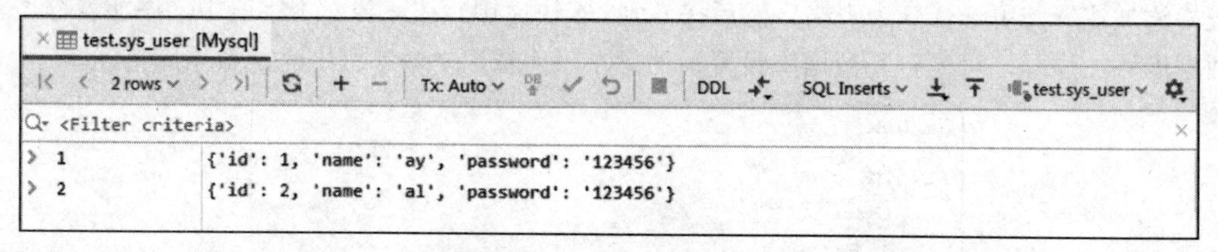

图 7-20 树查看模式

7.2.7 表基本操作

1. 创建表

在 Database 工具窗口中，选择一个数据源，然后导航到 File→New→Table，在创建新表对话框中指定表设置（列，键，索引，外键），单击 OK 按钮。

2. 删除表

要删除表，可右击表，然后选择 DROP 命令。

3. 修改表

在数据库工具窗口中，右击一个表，然后选择 Modify Table（修改表）。在修改表对话框中指定所需的表设置。

4. 查看表格数据

在数据库树中导航到要打开的表，双击表格。

5. 为表启用只读模式

为了防止表在数据编辑器中被意外修改，可以将表设为只读。要启用只读模式，可单击编辑器右下角的只读属性图标（见图 7-21）。要关闭只读模式，可再次单击以切换只读属性图标。

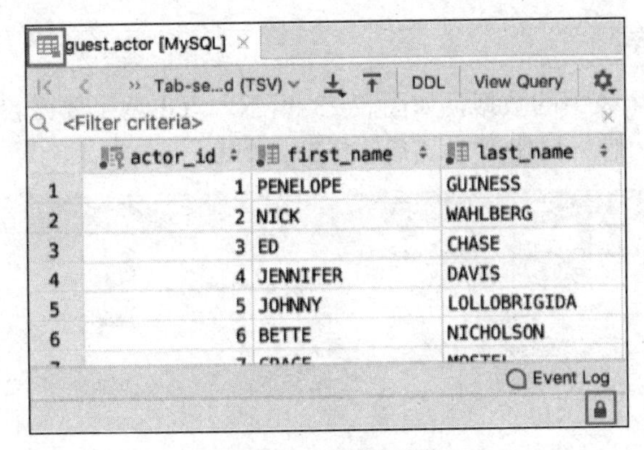

图 7-21 表基本操作

6. 过滤表数据

可以通过在 Row Filter（行过滤器）字段中编写查询 SQL 来过滤表中的数据。在 Row Filter（行过滤器）字段中，输入查询。查询语法与该 WHERE 子句中的语法相同，但没有 WHERE 关键字。例如：

```
first_name LIKE 'Joh%' AND last_name LIKE 'lol%'
```

然后按住 Enter 键进行查询。要重置过滤器，可单击清除图标⊗，或删除 Row Filter（行过滤器）字段的内容，然后按 Enter 键。

可以手动指定过滤条件，也可以使用快速过滤器选项。快速过滤器的过滤条件是当前列名称。条件取决于当前单元格中的值。右击一个单元格，然后导航到 Filter by 筛选依据，选择要应用的选项。

7. 比较两个表结构

可以比较两个表结构，并查看列、键、索引和其他结构表元素之间的差异，如图 7-22 所示。在 Database 工具窗口中，选择两个表。右击所选内容，然后导航到 Compare。

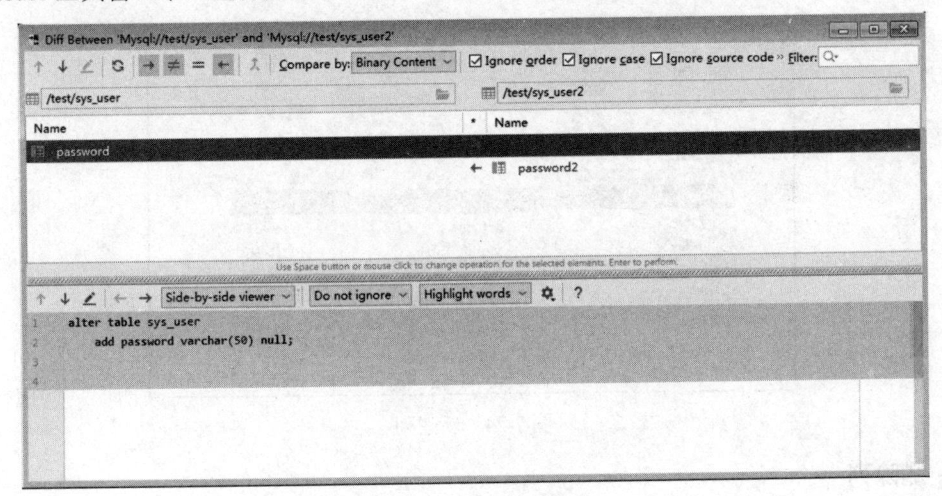

图 7-22 比较两个表结构

8. 比较两个表内容

可以比较存储在两个表中的数据，如图 7-23 所示。双击两个要比较的表，在编辑器中单击 Compare Content（比较内容）按钮，然后选择第二个表。

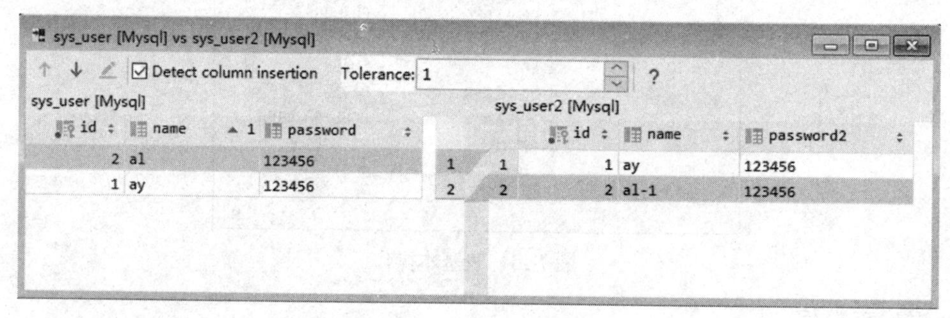

图 7-23 比较两个表内容

9. 在表格之间复制和粘贴单元格

可以在同一表中或从一个表到另一个表中复制（Ctrl+C）和粘贴（Ctrl+V）选定的单元格和单元格范围。粘贴时，IntelliJ IDEA 会根据需要自动转换数据类型。

7.2.8 列基本操作

列是表存储的一条数据，属于特定类型。列可以包含文本、数字或指向操作系统中文件的指针。一些关系数据库系统允许列包含更复杂的数据类型，例如整个文档、图像或视频剪辑。

在 IntelliJ IDEA 中，可以新建、删除、重新排序、隐藏列，以及执行其他操作。

1. 新建列

右击表，然后选择 New→Column（新建→列），指定列名称和设置，单击 Run 按钮，如图 7-24 所示。

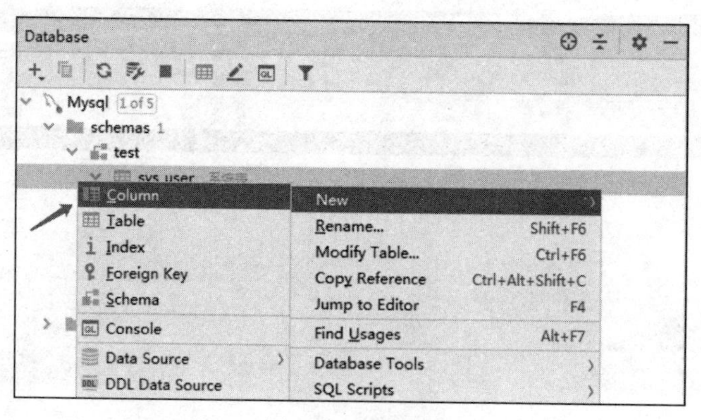

图 7-24 新建列

2. 删除列

右击一列，然后选择 Drop。

3. 修改列

在 Database 工具窗口中，右击一列，然后选择 Modify Column（修改列）。在 Modify Table（修改表）对话框中，指定所需的列设置。

4. 重新排序列

要重新排序列，可对标题行中的相应单元格进行拖放。

5. 隐藏列

要隐藏列，可右击相应的标题单元格，然后选择 Hide column（隐藏列）。

6. 为列注入语言

可以为整个列分配一种正式的语言（例如 HTML、CSS、XML、RegExp 等）。要为整个列注入语言，可右击相应的标题单元格，然后选择 Edit As（编辑为），在支持的语言列表中选择要注入的语言，如图 7-25 所示。

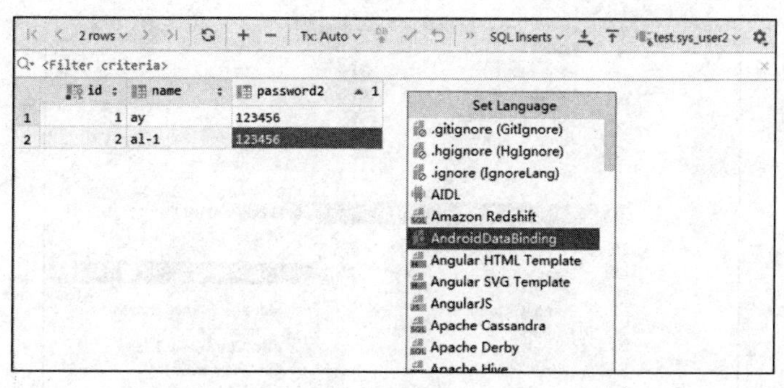

图 7-25　为列注入语言

7. 创建索引

数据库索引是一种用于加快数据库表中的定位和访问操作的结构。通过使用索引，可以减少处理查询时所需的磁盘访问次数，可以为数据库表的一个或多个列创建索引。

右击表或列，然后选择 New→Index；在 columns 窗格中，单击添加按钮＋；在 Name（名称）字段中，指定要添加到索引的列的名称，单击 Execute（执行）按钮，如图 7-26 所示。

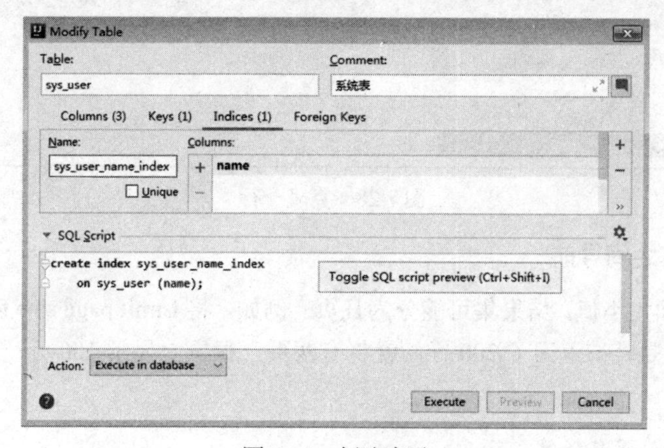

图 7-26　创建索引

7.2.9 行基本操作

1. 添加一行

单击工具栏上的 Add New Row（添加新行）图标 +，或者右击该表，然后从上下文菜单中选择 Add New Row（添加新行）。

2. 删除一行

选择要删除的一个或多个行。要选择行，可单击装订线中的数字。要选择多行，可按 Ctrl 键并单击必要的行，单击工具栏上的删除行图标 −。

3. 删除表中的所有行

右击表，然后导航到 Database Tools→Truncate。如图 7-27 所示。

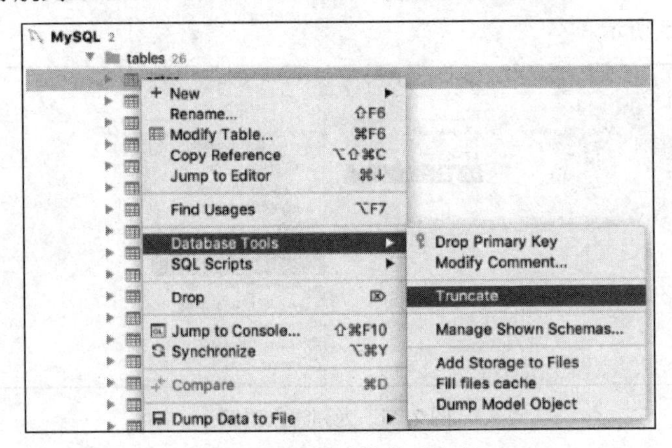

图 7-27 删除表中的所有行

4. 克隆一行

可以克隆选定的行。该行的副本将添加到表的末尾，如图 7-28 所示。要克隆行，可右击该行，然后选择克隆；或者选择该行，然后按 Ctrl+D 快捷键。

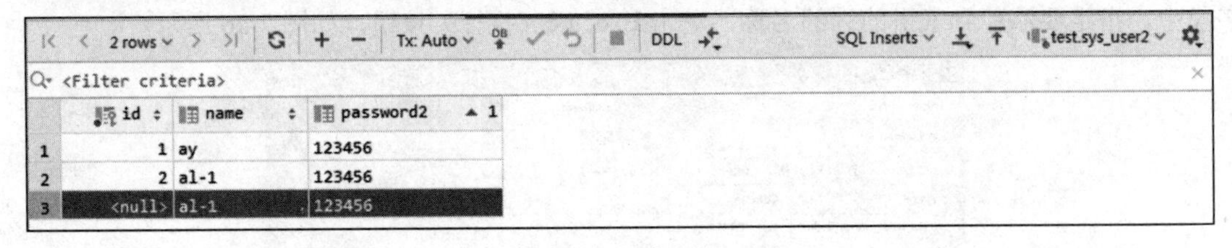

图 7-28 克隆一行

5. 在行的子集之间导航

根据设置的页面大小值，结果集可能分为几页。例如，将 Limit page size to（限制页面大小为）参数设置为 100，但是查询返回了 200 行，就将有两页，每页上显示 100 行。要在页面之间导航，可使用以下控件：

- |<：导航到结果集的第一页。

- <：导航到结果集的上一页。
- >：导航到结果集的下一页。
- >|：导航到结果集的最后一页。

6. 转到指定的行

要导航到具有指定编号的行，可右击表格，然后选择 Go To→Row（见图 7-29）。在转到行对话框中指定行号，然后单击 OK 按钮。

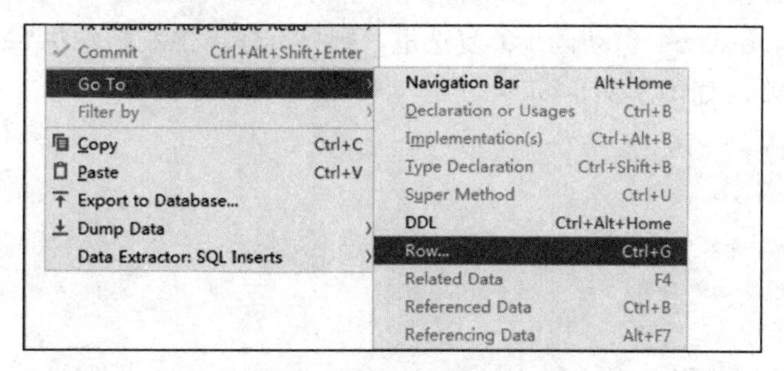

图 7-29　转到指定的行

7. 设置结果集中的行数

默认情况下，发出查询时，返回的行数限制为 500。引入此限制是为了避免过载（例如，当 SELECT 语句返回 100 万行时）。要更改此限制，可选择 File→Settings→Tools→Database→Data Views，在 Limit page size to 字段中指定一个新数字。要禁用限制，可清除 Limit page size to 复选框，如图 7-30 所示。

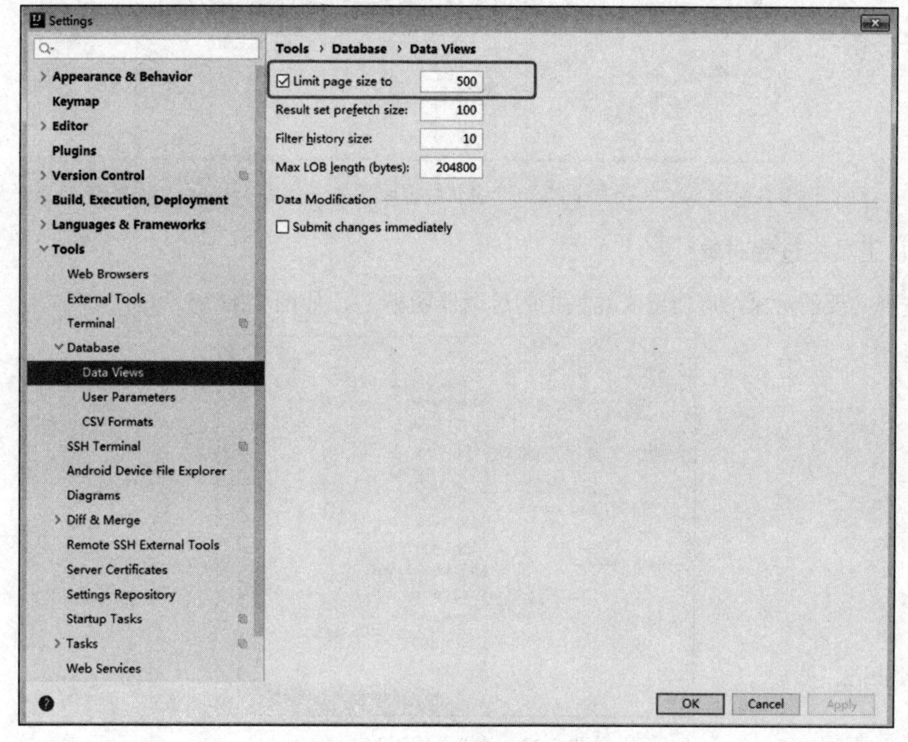

图 7-30　设置结果集中的行数

7.2.10 定制数据源

1. 刷新数据库状态

如果有人更改了远程数据库数据或视图，则数据库的本地视图可能与数据库的实际状态不同。要自动同步数据库状态，可在 Database 数据工具窗口中单击数据源属性按钮，然后选择要更改的数据源。在 Options 选项卡上，选择 Auto sync（自动同步）复选框。

如果取消选中 Auto sync（自动同步）复选框，则只有在单击刷新图标时数据源视图才会与数据库的实际状态同步，如图 7-31 所示。

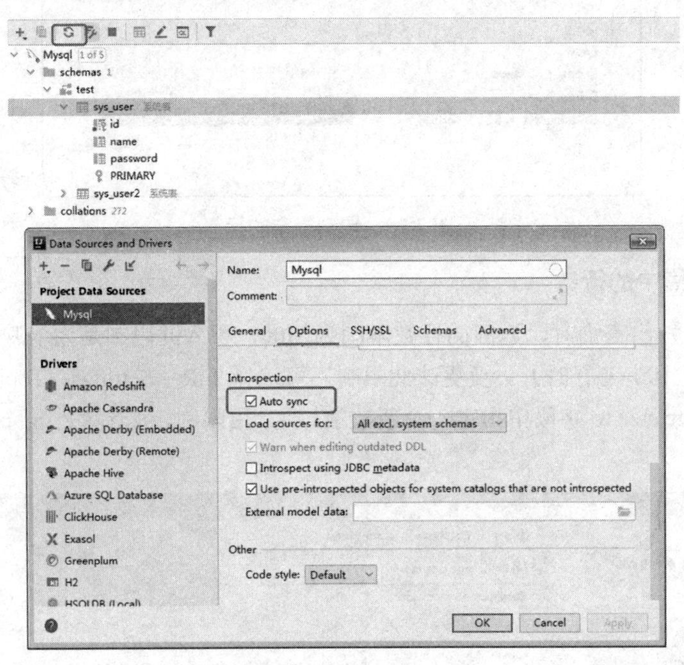

图 7-31 刷新数据库状态

2. 从工具栏过滤对象

要选择必要的对象，可使用工具栏上的过滤器图标，如图 7-32 所示。

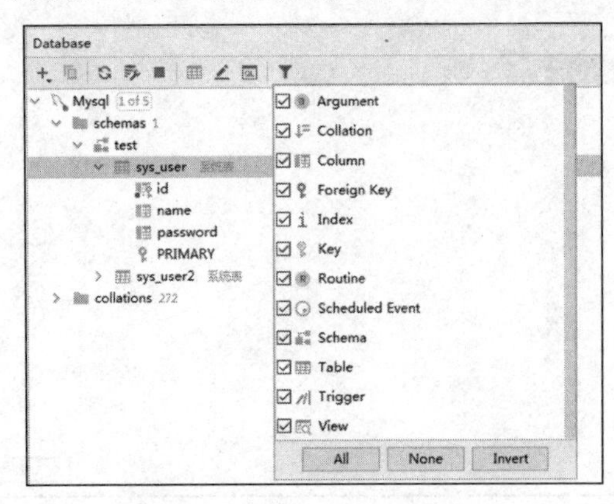

图 7-32 从工具栏过滤对象

3．数据源分组

要对数据源进行分组、启用或排序，可单击 Database（数据库）工具窗口标题栏上的显示选项菜单图标，然后选择必要的选项，如图 7-33 所示。

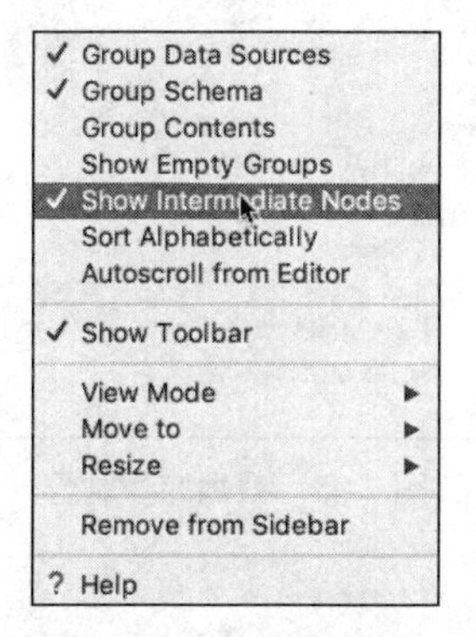

图 7-33　数据源分组

4．为数据源分配颜色

为了更好地区分生产数据库和测试数据库，可以为数据源分配颜色。在 Database（数据库）工具窗口中，单击数据源属性图标，选择要分配颜色的数据源。单击选择颜色图标，然后选择一种颜色，最后单击 OK 按钮，如图 7-34 所示。

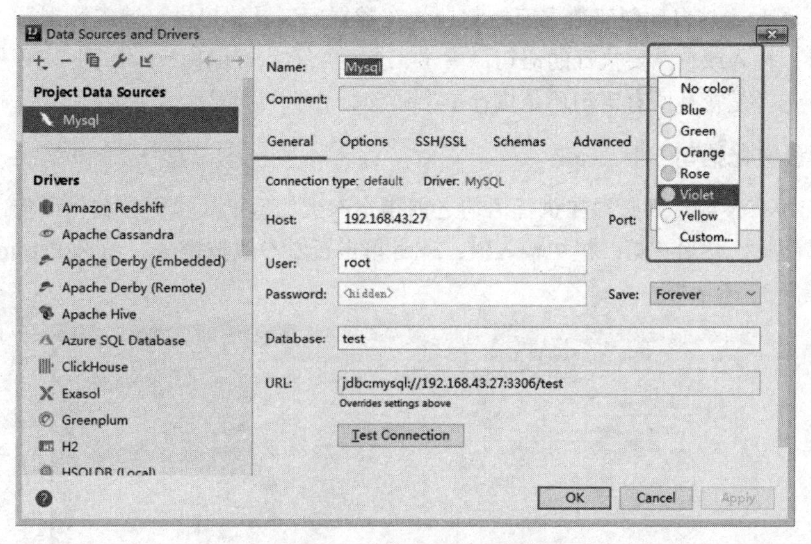

图 7-34　为数据源分配颜色

7.2.11　数据库控制台

数据库控制台是 SQL 文件，可以在其中编写和执行 SQL 语句。与暂存文件不同，控制台会附加到数据源。创建数据源时，将自动创建数据库控制台。如有必要，可以创建其他控制台。

1．创建数据库控制台

要创建控制台，可在 Database（数据库）工具窗口单击数据源，然后选择 File→New→Console。

2. 打开数据库控制台

在数据库工具窗口中，单击跳至控制台图标，然后选择一个控制台，如图 7-35 所示。

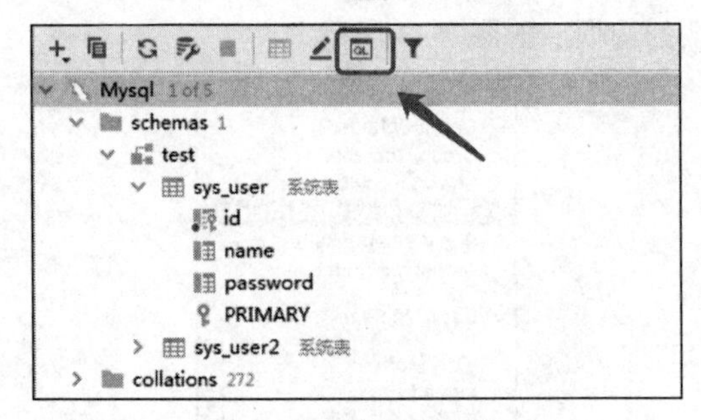

图 7-35 数据库控制台

3. 重命名数据库控制台

右击控制台文件，然后选择 Refactor→Rename。

7.2.12 执行 SQL 语句

1. 在数据库控制台中执行语句

创建数据源时，将自动创建数据库控制台。在数据库工具窗口中，单击数据源，打开或创建数据库控制台。输入或粘贴要执行的语句，单击工具栏上的执行图标▶，如图 7-36 所示。如果有多个语句，则选择是执行所有语句还是执行单个语句。

2. 执行参数化语句

如果语句中有参数，则必须在执行语句之前指定参数的值。要执行参数化语句，可单击工具栏上的执行按钮▶，然后在第二栏中输入值；或者单击查看参数按钮 p，打开 Parameters（参数）对话框，如图 7-37 所示。

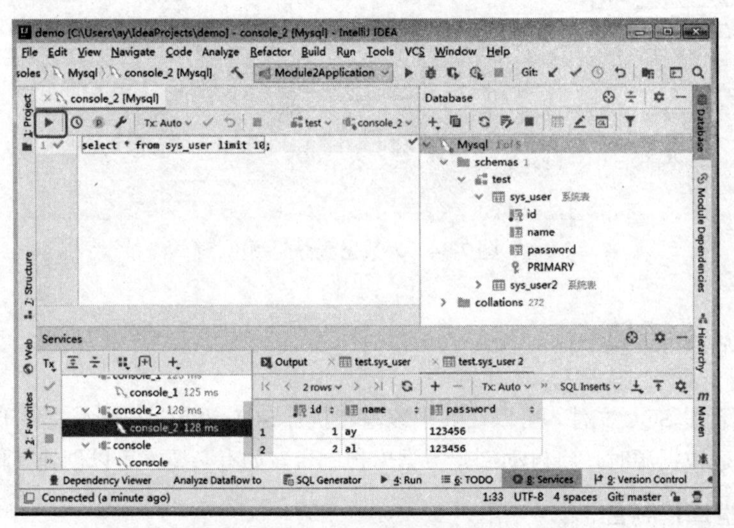

图 7-36 在控制台中执行 SQL 语句

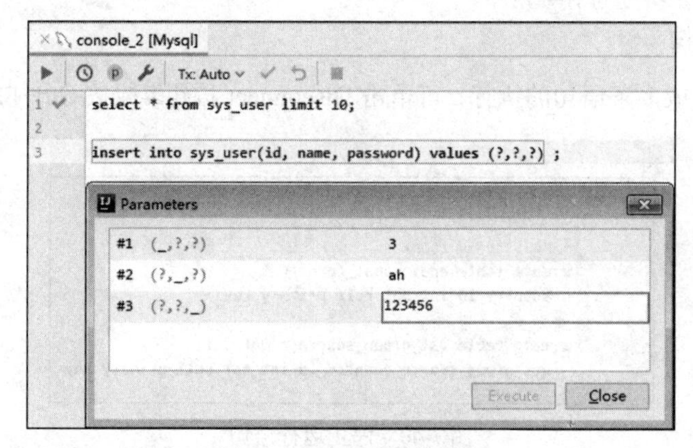

图 7-37 执行参数化语句

3. 执行一组语句

要执行一组语句，可选择必要的语句，然后单击 Run 按钮▶，如图 7-38 所示。

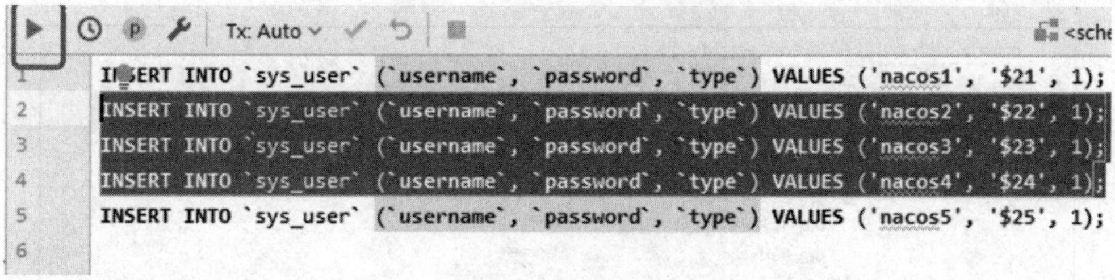

```
1 INSERT INTO `sys_user` (`username`, `password`, `type`) VALUES ('nacos1', '$21', 1);
2 INSERT INTO `sys_user` (`username`, `password`, `type`) VALUES ('nacos2', '$22', 1);
3 INSERT INTO `sys_user` (`username`, `password`, `type`) VALUES ('nacos3', '$23', 1);
4 INSERT INTO `sys_user` (`username`, `password`, `type`) VALUES ('nacos4', '$24', 1);
5 INSERT INTO `sys_user` (`username`, `password`, `type`) VALUES ('nacos5', '$25', 1);
6
```

图 7-38 执行一组语句

4. 查看已执行语句的历史记录

IntelliJ IDEA 存储已运行的所有语句的历史记录。要打开 History（历史记录）对话框，可单击🕓或按 Ctrl+Alt+E 快捷键。

- 要过滤信息，可开始输入搜索查询。
- 要将查询从 History（历史记录）对话框粘贴到控制台，可在 History（历史记录）对话框的左窗格中双击查询。
- 要从历史记录中删除记录，可选择记录，然后按 Delete 键，如图 7-39 所示。

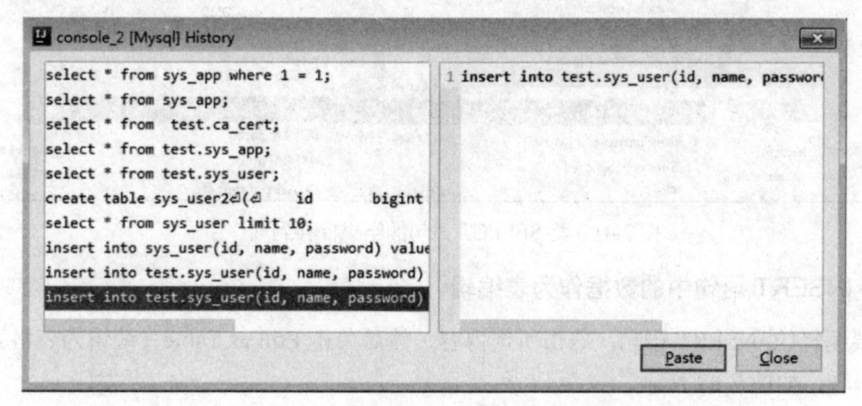

图 7-39 查看已执行语句的历史记录

5．停止运行语句

要终止当前一条或多条语句的执行，可单击 Disconnect 按钮■或按 Ctrl+F2 快捷键，如图 7-40 所示。

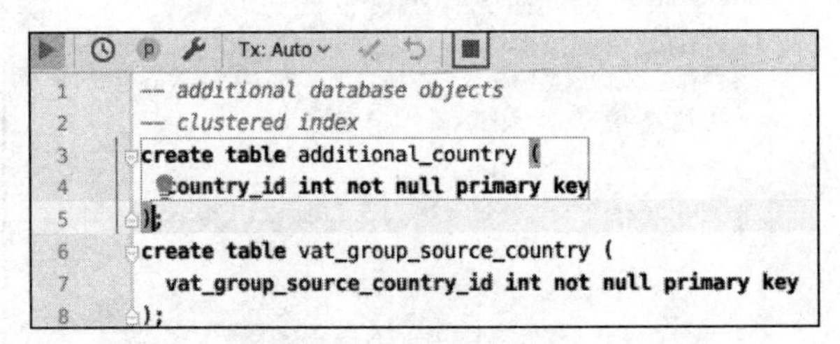

图 7-40　停止运行语句

6．将 SELECT 语句的结果保存到文件中

右击一条 SELECT 语句，选择 Execute to File（执行到文件），然后选择输出格式、指定文件位置和名称，如图 7-41 所示。

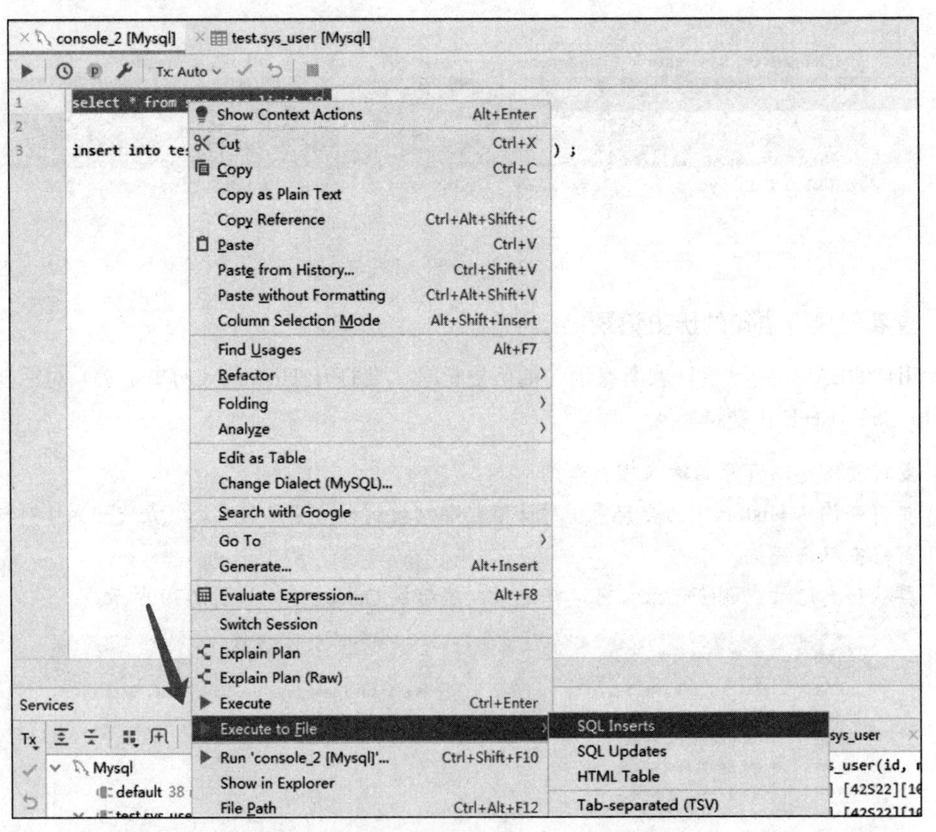

图 7-41　将 SELECT 语句的结果保存到文件中

7．将 INSERT 语句中的数据作为表编辑

选择要编辑的 INSERT 语句，右击所选内容，然后单击 Edit as Table（编辑为表格），以表格形式进行编辑，如图 7-42 所示。

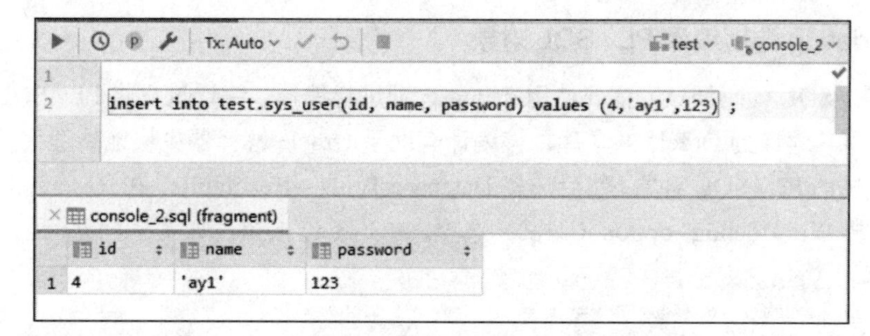

图 7-42 将 INSERT 语句中的数据作为表编辑

8．运行存储过程

存储过程是一组具有指定名称的 SQL 语句。右击要执行的存储函数。在执行存储过程窗口中，输入所有必需的参数值，然后单击 OK 按钮。

7.2.13 调试 Oracle PL/SQL 代码

该调试器基于使用 DBMS_DEBUG 包的 API 的 Oracle 探针，并且应在 Oracle 服务器 9.0 及更高版本上运行。

在 Oracle 中，可以调试以下程序单元（PL / SQL 程序）：匿名块，程序包，过程，函数和触发器。

1．创建 PL / SQL 对象

右击 Oracle 数据源，然后选择 Open Console，在控制台中输入或粘贴代码，单击 Run 按钮 ▶ 或按 Ctrl+Enter 快捷键以运行过程代码，结果会在数据库工具窗口中看到一个创建的对象，如图 7-43 所示。

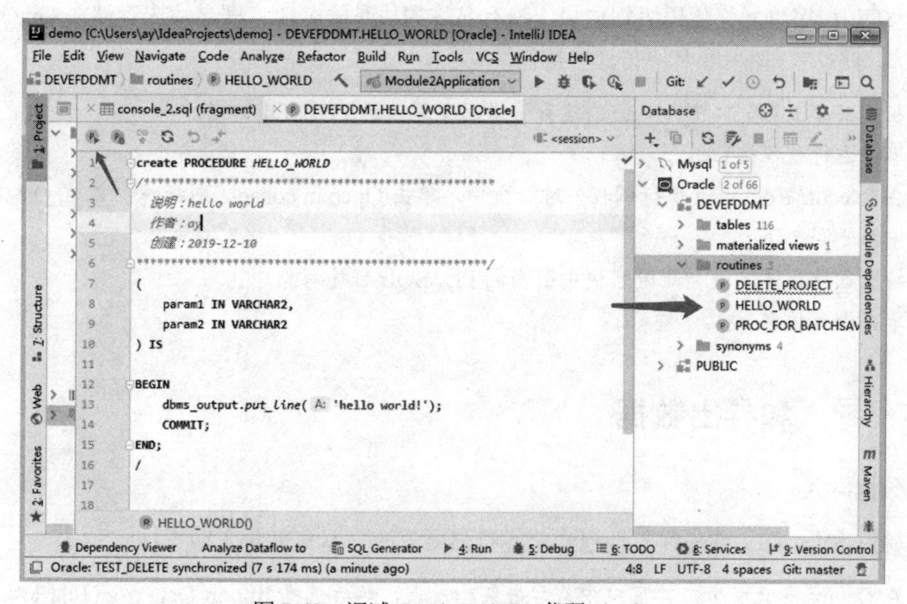

图 7-43 调试 Oracle PL/SQL 代码（一）

2．使用debug选项编译PL / SQL对象

要启用PL / SQL代码调试，需要使用debug选项进行编译。编译过程将PL / SQL代码转换为Pro * C，然后将其编译为Oracle共享库。该编译有助于Oracle解释器更快地处理代码。

右击要调试的PL / SQL对象，然后选择Database Tools→Recompile，在Recompile（重新编译）对话框中，选择With "debug" option（调试）选项，单击OK按钮，如图7-44所示。

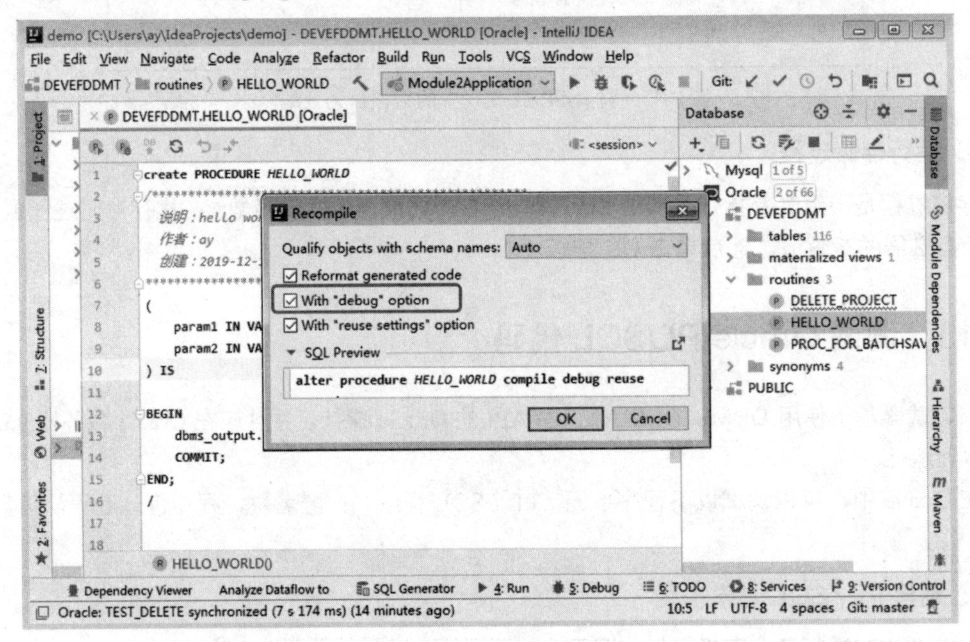

图7-44 调试Oracle PL/SQL代码（二）

3．调试PL / SQL程序单元

PL / SQL程序单元将代码组织成块。没有名称的块是匿名块。匿名块未存储在Oracle数据库中。在调试过程中，使用匿名块传递参数值。

- 在数据库工具窗口中，双击创建和编译用于调试的PL / SQL对象。
- 单击运行过程按钮。
- 在Execute Routine（执行例程）对话框中，单击Open in console图标，以在Oracle控制台中打开匿名块。
- 将断点放在匿名块和此匿名块中引用的PL / SQL程序对象中。
- 单击调试按钮。

7.2.14 导入和导出数据

1．数据导入

可以将CSV、TSV或任何其他包含定界符分隔值的文本文件导入数据库。

- 在Database数据库工具窗口中，右击架构或表，然后选择Import Data from File（从文件导入数据）。

- 导航到包含定界符分隔值的文件，然后单击 Open 按钮。
- 在“Import<文件名>File”（导入<文件名>文件）对话框中，指定数据转换设置，然后单击 OK 按钮，如图 7-45 所示。

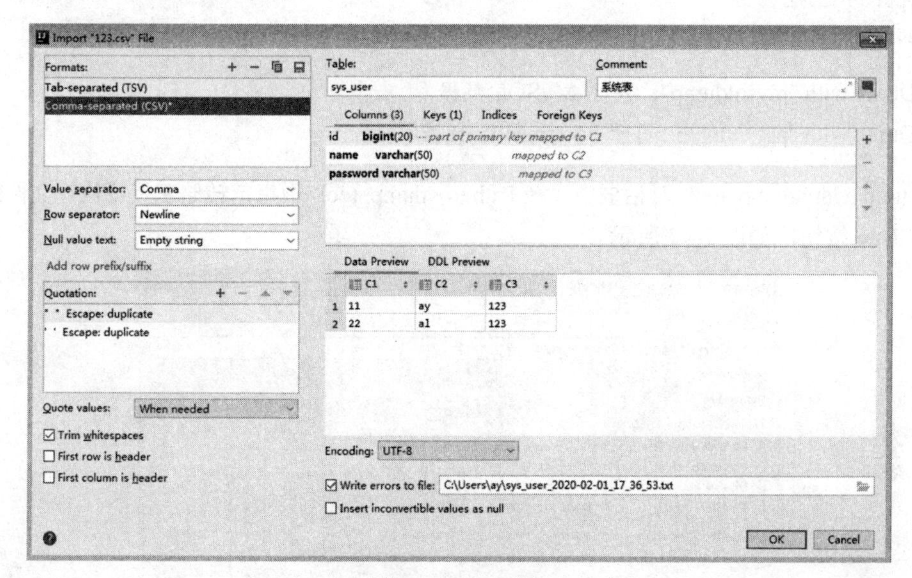

图 7-45　导入数据

2. 数据导出

可以将文件中的数据库数据导出为 SQL INSERT 和 UPDATE 语句、TSV 和 CSV、Markdown、HTML 表和 JSON 数据。为每个单独的表或视图创建一个单独的文件。

- 在 Database 工具窗口中，右击数据库对象，然后导航至 Dump Data to File(s)（将数据转储到文件）。
- 从上下文菜单中选择要用于导出的格式（例如，CSV）。
- 在文件浏览器中指定目标目录，然后单击 Open（打开）按钮，如图 7-46 所示。

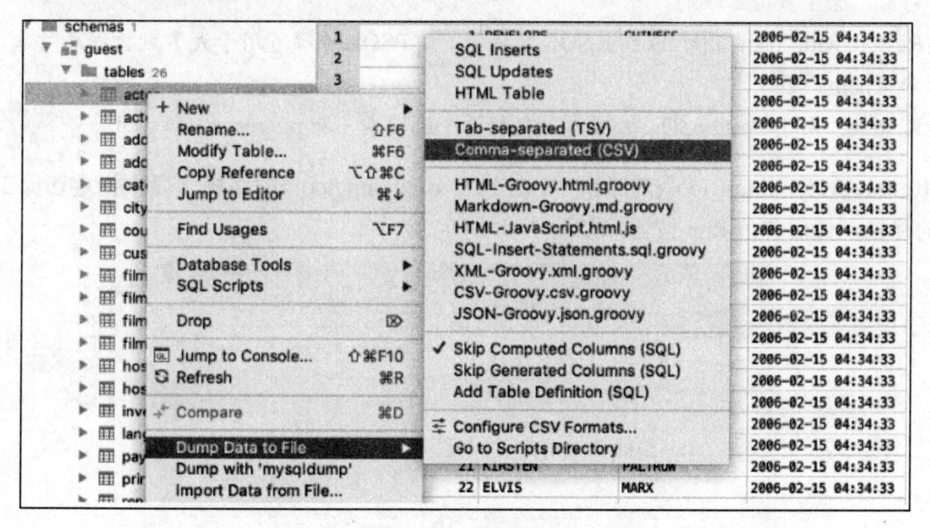

图 7-46　导出数据

3．备份数据

可以通过运行 MySQL 的 mysqldump 或 PostgreSQL 的 pg_dump 来为数据库对象（例如，模式、表或视图）创建备份 。

在 Database 工具窗口中，右击数据库对象，然后导航至：

- Dump with "mysqldump"：用于 MySQL 数据源。
- Dump with "pg_dump"：用于 PostgreSQL 数据源。

在 Dump with <dump_tool>对话框中，在 Path to <dump_tool>中指定转储工具可执行文件的路径。单击 Run 按钮，如图 7-47 所示。

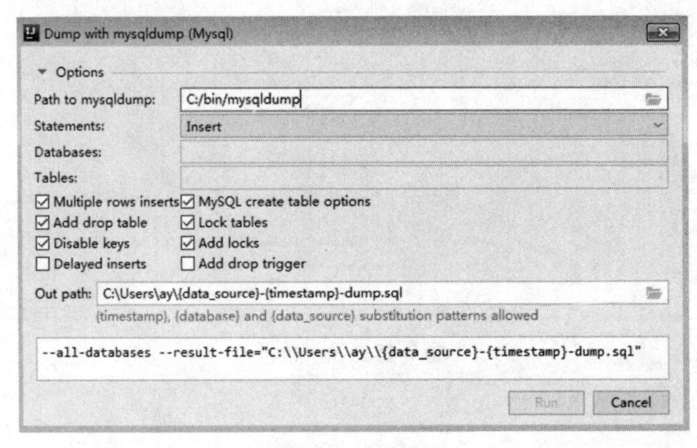

图 7-47　备份数据

可以通过 MySQL 的客户端实用程序 或 PostgreSQL 的 pg_restore 或 psql 还原数据转储。在 Database（数据库工具）窗口中，右击架构或数据库，然后导航至：

- Restore with "mysql"：用于 MySQL 数据源。
- Restore with "pg_restore"：用于 PostgreSQL 数据源。该 pg_restore 的选项可用于大多数数据库对象，除了数据源级别。
- Restore with "psql":用于 PostgreSQL 数据源。该 PSQL 选项可用于大多数数据库对象，除了表和 schema 层面。
- Restore：用于 PostgreSQL 数据源，包括两个选项卡，即 pg_restore 和 psql。

在 Restore with <dump_tool>对话框中，在 Path to <dump_tool>的路径字段中指定还原工具可执行文件的路径，最后单击 Run 按钮，如图 7-48 所示。

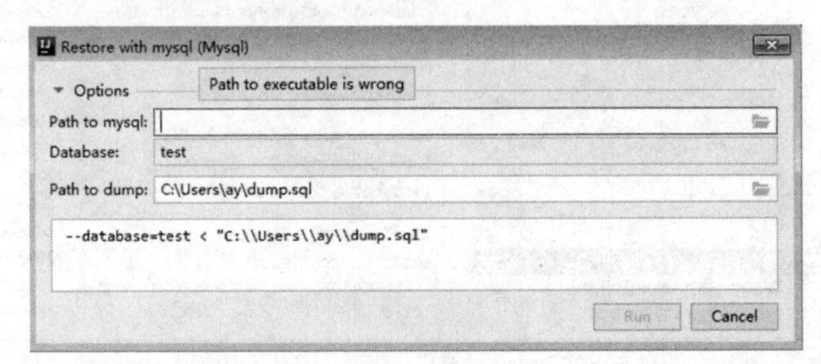

图 7-48　还原数据

7.2.15　创建图

1．为数据库对象生成图

我们可以为数据源、架构或表创建图。在 Database 数据库工具窗口中，右击数据库对象，然后选择 Diagrams→Show Visualisation，如图 7-49 所示。

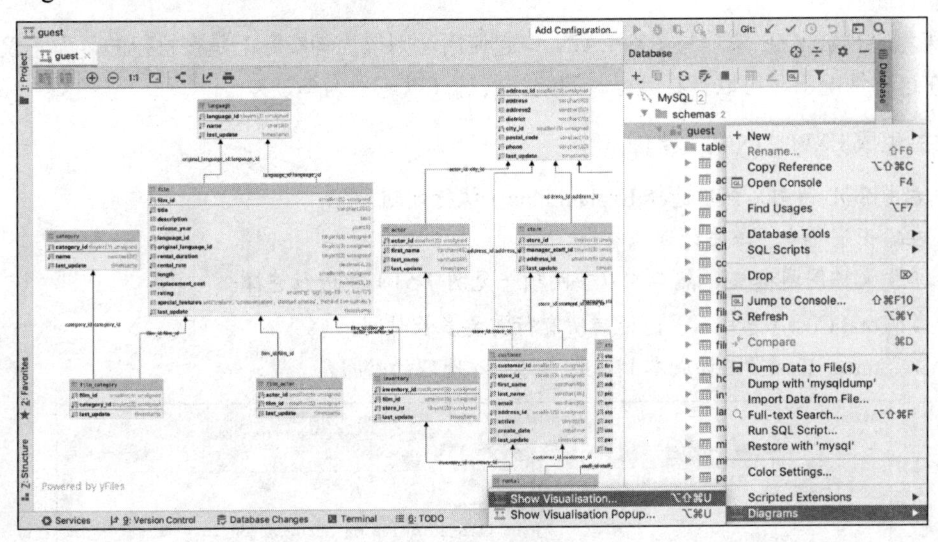

图 7-49　创建图

2．显示执行计划

执行计划是一组用于访问数据库中数据的步骤。IntelliJ IDEA 支持两种类型的执行计划：

- Explain Plan：结果以混合的树和表格格式显示在专用的 Plan 选项卡上。可以单击显示可视化图标（）创建一个可视化查询执行的图表。
- Explain Plan (Raw)：结果以表格格式显示。

要创建执行计划，可在数据库控制台中右击查询，然后选择 Explain Plan。如果要创建查询图，可单击显示可视化图标，如图 7-50 所示。

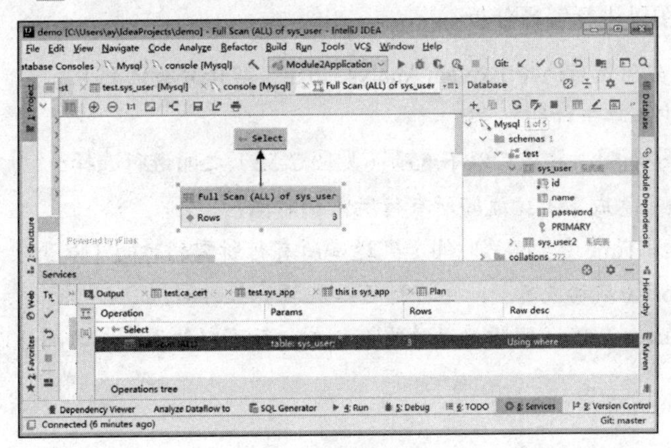

图 7-50　执行计划

3. 创建 EXPLAIN 查询计划

EXPLAIN 命令显示一条语句的执行计划。这意味着可以查看有关计划者执行该语句的方法的详细信息。例如，如何扫描表，使用哪种联接算法，语句执行成本和其他信息汇总在一起。

执行成本是计划者对运行该语句需要多长时间的猜测。该计量以相对成本单位进行。执行成本有两个选择：启动和总计。启动成本显示可以处理第一行所需的时间，而总成本则显示处理所有行所需的时间。

如果将 ANALYZE 选项与 EXPLAIN 一起使用，则该语句实际上是在执行的，而不仅仅是计划的。在这种情况下，可以查看运行时间统计信息（以毫秒为单位）。

（1）生成 EXPLAIN 的火焰图

- 右击 SQL 语句，然后选择 Explain Plan（执行计划）。
- 在输出窗格中，单击计划。
- 单击火焰图图标[≡]，然后在以下两项（见图 7-51）中进行选择：
  - ➢ Total Cost（总成本）：返回所有行需要多长时间。
  - ➢ Startup Cost（启动成本）：第一行可以处理的时间。

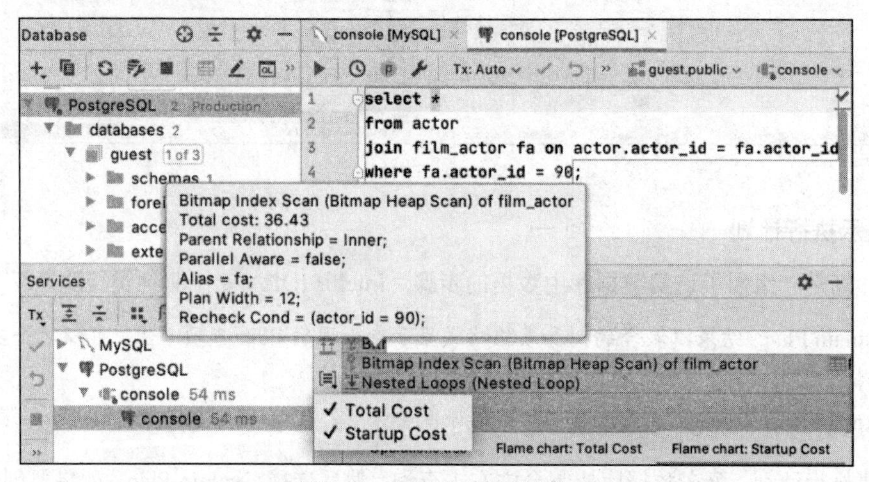

图 7-51　创建执行计划查询

（2）生成火焰图以进行解释分析

- 右击 SQL 语句，然后选择 Explain Analyse Plan（解释分析计划）。
- 在输出窗格中，单击计划。
- 单击火焰图图标[≡]，然后在以下选项（见图 7-52）之间进行选择：
  - ➢ Total Cost（总成本）：返回所有行所需的时间。
  - ➢ Actual Total Time（实际总时间）：返回所有行所需的时间（以毫秒为单位）。
  - ➢ Startup Cost（启动成本）：第一行可以处理多长时间。
  - ➢ Actual Startup Time（实际启动时间）：第一行可以处理多长时间（以毫秒为单位）。

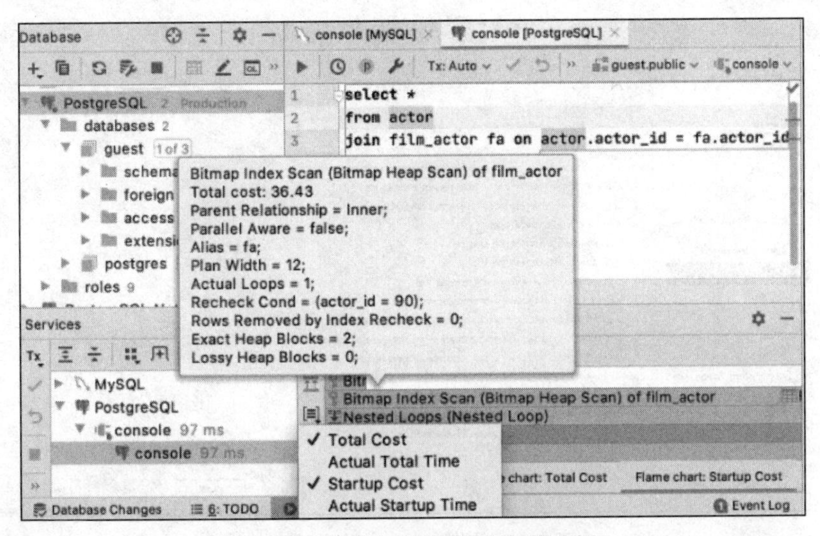

图7-52 生成火焰图以进行解释分析

7.3 Maven构建工具

利用IntelliJ IDEA可以管理Maven项目。

7.3.1 创建新的Maven项目

创建新的Maven项目，具体步骤如下：

步骤01 如果IntelliJ IDEA当前未打开任何项目，就在欢迎屏幕上单击Create New Project（创建新项目），否则从主菜单选择File→New→Project。

步骤02 从左侧的选项中选择Maven。

步骤03 如果要使用预定义的项目模板，可指定项目的SDK（JDK）或使用默认的SDK和原型（通过单击Add Archetype来配置自己的原型），单击Next按钮，如图7-53所示。

步骤04 在向导的下一页上，指定 添加到pom.xml文件中的Maven坐标：

- GroupId：新项目的软件包。
- ArtifactId：项目的名称。
- 版本：新项目的版本。默认情况下，此字段是自动指定的。

步骤05 如果使用Maven原型创建项目 ，则IntelliJ IDEA将显示Maven设置 ，可用于设置Maven主目录和Maven存储库。另外，可以检查原型属性，单击Next按钮。

步骤06 指定名称和位置设置，单击Finish按钮，如图7-54所示。

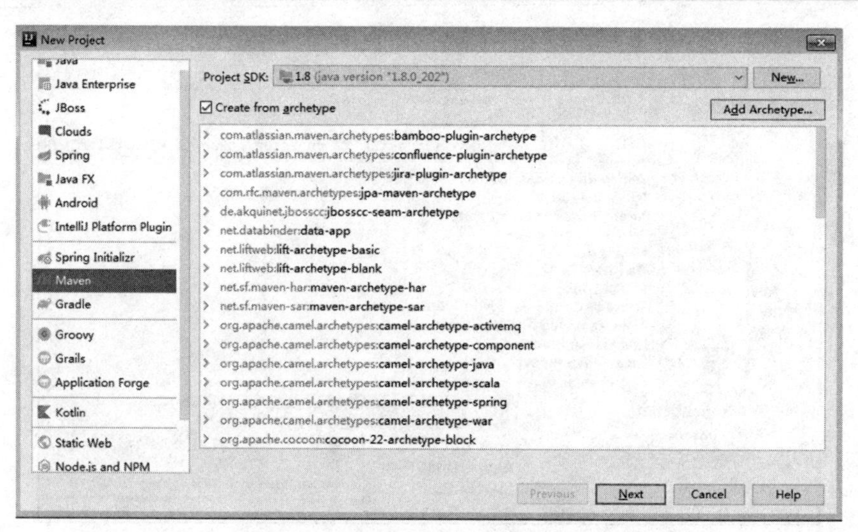

图 7-53　创建 maven 项目（一）

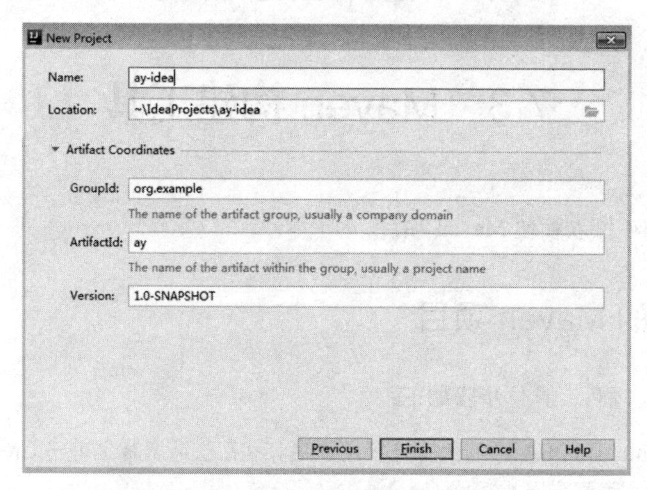

图 7-54　创建 maven 项目（二）

如果要打开一个现有的 Maven 项目，具体步骤如下：

步骤01　从主菜单中，选择 File→Open。

步骤02　在打开的对话框中，选择要打开的项目 pom.xml 文件，单击 OK 按钮。

步骤03　在打开的对话框中，单击 Open as Project（以项目形式打开）。

如果要将新的 Maven 模块添加到现有项目，具体步骤如下：

步骤01　在 Project 工具窗口中，右击项目文件夹，然后选择 New→Module。

步骤02　如果使用主菜单添加模块，则添加模块的过程与创建新的 Maven 项目相同。

如果要通过右击根文件夹来添加子模块，则添加新模块的过程会更短。在名称字段中指定模块的名称，其余信息将自动添加，既可以使用默认设置，也可以根据自己的喜好进行更改。

7.3.2　配置多模块的 Maven 项目

1．配置多模块 Maven 项目

可以在 IntelliJ IDEA 中创建一个多模块 Maven 项目。多模块项目由具有几个子模块的父 POM 文件定义：

（1）创建一个 Maven 父项目。IntelliJ IDEA 创建一个包括 src 文件夹的标准 Maven 布局。

（2）在 Project 工具窗口中，右击项目，然后选择 New→Module，添加子项目的模块。

（3）按照有关如何添加模块的说明，在“新建模块”向导中指定必要的信息，然后单击 Finish 按钮。

src 文件夹会自动创建。可以打开 POM 并添加所需要的包，IntelliJ IDEA 会将模块添加到父项目。IntelliJ IDEA 还将子项目的名称和描述添加到父 POM，如图 7-55 所示。

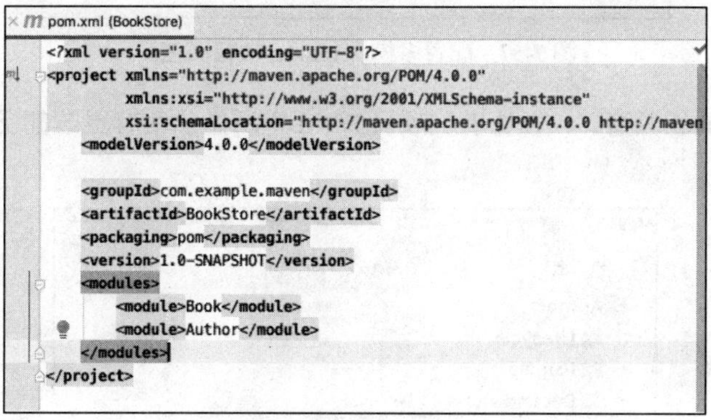

```
pom.xml (BookStore)
<?xml version="1.0" encoding="UTF-8"?>
<project xmlns="http://maven.apache.org/POM/4.0.0"
         xmlns:xsi="http://www.w3.org/2001/XMLSchema-instance"
         xsi:schemaLocation="http://maven.apache.org/POM/4.0.0 http://maven
    <modelVersion>4.0.0</modelVersion>

    <groupId>com.example.maven</groupId>
    <artifactId>BookStore</artifactId>
    <packaging>pom</packaging>
    <version>1.0-SNAPSHOT</version>
    <modules>
        <module>Book</module>
        <module>Author</module>
    </modules>
</project>
```

图 7-55　配置多模块 maven 项目（一）

最后但并非最不重要的一点是，IntelliJ IDEA 会将父 POM 的描述添加到子项目的 POM 中，如图 7-56 所示。

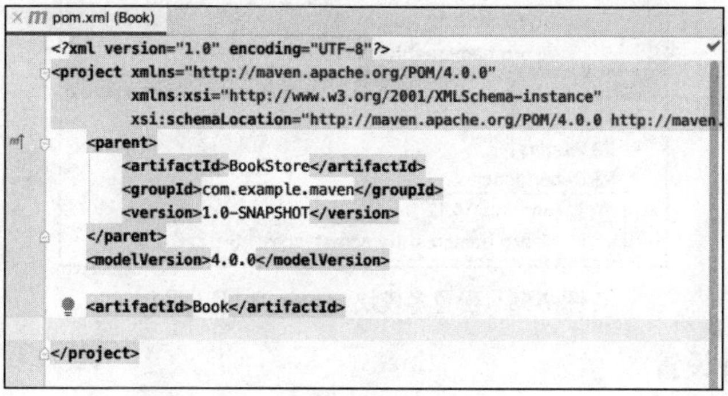

```
pom.xml (Book)
<?xml version="1.0" encoding="UTF-8"?>
<project xmlns="http://maven.apache.org/POM/4.0.0"
         xmlns:xsi="http://www.w3.org/2001/XMLSchema-instance"
         xsi:schemaLocation="http://maven.apache.org/POM/4.0.0 http://maven.
    <parent>
        <artifactId>BookStore</artifactId>
        <groupId>com.example.maven</groupId>
        <version>1.0-SNAPSHOT</version>
    </parent>
    <modelVersion>4.0.0</modelVersion>

    <artifactId>Book</artifactId>

</project>
```

图 7-56　配置多模块 maven 项目（二）

可以单击m↑左侧装订线以从子项目中快速打开父 POM。还可以将依赖项添加到将由子项目继承的父 POM，如图 7-57 所示。

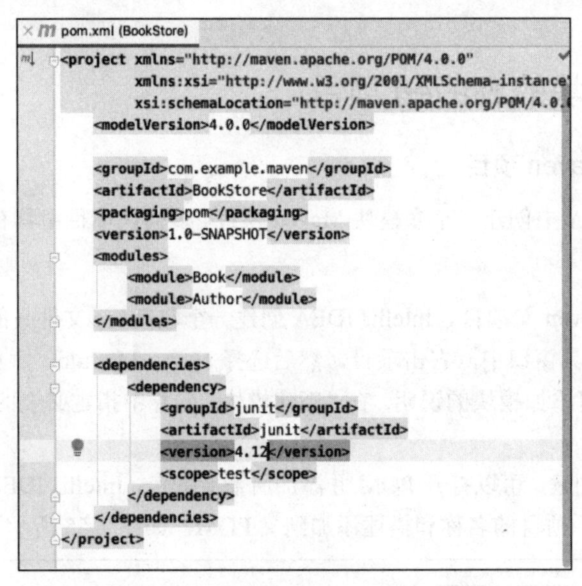

图 7-57 配置多模块 maven 项目（三）

（4）打开 Maven 工具窗口，以查看父项目 POM 中所做的所有更改都反映在子项目中，如图 7-58 所示。

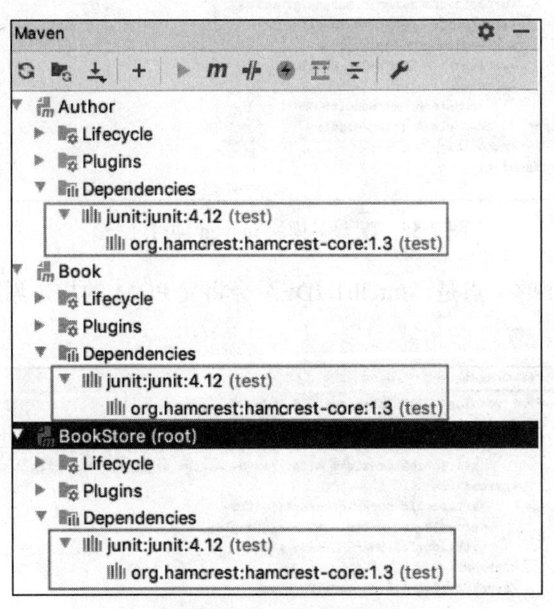

图 7-58 配置多模块 maven 项目（四）

2. 访问 Maven 设置

使用 Maven settings 可配置选项，例如 Maven 版本、本地存储库等，具体步骤如下：

步骤 01 在 Settings/Preferences 对话框中，转到“Build, Execution, Deployment”→Build Tools→Maven。

步骤 02 在 Maven 设置页面上，配置可用选项，然后单击 OK 按钮保存更改。

3. 安装 Maven 自定义版本

安装 Maven 自定义版本的具体步骤如下：

步骤01 在计算机上下载所需的 Maven 版本。

步骤02 从主菜单中选择 File→Settings/Preferences→Build, Execution, Deployment→Build Tools→Maven。

步骤03 在 Maven 设置页面上的 Maven home directory 文本框中指定 Maven 定制版本安装的位置。

步骤04 单击 OK 按钮。

4. 在 Maven 项目中更改 JDK 版本

可以在几个地方更改 JDK 版本，这不仅会影响当前的项目，还会影响整个应用程序。

（1）在项目结构中更改 JDK 版本

在 Project Structure 对话框中更改 JDK 版本只会影响当前项目：

- 从主菜单中，选择 File→Project Structure。
- 打开的对话框中，在 Project SDK 中指定 JDK 版本，然后单击 OK 按钮以保存更改，如图 7-59 所示。

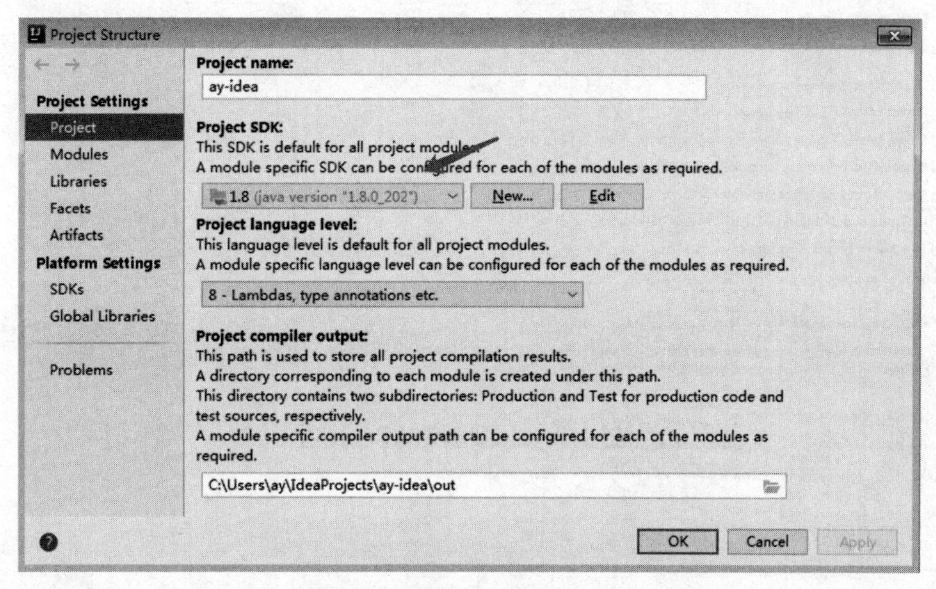

图 7-59 更改 SDK 版本（一）

（2）更改 Maven 运行程序的 JDK 版本

当 IntelliJ IDEA 运行 Maven 目标时，它将使用为 Maven 运行器指定的 JDK 版本。默认情况下，IntelliJ IDEA 使用项目的 JDK。更改 Maven 运行程序的 JDK 仅会影响当前项目：

- 在设置/首选项对话框中，转到“Build, Execution, Deployment”→Maven→Runner。
- 在打开页面的 JRE 字段中，选择 JDK 版本，如图 7-60 所示。

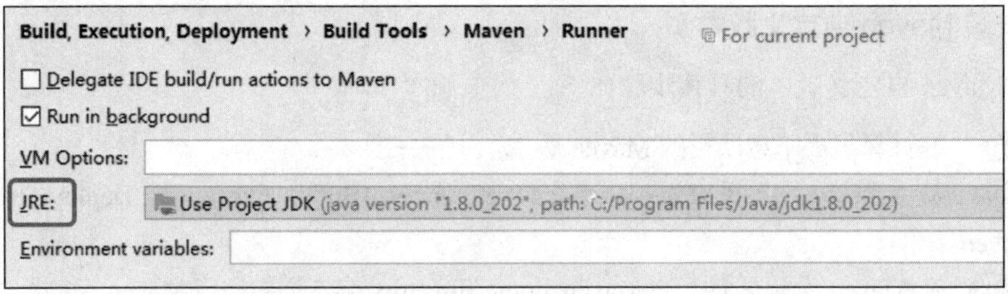

Build, Execution, Deployment › Build Tools › Maven › Runner For current project
Delegate IDE build/run actions to Maven
Run in background
VM Options:
JRE: Use Project JDK (java version "1.8.0_202", path: C:/Program Files/Java/jdk1.8.0_202)
Environment variables:

图 7-60 更改 SDK 版本（二）

（3）更改 Maven 导入器的 JDK 版本

更改 Maven 导入器的 JDK 版本将影响整个应用程序，因为它是 Maven 全局设置的一部分。如果要使用与项目中用于同步或解析依赖项的 JDK 版本相同的 JDK 版本，就更改导入程序的 JDK 版本。

- 在设置/首选项对话框中，转到“Build, Execution, Deployment”→Maven→Importing。
- 在打开的页面上，在 JDK for importer 字段中，选择与在 Project Structure（项目结构）中使用的相同的 JDK 版本，然后单击 OK 按钮以保存更改，如图 7-61 所示。

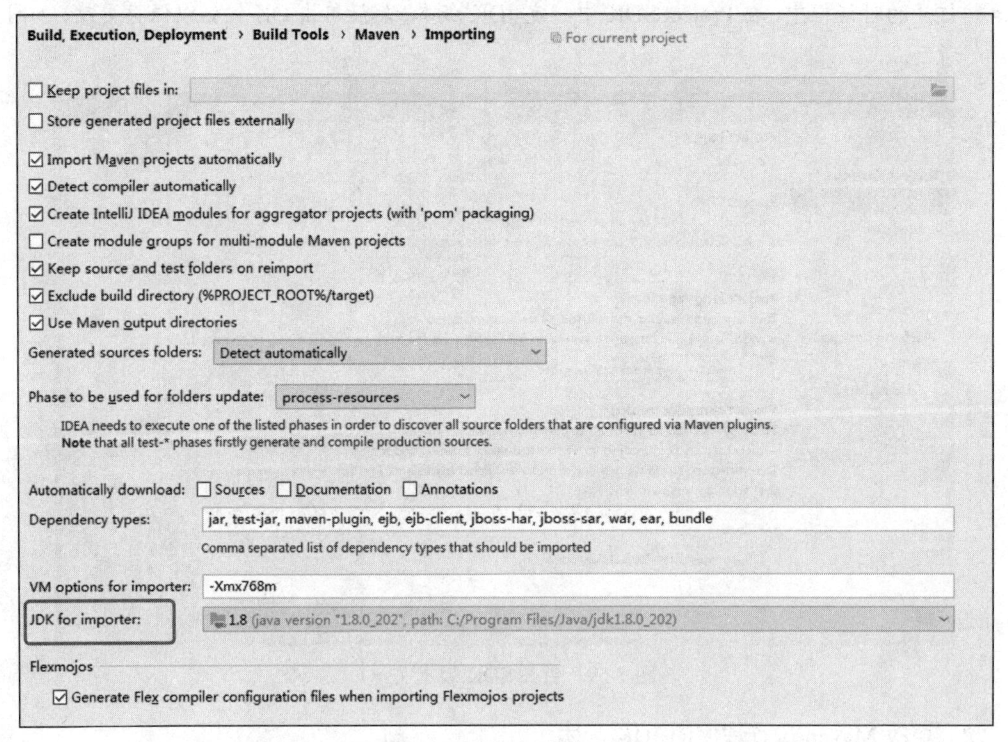

图 7-61 更改 SDK 版本（三）

7.3.3 Maven 项目

利用 IntelliJ IDEA 可以管理 Maven 项目：链接，忽略项目，同步 Maven 和 IntelliJ IDEA 项目中的更改，以及配置生成和运行操作。

1. 导航到 POM

具体步骤如下所示：

步骤01 在 Maven 工具窗口中，右击一个链接的项目。

步骤02 从上下文菜单中，选择 Jump to Source。

IntelliJ IDEA 导航到相应的 Maven 配置文件，然后在编辑器中打开相关的 POM。

2. 忽略 Maven 项目

可以使用 Ignore Projects（忽略项目）选项停用 Maven 项目。在这种情况下，IntelliJ IDEA 将忽略的 Maven 项目和子项目保留在 Maven 工具窗口中，但停止将其导入到项目中。具体步骤如下：

步骤01 在 Maven 工具窗口中，右击要忽略的项目。

步骤02 从上下文菜单中，选择 Ignore Projects（忽略项目）。

步骤03 如果要从 Projects 工具窗口中移除项目，就在打开的窗口中单击 Yes 按钮。如果要激活 Maven 项目或子项目，就从上下文菜单中选择 Unignore Projects。

3. 重新导入一个 Maven 项目

如果在 Maven settings 对话框中选择 Import Maven projects automatically 选项，则每次对 pom.xml 文件进行更改时，IntelliJ IDEA 都会自动重新导入项目。

如果要控制项目的导入，则可以手动触发操作：

步骤01 在 Maven 工具窗口中，右击一个链接的项目。

步骤02 从上下文菜单中，选择 Reimport（重新导入）。

调用此操作后，IntelliJ IDEA 会在 Maven 工具窗口中解析项目结构。IntelliJ IDEA 无法重新导入项目的一部分，而是重新导入整个项目，包括子项目和依赖项。

如果通过 Project Structure（项目结构）对话框（从主菜单中单击）来配置依赖项，则该依赖项将仅出现在 IntelliJ IDEA 项目工具窗口中，而不出现在 Maven 工具窗口中。注意，下一次重新导入项目时，IntelliJ IDEA 将删除添加的依赖项，因为 IntelliJ IDEA 将 Maven 配置视为唯一的事实来源。

4. 链接和取消链接 Maven 项目

一个 IntelliJ IDEA 项目中可以有多个 Maven 项目。如果将部分代码保留在不同的项目中，或者需要处理一些旧项目，这可能会有所帮助。可以在 IntelliJ IDEA 中链接此类项目并同时进行管理。也可以从 Maven 结构中快速删除此类项目。

链接一个 Maven 项目的具体步骤如下：

步骤01 打开 Maven 工具窗口。

步骤02 在 Maven 工具窗口中，单击+以附加 Maven 项目。

步骤03 在打开的对话框中，选择所需的 pom.xml 文件，然后单击 OK 按钮。

5. 取消链接 Maven 项目

当取消链接 Maven 项目时，IntelliJ IDEA 会删除所有相关项目和内容根，从 Maven 工具窗口和 Project 工具窗口中都删除 Maven 项目，并停止其同步。如果需要从当前 IntelliJ IDEA 项目中完全删除以前链接的 Maven 项目，这可能会有所帮助。具体步骤如下：

步骤01 在 Maven 工具窗口中，右击一个链接的项目。

步骤02 从上下文菜单中，选择 Unlink Maven Projects（取消链接 Maven 项目）。或者，可以选择链接的项目，然后单击工具窗口的 **—**（删除）图标。

步骤03 单击 OK 按钮。

6．将构建和运行操作委托给 Maven

默认情况下，IntelliJ IDEA 使用本机 IntelliJ IDEA 构建器来构建 Maven 项目。如果使用的是纯 Java 或 Kotlin 项目，则可能会有所帮助，因为 IntelliJ IDEA 支持增量构建，从而加快了构建过程。如果有动态更改编译的配置，或者构建生成具有自定义布局的工件，则对于构建过程而言 Maven 是更可取的。

步骤01 从主菜单中选择 File→Settings/Preferences→“Build, Execution, Deployment”→Build Tools→Maven。

步骤02 单击 Maven，然后从列表中选择 Runner。

步骤03 在 Runner 页面上，选择 Delegate IDE build / run action to maven，如图 7-62 所示。

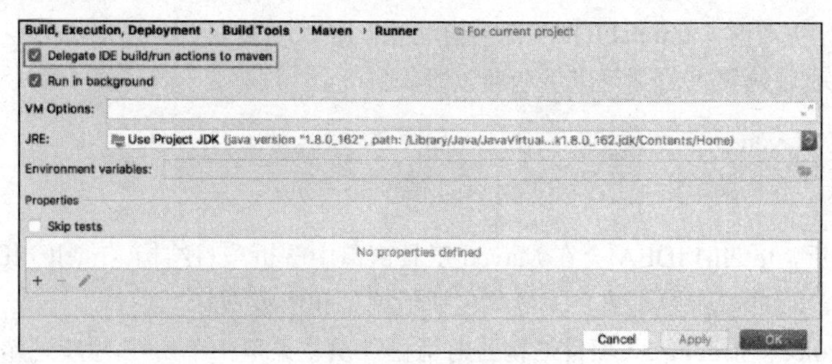

图 7-62　将构建和运行操作委托给 Maven（一）

步骤04 单击 OK 按钮。

步骤05 从主菜单中，选择 Build→Build Project。IntelliJ IDEA 调用适当的 Maven 目标。

步骤06 单击状态栏中的 图标以在 Build 工具窗口中查看同步结果，如图 7-63 所示。

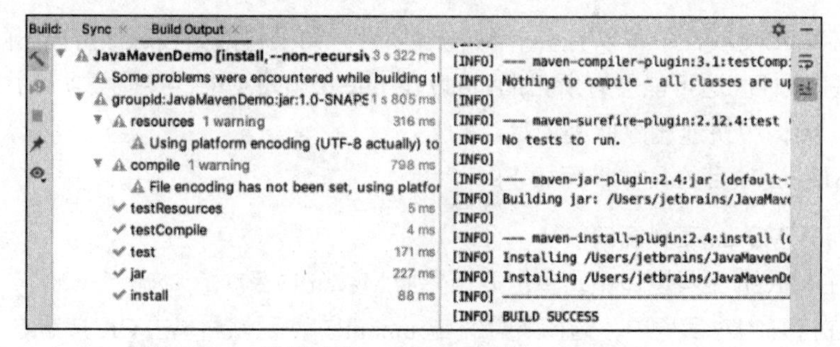

图 7-63　将构建和运行操作委托给 Maven（二）

7．使用 Maven 运行和调试

选择对 Maven 的 Delegate IDE 构建/运行操作时，IntelliJ IDEA 使用 Maven 运行并调试代码。HotSwap 也将被触发，并且在调试过程中将重新加载类。可以像在其他任何项目中一样使用常规的运行和调试操作。

根据要使用的操作，从主菜单中选择 Run→Run 或者 Run→Debug。如果要调试代码，就在 Run 工具窗口或 Debug 工具窗口中检查结果。例如，在 Java 项目中运行 main 方法时，IntelliJ IDEA 将使用 Maven 运行该类。

7.3.4 Maven 目标

IntelliJ IDEA 可以运行、调试和管理项目中的 Maven 目标。

1．运行 Maven 目标

可以使用多种方法来运行 Maven 目标，例如使用 Run Anything 窗口、使用 Maven 工具窗口中的上下文菜单或者为一个（或多个）Maven 目标创建运行配置。

从 Run Anything 窗口中运行 Maven 目标的具体步骤如下：

步骤01 在 Maven 工具窗口的工具栏上，单击*m*按钮。

步骤02 在 Run Anything 窗口中，开始输入要执行目标的名称。该窗口还显示最近的 Maven 目标条目的列表。如果有一个多模块项目并且需要从特定模块中执行目标，则在 Run Anything 窗口的右上角，从 Project 列表中选择所需的模块或目录，然后在搜索字段中输入目标的名称。

步骤03 IntelliJ IDEA 运行选定的目标并在 Run 工具窗口中显示结果，如图 7-64 所示。

图 7-64 Maven 目标

可以从上下文菜单运行 Maven 目标：

步骤01 在 Maven 工具窗口中，单击 Lifecycle 以打开 Maven 目标的列表。

步骤02 右击所需目标，然后从上下文菜单中选择 Run 'name of the goal'（运行目标名称）。IntelliJ IDEA 运行指定的目标，并将其添加到 Run Configurations（运行配置）节点。

2．通过运行配置运行一个 Maven 目标或一组目标

IntelliJ IDEA 可以为一个特定目标或一组多个目标创建运行配置，具体步骤如下：

步骤01 在 Maven 工具窗口中，单击 Lifecycle（生命周期）以打开 Maven 目标的列表。

步骤02 右击要为其创建运行配置的目标。（要选择几个 Maven 目标，可按 Ctrl 键并突出显

示所需的目标。)

步骤03 从列表中选择 Create 'goal name' (创建目标名称)。

步骤04 在 Create Run Configuration(创建运行/调试配置)'目标名称' 对话框中,指定目标设置(可以指定任何 Maven 命令和参数),然后单击 OK 按钮,如图 7-65 所示。

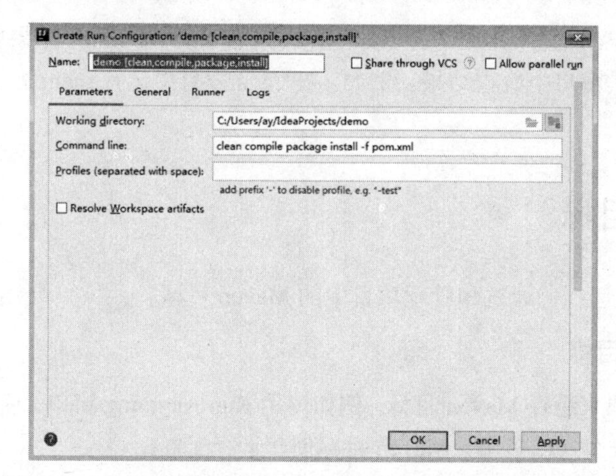

图 7-65 通过运行配置运行一个 Maven 目标或一组目标(一)

步骤05 IntelliJ IDEA 在 Run Configurations 节点下显示目标,如图 7-66 所示。

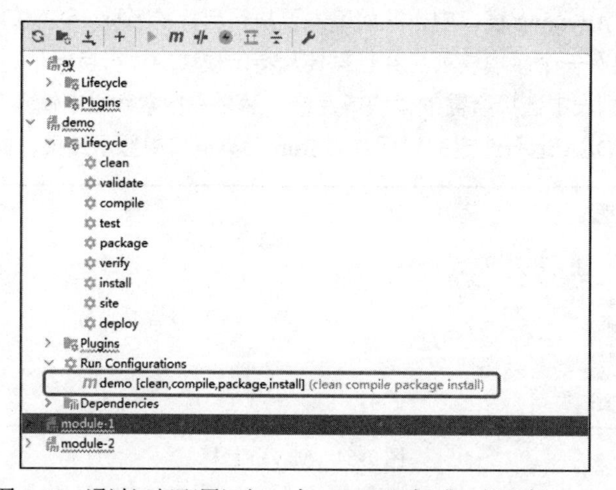

图 7-66 通过运行配置运行一个 Maven 目标或一组目标(二)

步骤06 双击目标以运行,或右击目标,然后从上下文菜单中选择 Run 命令。

3. 配置 Maven 目标的触发器

IntelliJ IDEA 可以在项目执行之前运行 Maven 目标,或使用目标激活配置来设置其他条件,具体步骤如下:

步骤01 在 Maven 工具窗口中,单击 Lifecycle 以打开目标列表。

步骤02 在打开的列表中,右击要为其设置触发器的目标。

步骤03 从上下文菜单中,选择一个激活阶段。

例如，当使用 Execute Before Build（在构建之前执行）操作作为触发器时，具有此类触发器的目标会在运行项目的构建操作（Build→Build Project）之前执行。如果要将构建操作委托给 Maven，则将执行 Maven install 命令，如图 7-67 所示。

激活名称将添加到 Maven 工具窗口中的选定目标，如图 7-68 所示。

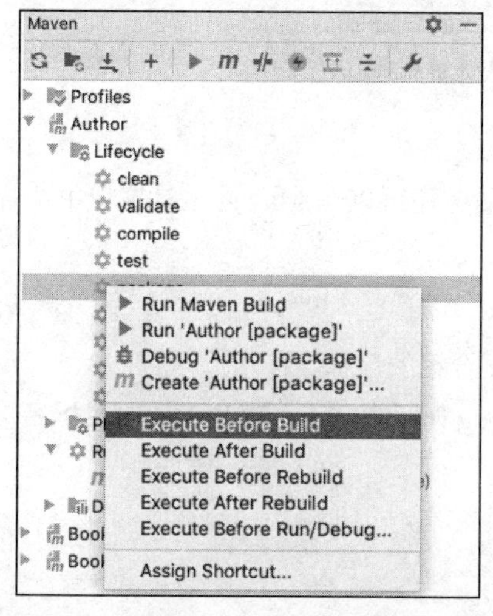

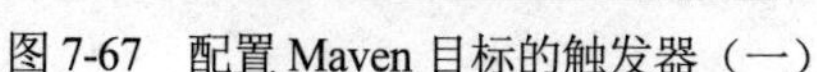

图 7-67 配置 Maven 目标的触发器（一）

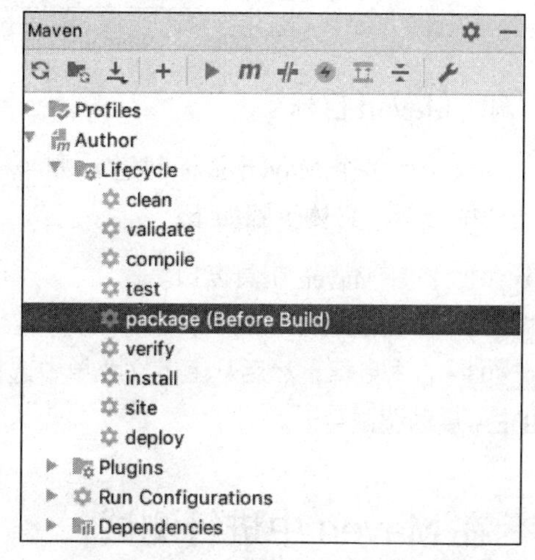

图 7-68 配置 Maven 目标的触发器（二）

4. 将 Maven 目标与键盘快捷键相关联

可以将 Maven 目标与键盘快捷键关联，并通过一次按键执行目标，具体步骤如下：

步骤 01 在 Maven 工具窗口中，右击所需的目标。

步骤 02 从上下文菜单中，选择 Assign Shortcut（分配快捷方式），将打开 Keymap（键盘映射）对话框。

步骤 03 在 Keymap（键盘映射）对话框中的 Maven 节点下导航到目标。

步骤 04 右击目标，然后从打开的列表中选择要分配的快捷方式类型，如图 7-69 所示。

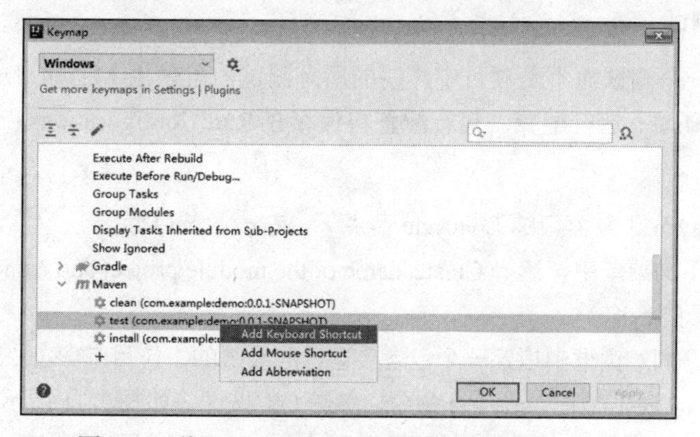

图 7-69 将 Maven 目标与键盘快捷键相关联（一）

步骤 05 在打开的对话框中，根据快捷方式的类型进行配置，然后单击 OK 按钮，如图 7-70 所示。

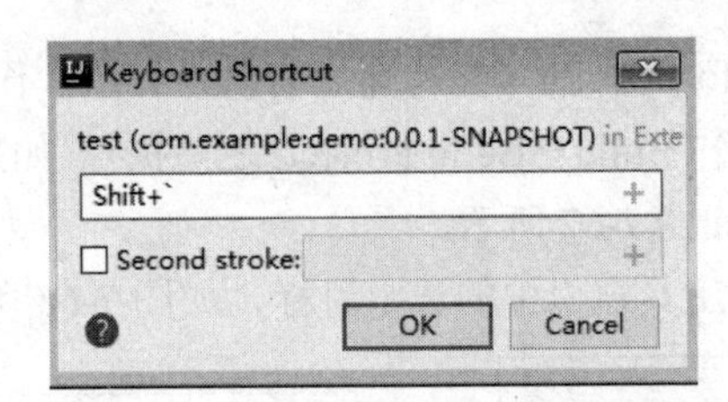

图 7-70　将 Maven 目标与键盘快捷键相关联（二）

5. 调试 Maven 目标

可以为一个或多个 Maven 目标创建常规的调试配置。还可以在 Maven 工具窗口中选择一个目标并启动调试会话，具体步骤如下：

步骤 01　打开 Maven 工具窗口。

步骤 02　在 Lifecycle 节点下，选择要为其启动调试会话的目标。

步骤 03　右击目标，然后从上下文菜单中选择 Debug [name of the goal]（调试[目标名称]）。IntelliJ IDEA 启动调试会话。

7.3.5 在 Maven 中进行测试

在 Maven 项目中，可以使用默认的 IntelliJ IDEA 测试运行器创建和运行测试。还可以在运行 JUnit 或 TestNg 测试时传递 Maven Surefire 插件参数，并在运行集成测试时传递 Maven Failsafe 插件参数。Maven surefire 插件默认在父 POM 中声明，但是可以在项目的 POM 中调整其设置。

1. 运行测试

步骤 01　打开 Maven 工具窗口。

步骤 02　在 Lifecycle（生命周期）节点下，选择 test（测试）。注意，在此阶段将激活 Maven surefire 插件中指定的目标，并且将运行项目或模块中的所有测试。

2. 运行一个测试

如果是仅运行一个测试而不是项目中声明的所有测试，可使用 Maven -Dtest=TestName test 命令为单个测试创建 Maven 运行配置。运行配置将保存在 Run Configurations（运行配置）节点下。具体步骤如下：

步骤 01　在 Maven 工具窗口的 Lifecycle 节点下，右击测试目标。

步骤 02　从上下文菜单中，选择 Create 'name of the module/project and name of a goal'（创建'模块/项目的名称和目标的名称'）。

步骤 03　在打开的对话框中指定一个包含要运行的测试的工作目录，然后在 Command line（命令行）文本框中输入-Dtest=TestName test 命令，单击 OK 按钮，如图 7-71 所示。

步骤 04　打开 Run Configurations（运行配置）节点，然后双击要运行的配置，如图 7-72 所示。

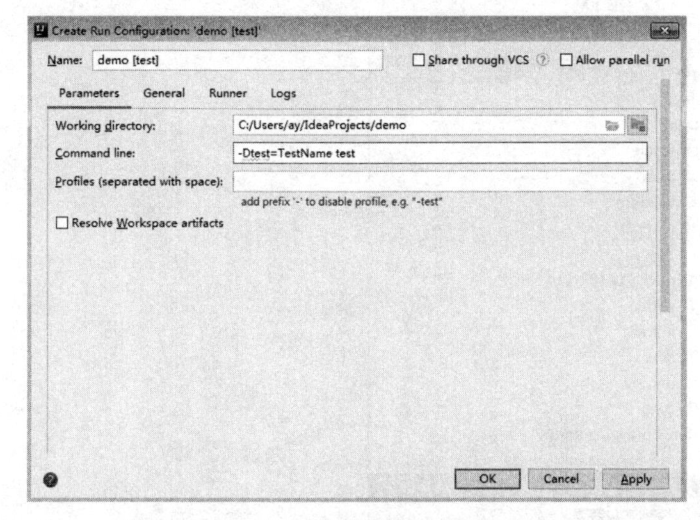

图 7-71 在 Maven 中进行测试（一）

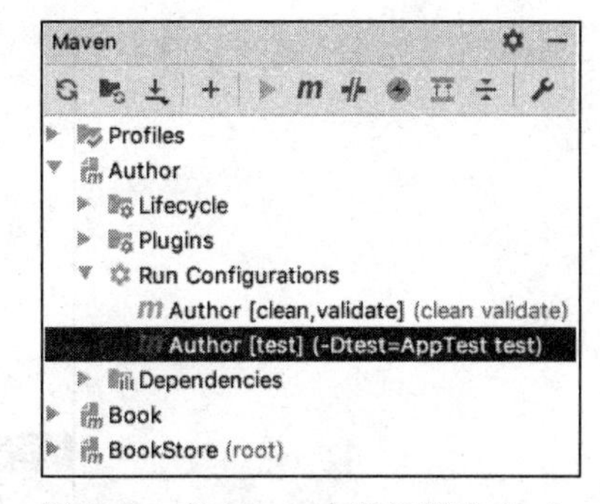

图 7-72 在 Maven 中进行测试（二）

3．跳过测试

只想编译项目而又不想等待 Maven 完成测试的执行时可以跳过运行测试。

在 IntelliJ IDEA 中的“跳过测试”操作是通过 Maven 命令-Dmaven.test.skip=true 实现的，具体步骤如下：

步骤01 单击 Maven 工具窗口中的图标以打开 Maven 设置，然后从左侧的选项中选择 Runner。在 Maven 工具窗口中，用切换 Skip tests（跳过测试）模式。

步骤02 在“运行器”页面上，选择 Skip tests（跳过测试），然后单击 OK 按钮，如图 7-73 所示。

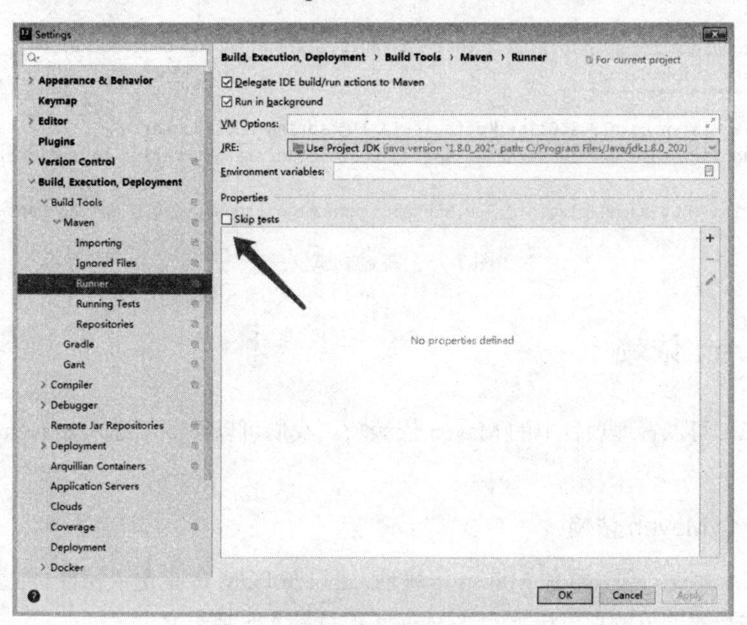

图 7-73 跳过测试（一）

IntelliJ IDEA 停用 Lifecycle（生命周期）节点下的测试目标，如图 7-74 所示。

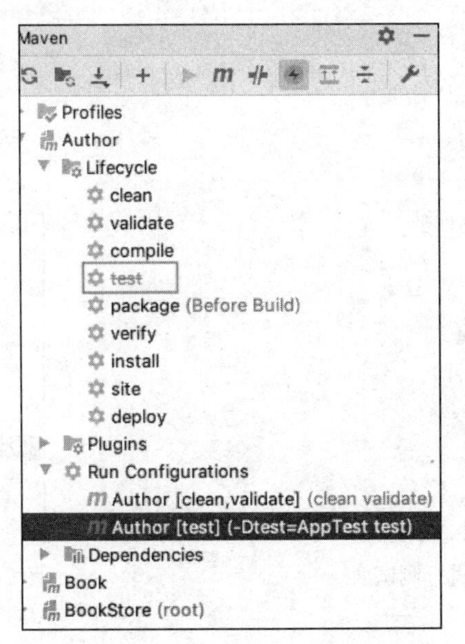

图 7-74 跳过测试（二）

当执行其他目标时，会在 Run 工具窗口中显示通知已跳过测试的相应消息，如图 7-75 所示。

```
[INFO] Using 'UTF-8' encoding to copy filtered resources.
[INFO] skip non existing resourceDirectory /Users/ay/Work/haixi/spring-boot-docker/src/test/resources
[INFO]
[INFO] --- maven-compiler-plugin:3.8.1:testCompile (default-testCompile) @ spring-boot-docker ---
[INFO] Nothing to compile - all classes are up to date
[INFO]
[INFO] --- maven-surefire-plugin:2.22.2:test (default-test) @ spring-boot-docker ---
[INFO] Tests are skipped.
[INFO]
[INFO] --- maven-jar-plugin:3.2.0:jar (default-jar) @ spring-boot-docker ---
[INFO] Building jar: /Users/ay/Work/haixi/spring-boot-docker/target/spring-boot-docker-0.0.1.jar
[INFO]
[INFO] --- spring-boot-maven-plugin:2.3.0.RELEASE:repackage (repackage) @ spring-boot-docker ---
```

图 7-75 跳过测试（三）

7.3.6 Maven 依赖

IntelliJ IDEA 可以管理项目中的 Maven 依赖项。我们可以添加、导入 Maven 依赖关系，并在图中查看它们。

1. 添加一个 Maven 依赖

IntelliJ IDEA 允许向项目添加 Maven 依赖项，建议在 POM 中指定依赖性。注意在 IntelliJ IDEA 模块设置中手动设置的依赖项将在下一次 Maven 项目导入时被丢弃。

步骤 01 在编辑器中打开 POM。

步骤 02 按 Alt+Insert 快捷键以打开 Generate 上下文菜单。

步骤 03 从上下文菜单中，选择 Dependency（依赖关系）或 Dependency Template（依赖关系模板）以进行快速搜索。

步骤 04 如果切换到 Search for class（搜索类）选项卡，则在打开的对话框中搜索 artifacts 或类。

步骤 05 搜索 Maven artifacts 的语法为 group-id:artifact-id:version，如图 7-76 所示。

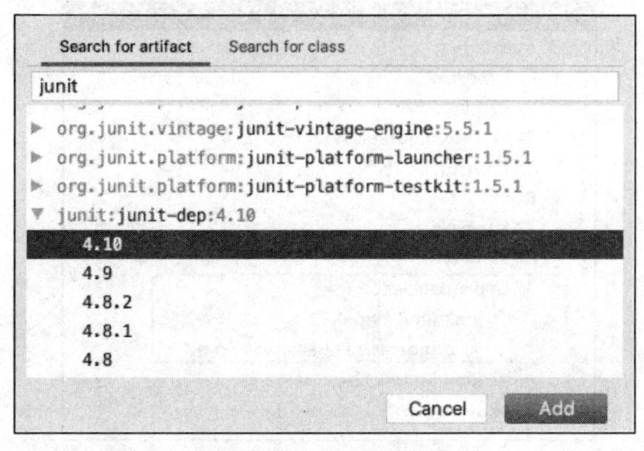

图 7-76　Maven 依赖（一）

还可以使用:*:通配符来指定搜索，例如，输入“*:fest:*”将返回包含 fest 部分的工件 artifact-id，如图 7-77 所示。

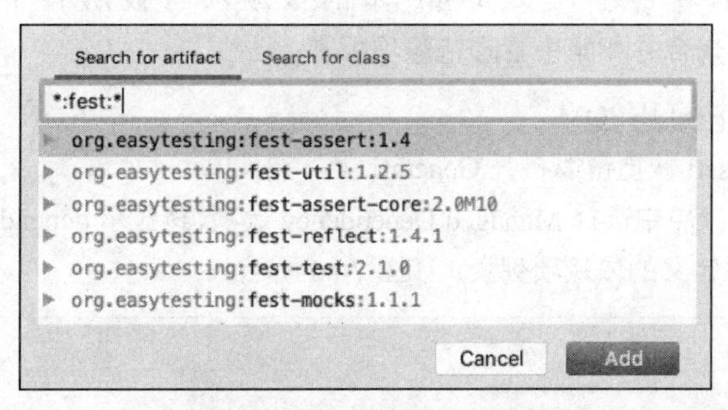

图 7-77　Maven 依赖（二）

步骤 06 单击 Add 按钮。IntelliJ IDEA 将依赖项添加到 pom.xml 中，如图 7-78 所示。

```
pom.xml (Book)
<project xmlns="http://maven.apache.org/POM/4.0.0"
         xmlns:xsi="http://www.w3.org/2001/XMLSchema-instance"
         xsi:schemaLocation="http://maven.apache.org/POM/4.0.0
    <parent...>
    <modelVersion>4.0.0</modelVersion>

    <artifactId>Book</artifactId>
    <dependencies>
        <dependency>
            <groupId>junit</groupId>
            <artifactId>junit-dep</artifactId>
            <version>4.10</version>
        </dependency>
    </dependencies>
</project>
```

图 7-78　Maven 依赖（三）

IntelliJ IDEA在Maven工具窗口中显示对Dependencies节点的依赖性，在Project工具窗口中显示对外部库的依赖性。如果添加的依赖项具有自己的传递性依赖项，则IntelliJ IDEA在两个工具窗口中会显示，如图7-79所示。

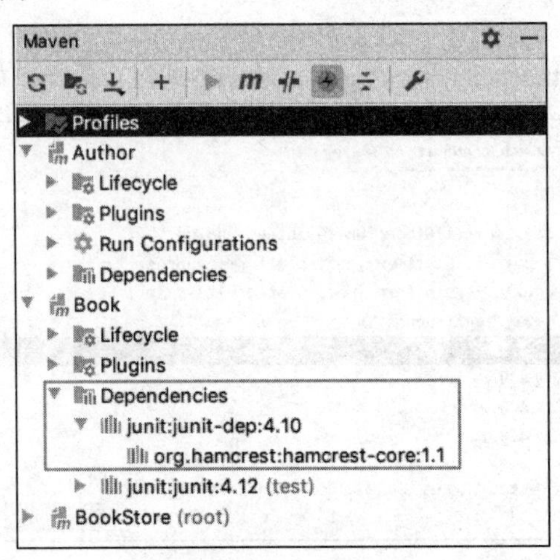

图7-79 Maven依赖（四）

2．集中管理依赖版本

在多模块Maven项目中，父POM中的依赖项将被所有子项目继承。可以用dependencyManagement来合并和集中管理依赖项版本：

步骤01 在编辑器中打开POM。

步骤02 按Alt+Insert快捷键以打开Generate上下文菜单。

步骤03 从上下文菜单中选择Managed Dependency选项，将显示dependencyManagement在多模块项目父POM部分中定义的依赖项列表，如图7-80所示。

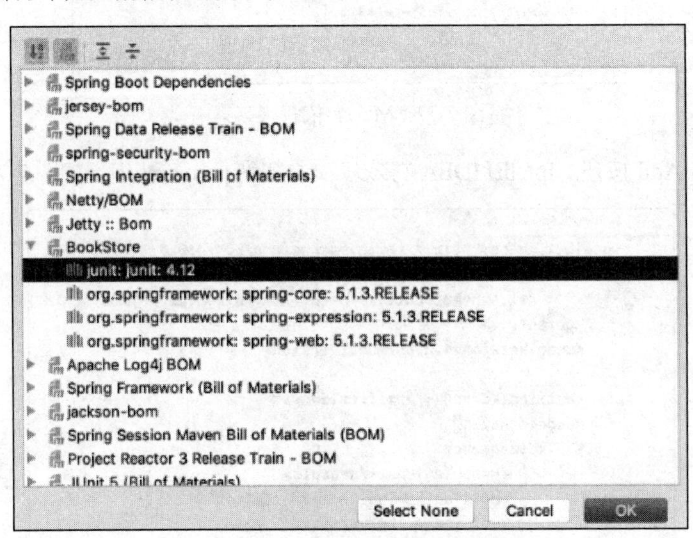

图7-80 集中管理依赖版本（一）

步骤04 选择所需的依赖关系，然后单击OK按钮。依赖项已添加到POM中。无须在依赖项中指定版本，该依赖项将从 DependencyManagement 中获取。

如果要覆盖定义的版本，则需要将 version 添加到 POM 依赖管理项内。

3．为 Maven 依赖项添加范围

可以使用 POM 为依赖项添加范围。在这种情况下，IntelliJ IDEA 将在指定阶段执行依赖关系，具体步骤如下：

步骤 01　在 POM 文件的依赖项描述中添加 scope，并添加范围的名称，如图 7-81 所示。

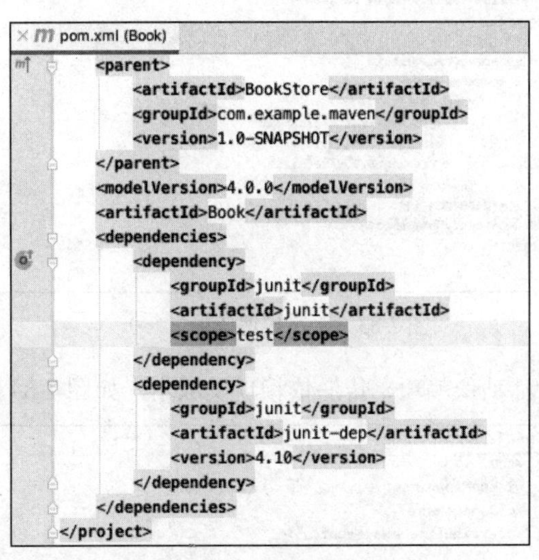

图 7-81　为 Maven 依赖项添加范围（一）

步骤 02　范围的名称显示在 Maven 工具窗口中。在 Project Structure（项目结构）对话框的 Modules（模块）页面上还显示了依赖项的范围，如图 7-82 所示。

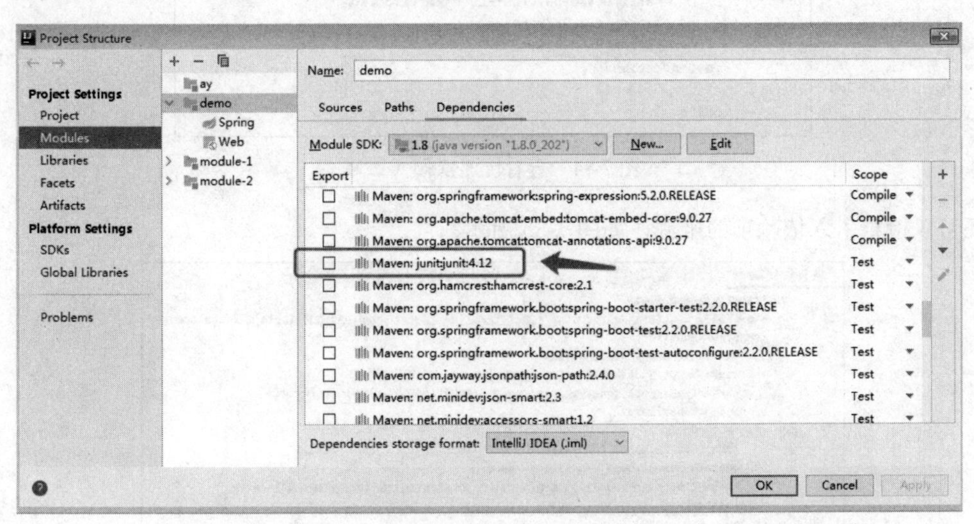

图 7-82　为 Maven 依赖项添加范围（二）

注意，在 Project Structure（项目结构）对话框中更改依赖项的范围不会影响 pom.xml 文件。

4．使用 Maven 传递依赖项

在项目的 POM 中，按住 Ctrl 键并将鼠标指针悬停在依赖项上，单击依赖项以打开依赖项的 POM，如图 7-83 所示。

```
pom.xml (BookStore)
        xmlns:xsi="http://www.w3.org/2001/XMLSchema-instance"
        xsi:schemaLocation="http://maven.apache.org/POM/4.0.0 http://maven.apache
    <modelVersion>4.0.0</modelVersion>
    <groupId>com.example.maven</groupId>
    <artifactId>BookStore</artifactId>
    <packaging>pom</packaging>
    <version>1.0-SNAPSHOT</version>
    <modules...>
    <profiles...>
    <dependencyManagement>
        <dependencies>
            <dependency>
                <groupId>junit</groupId>
                <artifactId>junit</artifactId>
                <version>4.12</version>
            </dependency>
        </dependencies>
    </dependencyManagement>
</project>
```

图 7-83　查看传递依赖（一）

在依赖项 POM 中查看活动依赖项、传递依赖项及版本，如图 7-84 所示。

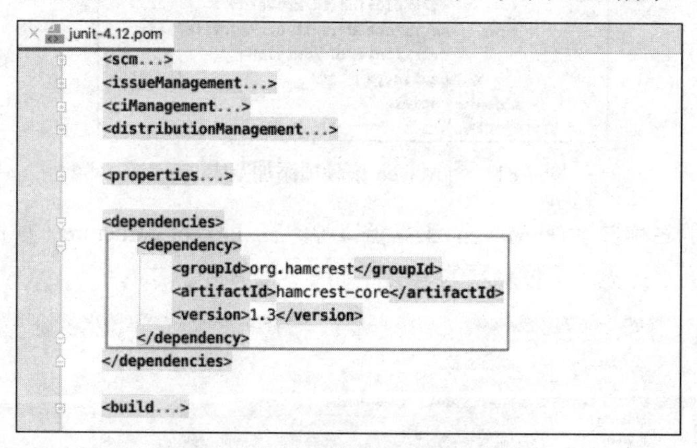

图 7-84　查看传递依赖（二）

还可以检查引入依赖项的来源，如图 7-85 所示。

```
junit-4.12.pom
<distributionManagement>
    <downloadUrl>https://github.com/junit-team/junit/wiki/Download-and-Install</downloadUrl>
    <snapshotRepository>
        <id>junit-snapshot-repo</id>
        <name>Nexus Snapshot Repository</name>
        <url>https://oss.sonatype.org/content/repositories/snapshots/</url>
    </snapshotRepository>
    <repository>
        <id>junit-releases-repo</id>
        <name>Nexus Release Repository</name>
        <url>https://oss.sonatype.org/service/local/staging/deploy/maven2/</url>
    </repository>
    <site>
        <id>junit.github.io</id>
        <url>gitsite:git@github.com/junit-team/junit.git</url>
    </site>
</distributionManagement>
```

图 7-85　查看传递依赖（三）

如果需要，可以排除传递依赖。打开依赖项 POM 并找到要排除的传递性依赖项。复制 groupId 和 artifactId。在项目 POM 中的活动依赖项下，输入“exclusions”并使用代码完成功能粘贴要排除的依赖项的复制信息，如图 7-86 所示。

该依赖项也从 Project 和 Maven 工具窗口中排除。

可以自动或手动将依赖项导入到 Maven 项目。IntelliJ IDEA 导入添加的依赖项时，它将解析该依赖项并更新项目。

在 Maven 工具窗口中，单击图标以打开 Maven→Importing 界面，并选中 Import Maven projects automatically 复选框。另外，确保导入程序的 JDK 与要使用的 JDK 版本匹配。在这种情况下，每次更改 POM 时，依赖关系都会自动更新。

在 Maven 工具窗口中，单击按钮，可以手动触发重新导入和更新依赖关系。

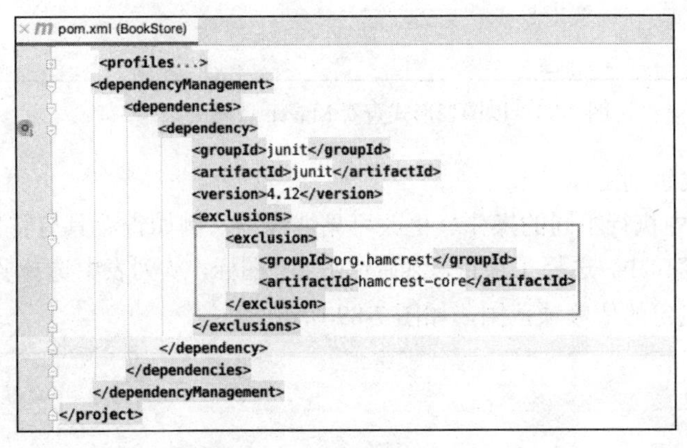

图 7-86　排除依赖（一）

5. 以图表形式查看 Maven 依赖关系

（1）生成图

IntelliJ IDEA 允许以图表格式查看和使用 Maven 依赖项。在 Maven 工具窗口的工具栏上，单击或从上下文菜单中选择适当的选项，如图 7-87 所示。

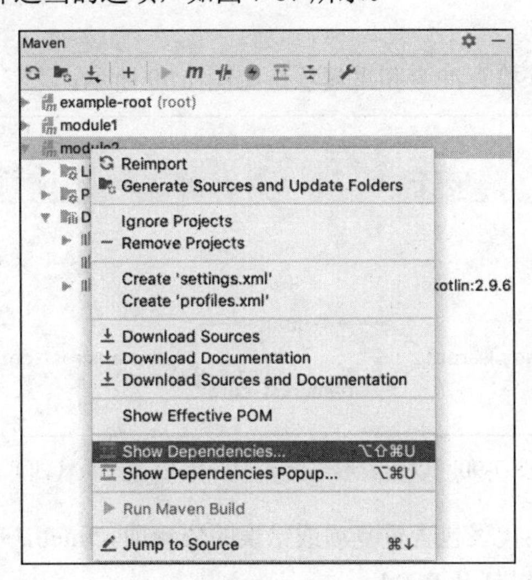

图 7-87　以图表形式查看 Maven 依赖关系（一）

在图窗口中，IntelliJ IDEA 显示子项目及其所有依赖项，包括可传递的依赖项，如图 7-88 所示。

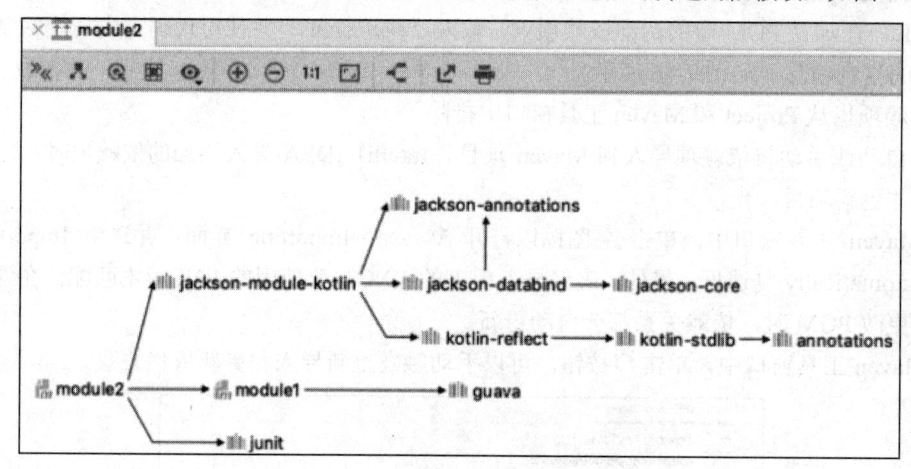

图 7-88　以图表形式查看 Maven 依赖关系（二）

（2）更改可见度级别

可以在图表窗口中执行不同的操作、更改可见性级别，例如查看具有特定范围（编译、测试等）的依赖项。在图窗口中，选择子项目，然后单击 图标，从列表中选择要查看的依赖项范围。IntelliJ IDEA 仅显示指定的依赖项范围，如图 7-89 所示。

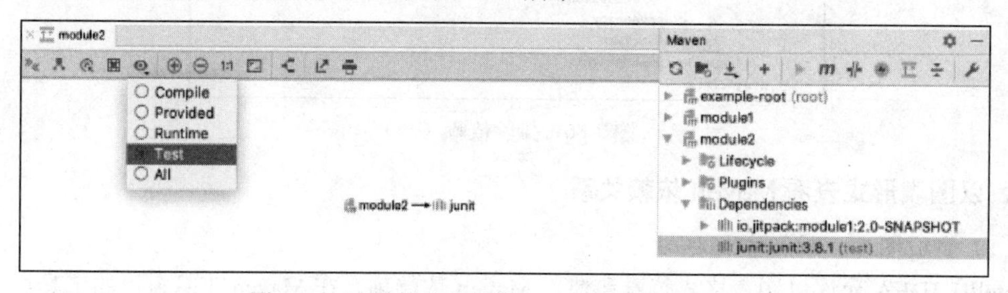

图 7-89　以图表形式查看 Maven 依赖关系（三）

（3）检查冲突和重复项

可以通过单击 图标来检查冲突和重复项，如图 7-90 所示。

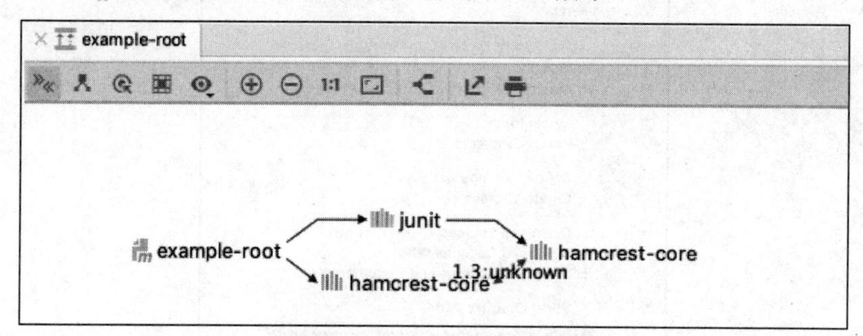

图 7-90　以图表形式查看 Maven 依赖关系（四）

在图 7-90 中，红色箭头代表包含重复项或错误的依赖项。IntelliJ IDEA 还显示依赖项的版本，以解决冲突。双击依赖项可以打开 POM。

（4）显示从选择到根的路径

可以选择依赖项，并查看它们如何包含在项目中。在图窗口中，选择要查看其与项目的连接依赖项。如果要一次选择多个依赖项，就按住 Shift 键进行选择。然后单击按钮，如图 7-91 所示。

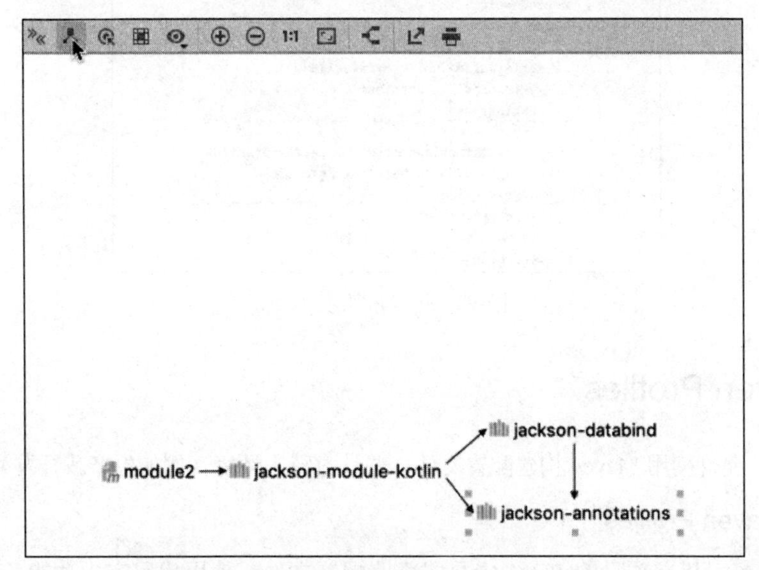

图 7-91 以图表形式查看 Maven 依赖关系（五）

（5）显示所选节点的邻居

可以选择依赖项并查看将哪些其他依赖项连接到所选节点。如果有一个大图并且只关注其中一部分，可能会有所帮助。

在图窗口中，选择所需的依赖项。如果要一次选择多个依赖项，就按住 Shift 键并进行选择。然后单击按钮。

（6）排除依赖项

可以使用图从项目的 POM 中排除依赖项。在图窗口中选择一个依赖项，如图 7-92 所示。

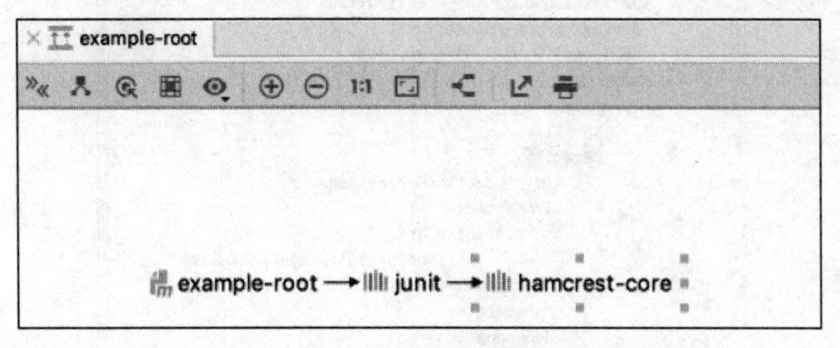

图 7-92 排除依赖项（一）

从上下文菜单中，选择 Exclude（排除）。从列表中选择要添加排除定义的模块（如果有）。选定的依赖项将从图中删除，并将该 exclusion 部分添加到模块 POM 中的相应依赖项，如图 7-93 所示。

```
example-root
11    <modules>
12      <module>module1</module>
13      <module>module2</module>
14    </modules>
15    <dependencies>
16      <dependency>
17        <groupId>junit</groupId>
18        <artifactId>junit</artifactId>
19        <version>4.12</version>
20        <exclusions>
21          <exclusion>
22            <artifactId>hamcrest-core</artifactId>
23            <groupId>org.hamcrest</groupId>
24          </exclusion>
25        </exclusions>
26      </dependency>
27    </dependencies>
```

图 7-93 排除依赖项（二）

7.3.7 Maven Profiles

IntelliJ IDEA 允许使用 Maven 构建配置文件，并针对特定环境（例如生产或开发）自定义构建。

1．声明 Maven Profiles

IntelliJ IDEA 可以在项目的 POM 中显式声明配置文件。使用代码完成功能，可以在 profiles 标签中放置许多不同的配置，具体步骤如下：

步骤 01 在编辑器中打开 POM。

步骤 02 指定<profiles>部分并声明配置文件，如图 7-94 所示。

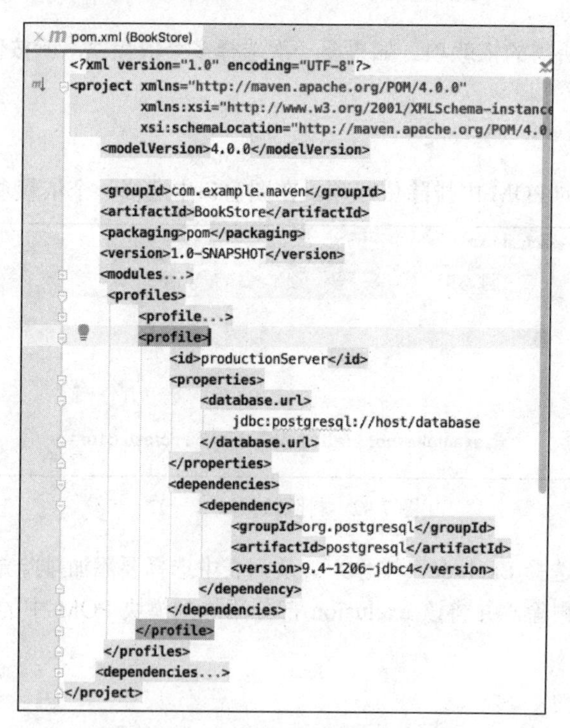

图 7-94 声明 Maven Profiles（一）

IntelliJ IDEA 在 Maven 工具窗口的 Profiles（配置文件）列表中显示它们，如图 7-95 所示。

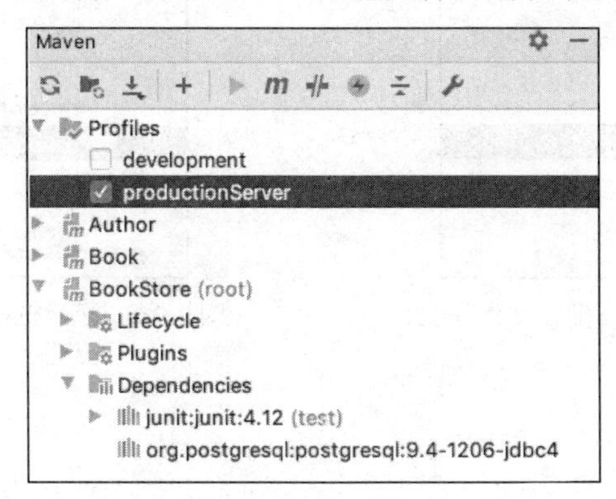

图 7-95 声明 Maven Profiles（二）

2. 激活 Maven Profiles 配置文件

可以使用 Profiles 节点和相应的 Profiles 复选框在 Maven 工具窗口中激活 Profiles 配置：

步骤 01 打开 Maven 工具窗口。

步骤 02 单击 Profiles 节点打开已声明的个人档案的列表。

步骤 03 选择适当的复选框以激活所需的配置文件。

可以使用 POM 中 activeByDefault 标签声明一个 Maven 概要文件，该标签仅在 Maven 找不到任何其他活动 profiles 文件时才激活，如图 7-96 所示。

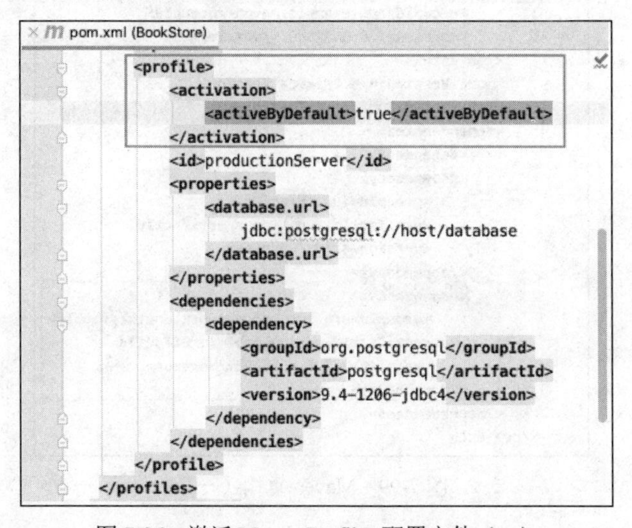

图 7-96 激活 Maven Profiles 配置文件（一）

IntelliJ IDEA activeByDefault 在 Maven 工具窗口中显示 activeByDefault 配置文件，其中选中的复选框为灰色，如图 7-97 所示。

可以通过复选框来手动停用配置文件。注意，手动激活任何其他配置文件，activeByDefault 配置文件都将被停用，如图 7-98 所示。

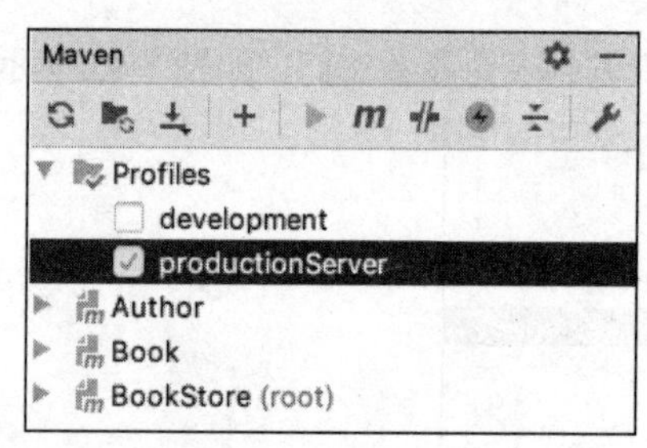

图 7-97　激活 Maven Profiles 配置文件（二）

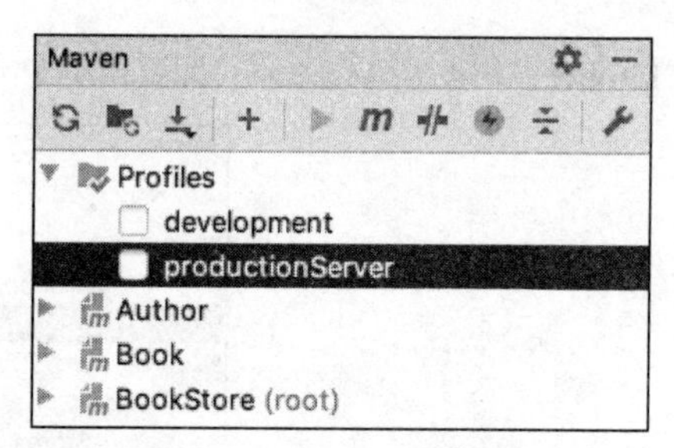

图 7-98　激活 Maven Profiles 配置文件（三）

7.3.8　Maven 重构

IntelliJ IDEA 允许使用多个提取重构。例如，在多模块项目中，可以将依赖项定义提取到父 POM 中；还可以将依赖项的重复内容提取到属性中，以消除重复项。

1．提取管理依赖

假设有一个多模块项目，并且在一个子项目中定义了几个可以由其他子项目使用的依赖项。可以使用提取管理依赖项重构将此类依赖项提取到父 POM 中的 dependencyManagement：

步骤01　在 POM 文件中，选择要提取的依赖项，如图 7-99 所示。

步骤02　按 Ctrl+Alt+M 快捷键或选择 Refactor→Extract→Extract Managed Dependency。

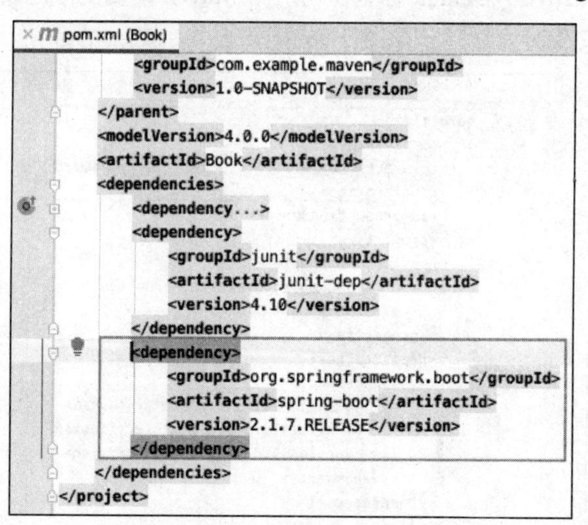

图 7-99　Maven 重构（一）

步骤03　IntelliJ IDEA 将选定的依赖项提取到父 POM 中，自动创建一个 dependencyManagement 节点和完整的依赖项定义，如图 7-100 所示。

```
pom.xml (BookStore)
    <dependencyManagement>
        <dependencies>
            <dependency>
                <groupId>junit</groupId>
                <artifactId>junit</artifactId>
                <version>4.12</version>
                <exclusions>
                    <exclusion>
                        <groupId>org.hamcrest</groupId>
                        <artifactId>hamcrest-core</artifactId>
                    </exclusion>
                </exclusions>
            </dependency>
            <dependency>
                <groupId>org.springframework.boot</groupId>
                <artifactId>spring-boot</artifactId>
                <version>2.1.7.RELEASE</version>
            </dependency>
        </dependencies>
    </dependencyManagement>
</project>
```

图 7-100　Maven 重构（二）

2. 提取属性

假设有一堆具有相同依赖项的 version，可以使用“提取属性”重构将此类属性提取到 properties 部分中，以便在一处进行管理：

步骤 01　在 POM 文件中，选择要提取的依赖项，如图 7-101 所示。

```
pom.xml (BookStore)
    <dependencyManagement>
        <dependencies>
            <dependency...>
            <dependency>
                <groupId>org.springframework.boot</groupId>
                <artifactId>spring-boot</artifactId>
                <version>2.1.7.RELEASE</version>
            </dependency>
            <dependency>
                <groupId>org.springframework</groupId>
                <artifactId>spring-core</artifactId>
                <version>5.1.3.RELEASE</version>
            </dependency>
            <dependency>
                <groupId>org.springframework</groupId>
                <artifactId>spring-web</artifactId>
                <version>5.1.3.RELEASE</version>
            </dependency>
            <dependency>
                <groupId>org.springframework</groupId>
                <artifactId>spring-expression</artifactId>
                <version>5.1.3.RELEASE</version>
            </dependency>
        </dependencies>
    </dependencyManagement>
</project>
```

图 7-101　提取属性（一）

步骤 02　按 Ctrl+Alt+V 快捷键或选择 Refactor→Extract→Property。

步骤 03　在打开的对话框中指定属性的名称和 POM 的名称，然后单击 OK 按钮，如图 7-102 所示。

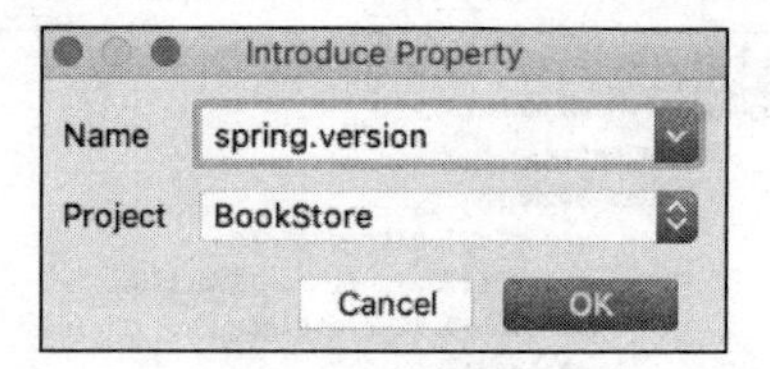

图 7-102　提取属性（二）

步骤 04 IntelliJ IDEA 用新的声明创建一个 properties 节点，并替换所选依赖项的内容，如图 7-103 所示。

```
pom.xml (BookStore)
<properties>
    <spring.version>5.1.3.RELEASE</spring.version>
</properties>
<profiles...>
<dependencyManagement>
    <dependencies>
        <dependency...>
        <dependency...>
        <dependency>
            <groupId>org.springframework</groupId>
            <artifactId>spring-core</artifactId>
            <version>5.1.3.RELEASE</version>
        </dependency>
        <dependency>
            <groupId>org.springframework</groupId>
            <artifactId>spring-web</artifactId>
            <version>5.1.3.RELEASE</version>
        </dependency>
        <dependency>
            <groupId>org.springframework</groupId>
            <artifactId>spring-expression</artifactId>
            <version>${spring.version}</version>
        </dependency>
    </dependencies>
</dependencyManagement>
```

图 7-103　提取属性（三）

步骤 05 IntelliJ IDEA 遇到多个符合条件的依赖项，会在 Find 工具窗口中显示它们，并可管理其替换，如图 7-104 所示。

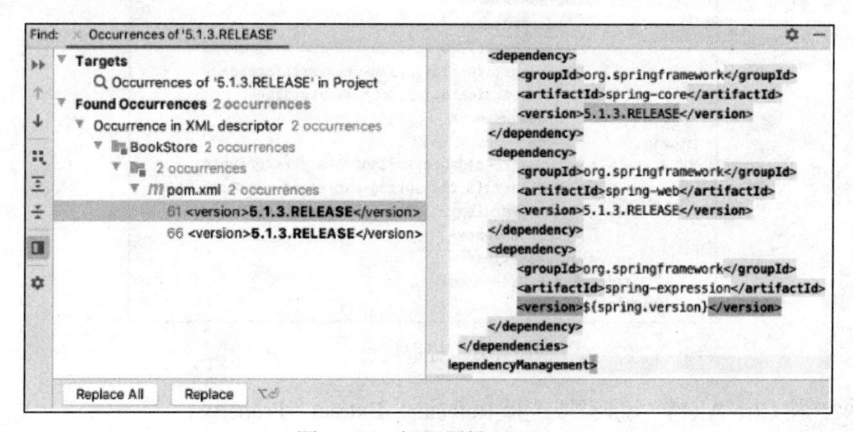

图 7-104　提取属性（四）

单击 Replace All（全部替换）按钮，以替换所有依赖项的版本，如图 7-105 所示。

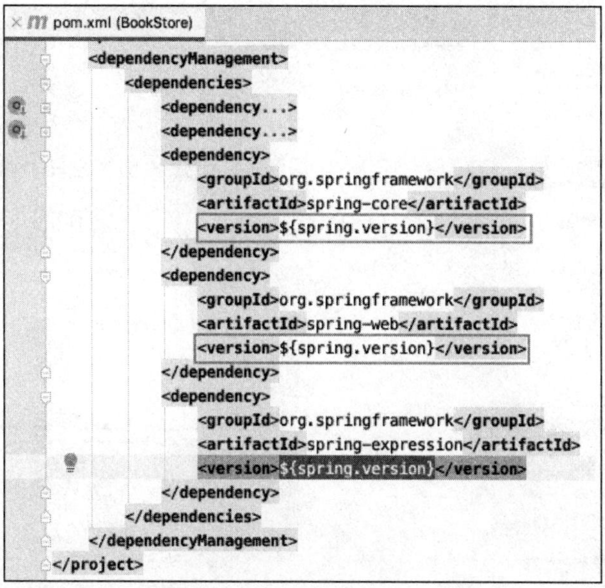

```
× m pom.xml (BookStore)
    <dependencyManagement>
        <dependencies>
            <dependency...>
            <dependency...>
            <dependency>
                <groupId>org.springframework</groupId>
                <artifactId>spring-core</artifactId>
                <version>${spring.version}</version>
            </dependency>
            <dependency>
                <groupId>org.springframework</groupId>
                <artifactId>spring-web</artifactId>
                <version>${spring.version}</version>
            </dependency>
            <dependency>
                <groupId>org.springframework</groupId>
                <artifactId>spring-expression</artifactId>
                <version>${spring.version}</version>
            </dependency>
        </dependencies>
    </dependencyManagement>
</project>
```

图7-105 提取属性（五）

7.4 Docker

IntelliJ IDEA使用Docker插件提供Docker支持。默认情况下，该插件已捆绑并在IntelliJ IDEA Ultimate Edition中启用。对于IntelliJ IDEA社区版，需要安装Docker插件。

7.4.1 启动Docker支持

在IntelliJ IDEA中启动Docker支持，具体步骤如下：

步骤01 运行Docker。

步骤02 在Settings/Preferences（设置/首选项）对话框中，选择Build, Execution, Deployment→Docker。

步骤03 单击＋按钮以添加Docker配置并指定如何连接到Docker守护程序。连接设置取决于Docker版本和操作系统，如图7-106所示。

步骤04 连接到Docker守护程序。配置的Docker连接应出现在Services工具窗口中。选择Docker节点，然后单击▶按钮，或从上下文菜单中选择Connect，如图7-107所示。

要编辑Docker连接设置，可选择Docker节点并单击工具栏上的按钮，或从上下文菜单中选择Edit Configuration（编辑配置）。

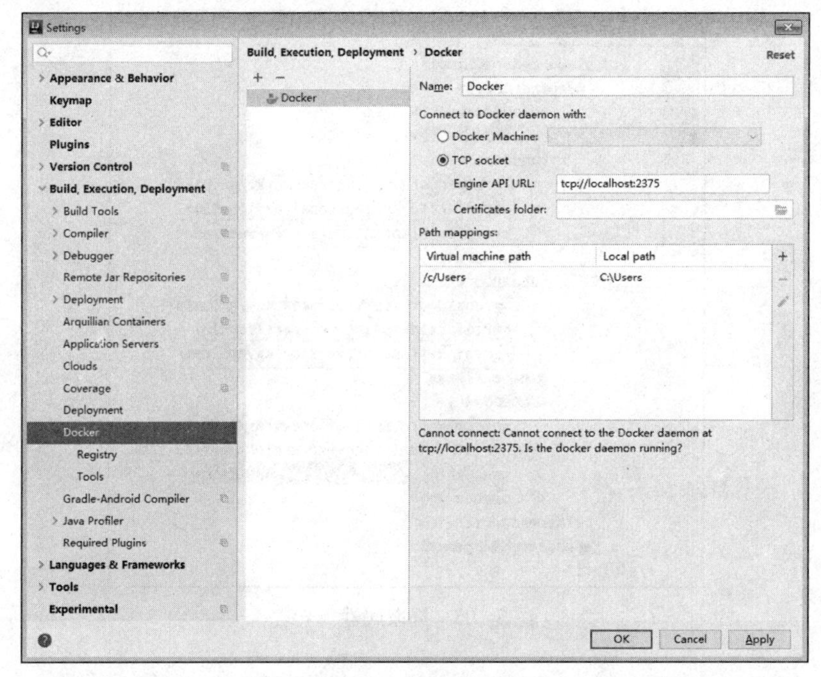

图 7-106 启动 Docker 支持

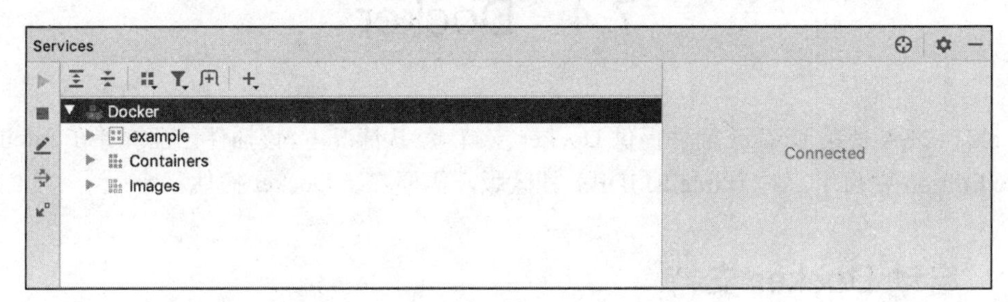

图 7-107 连接 Docker

在该服务工具窗口能够管理镜像、运行容器，并使用 Docker Compose。与其他工具窗口一样，可以开始输入镜像或容器的名称以突出显示匹配的项目，如图 7-108 所示。

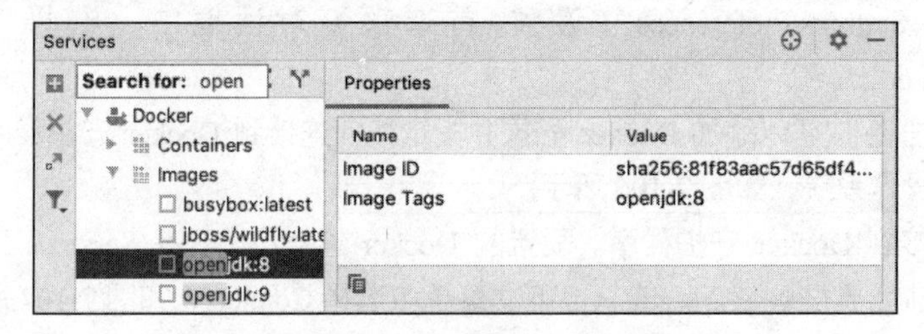

图 7-108 搜索镜像或者容器

7.4.2 管理镜像

Docker 镜像是用于运行容器的可执行软件包。根据开发需求，可以将 Docker 用于以下用途：

（1）从 Docker registry 提取预构建的镜像

例如，可以提取一个运行 Postgres 服务器容器的镜像，以测试应用程序将如何与生产数据库交互。

（2）从 Dockerfile 本地构建镜像

例如，可以构建一个运行带有特定版本的 Java Runtime Environment（JRE）容器的映像，以在其中执行 Java 应用程序。

（3）将镜像推送到 Docker Registry

例如，想向某人演示应用程序如何在 JRE 的特定版本中运行而不是设置适当的环境，则可以从镜像中运行容器。

镜像通过 Docker Registry 分发。Docker Hub 是默认的公共镜像仓库，其中包含所有常见的映像：各种 Linux 版本，数据库管理系统，Web 服务器等。另外，还有其他公共和私有 Docker 镜像仓库，并且可以部署自己的镜像服务器。

7.4.3　配置 Docker 镜像仓库

在 Settings/Preferences 对话框中，选择 Build, Execution, Deployment→Docker，单击 + 按钮以添加 Docker 镜像仓库配置并指定如何连接到镜像仓库。如果指定凭据，则 IntelliJ IDEA 将自动检查与注册表的连接。该连接成功的消息出现在对话框的底部，如图 7-109 所示。

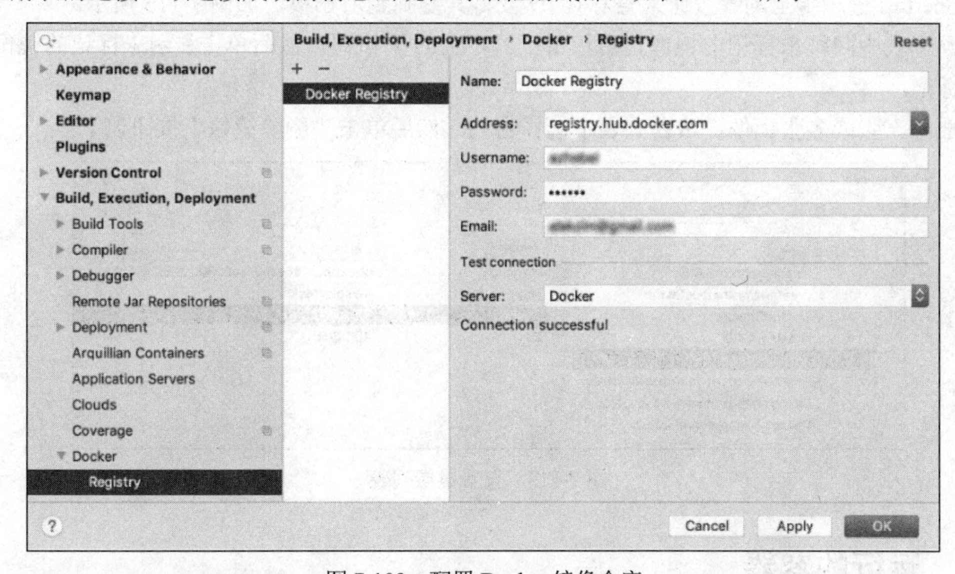

图 7-109　配置 Docker 镜像仓库

如果想从 Docker 镜像仓库中提取镜像，就在 Services 工具窗口中选择 Images（镜像）节点。选择 Docker 镜像仓库并指定镜像名称和标签，例如镜像的名称 postgres 和版本 latest，如图 7-110 所示。

单击 OK 按钮时，IntelliJ IDEA 将运行 docker pull 命令。

如果想从 Dockerfile 构建镜像，就打开要从其构建镜像的 Dockerfile 文件，单击装订线上的 ⏩ 按钮并选择在特定 Docker 节点上构建镜像，如图 7-111 所示。

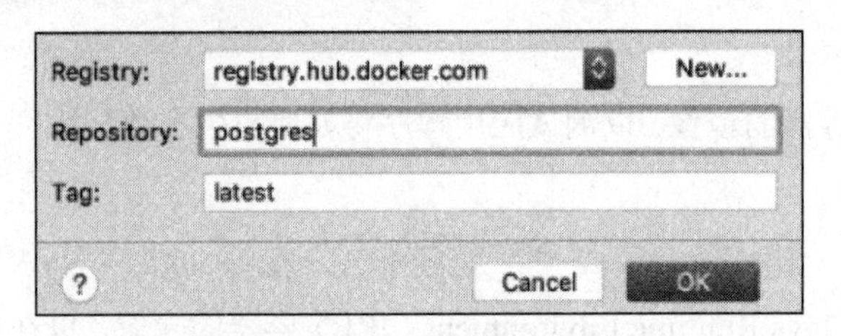

图 7-110 Docker 拉取镜像

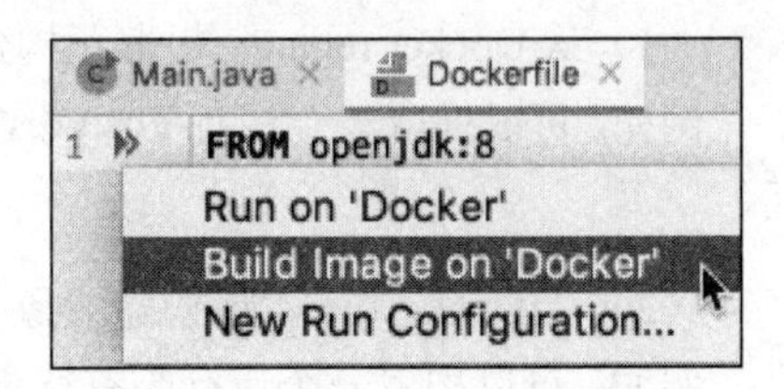

图 7-111 从 Dockerfile 构建镜像

如果想将镜像推送到 Docker 镜像仓库，就在 Services 工具窗口中选择要上传的镜像，然后单击按钮或从上下文菜单中选择 Push Image（推送镜像）。选择 Docker 镜像仓库并指定镜像名称和标签（例如镜像的名称和版本：my-app:v2），如图 7-112 所示。

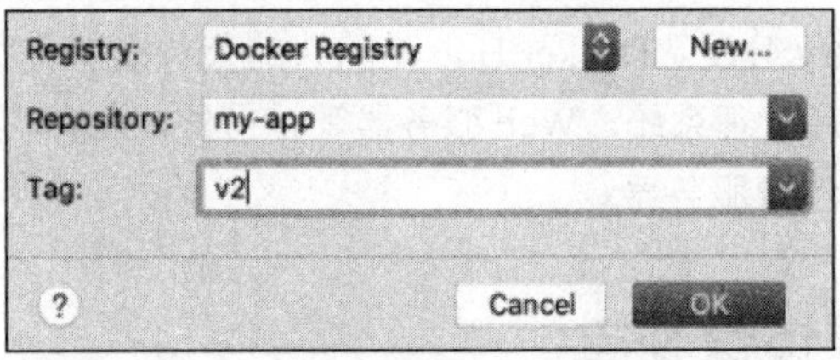

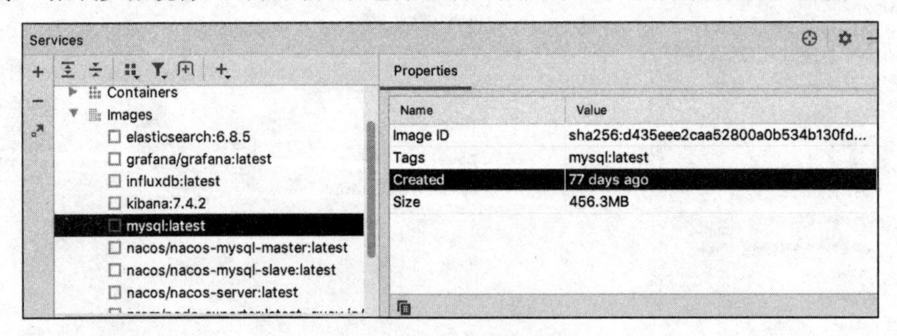

图 7-112 将镜像推送到 Docker 镜像仓库

单击 OK 按钮时，IntelliJ IDEA 将运行 docker push 命令。

拉取的镜像存储在本地，并在 Services 工具窗口中的 Images 目录下列出。选择镜像后，可以单击 Properties 选项卡上的按钮来查看其 ID 或将其复制到剪贴板，如图 7-113 所示。

要从列表中隐藏未标记的镜像，可单击工具栏上的按钮，然后单击显示未标记的镜像以删除复选标记。

要删除一张或多张镜像，可在列表中选择它们，然后单击“删除镜像”按钮。

图 7-113 查看镜像列表

7.4.4 运行的容器

容器是相应镜像的运行时实例。IntelliJ IDEA 使用运行配置运行 Docker 容器。Docker 运行配置共有 3 种类型：

- Docker 镜像：从现有镜像运行容器时自动创建，可以从先前拉出或构建的本地现有 Docker 镜像中运行。
- Dockerfile：当从 Dockerfile 运行容器时自动创建。此配置从 Dockerfile 构建映像，然后从该镜像派生容器。

- Docker-compose：从 Docker Compose 文件运行多容器 Docker 应用程序时自动创建。

1. 从现有映像运行容器

在 Services 工具窗口中，选择一个镜像，然后单击“创建容器”按钮 + 或从上下文菜单中选择 Create Container（创建容器）。在打开的 Create Docker Configuration（创建 Docker 配置）对话框中，可以为配置提供唯一名称，并为容器指定名称。如果将 Container name（容器名称）字段保留为空，则 Docker 将为其赋予一个随机的唯一名称。完成后，单击 Run 按钮以启动新配置，如图 7-114 所示。

Name: Docker Image   Share through VCS   Allow parallel run
Server: Docker
Image ID or name: redis:latest
Container name:
Executable
Entrypoint:
Command:
Publish exposed ports to the host interfaces: All Specify
Bind ports:
Bind mounts:
Environment variables:
Run options:
Command preview: docker run redis:latest
Cancel Apply Run

图 7-114　创建容器

2. 从 Dockerfile 运行容器

打开要从中运行容器的 Dockerfile。单击装订线上 ▶▶ 按钮并选择在特定 Docker 节点上运行容器，如图 7-115 所示。

图 7-115　从 Dockerfile 运行容器

这将创建并启动具有默认设置的运行配置，该配置将基于 Dockerfile 构建镜像，然后基于该映像运行容器。

3. 运行配置

在命令行上运行容器时，使用以下语法：

```
docker run [OPTIONS] IMAGE [COMMAND] [ARG...]
```

可以在相应的 Docker 运行配置字段中指定所有可选参数。

（1）绑定挂载

Docker 可以使用-v 或--volume 选项将文件或目录从主机安装到容器。在 Services 工具窗口中，选择容器，然后选择 Volume Bindings（卷绑定）选项卡，如图 7-116 所示。要创建新的绑定，可单击＋按钮，要编辑现有的绑定，可选择绑定后单击✎按钮，根据需要指定设置，然后单击 Save 按钮以应用更改。

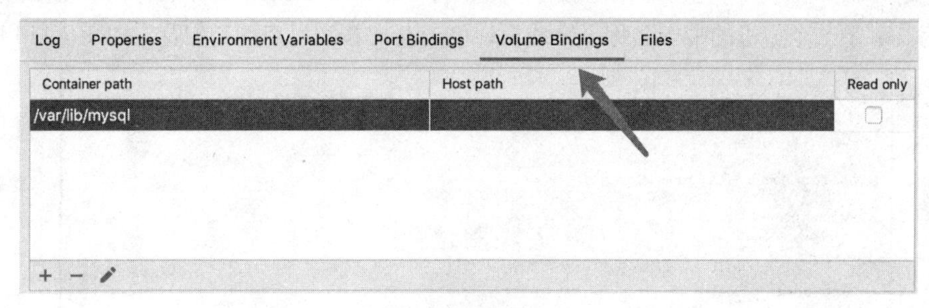

图 7-116　绑定挂载

（2）绑定端口

Docker 可以使用-p 或--publish 选项将主机上的特定端口映射到容器中的端口。这可用于使容器从外部访问。在 Docker 运行配置中，可以选择将所有容器端口公开给主机，或使用“绑定端口”指定端口映射。

可以指定主机上的哪些端口映射到容器中的哪些端口。还可以提供一个特定的主机 IP，从该主机 IP 访问端口（例如，可以将其设置为 127.0.0.1，即只能在本地访问；或者将其设置为 0.0.0.0，以为网络中的所有计算机打开该 IP）。

在 Services 工具窗口中选择容器，然后选择 Port Bindings（端口绑定）选项卡，如图 7-117 所示。要创建新的绑定，可单击＋按钮。要编辑现有的绑定，可选择绑定，然后单击✎按钮。

Log　Properties　Environment Variables　Port Bindings　Volume Bindings　Files

Publish all ports

Container port	Protocol	Host IP	Host port
3306	tcp	0.0.0.0	3306

图 7-117　绑定端口

（3）查看和修改环境变量（见图 7-118）

查看和修改正在运行的容器的环境变量，在 Services 工具窗口中，选择容器，然后选择 Environment Variables（环境变量）选项卡，要添加新变量，可单击＋按钮。要编辑现有的变量，可选择变量，然后单击✎按钮。

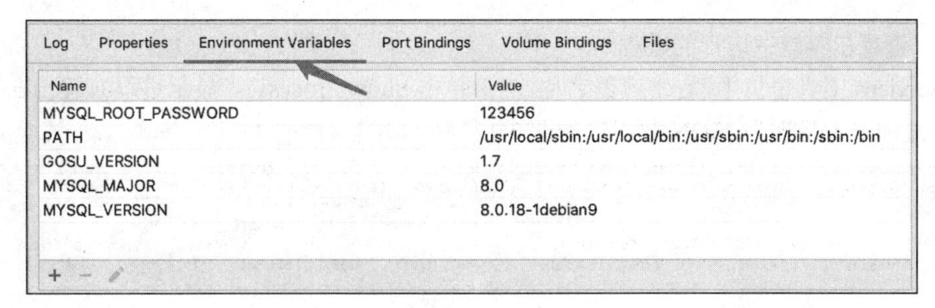

图 7-118　环境变量

（4）在正在运行的容器中执行命令（见图 7-119）

在 Services 工具窗口中，右击容器名称，然后单击 Exec（执行）。在 Run command in container（在容器中运行命令）弹出窗口中，单击 Create。在 Exec 对话框中，输入命令（见表 7-2），然后单击 OK 按钮。

表 7-2　执行命令

命令	描述
ls /tmp	列出/ tmp 目录的内容
mkdir /tmp/my-new-dir	在/ tmp 目录中创建 my-new-dir 目录
/bin/bash	开始 bash 会议

```
Log   Properties   Environment Variables   Port Bindings   Volume Bindings   Files   Processes   Exec: /bin/bash

root@75ee97a215fc:/# ls
bin   dev                          entrypoint.sh  home  lib64  mnt  proc  run   srv  tmp  var
boot  docker-entrypoint-initdb.d   etc            lib   media  opt  root  sbin  sys  usr
root@75ee97a215fc:/#
```

图 7-119　在正在运行的容器中执行命令

（5）查看有关正在运行的容器的详细信息

在 Services 工具窗口中，右击容器名称，然后单击 Inspection（检查），输出在 Inspection（检查）选项卡上呈现为 JSON 数组，如图 7-120 所示。

```
Log   Properties   Environment Variables   Port Bindings   Volume Bindings   Files   Processes   Exec: /bin/bash   Inspection

{
  "Args" : [ "mysqld" ],
  "Config" : {
    "AttachStderr" : false,
    "AttachStdin" : false,
    "AttachStdout" : false,
    "Cmd" : [ "mysqld" ],
    "Domainname" : "",
    "Entrypoint" : [ "docker-entrypoint.sh" ],
    "Env" : [ "MYSQL_ROOT_PASSWORD=123456", "PATH=/usr/local/sbin:/usr/local/bin:/usr/sbin:/usr/bin:/sbin:/bin",
  "GOSU_VERSION=1.7", "MYSQL_MAJOR=8.0", "MYSQL_VERSION=8.0.18-1debian9" ],
    "ExposedPorts" : {
      "3306/tcp" : { },
      "33060/tcp" : { }
    },
    "Hostname" : "75ee97a215fc",
    "Image" : "mysql",
    "Labels" : { },
```

图 7-120　查看有关正在运行的容器的详细信息

（6）查看在容器中运行的进程

在Services工具窗口中，右击容器名称，然后单击Show Processes（显示进程），输出在Processes（进程）选项卡上呈现为JSON数组，如图7-121所示。

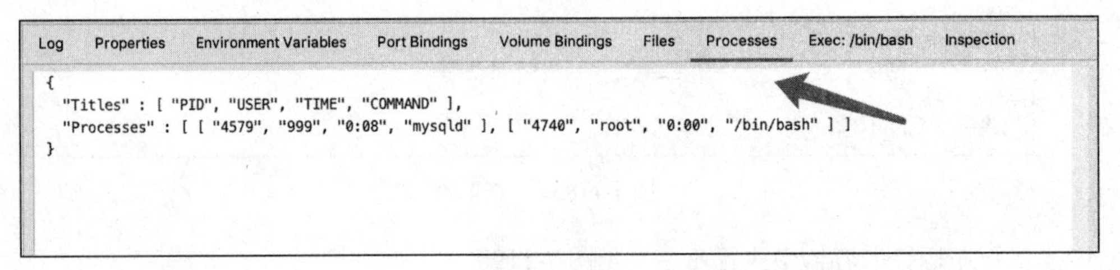

图7-121 查看在容器中运行的进程

7.4.5 Docker Compose

Docker Compose用于运行多容器应用程序，可以在类似于生产的动态环境中执行有效的开发和测试。例如，可以将Web服务器、后端数据库和应用程序代码作为单独的服务运行。如有必要，可以通过添加更多容器来扩展每个服务。

1. 运行多容器Docker应用程序

在一个或几个Docker Compose文件中定义必要的服务。从主菜单中，选择Run→Edit Configurations。单击＋图标，指向Docker，然后单击Docker-compose，如图7-122所示。

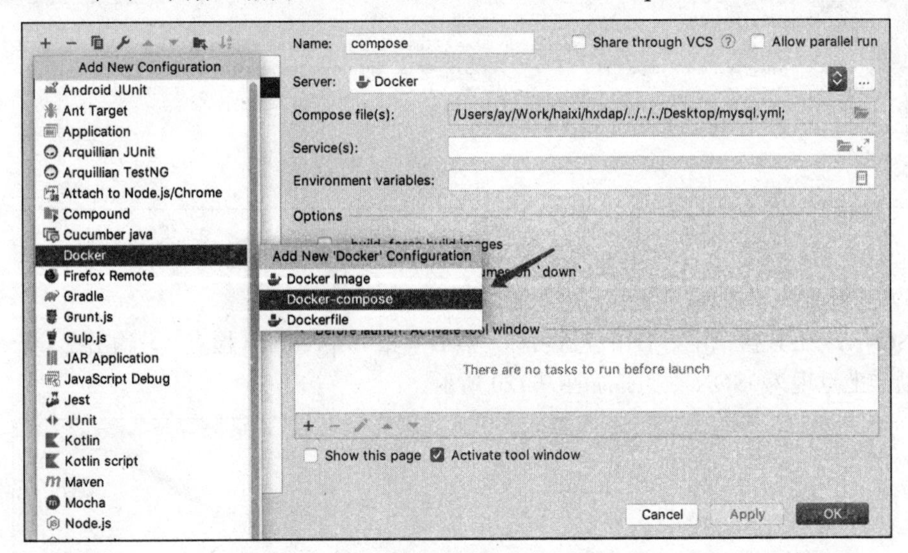

图7-122 运行多容器Docker应用程序

指定用于定义要在容器中运行的服务的Docker Compose文件。如有必要，可以限制此配置将启动的服务，指定环境变量，并在启动相应容器之前强制构建镜像。

运行配置准备就绪后，执行它。当Docker Compose运行多容器应用程序时，可以使用Services工具窗口来控制特定服务并与容器进行交互。容器在专用的Compose节点下列出，而不在Containers（容器）节点下列出。

2．扩展服务

在 Services 工具窗口中，选择要缩放的服务，然后单击 或从上下文菜单中选择“缩放”，指定要为此服务使用多少个容器，再单击 OK 按钮。

3. 停止服务

在 Services 工具窗口中，选择服务，然后从上下文菜单中单击“停止”按钮■或选择“停止”。

4. Down 应用程序

在 Services 工具窗口中，选择 Compose 节点，然后单击 OK 按钮。这将停止并删除容器以及所有相关的网络、卷和映像。

7.5　Groovy

我们可以像其他任何项目一样创建、导入、测试和运行 Groovy 应用程序。Groovy 插件与 IntelliJ IDEA 捆绑在一起，并且默认情况下启用。

IntelliJ IDEA 支持 Groovy 和 Groovy 3 语法的最新稳定版本。

7.5.1　创建一个 Groovy 项目

我们可以像其他任何项目一样创建、导入、测试和运行 Groovy 应用程序，具体步骤如下：

（1）在项目向导中，选择 Groovy。

（2）指定以下设置（见图 7-123）。

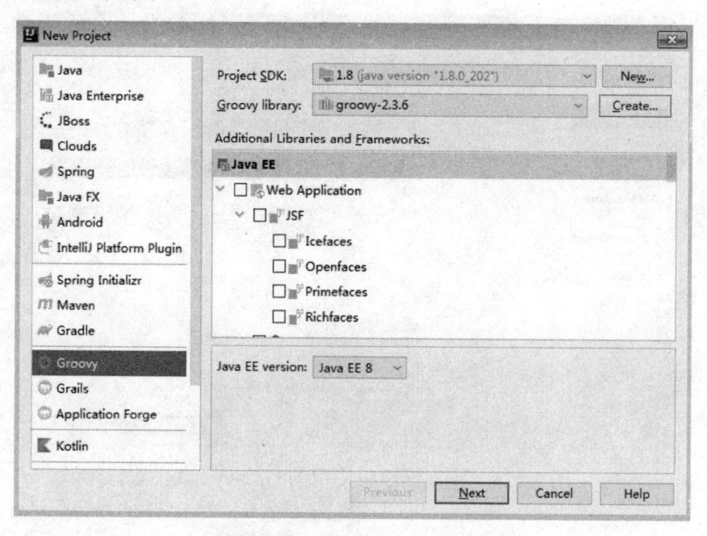

图 7-123　创建 Groovy 项目

- Project SDK：指定项目 SDK。
- Groovy library：指定 Groovy SDK。IntelliJ IDEA 需要标准的 Groovy SDK，具体下载地址为

http://groovy-lang.org/download.html。下载 SDK，将其解压缩到任何目录中，并将该目录指定为库主目录。

- Java EE：选择适当的 Java EE 版本。

（3）单击 Next 按钮。

（4）指定项目信息，然后单击 Finish 按钮。

可以检查项目中使用的 IntelliJ IDEA 的 Groovy SDK 版本。从主菜单中选择 File→Project Structure。在 Project Structure 对话框中的 Platform Settings 下，选择 Global Libraries（全局库），如图 7-124 所示。

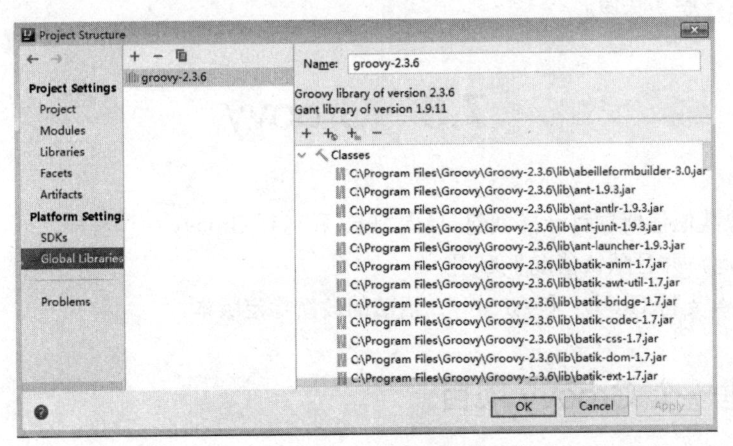

图 7-124　检查 Groovy 项目检查

如果需要检查模块中使用的 Groovy SDK 版本，可选择 Modules、模块的名称，然后打开 Dependencies 选项卡，如图 7-125 所示。

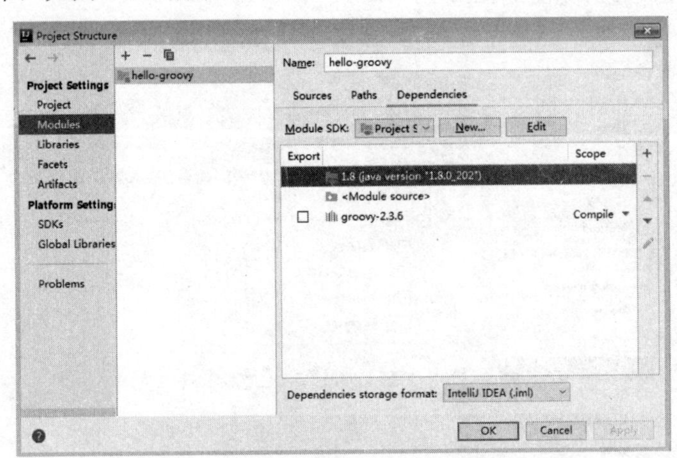

图 7-125　检查模块中使用的 Groovy SDK 版本

7.5.2　运行 Groovy 应用程序

在创建的 Groovy 项目下创建第一个 Groovy 文件，具体代码如下所示：

```
/**
 * 第一个 Groovy 程序
 * @author ay
 * @since 2020-02-09
 */
class hello {
    static void main(String[] args){
        println "hello ay";
    }
}
```

在编辑器的左装订线中单击▶按钮并选择 Run 'name'，如图 7-126 所示。

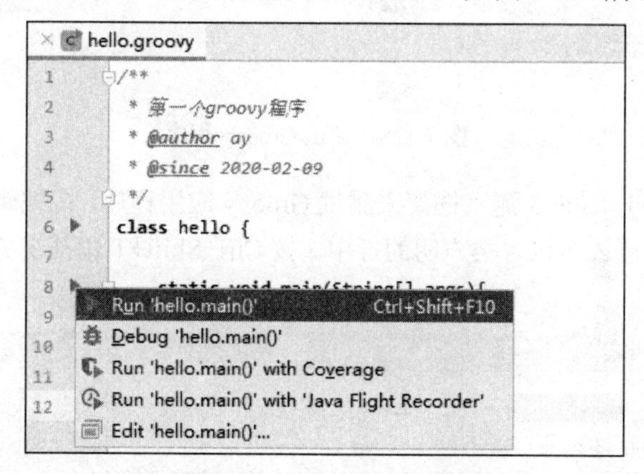

图 7-126 运行 Groovy 程序

在 Run 工具窗口中查看结果，如图 7-127 所示。

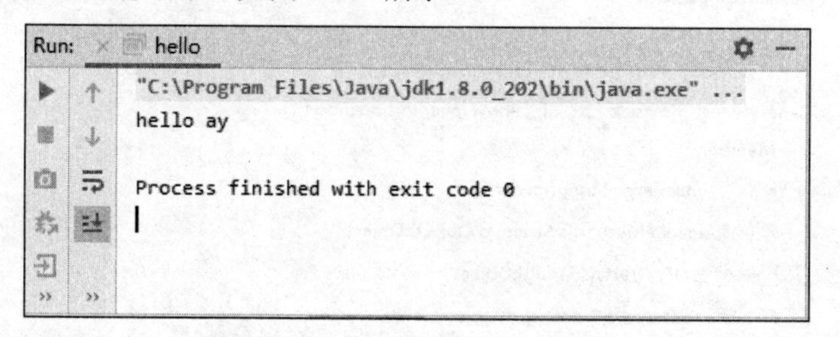

图 7-127 运行工具窗口查看结果

7.5.3 调试 Groovy 应用程序

在编辑器中打开 Groovy 应用程序。在左侧装订线中为要调试的代码行设置断点。调试器了解 Groovy 语法，并且可以根据需要在断点上评估表达式，如图 7-128 所示。

按 Shift+F9 快捷键，或者在主工具栏上单击 图标，以开始调试过程。在 Debug 工具窗口中评估结果。

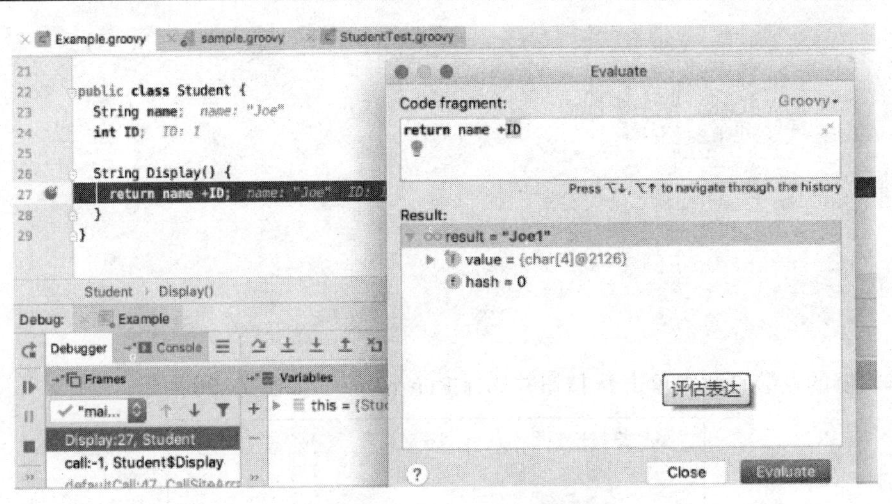

图 7-128 调试 Groovy 程序

可以使用 JUnit 4 和 JUnit 5 测试框架来测试 Groovy 应用程序。在编辑器中打开一个要为其创建测试的类，然后将光标放在包含类声明的行中。按 Ctrl+Shift+T 快捷键并选择创建新测试，如图 7-129 所示。

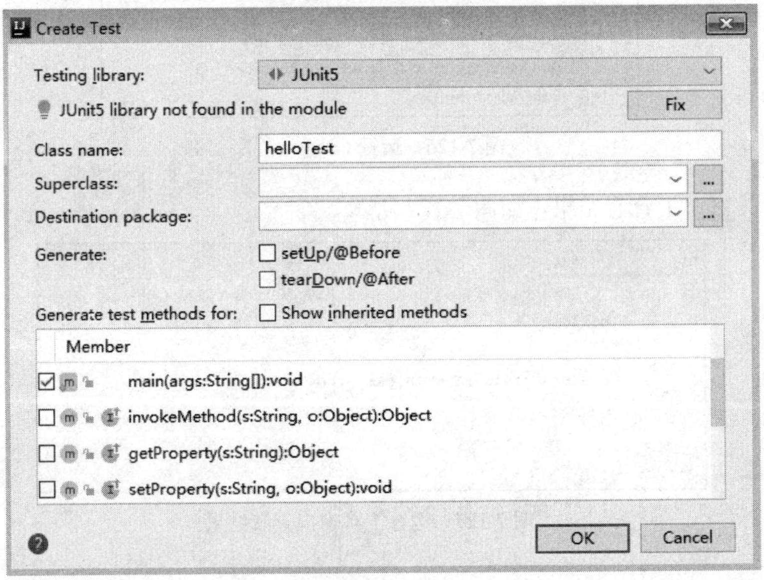

Create Test
Testing library: JUnit5
JUnit5 library not found in the module Fix
Class name: helloTest
Superclass:
Destination package:
Generate: setUp/@Before
tearDown/@After
Generate test methods for: Show inherited methods
Member
main(args:String[]):void
invokeMethod(s:String, o:Object):Object
getProperty(s:String):Object
setProperty(s:String, o:Object):void
OK Cancel

图 7-129 测试 Groovy 应用程序

在打开的对话框中指定测试设置，然后单击 OK 按钮。在编辑器中打开测试，添加代码，然后按 Ctrl+Shift+F10 快捷键或右击测试类，从上下文菜单中选择 Run 'test name'。

7.5.4 使用 Groovy 交互式控制台

可以在任何项目（包括 Java 项目）中打开一个交互式 Groovy 控制台，并将该控制台用作一个临时文件来编写和评估代码。

如果项目中的依赖项包含 Groovy 库，则使用指定的 Groovy 库启动 Groovy 控制台。如果依赖项不包含 Groovy 库，则将使用捆绑的 Groovy 库。

在主菜单中，选择 Tools→Groovy Console。Groovy 控制台将在编辑器的单独选项卡中启动，如图 7-130 所示。

```
groovy_console_2.groovy
hello-groovy (Groovy 2.3.6)
1
2  def name = 'ay';
3  println name;
```

图 7-130 使用 Groovy 交互式控制台

输入代码时，既可以使用编码帮助，也可以从其他文件粘贴代码。按 Ctrl+Enter 快捷键或单击 ▶ 按钮，可以执行代码并在 Run（运行）工具窗口中查看结果，如图 7-131 所示。

```
groovy_console_2.groovy
hello-groovy (Groovy 2.3.6)
1
2  def name = 'ay';
3  println name;

Run: groovy_console_2
"C:\Program Files\Java\jdk1.8.0_202\bin\java.exe" "-Dtools.jar=C:\Program Files\Java\jdk1.8.0_202\l
> def name = 'ay';
> println name;
ay
```

图 7-131 运行 Groovy 代码

可以从 Groovy 控制台引用一个类。输入所需的类的名称，选择它，然后按 Ctrl+B 快捷键跳转到其声明，具体如图 7-132 和图 7-133 所示。

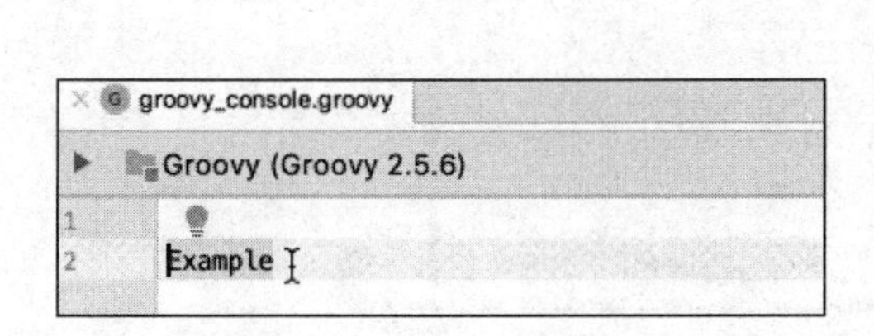

图 7-132 单击 Example 类

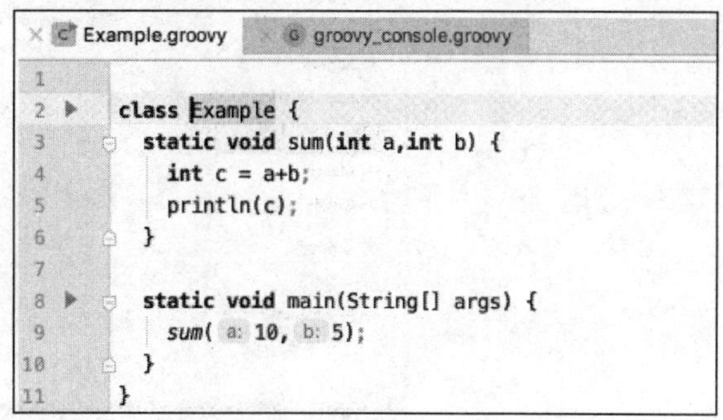

图 7-133 Example 类具体定义

如果代码中有导入语句，则可以运行部分选择的代码，而忽略导入语句，如图 7-134 所示。

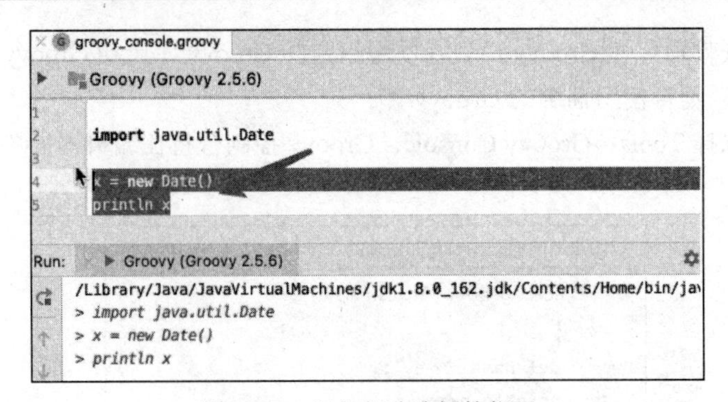

图 7-134 运行部分选择的代码

7.6 Spring Boot

Spring Initializr 是一个向导，可在创建项目或模块时选择必要的配置。例如，可以选择一个构建工具，并添加 Spring Boot 启动器和依赖项。

7.6.1 创建一个 Spring Boot 项目

创建一个 Spring Boot 项目，具体步骤如下：

步骤 01 从主菜单中，选择 File→New→Project，然后选择 Spring Initializr。

步骤 02 从 Project SDK 列表中选择要在此 Spring Boot 项目中使用的 JDK 版本，如图 7-135 所示。

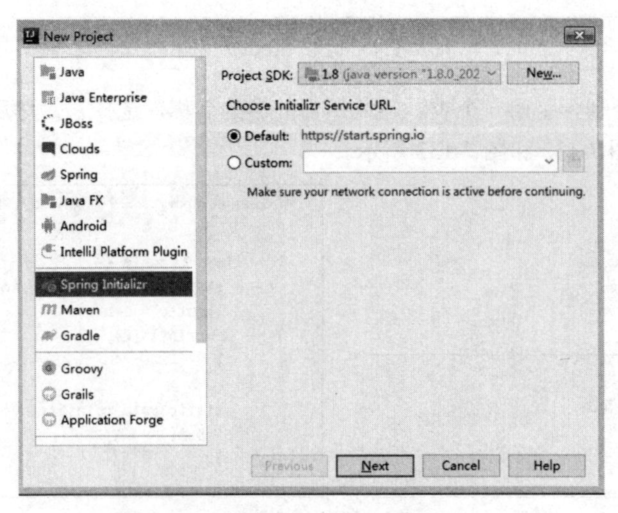

图 7-135 创建 Spring Boot 项目（一）

步骤 03 输入要使用的 Initializr 服务的 URL，或保留默认值，单击 Next 按钮。

步骤 04 配置项目元数据：选择一种语言（Java、Kotlin 或 Groovy）、一种构建工具（Maven 或 Gradle），并指定 artifact ID 和版本，如图 7-136 所示。

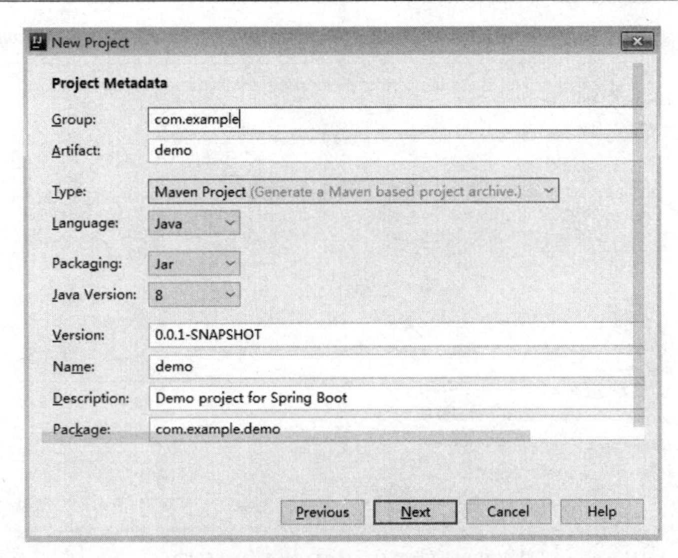

图 7-136　创建 Spring Boot 项目（二）

步骤 05　选择启动器和依赖项。如果选择需要其他插件的技术，则在创建项目后 IDE 会通知有关该插件的信息，并建议安装或启用它们。这里我们勾选 Spring Web 复选框，如图 7-137 所示。

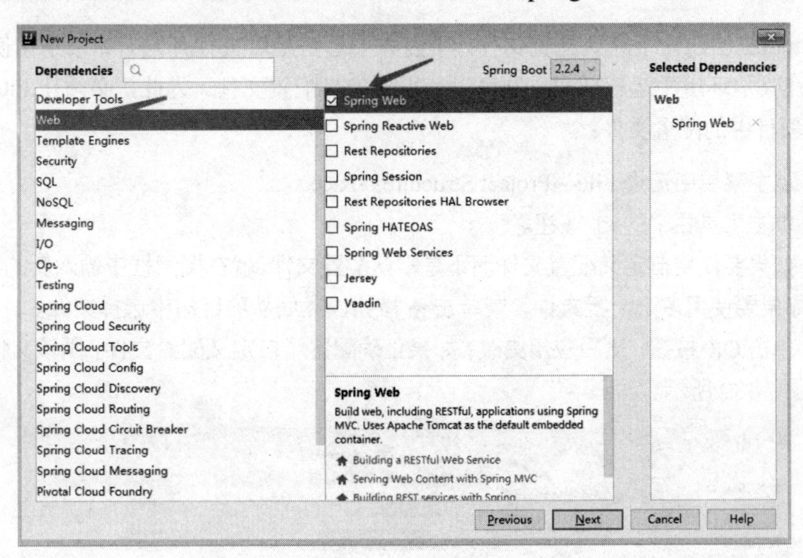

图 7-137　创建 Spring Boot 项目（三）

步骤 06　填写项目名称，单击 Finish 按钮，完成 Spring Boot 项目创建，如图 7-138 所示。

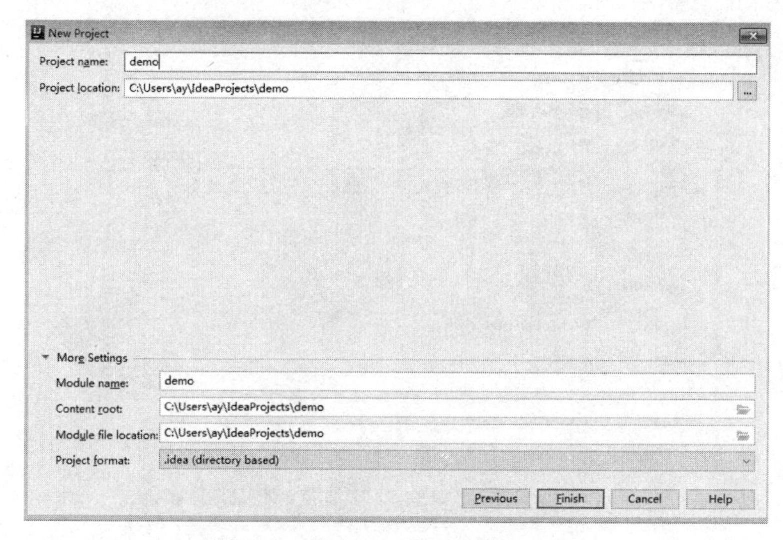

图 7-138　创建 Spring Boot 项目（四）

7.6.2　配置自定义配置文件

Spring Initializr 创建一个默认配置文件，可能并不总是足以进行开发。如果不想使用默认配置文件，或者要在其他环境中运行代码，则可以使用自定义配置文件。为此，必须让 IntelliJ IDEA 知道哪些文件是项目中的配置文件：

步骤 01　从主菜单中选择 File→Project Structure→Facets。

步骤 02　单击工具栏中的 按钮。

步骤 03　如果要使用自定义配置文件而不是默认配置文件，就在搜索框中输入新的自定义配置文件的名称；如果要使用多个配置文件，就单击 + 按钮，然后从项目树中选择文件。

步骤 04　单击 OK 按钮，然后应用更改；如果正确配置了自定义配置文件，则该文件将带有 图标标记，如图 7-139 所示。

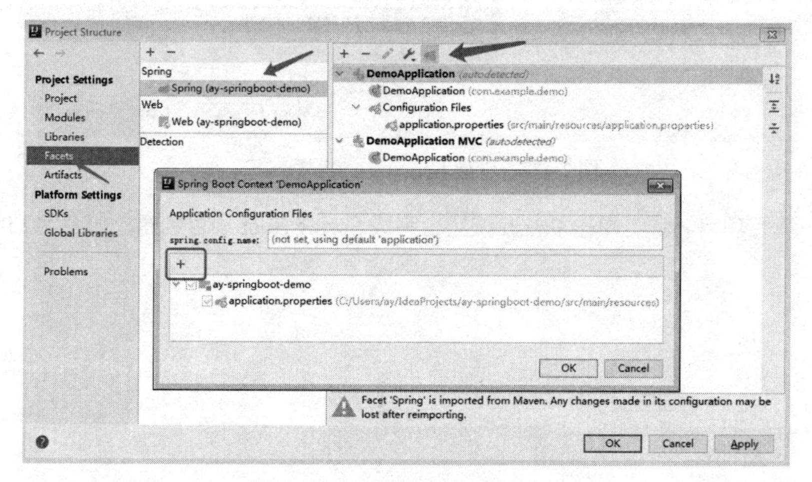

图 7-139　配置自定义配置文件

7.6.3 监视 Spring Boot 端点

Spring Boot 具有内置功能，通过调用不同的端点（例如运行状况或 bean 详细信息），可以获取关键指标并在生产环境中监视应用程序的状态。

在 IntelliJ IDEA 中，可以在 Endpoints（端点）选项卡上查看端点。启动应用程序后，此选项卡将显示在 Services（服务）工具窗口或 Run（运行）工具窗口中。

使用 Endpoints 选项卡可以导航到方法和 bean。双击选项卡上的 Mappings 或 Beans，以在编辑器中打开选定的方法或 bean，如图 7-140 所示。

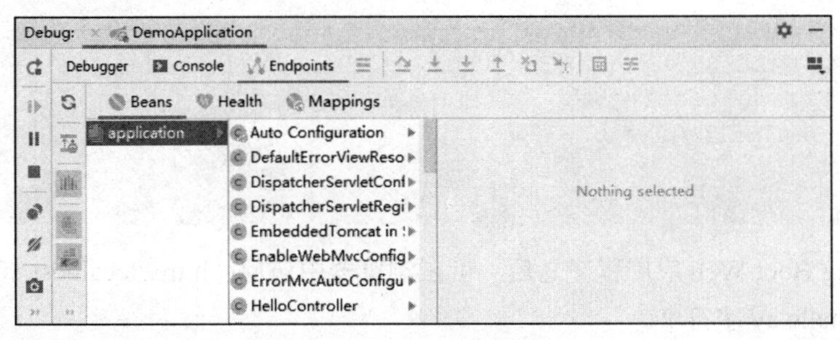

图 7-140 监视 Spring Boot 端点

此外，在运行应用程序之前，要确保将 org.springframework.boot.spring-boot-starter-actuator 依赖项添加到模块中。

7.6.4 Spring 运行时 Beans 图

Spring 启动应用程序时，Beans 图可以使 bean 之间的依赖关系可视化。

可以在 Endpoints→Beans 选项卡中访问该图，启动应用程序，然后单击 Diagram Mode 图标，如图 7-141 所示。

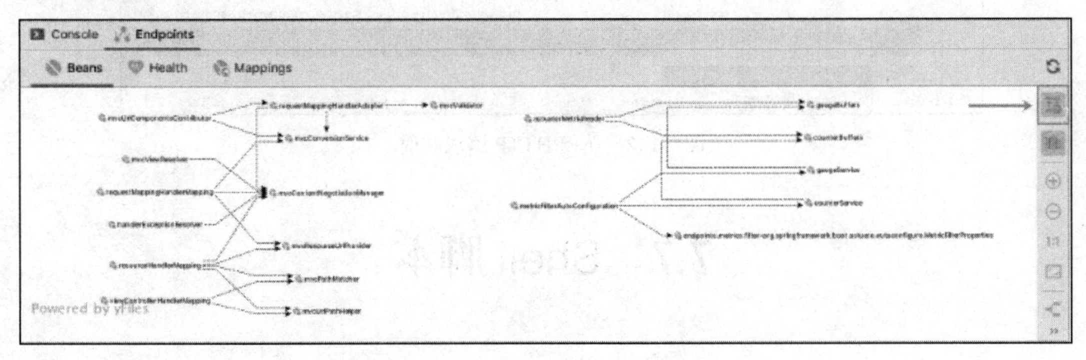

图 7-141 Spring 运行时 Beans 图

7.6.5 访问 HTTP 请求映射

在开始之前，要确保在 Run/Debug Configuration（运行/调试配置）对话框中选中了 Enable JMX agent（启用 JMX 代理）复选框，并将 org.springframework.boot.spring-boot-starter-actuator 依赖项添加到构建文件中，即在项目的 pom.xml 文件中添加如下配置：

```
<dependency>
    <groupId>org.springframework.boot</groupId>
    <artifactId>spring-boot-starter-actuator</artifactId>
</dependency>
```

在项目目录下创建控制层类 HelloController，具体代码如下：

```
@RestController
@RequestMapping("/hello")
public class HelloController {
    @GetMapping("/ay")
    public String test(){
        return "hello ay";
    }
}
```

在运行 Spring Boot Web 应用程序之后，可在浏览器中访问：http://localhost:8080/hello/ay，并在浏览器中打印 hello ay 字符串。

还可以在 Endpoints→Mappings 选项卡上访问请求映射。单击必要的请求，然后选择下一步操作，如图 7-142 所示。

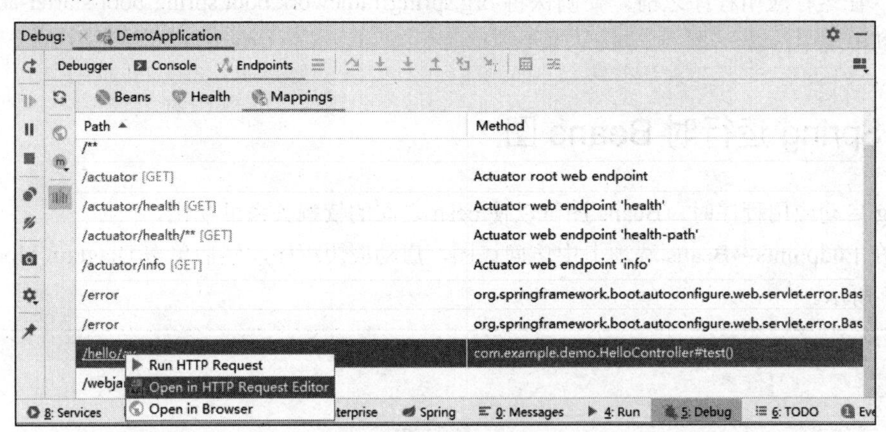

图 7-142　访问 HTTP 请求映射

7.7　Shell 脚本

IntelliJ IDEA 为 Shell 程序脚本文件提供编码帮助：自动代码提示，突出显示，快速文档编制，文本重命名重构等。

IntelliJ IDEA 还与一些外部工具集成在一起，以增强对 Shell 脚本的支持：

- ShellCheck 是一个 Shell 脚本静态分析工具，可以检测语法错误、语义问题、极端情况和典型陷阱。如果不可用，IntelliJ IDEA 会提示安装。

- Shfmt 是用于 Shell 脚本的外部格式化程序引擎。首次重新格式化 Shell 程序脚本的代码时，IntelliJ IDEA 建议安装它。
- Explainshell 是一个可以解析任何 Shell 命令并为每个参数提供帮助文本的网站。可以通过有意操作来访问：按 Alt+Enter 快捷键并选择 Explainshell。

7.7.1　配置被识别为 Shell 脚本文件

默认情况下，IntelliJ IDEA 会将具有.sh、.bash 和.zsh 文件识别为 Shell 脚本。其实可以将 IntelliJ IDEA 配置为将任何文件类型识别为 Shell 脚本文件，具体步骤如下：

步骤 01　在 Settings/Preferences 对话框中，选择 Editor→File Types。

步骤 02　在 Recognized File Types 列表中，选择 Shell Script，然后在下面的 Registered patterns（注册模式）列表中添加必要的模式，如图 7-143 所示。

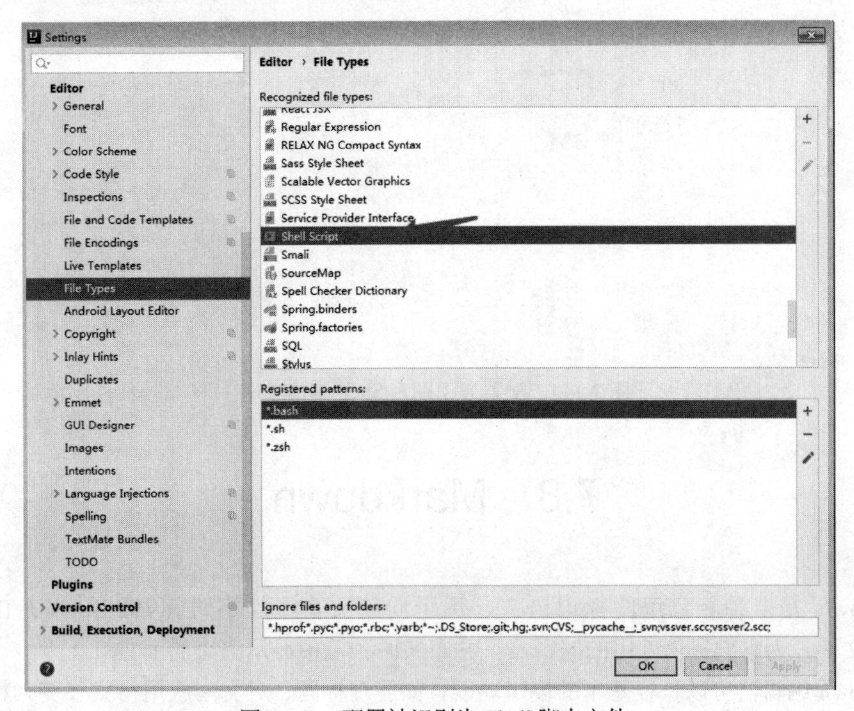

图 7-143　配置被识别为 Shell 脚本文件

步骤 03　单击 OK 按钮以应用更改。

7.7.2　运行 Shell 脚本文件

运行 Shell 脚本文件时，可以单击装订线内的▶按钮。要为任意文件手动创建 Shell 脚本运行和调试配置，可执行以下操作：

步骤 01　从主菜单中选择 Run→Edit Configurations。

步骤 02　单击添加按钮＋并选择 Shell 脚本。

步骤03 指定脚本文件的路径，以及启动脚本时要传递给脚本的选项，如图 7-144 所示。还可以更改用于运行脚本的解释器以及该解释器的其他选项。

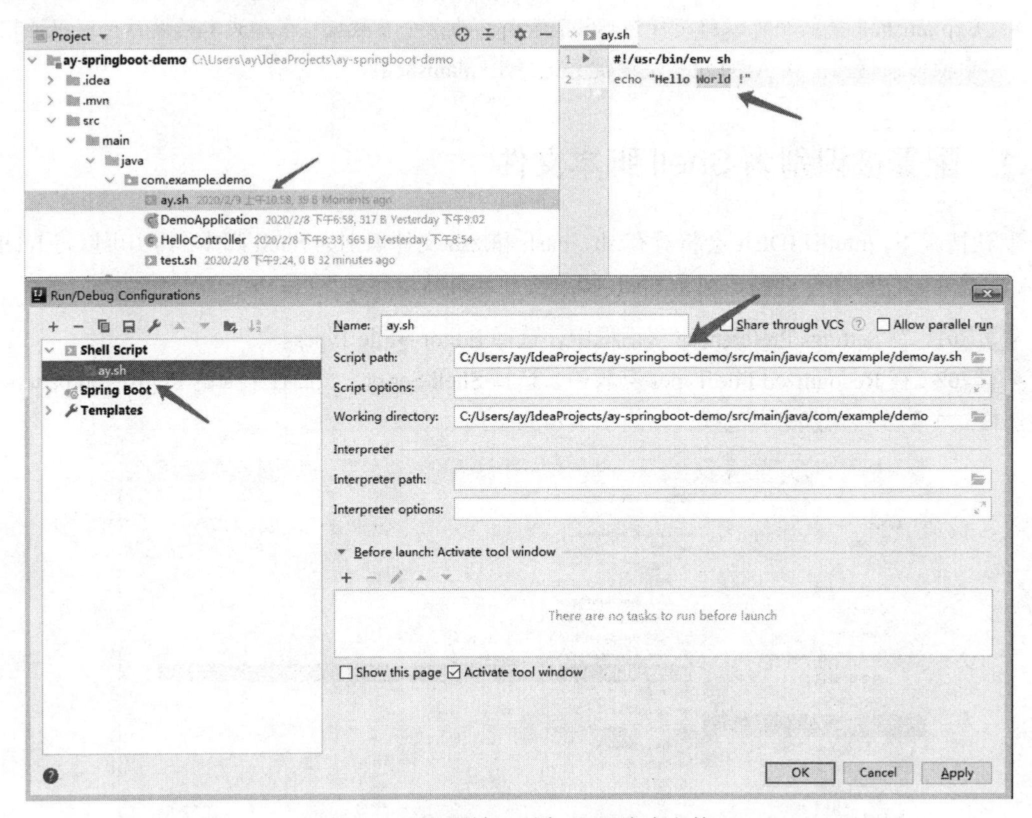

图 7-144 配置被识别为 Shell 脚本文件

7.8 Markdown

Markdown 是一种轻量级的标记语言，用于向纯文本添加格式元素。IntelliJ IDEA 识别 Markdown 文件，为它们提供专用的编辑器，并在实时预览中显示渲染的 HTML。

Markdown 编辑器可以执行基本的编辑功能，如管理标题、对文本应用格式（变为粗体或斜体等），还可以使用完成功能来添加到其他项目文档或图像的链接、插入各种编程语言的代码块，以及可视化 DOT 或 PlantUML 图。

7.8.1 Markdown 窗口

默认情况下，Markdown 编辑器分为代码编辑器和预览窗格。使用☰或🖼按钮仅显示代码编辑器或预览窗格，如图 7-145 所示。

还可以管理编辑器和预览窗格是垂直拆分还是水平拆分：打开 Settings/Preferences 对话框，然后转到 Languages & Frameworks→Markdown 页面，并使用 Editor and Preview Panel Layout 选项。

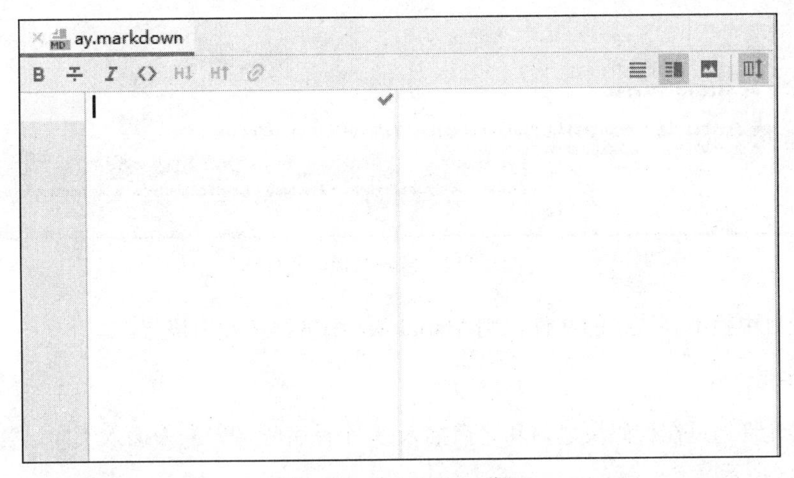

图 7-145　Markdown 窗口

IntelliJ IDEA 自动将预览与代码编辑器中的当前插入符号位置同步，可以使用“自动滚动预览”按钮打开或关闭此同步。

7.8.2　文件导览

在 markdown 文档中导航的一种便捷方法是 Structure 视图。它显示文档标题，可以快速跳至所需段落，如图 7-146 所示。

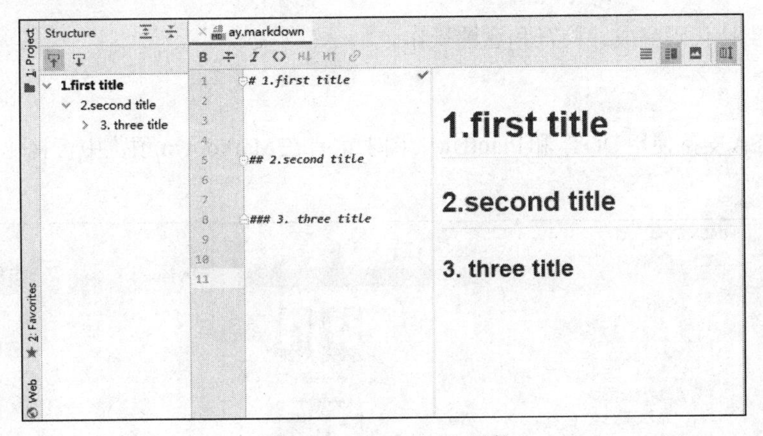

图 7-146　Markdown 导航

7.8.3　基本功能

1. 格式化

在 Markdown 编辑器中，可以将基本格式应用于文本，例如设置加粗、斜体、等宽（**B** *I* <>）。

2. 链接到项目文件

编辑器提供包含在当前项目文件的完整链接，例如其他 Markdown 文档或图像，如图 7-147 所示。

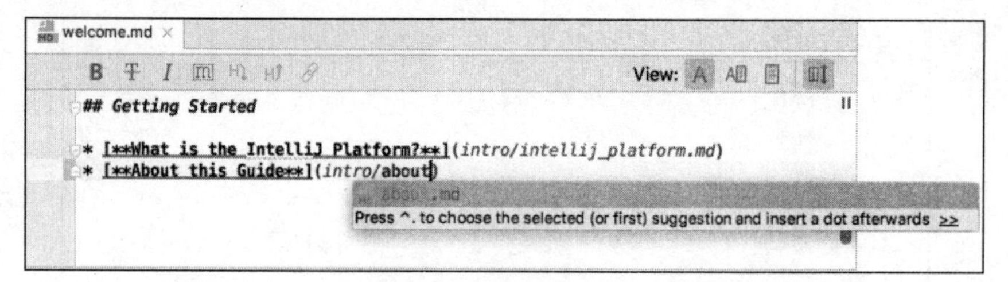

图 7-147 链接到项目文件

如果在项目中找不到链接的文件，则 Markdown 编辑器将发出警告。

3. 代码块

该编辑器允许通过在代码块之前和之后插入 3 个反引号（```）来插入不同语言的受保护代码块，如图 7-148 所示。

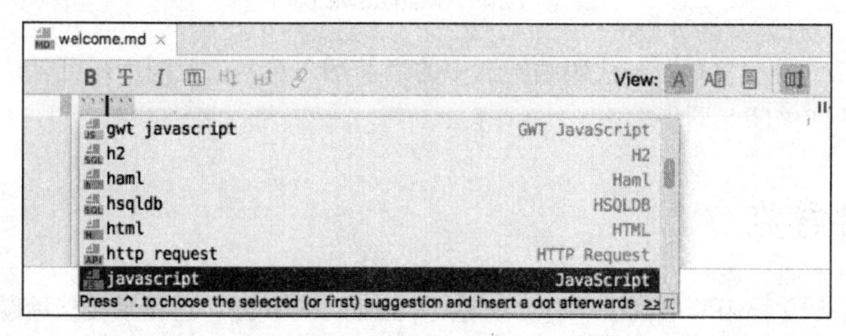

图 7-148 插入代码块

所选语言支持代码完成、检查和意图操作。

4. 图表

IntelliJ IDEA 支持使用 DOT 和 PlantUML 图表语言在 Markdown 预览中可视化图表，如图 7-149 所示。

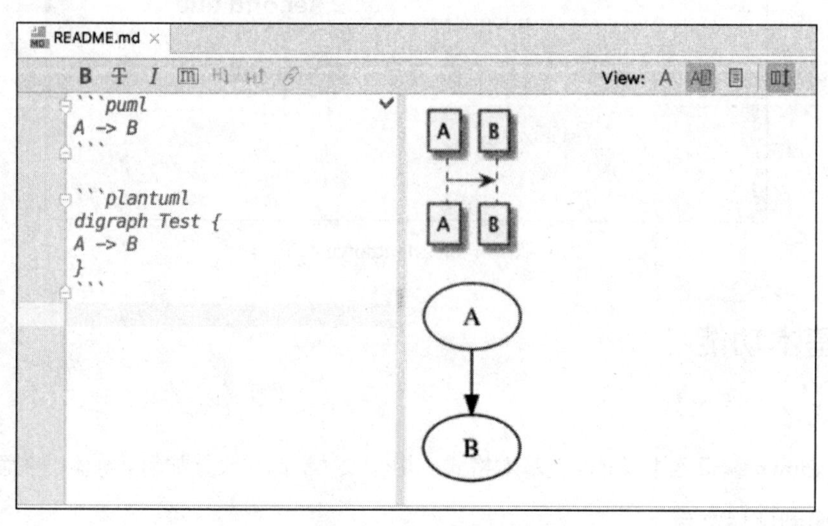

图 7-149 插入图表

5. 自定义 CSS 进行预览

Markdown 预览允许使用自定义样式表来呈现文档，既可以指定一个自定义样式表来进行基本的外观更改（例如增加预览中的字体大小），也可以提供全新的 CSS。

要提供自定义样式表，可打开 Settings/Preferences 对话框，然后转到 Languages & Frameworks→Markdown 页面，并使用 Load from URI 选项设置所需 CSS 文件的路径。该路径可以是 URL 或绝对/相对路径，如图 7-150 所示。

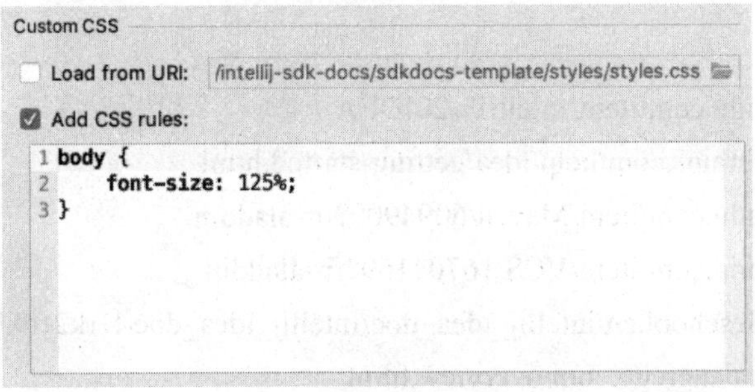

图 7-150 自定义 CSS 进行预览

参考文献

[1] https://baike.baidu.com/item/IntelliJ%20IDEA

[2] https://www.jetbrains.com/help/idea/getting-started.html

[3] https://baike.baidu.com/item/Maven/6094909?fr=aladdin

[4] https://baike.baidu.com/item/VCS/16704169?fr=aladdin

[5] https://www.w3cschool.cn/intellij_idea_doc/intellij_idea_doc-l1rk2ff9.html

[6] http://www.brendangregg.com/overview.html

[7] https://plantuml.com/

[8] https://baike.baidu.com/item/GIT/12647237?fr=aladdin

[9] https://baike.baidu.com/item/Mercurial/6615059?fr=aladdin

[10] https://baike.baidu.com/item/perforce/10581612?fr=aladdin

[11] https://git-scm.com/docs/gitignore?origin_team=T0288D531